装配式混凝土结构建筑实践与管理丛书

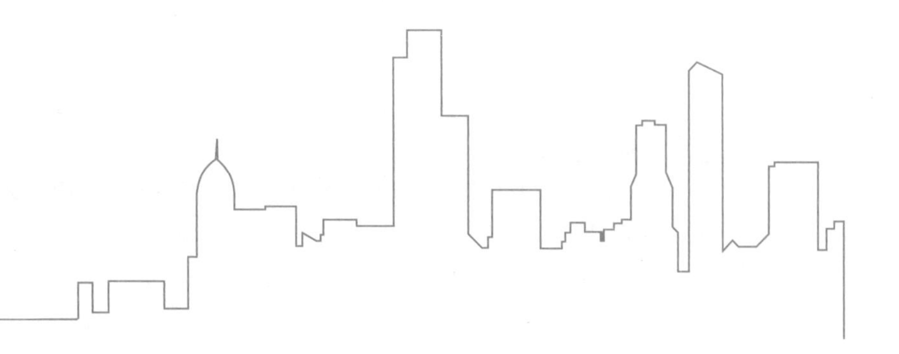

# 装配式混凝土建筑
# ——设计问题分析与对策


丛 书 主 编　郭学明
丛书副主编　许德民　张玉波

本 书 主 编　王炳洪
本书副主编　王　俊
参　　　编　张晓娜　黄　营　郭志鑫　胡伟政

机械工业出版社
CHINA MACHINE PRESS

设计对装配式建筑成败影响巨大，本书以问题为导向，聚焦当前装配式混凝土建筑设计中出现的各种问题，通过扫描问题、发现问题、分析问题、解决问题和预防问题，以期为当前装配式混凝土建筑设计提供较为全面的综合性解决方案，从而设计出符合装配式规律和特点的装配式混凝土建筑，发挥装配式建筑应有的优势，推动装配式混凝土建筑的健康可持续发展。

本书适合于装配式建筑设计从业人员、科研人员，对于装配式建筑甲方管理、生产制作、施工安装及工程监理人员也有很好的借鉴和参考意义。

**图书在版编目（CIP）数据**

装配式混凝土建筑. 设计问题分析与对策/王炳洪主编. —北京：机械工业出版社，2020. 5

（装配式混凝土结构建筑实践与管理丛书）

ISBN 978-7-111-64917-5

Ⅰ. ①装…　Ⅱ. ①王…　Ⅲ. ①装配式混凝土结构-建筑设计-问题解答　Ⅳ. ①TU37-44

中国版本图书馆 CIP 数据核字（2020）第 035004 号

机械工业出版社（北京市百万庄大街 22 号　邮政编码 100037）
策划编辑：薛俊高　责任编辑：薛俊高
责任校对：刘时光　封面设计：张　静
责任印制：孙　炜
北京联兴盛业印刷股份有限公司印刷
2020 年 4 月第 1 版第 1 次印刷
184mm×260mm · 19. 5 印张 · 465 千字
标准书号：ISBN 978-7-111-64917-5
定价：99. 00 元

| 电话服务 | 网络服务 |
| --- | --- |
| 客服电话：010-88361066 | 机　工　官　网：www. cmpbook. com |
| 010-88379833 | 机　工　官　博：weibo. com/cmp1952 |
| 010-68326294 | 金　　书　　网：www. golden-book. com |
| **封底无防伪标均为盗版** | 机工教育服务网：www. cmpedu. com |

# 序

“装配式混凝土结构建筑实践与管理丛书”是机械工业出版社策划、出版的一套关于当前装配式混凝土建筑发展中所面临的政策、设计、技术、施工和管理问题的全方位、立体化的大型综合丛书，其中已出版的16本（四个系列）中，有8本（两个系列）已入选了“‘十三五’国家重点出版物出版规划项目”，本次的“问题分析与对策”系列为该套丛书的最后一个系列，即以聚焦问题、分析问题、解决问题，并为读者提供立体化、综合性解决方案为目的的专家门诊式定向服务系列。

我在组织这个系列的作者团队时，特别注重三点：

1. 有丰富的实际经验

2. 有敏感的问题意识

3. 能给出预防和解决问题的办法

据此，我邀请了20多位在装配式混凝土建筑行业有多年管理和技术实践经验的专家、行家编写了这个系列。

本系列书不系统地介绍装配式建筑知识，而是以问题为导向，围绕问题做文章。编写过程首先是扫描问题，像CT或核磁共振那样，对装配式混凝土建筑各个领域各个环节进行全方位扫描，每位作者都立足于自己多年管理与技术实践中遇到或看到的问题，并进行广泛调研。然后，各册书作者在该书主编的组织下，对问题进行分类，筛选出常见问题、重点问题和疑难问题，逐个分析，找出原因，特别是主要原因，清楚问题发生的所以然；判断问题的影响与危害，包括潜在的危害；给出预防问题和解决问题的具体办法或路径。

装配式混凝土建筑作为新事物，在大规模推广初期，出现这样那样的问题是正常的。但不能无视问题的存在，无知胆大，盲目前行；也不该一出问题就“让它去死”。以敏感的、严谨的、科学的、积极的和建设性的态度对待问题，才会减少和避免问题，才能解决问题，真正实现装配式建筑的成本、质量和效率优势，提高经济效益、社会效益和环境效益，推动装配式建筑事业的健康发展。

这个系列包括：《如何把成本降下来》（主编许德民）、《甲方管理问题分析与对策》（主编张岩）、《设计问题分析与对策》（主编王炳洪）、《构件制作问题分析与对策》（主编张健）、《施工问题分析与对策》（主编杜常岭），共5本。

5位主编在管理和技术领域各有专长，但他们有一个共同点，就是心细，特别是在组织作者查找问题方面很用心。他们就怕遗漏重要问题和关键问题。

除了每册书建立了作者微信群外，本系列书所有20多位作者还建了一个大群，各册书的重要问题和疑难问题都拿到大群讨论，各个领域各个专业的作者聚在一起，每册书相当于增加了 N 个“诸葛亮”贡献经验与智慧。

我本人在选择各册书主编、确定各册书提纲、分析重点问题、研究问题对策和审改书稿方面做了一些工作，也贡献了 10 年来我所经历和看到的问题及对策。许德民先生和张玉波先生在系列书的编写过程中付出了很多的心血，做了大量组织工作和书稿修改校对工作。

出版社对这个系列也给予了相当的重视并抱有很高的期望，采用了精美的印制方式，这在技术书籍中是非常难得的。我理解这不是出于美学考虑，而是为了把问题呈现得更清楚，使读者能够对问题认识和理解得更准确。真是太好了!

这个系列对于装配式混凝土建筑领域管理和技术“老手”很有参考价值。书中所列问题你那里都没有，你放心了，吃了一枚“定心丸”；你那里有，你也放心了，有了预防和解决办法，或者对你解决问题提供了思路和启发。对“新手”而言，在学习了装配式建筑基本知识后，读读这套书，会帮助你建立问题意识，有助于你发现问题、预防问题和解决问题。

当然，问题是繁杂的、动态的；不仅是过去时，更是进行时和将来时。这套书不可能覆盖所有问题，更不可能预见未来的所有新问题。再加上我们作者团队的经验、知识和学术水平有限，有漏网之问题或给出的办法还不够好都在所难免，所以，非常欢迎读者批评与指正。

郭学明

2019 年 10 月

# 前言

# PREFACE

我毕业辗转20年来，从未离开过设计院的设计工作，在我设计生涯的前十年，对装配式基本没有了解，大家对装配式也是陌生的，装配式混凝土建筑技术发展在我国停滞了相当长的时间，人才和技术都出现了断档。2010年由于公司与万科在装配式建筑项目上的合作，我开始进入装配式建筑领域。近5年来，装配式建筑在我国蓬勃发展起来，但是，快速发展的同时，大家发现装配式混凝土建筑的优势并没有得到很好的发挥和体现，那么问题的症结在哪里呢？

在这些年工作中，我越来越意识到装配式建筑上游环节的重要性，而在上游环节中，设计环节的技术含量最大，难度也最大，上游环节若出了问题，下游的制作、施工安装环节再怎么努力也很难解决，设计环节起着龙头先导作用，直接决定了装配式项目的质量、成本和效率。

本套丛书主编郭学明先生委托我担任本书主编，主要考虑我长期在设计院从事设计工作，有传统的设计经验，又有多年的装配式设计方面的经验积累，在设计方面遇到的实际问题较多，分析、解决问题的能力较强。得到郭学明先生的信任并委托我担任本书主编，我感到责任重大，也非常荣幸。如此重任也让我倍感压力，但让我有底气的是本书有很棒的作者团队。其他五位作者在装配式建筑设计领域都有非常丰富的经验，有的在装配式设计领域工作长达二十多年，有的和日本同行有过学习或合作经历，有的还担任过郭学明先生组织编写的“装配式建筑200问系列”的主编或副主编，而且他们都是所在公司的技术带头人，有着深厚的技术背景。与他们共同编写这本书，也让我深感荣幸。

本套丛书主编郭学明先生指导、制定了本书的框架及章节提纲，给出了具体的写作指导，并对全书书稿进行了数次审改，付出了很多心血；丛书副主编许德民先生对本书进行了多次校对和文字修润工作，在整个写作过程中都给予了很多帮助。

本书副主编王俊先生是上海市装配式建筑评审专家，现任上海兴邦建筑技术有限公司副总经理；本书参编张晓娜女士是沈阳玖弘建筑科技有限公司总工程师；本书参编黄营先生是沈阳兆寰现代建筑构件有限公司总工程师；本书参编郭志鑫先生是中建八局总承包公司第三分公司总工程师；本书参编胡伟政先生是上海凯汇建筑设计有限公司结构室主任。

本书共分16章。

第1章是装配式混凝土建筑设计概述，介绍了装配式混凝土建筑设计内容、设计特点、设计原则与流程，同时通过国外优秀的装配式混凝土建筑设计案例，分析了国外装配式设计组织与管理模式。

第 2 章是设计存在问题的类型与危害，对设计存在的问题进行了举例说明，对装配式混凝土建筑设计常见问题进行了分类和汇总，分析了设计问题可能造成的危害。

第 3 章是设计观念问题与管理问题，梳理了装配式混凝土建筑在设计与管理上存在的一些认识不足与误区，分析了设计管理、设计流程、协同设计、设计深度与设计质量方面一些问题形成的原因和危害，提出了设计的责任，给出了解决观念与管理问题的措施。

第 4 章是方案设计阶段存在的问题，指出了装配式建筑方案设计的概念与认识问题，列举了方案设计常见问题，分析了方案阶段平面和立面应考虑的因素，提出了方案设计须遵循的原则以及解决和预防问题的措施。

第 5 章是建筑设计常见问题，给出了几个问题的案例，梳理并汇总了建筑设计常见问题的清单，对主要的常见问题产生的原因及危害进行了分析，包括平面设计问题、立面设计问题、外围护系统设计问题、集成化设计问题、标准化模数化设计问题、设计协同问题、建筑构造设计问题，并给出了避免问题的措施。

第 6 章是结构设计常见问题Ⅰ——总体与概念设计，对装配式混凝土建筑结构设计的总体与概念设计常见问题进行了分析，包括结构体系选择问题、结构概念设计问题、执行标准与标准图的不当、结构优化中的问题以及与工厂、施工单位协同问题，给出了预防上述问题的相关措施。

第 7 章是结构设计常见问题Ⅱ——剪力墙结构体系，对剪力墙结构体系设计的问题进行了举例说明和梳理汇总，对其中一些主要问题产生的原因及危害进行了分析，包括结构布置与计算问题、拆分设计问题、连接设计问题、构造及预埋设计问题及其他设计问题，并给出了预防问题的措施。

第 8 章是结构设计常见问题Ⅲ——柱梁结构体系，对柱梁结构体系设计问题进行了举例分析，并对柱梁结构体系设计常见问题进行了汇总。 重点对结构布置问题、连接节点问题、构造设计问题的产生原因及造成的危害进行了分析，并给出了预防问题的措施。

第 9 章是结构设计常见问题Ⅳ——楼盖设计，对楼盖设计问题进行了举例分析，梳理汇总了楼盖设计问题清单，对楼盖设计的一些主要问题的产生原因及危害进行了分析，给出了预防问题的措施。

第 10 章是结构设计常见问题Ⅴ——外挂墙板与夹芯保温剪力墙板设计，列举汇总了外挂墙板（包括夹芯保温墙板）和夹芯保温剪力墙板设计存在的各类问题，对一些具体问题进行了分析，并给出了预防问题的措施。

第 11 章是结构设计常见问题Ⅵ——非结构构件设计，对非结构构件设计的问题进行了分析，并给出了解决问题的措施。

第 12 章是结构设计常见问题Ⅶ——连接件、预埋件、预埋物设计，介绍了预制构件中连接件、预埋件和预埋物的种类，分析了主要的设计问题，并给出了预防问题的措施。

第 13 章是结构设计常见问题Ⅷ——深化设计，列举了深化设计常见问题，详述了深化设计包含的内容，并举例说明了预制构件加工图、预制构件连接节点详图的设计内容和表达深度。

第 14 章是设备管线系统与内装系统设计，对设备管线系统、内装系统设计常见问题进行了概括性汇总，给出了避免预留预埋遗漏或位置错误的措施，并对实施管线分离和内装的必要性与障碍进行了分析。

第 15 章是其他部品部件设计，对装配式混凝土建筑常用部品部件种类进行了介绍，指出除结构系统以外的其他一些部品部件在选型、设计与连接中常见的设计问题，对门窗设计、节能保温设计、内外围护墙板设计、装饰饰面设计的相关问题进行了分析，并提出了设计需要注意的问题。

第 16 章是设计展望，对装配式混凝土建筑设计进行了展望，包括：对装配式设计软件研发应用的期望、装配式 BIM 应用情况分析及期望，对现行装配式设计标准的一些思考和修订建议，提出了需要进一步开展的技术研发课题和装配式建筑延长设计使用年限的建议。

我作为本书主编对全书进行了统稿，并且是第 1 章、第 2 章、第 3 章、第 6 章、第 16 章的主要编写者，同时参与了第 7 章、第 15 章的编写；副主编王俊先生是第 4 章、第 8 章、第 13 章的主要编写者；参编张晓娜女士是第 5 章、第 10 章、第 14 章的主要编写者，同时参与了第 15 章的编写；参编黄营先生是第 9 章、第 11 章、第 12 章的主要编写者；参编郭志鑫先生、胡伟政先生主要参与了第 7 章的编写。

感谢李伟兴先生、周成功先生、卢旦先生、马跃强先生、张立先生、张继红女士、李矱宓先生、宗德林先生（美国）、片田和范先生（日本）、中野达男先生（日本）、张井峰先生、丁安磊先生、刘飞先生、李娟娟女士、陈一凡先生、张巍先生、杨其木先生、徐晨铭先生、蔡露露先生、饶杰先生、郭柳先生、敏若兰女士、康小青女士、刘立东先生、耿波先生、徐向阳先生、方敏勇先生、吉成先生、厉王秋先生、梁晓燕女士为本书提供的资料和图片，以及给予的帮助。

感谢本套丛书其他册部分作者，包括叶贤博先生、李营先生、吴红兵先生、陈曼英女士、韩亚明先生对本书写作给予的帮助。

感谢上海联创设计集团股份有限公司在本书写作过程中给予的技术支持及协助。

感谢中骏集团控股有限公司、万达商业规划研究院有限公司、宝龙地产控股有限公司、上海保利房地产开发有限公司、正荣集团有限公司、上海万科房地产开发有限公司、上海兴邦建筑技术有限公司、上海天华建筑设计有限公司、上海城业管桩构件有限公司、山东钢铁集团房地产有限公司、上海中建航建筑工业发展有限公司等企业提供的值得借鉴的实例照片。

由于我国装配式混凝土建筑还处于起步阶段，设计问题是动态变化的，加之作者水平和经验有限，书中难免有不足和错误之处，敬请读者批评指正。

本书主编　王炳洪

# 目录 CONTENTS

# 第 1 章
# 装配式混凝土建筑设计概述

**本章提要**

对装配式混凝土建筑设计进行了总体概述，包括：对装配式混凝土建筑设计内容、设计特点、设计原则与流程进行了介绍，对国外优秀设计案例、国外设计组织与管理模式进行了举例说明。

## 1.1 装配式混凝土建筑设计内容

装配式混凝土建筑设计与传统现浇混凝土建筑设计相比有一些显著的不同，本节按设计各阶段工作的内容，对装配式混凝土建筑设计区别于传统设计的内容进行介绍。

### 1.1.1 设计前期策划

**1. 装配式政策解读**

目前，我国装配式建筑的实施主要是以政策驱动的，国家顶层设计为全国装配式建筑实施明确了方向和目标，地方的装配式建筑政策和实施细则规定了实施的内容和评价方法。我国幅员辽阔，不同地区在气候、地理环境、经济发展水平、产业链发展情况等方面都存在一些差异，因地制宜地发展装配式建筑是科学的、客观的，地方的装配式建筑政策的要求是装配式建筑项目实施的最低要求，因此对相关装配式建筑政策的准确理解和解读，是项目前期策划阶段的首要任务。

**2. 装配式建筑指标要求**

目前，地方的装配式建筑实施一般都采用量化指标管理的方式，且带有强制性要求。我国装配式建筑还处于初期发展阶段，离市场自觉采用装配式建筑的成熟阶段，还有一段路要走。

从全国各地指标要求的情况看，主要有两个方面的指标是需要明确的。一个是装配式建筑面积占新建建筑面积比例的指标；另一个是反映装配式建筑装配化程度高低方面的指标，如：预制率、装配率、预制装配率、三板率等。各地的指标要求目前都存在着差异，有的差异还比较大，表 1-1 列出了几个省市所执行指标的情况，供读者对比参考。

**表 1-1 装配式建筑指标要求举例**

<table>
<tr><th colspan="2">城市</th><th>装配式建筑面积占比</th><th>指标要求</th><th>主要政策依据</th><th>备注</th></tr>
<tr><td colspan="2">上海</td><td>负面清单以外的新建项目均要求 100% 实施装配式建筑</td><td>满足 40% 预制率或 60% 装配率</td><td>1. 关于进一步明确装配式建筑实施范围和相关工作要求的通知(沪建建材〔2019〕97 号)<br>2. 上海市装配式建筑单体预制率和装配率计算细则(沪建建材〔2019〕765 号)</td><td>评价依据《上海市装配式建筑评价标准》</td></tr>
<tr><td rowspan="2">江苏</td><td>无锡</td><td>按土地出让条件要求，一定比例的建筑需满足装配率、预制率要求，其余按三板要求实施</td><td>规定比例的建筑需要满足 50% 装配率，且要满足 20% 预制率，其余建筑满足 60% 三板应用比例</td><td>1. 市政府关于加快推进建筑产业现代化促进建筑产业转型升级的实施意见(锡政发〔2016〕212 号)<br>2. 关于印发无锡市推进装配式建筑发展实施细则的通知(锡建建管〔2016〕2 号文)</td><td rowspan="2">江苏省有统一的评价标准和计算细则，各城市根据各自的实际情况制定相应的装配指标，指标有的差异比较大</td></tr>
<tr><td>苏州</td><td>按土地出让条件要求的比例实施，一般新建住宅项目按 100% 实施</td><td>预制装配率 30%，三板应用比例 60%</td><td>1. 市政府办公室印发关于推进装配式建筑发展加强建设监管的实施细则(试行)的通知(苏府办〔2017〕230 号)<br>2. 关于在新建建筑中加快推广应用预制内外墙板预制楼梯板预制楼板的通知(苏住建建〔2017〕23 号)<br>3. 市住房城乡建设局关于调整装配式建筑有关指标要求建议的回复意见(苏住建建〔2018〕18 号)</td></tr>
<tr><td rowspan="2">浙江</td><td>宁波</td><td>分区域管理，规定的区域 100% 实施装配式建筑，其余区域不少于 20% 计容建筑面积采用装配式建筑</td><td>住宅项目需要满足 40% 预制率，50% 装配率，50% 预制外墙面积比要求；公建项目要满足 40% 预制率，60% 装配率的要求</td><td>1. 宁波市人民政府办公厅关于进一步加快装配式建筑发展的通知(甬政办发〔2017〕30 号)<br>2. 宁波市装配式建筑装配率与预制率计算细则(2018 甬 DX-15)</td><td rowspan="2">浙江省没有单独制定装配式建筑相关指标规定的城市，则执行省标的要求</td></tr>
<tr><td>杭州</td><td>到 2020 年，全市装配式建筑比例达到 30% 及以上，各项目根据土地出让条件中明确的装配式建筑面积比例要求实施</td><td>居住建筑装配率不低于 50%，公共建筑装配率不低于 60%</td><td>1.《杭州市人民政府办公厅关于推进绿色建筑和建筑工业化发展的实施意见》(杭政办函〔2017〕119 号)<br>2. 浙江省《装配式建筑评价标准》DB33/71165—2019</td></tr>
</table>

注：各地对指标的定义和计算方法存在差异，指标大小要求相同并不意味着预制装配实施内容、实施难易程度、成本高低等相同。

**3. 装配式建筑的实施内容要求**

目前，全国各地装配式建筑的评价有向单一装配率指标统一的趋势，虽然指标数值要求趋同，但是实施的内容、评价项、评价得分都存在着差异。项目实施前，需要对指标背后的实施内容进行全面梳理，找出一条最适合本项目装配式实施的最优路径。

**4. 产业链供方资源调研**

装配式建筑的实施，需要有相应的部品部件供方资源，如：预制构件、集成厨房、集成卫生间等。从招标采购角度来说，同一种产品的供方数量还不能少于三家。由于产业链发展不平衡，有些部品部件需要跨区域，甚至在境外采购。所以，对纳入评价的相应装配内容，以及设计可能采用的部品部件均需要进行全面的调研，分析项目装配内容的可实施性和成本构成，从四个系统（结构、外围护、设备与管线、内装）综合平衡角度来达成装配内容构成的合理性。

**5. 类似项目实施情况考察调研**

项目所在地已经有了实施的装配式建筑项目的，对已实施的项目情况进行考察调研，是一条捷径。考察内容包括装配式建筑指标要求、实施内容、产业链供方等情况，可以通过调研获得“接地气”的、有价值的信息，若是刚起步尚无实施项目的地区则应借鉴其他相似地区的经验。

**6. 项目特点及优劣分析**

结合政策、指标、实施内容、部品部件供应等情况，在前期策划分析时，可对项目所具有的装配式特征、实施的难点、成本的大致构成等做出基本的预判和评估，避免设计准备不足、设计条件不清而导致设计方向错误。

比如，指标要求相同的住宅项目，高层比多层的标准化程度高，实施相对容易些，而别墅等产品则实施难度相对要大很多，成本也会更高，需要更多的准备工作和设计投入；再如公建项目跨度相对较大，可能会采用预应力预制构件来获得成本和效率上的对比优势，部品采购的供方也会发生变化。设计的技术条件和要求不同，前期设计技术准备等都会存在差异，需要前期针对项目具体情况进行装配式的特点和优劣分析。

**7. 获取政策奖励及补贴的可行性**

很多国家刚开始推行装配式建筑时都给予了政策扶持，目前，我国各地也制定了鼓励装配式建筑发展的政策，主要有三个方面：不计容建筑面积奖励、资金补贴、提前预售。但是，需要符合相应设定的条件，才能获得鼓励政策支持，因此，设计前期需要对设定的条件进行分析，对项目装配方案、技术条件等各方面的影响，对实施的装配式内容进行可行性评估和分析；除了技术层面分析外，还要调研相关申请和审批的流程是否顺畅，有的地方虽然有相关的鼓励政策，但并没有明确相关流程，政策停留在纸面上，这也是在可行性分析时需要调查清楚的一个方面。

**8. 装配式建筑评审流程要求**

装配式建筑设计除了审图环节外，有很多地方需要对装配式建筑进行专项评审。在项目前期策划时，需要了解清楚哪些特殊情况需要进行专项评审，避免影响项目进度。例如，在上海，一般有三种情况需要进行专项评审：不计容建筑面积申请评审、技术条件特殊项目指标调整评审、示范项目评审（包括申报评审和验收评审）。相关评审和审批流程需要在设计前期调查清楚，在相应的设计节点，提供相应的设计咨询报告，避免因流程问题耽误项目时间节点。

### 1.1.2　方案设计

在方案设计阶段，建筑师和结构设计师需根据装配式混凝土建筑特点、政策要求和有关规范的规定进行方案设计工作。

**1. 方案设计阶段要点**

（1）装配式内容与建筑功能相适应。

（2）结合综合技术经济分析，选择适宜的结构体系。

（3）在确定建筑风格、造型、质感时分析判断装配式的影响和实现可能性。

（4）在确定建筑高度时考虑装配式的影响。

（5）在确定结构、构件形体时考虑装配式的影响。

（6）在前期策划工作的基础上，考虑装配内容与建筑方案的匹配性。

**2. 装配方案设计要点**

（1）提出装配体系方案，明确装配式建筑的实施方向

在方案设计阶段，需要分析装配式建筑的各个系统构成情况，根据项目特点、品质要求、产品定位、实施条件和成本控制等各方面的因素进行综合分析，提出适合项目的装配体系方案，明确装配式建筑的实施方向。根据装配式建筑四个系统（结构系统、外围护系统、设备与管线系统、内装系统）的构成情况，需要对比考虑各系统方案，详见表 1-2。

**表 1-2 装配式混凝土建筑各系统方案情况**

| 系统 | 划分角度 | 各系统方案情况 | 备注 |
|---|---|---|---|
| 结构系统 | 结构的整体性 | 装配整体式结构体系、全装配式结构体系、介于全装配式与装配整体式之间的结构体系 | 体系研究和实践有待各科研院所、高校、设计院等进一步开展 |
| | 装配整体式结构 | 装配整体式剪力墙结构、装配整体式框架结构、装配整体式框架—现浇剪力墙（核心筒）结构、装配整体式部分框支剪力墙结构、装配整体式筒体结构 | 现行规范标准主要采用的结构体系 |
| | 连接 | 干法或湿法连接 | 连接是装配式建筑的核心内容，针对装配式混凝土结构的新型和简化的连接方式和产品有待进一步研究和应用 |
| | | 刚性连接、半刚性连接、铰接连接、搭接 | |
| | 预应力 | 预制预应力体系、普通预制混凝土体系、预制预应力与普通预制混凝土混合使用体系 | 预应力能充分发挥建筑材料特性，应有更大的发挥使用空间 |
| 外围护系统 | 保温集成一体化 | 夹芯保温外墙体系、内保温体系、复合保温外墙体系、复合一体化外保温体系等 | 外围护系统集成一体化设计与实施是装配式建筑的核心内容之一 |
| | 装饰一体化 | 石材反打、装饰面砖反打、清水混凝土、装饰混凝土外墙等 | |
| | 结构、围护、保温、装饰一体化 | 结构、围护、保温、装饰一体化 | |
| | 与主体结构的连接关系 | 外挂体系（整体外挂于主体结构外侧）、内嵌体系（内嵌连接于主体结构和竖向构件之间） | |
| 设备与管线系统 | 管线分离 | CSI 体系、SI 体系 | 管线分离主要是指与结构体分离，是装配式装修的底层逻辑，是装配式装修的基础 |
| | 管线一体化 | 装配式内隔墙与管线、装修一体化 | |

（续）

| 系统 | 划分角度 | 各系统方案情况 | 备注 |
| --- | --- | --- | --- |
| 内装系统 | 工法 | 全干式工法、部分干式工法 | 装配式内装系统还存在一些定义不明确，难以量化测定的情况，从设计、生产、安装的全过程的标准体系有待进一步完善 |
| | 集成 | 集成厨房、集成卫浴、集成采暖、集成吊顶、集成排水 | |
| | 快装装配 | 快装给水、快装墙面、快装轻质内隔墙 | |

（2）确定装配范围，明确实施内容

根据项目预设的设计目标（装配指标、容积率奖励、提前预售等），以及所要满足的设计条件等，确定项目基本实施范围和内容。比如，一个上海商品房住宅项目的基本设计条件为：满足 40% 预制率或 60% 装配率，并要获取容积率奖励，且要申报示范项目获取资金补贴。那么，根据给出的设计条件，本项目装配式要实施的基本内容分析如下：由于要申报示范项目，指标需要提高到预制率 45% 或装配率 65%，同时需要采用两项创新技术应用；又由于要获取容积率奖励，需要实施预制夹芯保温外墙体系。

（3）估算单体装配率等指标

结合项目指标要求、实施方向、预制装配的基本范围等，对装配指标进行初判和估算，对建筑、结构、机电方案的影响进行评估，协同配合装配方案的形成。

（4）结合预制装配工艺特点，确立建筑立面效果

外围护体系集成了保温、装饰、受力、防火、防水防渗等各种功能于一身，是一体化集成设计难度最大的部位，是装配式建筑实施的核心内容，也是优秀装配式建筑“出彩”之处。其外立面的效果确立，需要结合相关生产工艺进行可行性分析和针对性设计。如：石材或装饰面砖反打工艺外墙，需要进行装饰面砖排版对缝设计；采用普通的混凝土预制外墙，要注意控制过于繁复和多变的水平及竖向装饰线条；采用夹芯保温外墙，外叶板之间拼缝要与建筑立面分割线设计相适应，控制好拼缝的位置等。图 1-1 为夹芯保温外墙拼缝与建筑立面分隔线设计相结合的住宅案例。

▲ 图 1-1　夹芯保温外墙拼缝与建筑立面分隔线结合设计

（5）结合项目需要，提出保温体系的实施方向

外保温体系的质量、防火、耐久性问题十分突出，外保温设计采用应审慎，故有的城市从政策导向上鼓励采用夹芯保温或内保温，如上海：采用夹芯保温外墙才能获取不计容建筑面积奖励，对于保障房项目不得采用现场湿作业的外墙外保温施工等。结合项目需要以及政策的相关规定，在方案设计阶段，甚至在前期策划阶段，就需要确立外墙保温体系的实施方向。

（6）结合项目特点，给出项目工业化技术路线的较优路径

根据项目装配式指标要求、各部品部件的成本高低、技术成熟程度、实施的难易程度等，结合项目特点，给出装配式内容的优选路径。如：剪力墙结构体系预制构件的优选大致顺序为：楼梯—叠合楼板—阳台、空调板—内剪力墙板—外围剪力墙板—飘窗、外围填充墙。

（7）成本估算

结合项目装配式可能采用的实施内容，项目所要达到的装配指标要求，建筑结构的各项经济指标情况，对装配式方案的成本或成本增减量做出估算。

### 1.1.3 初步设计

初步设计阶段工作建立在前期策划和方案设计阶段分析成果的基础上，目前，有些地方已经取消了初步设计审批的要求。但从设计角度来说，该阶段的工作还是不可逾越的。初步设计阶段的装配式专项设计主要工作内容有：

（1）扩大完善装配体系方案，完成初步平、立面拆分图。

（2）确定装配式内容并明确指标计算。

（3）预制构件外形尺寸及吨位控制。

（4）确定各类构件关键连接技术方案。

（5）各项装配指标计算核定。

（6）完成该阶段需要完成的申请报告等编制工作，如：装配式容积率奖励专项评审，装配式建筑设计预评价报告等。

（7）装配式造价投资概算等。

### 1.1.4 施工图设计

**1. 建筑专业相应的装配式设计内容**

（1）设计说明

对项目装配式相关要求进行说明，对项目采用的装配式建筑的楼栋范围、装配式建筑面积、装配指标情况、预制构件种类、部位等进行具体说明。

各装配式建筑单体的建筑面积统计，如有满足不计入容积率的建筑面积，单独注明该部分面积。

采用预制外围护墙时，应说明预制外围护墙外饰面采用的材料及做法，如：装饰面砖反打、石材反打等。

对装配式的其他设计内容进行说明，并说明相关做法。

（2）设计图纸

在平面图中用不同图例注明采用的装配式设计内容、预制构件的范围，并标注预制构件尺寸及与轴线的定位关系，给出预制构件与现浇部位的平面构造做法等；在立面图中对预制构件板块划分的立面分缝线、装饰缝和饰面做法进行详细设计；剖面图中注明预制构件位置，并采用不同的图例表示；绘制涉及防水、保温、隔声、防火等的技术构造节点详图，绘制墙身大样详图、平面放大详图，清楚表述预制构件相关连接部分之间的关系。

（3）集成部品

给出集成卫生间、集成厨房、集成收纳的位置、规格尺寸及选型、接口和收口设计详图等。

**2. 结构专业相应的装配式设计内容**

（1）设计说明

编制装配式结构设计总说明：说明装配式结构类型，各单体采用的预制结构构件布置情况等；列出装配式相关的国家和地方规范规程、标准等设计依据；列明因装配式带来的地震作用调整、荷载取值变化等；对预制构件种类、编号方式进行说明；对连接材料种类及相关要求进行说明；对预制构件制作、存放、运输、吊装、施工安装提出相关要求和说明；其他针对本项目的装配式内容的必要说明等。

（2）设计图纸

绘制预制构件拆分布置图；绘制预制构件连接用预埋件详图及布置图；绘制竖向预制构件剖面图；绘制预制构件连接节点详图；给出预制结构连接所需配筋表及相关材料要求等；绘制各类典型构件详图；其他本项目预制构件所需要表达的图纸内容等。

（3）计算书

考虑装配式带来荷载差异和变化的内容，在计算软件里对装配式结构的相关计算系数进行调整，对预制构件进行定义，对接缝受剪承载力等进行规范规定的验算，并输出计算结果，其他所需要进行补充计算的内容（如：夹芯保温拉结件等）。

**3. 机电设备专业相应的装配式设计内容**

（1）设计说明

说明项目采用装配式的楼栋范围和预制构件分布等情况；说明机电设备各专业在预制构件内预留预埋的相关要求；对预留预埋的箱盒、孔洞、沟槽等部位所应采取的隔声、防火、防水、保温等措施进行说明；其他因装配式需要特别说明的内容。

（2）设计图纸

在预制构件平面布置图上注明预制构件预留预埋的部位；标注预留预埋的孔洞、沟槽、线管、线盒等的规格尺寸要求，并给出平面定位，必要时给出安装节点的剖面图；其他需要特别表达的预埋预留图纸内容。

**4. 内装设计**

给出内装设计说明，内装机电点位详细定位尺寸，做法构造详图，预埋件及预留洞口等设计要求。

**5. 装配式专项设计需要强调的其他要点**

（1）装配图设计

在完成的平面、立面拆分图的基础上，进行现场施工安装的装配图设计，给出吊装顺序、吊装方向、吊装吨位等详细信息。

（2）预制构件的补充验算

在主体结构整体计算分析的基础上，对预制构件进行脱模、运输、吊装、临时支撑、施工安装等各工况进行补充验算，并给出连接、承载力等计算书。

（3）装配式建筑预评价

形成设计阶段装配式建筑的预评价工作，核定装配式指标，提供相关的计算书和图纸供施工图审查单位或第三方复核单位审查。

（4）协同设计

对于预制构件需要集成的设计内容，如窗框一体化、暗埋的精装点位等，需要与门窗、精装、幕墙厂家和施工单位等进行协同配合设计。

（5）技术节点详图

对预制外墙的拼缝防水构造、预制构件的连接或锚固、夹芯保温拉结件等进行详细完整的技术节点详图设计。

（6）过渡层的预埋插筋设计

对于竖向构件，在现浇与预制的过渡层，需要进行详细的插筋设计，并在完成上层预制构件深化图设计时进行二次复核。

### 1.1.5 预制构件深化图设计

在施工图设计的基础上，完成预制构件的深化图设计，深化图设计的工作内容主要有：

（1）预制构件配筋详图设计，并给出钢筋下料表。

（2）精装点位预埋预留、线管的预埋、线管连接接口预留布置。

（3）预制构件用于脱模、吊装的预埋件布置设计与承载力复核验算。

（4）预制构件连接筋及连接件设计及预埋布置。

（5）结合现场塔式起重机型号和塔式起重机布置，对预制构件吨位进行复核。

（6）预制构件上的模板固定用预埋件设计及布置。

（7）预制外墙板上施工外架体系（悬挑架、爬升架等）所需的预留洞或预埋件设计布置与承载力复核。

（8）开口预制构件临时加强型钢等采用的设计措施。

（9）夹芯保温构件的拉结件布置与承载力验算。

（10）预埋窗框或预埋窗副框设计和防水构造设计。

（11）预制构件连接节点钢筋的碰撞干涉检查。

（12）预埋件与预留洞口、槽口等干涉检查和避让。

（13）给出预制构件生产制作及施工安装的允许误差控制要求和标准。

（14）给出预制构件存放、运输过程中支垫位置及要求。

（15）给出预制构件安装时临时支垫及支撑要求，给出临时支撑拆除的条件。

（16）其他集成设计内容及协同配合。

### 1.1.6 后期技术服务

**1. 图纸征询意见**

设计图纸提交建设单位、预制构件工厂、施工单位、集成部品供应单位等相关协作方，进行图纸会审，征询各方意见。对相关优化及调整意见进行沟通确认，修改调整最终设计图。

**2. 生产阶段**

对预制构件工厂进行技术交底；协助甲方提供咨询顾问、技术支持、质量把控；对构件厂模具深化设计提出的疑问进行答疑；协助构件厂生产、脱模、存放、构件运输支架等方案的确定；生产过程中涉及修改变更时，出具相关文件等。

**3. 安装阶段**

对总包方进行技术交底；协助甲方提供咨询顾问;协助总包方选择存放场地方案、行车路线方案、临时加固方案等；协助总包方进行塔式起重机布置方案优化，吊装装配方案选择；安装过程中涉及修改变更时，出具相关文件等。

## 1.2　装配式混凝土建筑设计特点

装配式混凝土建筑的设计有以下特点:

（1）需要进行集成，即一体化设计。既包括一个系统内的集成，如结构系统内将柱与梁、梁与墙板设计成一体化构件；又包括不同系统的集成，如将结构系统剪力墙与建筑系统的保温、外装饰设计成一体化的夹芯保温外墙板。

（2）需要建筑设计师、结构设计师、水电暖通设备设计师和装修设计师密切协同。“装配式”概念应伴随各个专业设计全过程。

（3）装修设计被纳入设计体系，提前到施工图设计阶段介入，而不再是工程后期或完工后再设计。

（4）设计人员须与制作厂家和安装施工单位等技术人员密切协同，在方案设计阶段就需要进行协同。

（5）设计要求精细化、模数化和标准化。

（6）整个设计过程须具有高度的衔接性和互动性。

## 1.3　设计原则与流程

### 1.3.1　装配式混凝土建筑的设计原则

装配式混凝土建筑设计需要遵循一定原则，按装配式建筑的规律和特点进行设计，才能达到项目预设的目标，实现项目的各方面效益。

**1. 同步原则**

装配式设计在设计前期就应与建筑设计同步，装配式设计贯穿全过程，形成同步且闭环设计。

**2. 效益与效能原则**

不应被动地为实现预制率、装配率而设计，而应以实现功能、效率和效益为目标，以解决实际问题为出发点，降本增效。避免为装配式而装配式，勉强拼凑预制率。

**3. 协同设计原则**

装配式混凝土建筑设计需要各个专业（包括装修专业）密切配合与衔接，进行协同设计。设计人员还应与部品部件制作工厂和施工企业技术人员进行互动，了解制作和施工环节对设计的要求和约束条件。装配式建筑对遗漏和错误宽容度低，如果埋设在预制构件中的管线、套筒、预埋件等发生遗漏或位置错误，后期现场将很难补救，开槽打孔会影响结构安全，重新制作构件会造成重大损失，影响工期。

需要特别提醒的是：现浇混凝土建筑，是在施工图设计完成后才确定施工单位；而装配式建筑则需要在设计初期就必须与预制构件工厂和施工企业协同合作。如此，更需甲方加强组织协调。

**4. 集成化原则**

装配式混凝土建筑设计应致力于集成化，如建筑、结构、装饰一体化，建筑、结构、保温、装饰一体化，集成厨房，集成卫生间，各专业管路集成化、整体收纳等。

**5. 精细化原则**

装配式混凝土建筑设计必须精细。设计精细是预制构件制作、安装正确和保证质量的前提，是避免失误和损失的前提。

**6. 模数化和标准化原则**

装配式混凝土建筑设计应实行模数协调和标准化，如此才能实现部品部件的工业化生产，降低成本。

**7. 全装修、管线分离和同层排水原则**

国家标准要求装配式混凝土建筑应实行全装修，宜实行管线分离和同层排水。这些要求提升了建筑标准，当然也提高了建造成本。是否搞、如何搞？一般由甲方决策，设计者应依据规范要求提出建议或给出方案比较。

**8. 一张（组）图原则**

装配式混凝土建筑与目前工程图表达习惯有很大不同，增加了预制构件加工图环节。构件制作图应表达所有专业所有环节对构件的要求，包括外形、尺寸、配筋、结构连接、各专业预埋件、预埋物和预留孔洞、制作施工环节的预埋件等，且必须清清楚楚地表达在一张或一组图上，无须制作和施工技术人员自己去查找各专业图纸，去标准图集上找大样图。

一张（组）图原则主要是为避免或减少出错、遗漏和各专业设计“撞车”。

### 1.3.2 装配式混凝土建筑的设计流程

装配式混凝土建筑的设计流程有别于传统现浇项目，只有遵循装配式混凝土建筑设计的客观规律，按装配式混凝土建筑的设计流程进行设计，完成流程中每个节点的设计内容，才能把装配式设计做好。

装配式设计工作应在设计各阶段同步展开，与协作的各单位和部门做好协同工作，完成每个阶段的工作内容，提交各阶段的工作成果，满足项目报批报建、专项评审、施工图审查、招标等各环节的要求。笔者整理的装配式混凝土建筑项目设计流程见图 1-2，供读者参考。

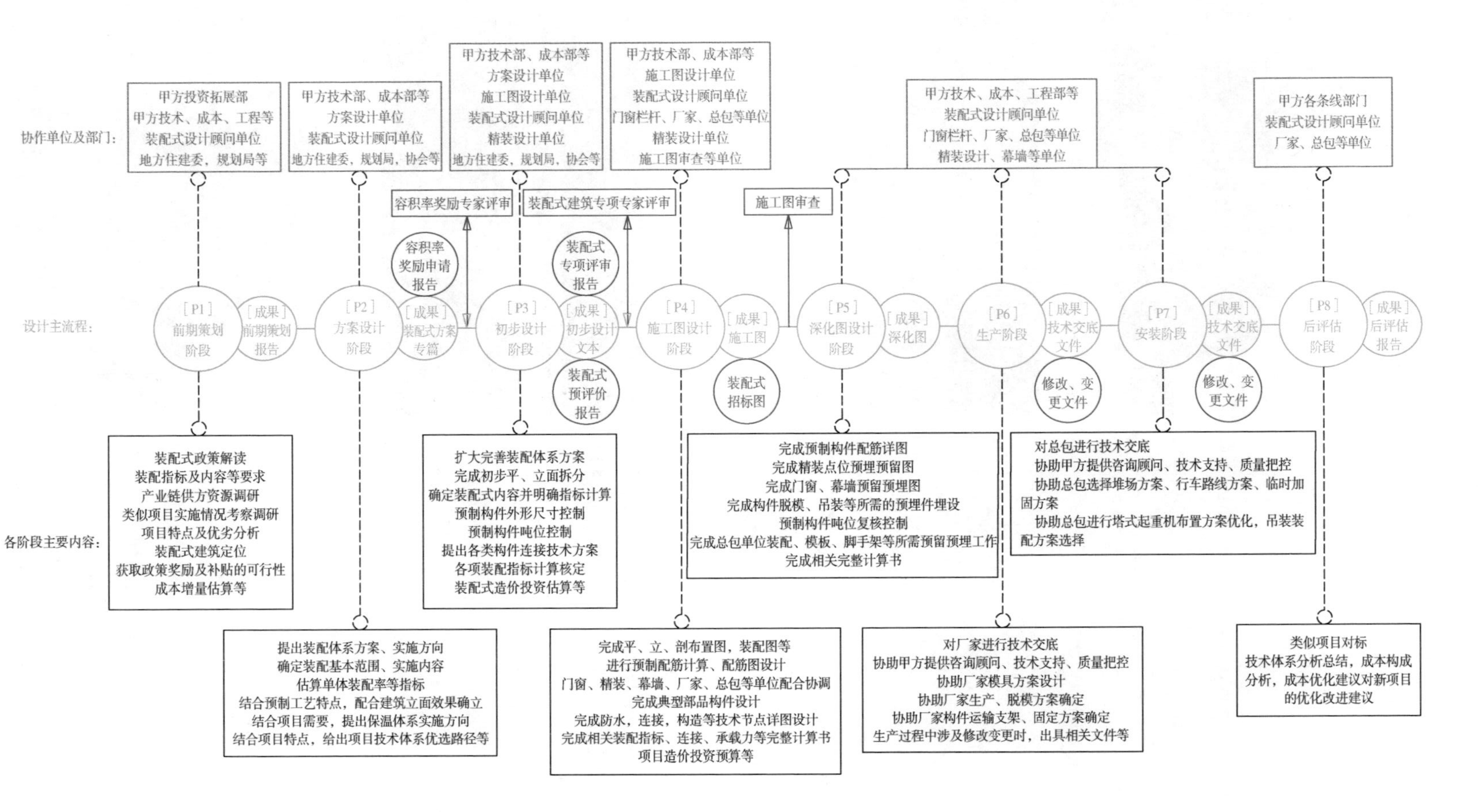


▲ 图1-2 装配式混凝土建筑项目设计流程图

## 1.4 国外优秀设计案例

装配式混凝土建筑从20世纪20年代发展至今，出现了很多非常优秀和经典的案例，笔者选取整理了几个案例资料介绍给读者。

### 1.4.1 美国凤凰城图书馆

▲ 图1-3 凤凰城图书馆

美国亚利桑那州凤凰城图书馆（图1-3）是一座绿色节能的装配式建筑典范，建筑设计师是搞雕塑出身的威廉姆·布鲁德，1992年建成时，引起了较大的轰动，这座图书馆在装配式方面有以下特点：

**1. 与环境相适应的装配式外围护系统**

凤凰城气候炎热，为了遮蔽强烈的日晒，建筑师在玻璃幕墙外设计了可自动调节的装配式遮阳系统，遮阳系统设计成隔列凸起交错布置的帆状，具有很强的雕塑感，遮阳系统还可以根据太阳光照射方向自动完成调节，将装配式节能系统和建筑艺术进行了完美结合，获得了很高的赞誉。

▲ 图1-4 预制柱脚螺栓连接

**2. 全装配式结构系统**

图书馆的结构系统采用全装配式结构系统建造，现场没有任何的现浇混凝土。竖向预制钢筋混凝土柱采用螺栓连接（图1-4）；预制框架梁搁置在预制柱扩大的柱头牛腿上装配连接而成（图1-5）；项目没有次梁，楼盖采用预制的双T板（图1-6），直接架在预制框架梁上，整个结构系统安装方便快捷。

▲ 图1-5 装配式梁柱节点及地面架空

**3. 装配式内装及管线分离系统**

图书馆楼地面采用架空层，所有的设备管线在架空层里设置（图1-5），在架空楼地面上直接铺上地毯，装修既简易方便，又满足了图书馆地面静音功能要求；照明系统的机电管线在双T板的板肋空腔吊顶内布置（图1-6），管线与结构体分离，安装简单快捷，后期维修方便。

▲ 图1-6 预制双T板及吊顶照明

#### 4. 组合的装配式结构体系

图书馆的顶层柱采用上小下大的变截面柱，柱脚与下层预制柱头采用螺栓连接；屋盖系统采用轻钢屋面张弦梁体系（图 1-7），屋面设置采光天窗。整个结构体系是装配式混凝土结构和装配式钢结构的组合体系，结构体系设计比较灵活。像这样的全装配式组合结构体系，在低、多层建筑里的应用思路，我们可以从中获得一些启发。

▲ 图 1-7　装配式张弦梁轻钢屋面系统

### 1. 4. 2　东京鹿岛赤坂大厦

▲ 图 1-8　东京鹿岛赤坂大厦

鹿岛赤坂大厦是一座地上 32 层的超高层建筑，高 158m，建筑面积 5. 37 万 $m^2$，其中 4. 17 万 $m^2$ 写字间，6600$m^2$ 住宅，522$m^2$ 商铺，见图 1-8。

赤坂大厦在 2011 年建成，是一座经典的装配式建筑，在装配式混凝土建筑史上具有里程碑意义。

赤坂大厦装配式设计特点如下：

（1）结构体系为筒体结构，与其他筒体结构不同的是，其外筒是个“束柱”筒体，由 4 根柱子组成一个“束柱”，再由 20 个“束柱”构成整个结构的外筒。其内筒只有核心部位的 4 根圆形钢管混凝土柱。建筑平面布置图见图 1-9。

（2）外筒“束柱”的外侧柱隔层设置一道梁，内侧柱每层都设置梁（图 1-10）。外筒“束柱”与梁都是预制的，柱和梁全部采用灌浆套筒连接，预制构件之间连接处只有拼缝，没有任何后浇混凝土连接，设计得非常巧妙，这在世界上是首创。

（3）内筒 4 根钢管柱（图 1-11）与外筒混凝土“束柱”之间跨度约为 17m。楼盖梁为钢梁，与外筒混凝土梁的连接节点见图 1-12。楼盖采用压型钢板现浇混凝土楼盖。

（4）这座建筑号称是世界上预制率最高的超高层建筑，除了压型钢板现浇混凝土楼盖外，全部结构都由预制构件装配而成。如果采用叠合楼板，预制率则会更高。

（5）内筒部位的 4 根钢柱在施工期间是塔式起重机支座，先于外筒预制混凝土柱梁安装，随层升高。建设项目所在地是建筑密度很大的闹市区，施工作业场地很小，将塔式起重机设置在内筒核心区，核心区采用便于装配的钢结构，是非常合理巧妙的安排，如图 1-13、图 1-14 所示。

（6）该建筑在转角处采用了装配式制震系统，见图 1-13 和图 1-15。

（7）这座建筑还采用了超高强度等级的混凝土（最高为 C150），高强度等级钢筋（常规钢筋强度等级的 1. 4 倍）等。

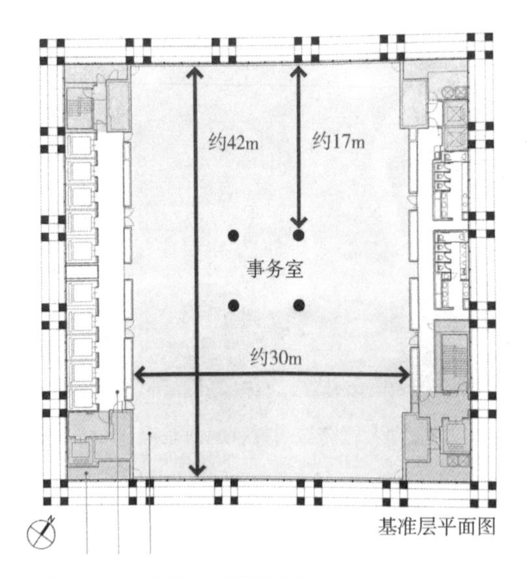


▲ 图 1-9 赤坂大厦平面图

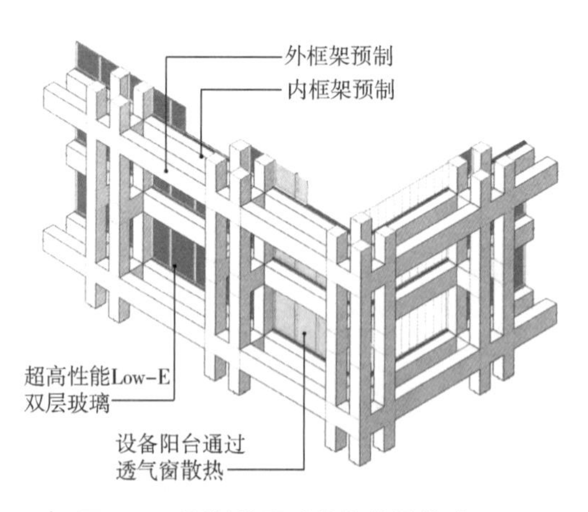


▲ 图 1-10 预制装配式外筒柱梁构造

▲ 图 1-11 内筒钢管混凝土柱

▲ 图 1-12 钢梁及其与预制混凝土柱连接

▲ 图 1-13 内筒核心区钢结构作为塔式起重机支撑先于外筒施工

▲ 图 1-14 施工用塔式起重机

▲ 图 1-15 预制外筒安装及转角处的防震装置

### 1.4.3 悉尼歌剧院

悉尼歌剧院是 20 世纪最伟大的建筑之一，也是一座精彩的装配式混凝土建筑。除了基础柱、柱台和基础梁为现浇混凝土外，地面以上结构系统和围护系统，还有室外地坪，都由预制混凝土构件装配而成，包括拱肋、屋面板、柱、梁、外挂墙板和地面板等。

悉尼歌剧院的形体很不规则，屋顶围护系统由十几个形态各异高低不同的“贝壳”组成，如图 1-16 所示。

▲ 图 1-16 悉尼歌剧院

设计悉尼歌剧院的丹麦建筑师约翰 · 伍重在方案设计时，主要考虑歌剧院的艺术形象和使用功能，对结构和施工建造未深入考虑，只是大致确定“贝壳”采用钢筋混凝土薄壁结构。方案中标进入施工图设计阶段并考虑施工工艺时，才发现原方案存在很大问题。

第一个问题是：结构计算和模拟试验的结果表明，钢筋混凝土薄壁“贝壳”在飓风荷载作用下不安全。

第二个问题是：现场浇筑非线性自由曲面难度太大，成本也太高，超出了当时的施工技术能力。那时（60 多年前）还是计算尺、对数表时代，连计算器都没有普及，更没有三维软件和实现复杂造型的数控设备。

如何解决这两个难题？有人建议将钢筋混凝土薄壁结构改为钢结构，在钢结构构件外再包裹混凝土。但约翰 · 伍重不同意。他认为那样做不诚实，混凝土在结构上未起任何作用。约翰 · 伍重提出了自己的解决方案：

（1）将“贝壳”薄壁结构改为 V 字形拱肋结构，以增加刚度。

（2）采用装配式建造工艺。

（3）在拱肋上面铺围护、防水、装饰一体化屋面板。

（4）将有些随意的“贝壳”曲面造型改为相对规则的球面组合造型，由此大幅度减少了拱肋和屋面板模具的种类与数量，降低了成本。

修改设计后的悉尼歌剧院成了预制率非常高的装配式建筑，基础以上结构和围护系统都由装配而成，预制率达90%以上。悉尼歌剧院的装配式设计，包括连接节点设计、预制构件设计、制作工艺设计和安装工艺设计等都有精彩之笔，下面择其重点做简单介绍。

**1. 拱肋**

悉尼歌剧院的“贝壳”不是薄壁结构，而是V形拱肋结构。一根根V形变截面非线性拱肋并排组合成“贝壳”曲面，上面再铺屋面板。

▲ 图 1-17　V 形拱肋与拱肋制作模台

V形拱肋和制作拱肋的模台如图1-17所示，V形拱肋与屋面板如何组合成贝壳曲面可参见图1-18所示。

拱肋是悉尼歌剧院最重要的结构构件，最长的拱肋长达60多米，拆分成13节预制。整个工程一共有2194节拱肋。

拱肋沿长度方向是曲线，断面是渐变的，为保证每节拱肋与相邻拱肋连接精准无缝，拱肋模具每5节制作一个通长模台，一根13节长的拱肋制作需要3个模台。第1座模台第1节拱肋首先预制，拆模后不吊走，而是以其顶端作为第2节拱肋底端模。第2节拱肋拆模后，顶端再作为第3节拱肋的底端模。如此递进直至5节拱肋制作完毕。再把第5节拱肋吊到第2座模台第一个位置上，其顶端作为该模台第2个位置拱肋的底端模。如此递进做完第2座模台上的4节构件。然后再将第2座模台上最后一节拱肋吊到第3座模台第一个位置上，作为该模台第2个位置拱肋的底端模。如此递进直到13节拱肋全部制作完成。图1-17可看到一座模台制作多节拱肋的情况。

▲ 图 1-18　拱肋与屋面板组成“贝壳”曲面

拱肋没有粗糙面和键槽，也没有伸出钢筋和埋设灌浆套筒，多节拱肋如何连接成一根整体受力构件呢？

约翰·伍重设计团队的办法很聪明：

（1）拱肋与拱肋之间靠9根钢索连接，类似于后张法预应力原理。由图1-17所示拱肋断面可看到用于穿钢索的预留孔。

（2）并排拱肋用钢索做横向连接，如此，纵横钢索将拱肋组合成整体。

（3）每节拱肋之间用专门研发的树脂粘接。试验表明，在受拉和受剪状态下，混凝土破坏了，树脂粘结面没有破坏。

拱肋的模具用胶合板制作，表面涂刷树脂，既可增加模具周转次数，又可使混凝土表面光洁。拱肋表面采用精细柔和的清水混凝土，效果非常好。

**2. 屋面板**

"贝壳"表面是盖在 V 形拱肋上的预制混凝土瓷砖反打屋面板，见图 1-18 右侧部位。

悉尼歌剧院一共用了 105.5 万块瓷砖，4228 块瓷砖反打预制混凝土板。其中最大的板，长 10m，宽 2.3m，重达 4t。

施工方本想用现场贴砖工艺施工，约翰 · 伍重不同意，他认为那样做保证不了精度，在曲面上贴砖，不易控制质量，一旦凸凹不平，光影下非常难看，伍重要求采用预制反打方式。

▲ 图 1-19　瓷砖反打用动物胶分隔

屋面板反打工艺非常精细，特意用了一种动物胶进行分隔（图 1-19），既确保瓷砖定位准确，又可避免混凝土漏浆，在蒸汽养护过程中动物胶还会融化，瓷砖缝非常干净。脱模后再用树脂封闭瓷砖缝，既防水又防杂物污染。

屋面板与 V 形拱肋之间用螺栓连接。

**3. 其他预制构件**

悉尼歌剧院采用的其他预制混凝土构件包括梁、柱、外挂墙板和室外地坪板。

图 1-20 为悉尼歌剧院前立面，可看见 3 个"贝壳"屋顶边缘的 V 形拱肋和墙体外挂墙板。

图 1-21 是外墙细部照片，有柱、梁和外挂墙板。柱和梁是清水混凝土，外挂墙板是露骨料的彩色混凝土，也就是水刷石。预制室外地坪板与外挂墙板一样，也是水刷石板。

▲ 图 1-20 悉尼歌剧院前立面

▲ 图 1-21　悉尼歌剧院外墙细部

悉尼歌剧院于 1973 年建成，至今已使用 46 年，其艺术形象大放光彩，富有创新的装配式技术所实现的精致品质受到业界及大众的好评，大胆的构件连接技术，也经受住了时间的考验。

# 1.5 国外设计组织与管理模式举例

装配式混凝土建筑设计组织和管理模式在各个国家或项目之间存在差异，有的是采用建筑师负责制来进行装配式建筑设计与建造的组织和管理，有的是由结构工程师来决定是否采用装配式结构设计，有的则由施工单位来确定采用何种工法建造。

**1. 建筑师引领装配式建筑设计与管理**

在欧美等不少发达国家，实行建筑师负责制，建筑师的工作不仅是设计，还要对项目实施进行组织与管理，其责任和权力都很大，结构工程师、机电设备工程师均由建筑师负责邀请和聘用，由建筑师负总责。建筑师要对建筑质量和设计缺陷负责，由于渗漏等质量问题或设计缺陷等原因还会被业主告上法庭，正因为建筑师承担责任，所以建筑师有权根据自己的方案构思决定是否采用装配式建造，以及选择什么样的施工单位来建造，建筑师负责制是以对建筑效果和功能效果负责为主导的责任体系。

建筑师负责制的设计管理模式机动灵活，建筑师可以很方便地调动社会上适合本项目所需的，确有专业特长的工程师来完成自己的构想，更容易完成自己独创性的方案构思。比如：悉尼歌剧院的装配式混凝土结构是非常成功的，当时条件下，采用混凝土现浇施工工艺无法实现伍重的方案构思，采用钢结构外包裹混凝土的做法也不符合伍重的设想，他找来了当时欧洲最为出色的结构工程师阿鲁普来合作，采用创新性的预制装配式才实现了自己理想中的作品。

装配式建筑在20世纪的兴起，都是由一些建筑大师引领的。一些世界级的著名建筑师，如：瓦尔特·格罗皮乌斯、勒·柯布西耶、贝聿铭、山崎实、约翰·伍重等，都是装配式混凝土建筑的引领者或实践者。

（1）瓦尔特·格罗皮乌斯

格罗皮乌斯是20世纪最著名的建筑理论家和建筑大师，现代主义建筑的开山鼻祖和领军人物，担任过著名的德国包豪斯学校校长和美国哈佛大学建筑学院院长。格罗皮乌斯早在1910年就提出：钢筋混凝土建筑应当预制化、工厂化，同时主张大幅度降低建筑成本、提高效率、节约资源，以满足现代社会大规模建筑的需要。20世纪50年代后期，格罗皮乌斯设计了59层的纽约泛美大厦（现为METLIFE保险公司大厦），于1963年建成，用了11000多件预制混凝土构件，见图1-22、图1-23。

▲ 图1-22 格罗皮乌斯设计的装配式建筑——纽约泛美大厦

尽管泛美大厦招致了很多批评，说它呆板、单调、丑陋，但它对装配式混凝土建筑，特别是超高层装配式混凝土建筑的引领作用是非常大的。

▲ 图 1-23 纽约泛美大厦预制构件细节

（2）勒 · 柯布西耶

法国建筑师勒 · 柯布西耶是 20 世纪另一位世界级建筑大师，富有创新精神，极其推崇工业化建筑，是功能主义建筑的泰斗，被称为“功能主义之父”。1927 年在其著作《走向新建筑》中写到：“工业应当大规模地从事住宅建造，批量制造住宅构件，批量生产住宅”；“我已经 40 岁了，为什么我不为自己买一所房子，一所按照我买的福特汽车那种规则建造的房子”。他 50 年代初期设计了著名法国马赛公寓（图 1-24），采用了大量预制混凝土构件。这座建筑影响很大，争议也很大，在法国不受欢迎，但在德国其复制品大受欢迎。德国二战期间建筑毁坏严重，建筑需求量很大，成本低工期短的建筑更符合实际需求。

▲ 图 1-24 勒 · 柯布西耶设计的马赛公寓

（3）贝聿铭

著名美籍华裔建筑师贝聿铭是格罗皮乌斯的学生，新现代主义建筑风格代表人物，也是装配式混凝土建筑非常执着的推动者。在 20 世纪世界著名建筑大师中，他设计的装配式混凝土建筑最多，也最成功。

贝聿铭强调建筑艺术的社会性。他挖掘混凝土的美学价值，大胆尝试装配式建筑，就是出于降低造价、让更多的人住上房子的社会目的。

贝聿铭设计的费城社会岭公寓 1964 年建成，是三栋 34 层公寓（图 1-25、图 1-26），采用了装配式技术，并用了白水泥清水混凝土。这组建筑不仅精致漂亮，还降低了成本，受到了业主和评论界的好评。追求精致精细是新现代主义建筑风格的重要特征，贝聿铭青睐装配式，与工厂预制构件比现浇混凝土更精细有关。

▲ 图 1-25 费城社会岭公寓

**2. 由结构工程师在设计环节决定是否采用装配式**

结构工程师注重功能，和发明家

一样，或许不太关心建筑的外观，但他们注重解决工程实际问题，从实际需求出发，设计出满足不同场景和功能需求的优良结构，创造性地解决问题。

▲ 图 1-26 费城社会岭公寓细部

结构工程师通过理性的力学分析，充分发挥结构材料各自的特性，将合适的材料用在合适的位置，用理性诠释着建筑的力与美，有着朴实的自然哲学思维。装配式结构，是结构工程师结合实际需要而选择的一种结构设计途径。

罗马奥林匹克小体育馆（图 1-27），结构设计由皮尔·卢伊奇·内尔维完成，内尔维是 20 世纪著名的结构设计大师，享有“混凝土诗人”的美誉，对预制化混凝土结构有着深刻的理解，该体育馆的半球形屋顶，内尔维设计成了装配整体式叠合结构，1620 块预制钢筋混凝土菱形壳体构件装配形成穹顶的底模，其上再整浇一层不超过 100mm 厚的现浇层，叠合形成一个整体受力的球壳（图 1-28），预制菱形构件壳体最薄处仅有 25mm 厚，受力合理，拼装简便，起重机安置在中央天窗处吊装预制构件，十分巧妙。体育馆基础为环形，也是由预应力混凝土构件制成。

▲ 图 1-27 罗马奥林匹克小体育馆

奥韦·阿鲁普是 20 世纪与内尔维同时期的另一位著名结构设计大师，他是著名工程咨询设计公司奥雅纳的创始人，悉尼歌剧院的装配式结构设计就出自阿鲁普之手，悉尼歌剧院结构复杂，阿鲁普认为采用现浇混凝土是无法实现伍重所期待的曲面薄壳的，合理的方案应是采用预制混凝土构件装配而成，经过长时间的解释，伍重同意了阿鲁普的建议，历时 6 年的设计和施工，阿鲁普和伍重携手呈现给了世界一个精彩的、创新的装配式建筑。

**3. 由施工单位决定是否采用装配式建造**

日本的施工图设计是由建设公司（施工方）来完成的，在日本，像鹿岛、前田等建设公司一般都有完备而强大的研究院、设计院和施工管理团队。日本的装配式建筑的设计建造采用“并联”式分包管理模式，每个分包方都是专业化、职业化的企业，在一个项目里专业分包方可能多达数十个，各专业分包方平行地在项目里发挥各自的作用，各司

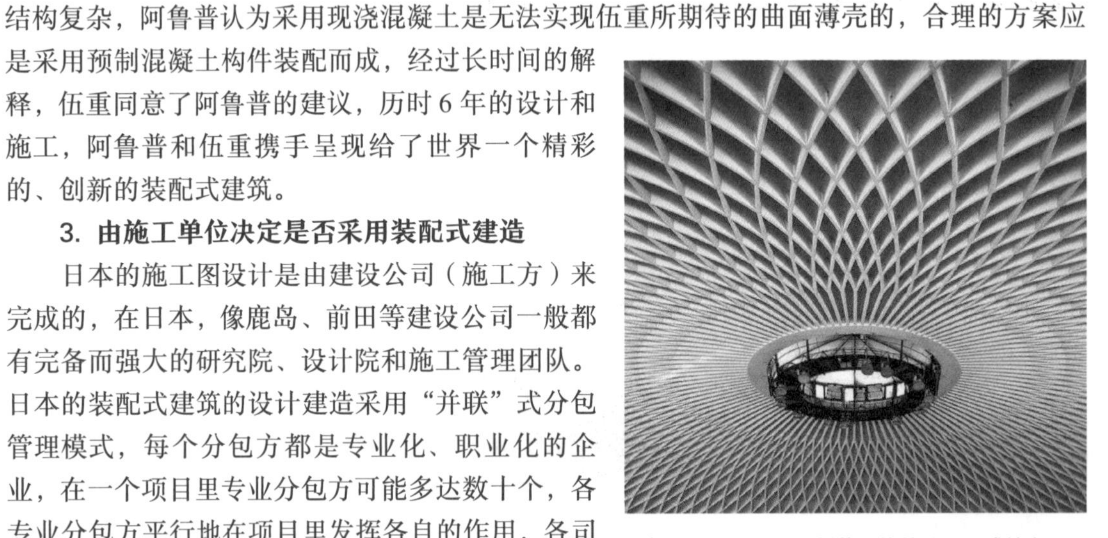

▲ 图 1-28 由预制菱形构件装配而成的穹顶

其职。

建筑设计事务所完成前期策划、设计图后，由建设公司完成施工图设计，将建筑、结构、水、暖、电及装修的图纸综合在一起，结构施工图融合了墙、柱、梁、板及节点尺寸等全部信息，并兼顾建筑与设备安装的综合施工信息，建筑施工图融合了建筑与装修内容，综合反映了二次结构，地面、墙面、顶棚及各细部节点的全部信息，做到每一个施工步骤都有图可依，特别是节点的处理，各项完整的施工图完成之后再开工建设。建设单位设计部门在施工图设计时，与施工安装部门协同，将设计和施工融为一体，根据现场的施工条件、工期、安全、成本、用工等因素综合进行判断，决定是否采用装配式建造。由于日本采用管线分离，配管安装图等综合信息已在施工图设计时予以综合考虑，因此预制构件的深化图设计则可以由预制构件工厂完成。

# 第2章
# 设计存在问题的类型与危害

**本章提要**

为让读者对装配式混凝土建筑设计中存在的问题有个全面和系统的了解，本章对装配式混凝土建筑设计常见问题进行了分类和汇总，并对设计问题可能造成的危害进行了分析。

## 2.1 设计存在问题举例

我国装配式建筑的发展还处于初期阶段，装配式混凝土建筑各环节的专业人员尚比较稀缺，规范及标准体系也在逐步完善中。目前，大部分设计人员缺乏装配式设计经验，装配式设计能力还比较薄弱，在设计方面经常出现各类问题。

**1. 装配整体式剪力墙结构体系问题举例**

项目采用悬挑式脚手架施工时，脚手架的悬挑型钢需要穿过外围护墙，当外围护墙采用预制时，悬挑型钢不可避免地需要穿过预制外墙。图2-1为建筑物阳角转角部位悬挑脚手架型钢穿越预制剪力墙板，由于设计阶段未考虑洞口预留，墙板安装完后现场不得不进行凿洞，预埋的灌浆套筒被严重破坏，结构难以恢复。

（1）问题产生的几个可能原因

1）集成一体化设计缺失，设计人员不熟悉后续施工安装所需要集成的设计内容，未提出相关提资需求，导致设计内容缺项。

2）装配式设计管理缺失，没有按装配式设计所要求的设计流程进行管控，施工单位未能提前招标确定，未组织协同设计，施工安装方案不明确。

3）施工单位前置工作缺失，缺乏装配式建筑的协作配合经验，尚未形成向设计提资的习惯，还停留在现浇施工模式上，被动地接受施工图，没能主动地参与到前端的设计

▲ 图2-1 预制剪力墙底套筒连接区被后凿挑架洞破坏

中去。

（2）问题造成的危害

1）影响结构质量和安全。连接套筒被破坏，以及邻近的灌浆套筒混凝土握裹力也被削弱，影响结构承载力，是原则性问题。

2）造成外墙渗漏隐患。被随意凿开的洞口，混凝土出现疏松，即使做了加固修复，其密实性及整体性亦不如一次浇筑成型的质量好，成为外墙出现渗漏隐患的风险部位，需要另外采取防水措施。

3）增加成本和工期。被破坏的连接区加固修复和采取防水措施增加了成本，加固修复较麻烦，增加了加固和防水处理等施工作业工序，将影响项目整体工期。

**2. 装配整体式框架结构问题举例**

图 2-2 为一装配整体式框架结构的主次梁连接处的现场照片，其主框架梁预制，梁截面尺寸为 400mm×800mm，框架梁平面外有两根 200mm×350mm 的现浇次梁，框架抗震等级为一级，主体结构设计单位在施工图中给出了梁底纵筋贯通，而梁腰筋在后浇段内断开的“鱼骨”式主次梁连接方案（即混凝土缺口处梁底纵筋保持连接）（图 2-3），而深化设计单位未与主体结构设计单位进行有效沟通，按主体结构设计单位给出的要求直接进行了深化图设计，预制构件现场吊装就位封模后，发现有三个问题难以处理：一是预制框架梁的现浇区段的闭口箍筋绑扎就位困难；二是腰筋在后浇段内需要二次连接；三是顶部纵筋在封闭箍筋内穿筋就位困难。

▲ 图 2-2　主次梁“鱼骨式”预制连接现场照片

（1）问题产生的原因

1）结构方案未按装配式结构的要求进行优化，次梁布置方案较随意，装配式框架结构主次梁连接节点应尽可能减少，需要以此为原则优化次梁布置，本项目经梳理后发现，若充分按装配式结构特点进行优化设计，预制主次梁连接节点可以减少约 30%，从而大幅降低预制装配的难度。

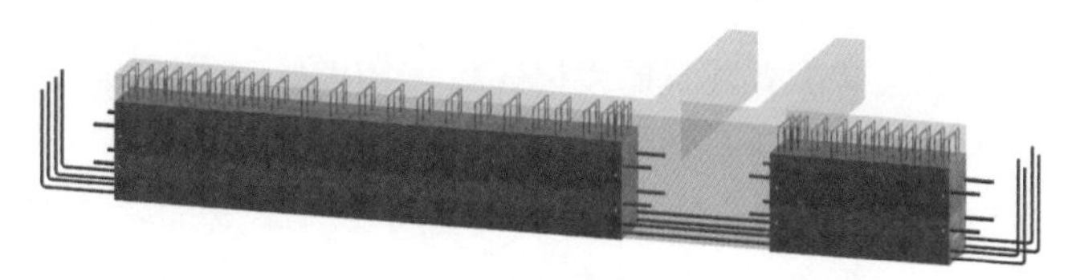
▲ 图 2-3　主次梁“鱼骨式”预制连接方案示意图

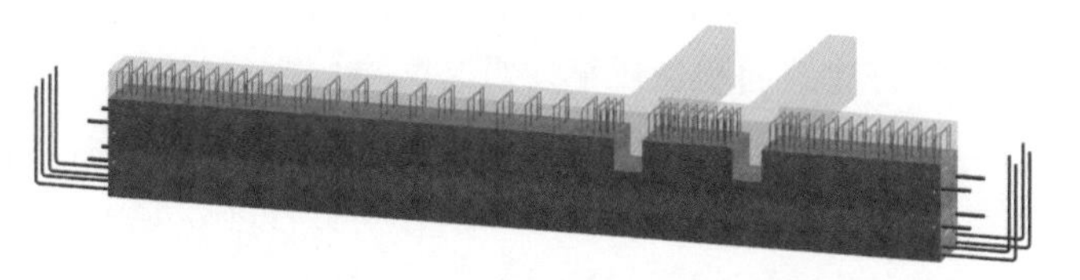
▲ 图 2-4　主次梁“槽口式”预制连接方案示意图

2）设计人员对后续生产和安装环节要求不熟悉，采用了“鱼骨”式预制连接方案，给生产和安装带来了很大麻烦。若充分考虑制作和施工的便利性，本项目可采用相对合理的“槽口式”预制连接方案（图 2-4），从而大大降低制作和施工的难度。

3）深化图设计人员未与施工图设计人员进行有效的沟通协调，将不合理的方案延续到了后端生产和安装环节。深化设计时也未考虑现浇与预制对施工安装带来影响的差异性，将封闭箍筋弯钩按现浇设置在梁顶部，导致现场顶部纵筋穿筋困难，若将封闭箍筋弯钩设置在梁底，则可以给施工带来很大的便利。

（2）问题造成的危害

1）影响制作效率和成本。一根预制框架梁被分成好几段，需要增加横截面梁端模具，增加作业工序，增加人工，脱模也困难，预制制作效率低，成本增加显著。

2）现场施工困难。封闭箍筋无法套入后浇段内梁底纵筋，腰筋也需要进行二次连接。

3）影响工期和质量。经了解该项目中，一根预制梁最多的被分成了四个预制段，最短的预制段不足半米，制作和安装效率都很低，影响工期；另外由于后浇段箍筋绑扎就位操作困难，可能导致工人擅自不进行箍筋设置或少设置，隐蔽工程验收点多，增加了施工管理难度，极有可能因施工及管理不到位而给结构安全留下隐患。

4）增加临时补强措施。预制框架梁缺口两侧需要增设槽钢等临时补强措施，增加了措施费用。

# 2.2　常见设计问题分类

## 2.2.1　按照产生的原因分类

**1. 外部原因**

（1）政策原因

我国装配式建筑的发展还处于初期阶段，发展水平也不平衡，认识上还存在差距，有些地方的政策缺乏科学性和合理性。

1）指标要求不合理。一方面是装配式建筑占新建建筑的比例要求过高，无论项目规模大小，均要求采用装配式建造；另一方面是预制率或装配率指标要求过高，导致一些不好预制、不便安装的构件也需要预制。

2）指标要求不灵活。同一个项目内各单体之间预制率、装配率不允许调剂，不允许按照各楼栋建筑面积加权平均对装配指标进行综合平衡，见式（2-1），通过加权平均可以适当提高规模大、标准化程度高的楼栋的预制装配指标，而对不适合预制的楼栋降低预制装配指标，甚至不预制，使得预制装配方案更合理。

$$\frac{\sum A_i \times a_i\% + \sum B_j \times b_j\%}{\sum A_i + \sum B_j} \geqslant c\% \tag{2-1}$$

式中　$A_i$——不适合采用装配式建造或可以采用较低预制率、装配率建造的各楼栋面积；

$a_i\%$——各楼栋实际可以做到的较为合理的预制率、装配率指标；

$B_j$——适合提高预制率、装配率的各楼栋面积；

$b_j\%$——各楼栋实际可以做到的较为合理的预制率、装配率指标；

$c\%$——本项目实际需要满足的预制率、装配率指标。

不合理的指标要求会导致设计方案不合理，不利于装配式建筑的实施。笔者曾遇到过这样一个项目：项目总计容建筑面积为 178097m$^2$，其中住宅总计容建筑面积为 173330m$^2$，配套公建总计容建筑面积为 4767m$^2$（一栋 2 层的社区商业配套面积为 2570m$^2$，一栋 2 层社区托老配套用房面积为 1230m$^2$，三栋 1 层的变电站面积为 194×3＝582（m$^2$），一栋 1 层的换热站面积为 385m$^2$）。根据当地装配式建筑实施要求的相关政策规定和本地住建局对本项目装配式建筑实施要求征询意见的复函，确定本项目装配式实施要求为"该项目住宅部分要求采用预制装配整体式建筑模式实施的比例不应低于该项目住宅总建筑面积的 30%，该项目公建部分应全部采用预制装配整体式建筑模式实施"。笔者认为对本项目 6 栋配套公建进行装配式建造要求是不合理的，配套公建规模小而且几乎谈不上标准化，会导致制作与施工效率低下，成本增加，不如把公建的装配式建筑面积转移到住宅中去实施。

（2）规范和标准原因

目前，我国标准规范还没有形成较为完善的体系，有的研究和认识还不足，有的还比较审慎和保守，如：对现浇部分竖向构件内力放大的规定，装配式结构位移角限值的规定，装配式结构的破坏机制和抗震性能的研究以及设计方法，针对低多层和高层装配式建筑的细分区分等，这些都有待进一步开展研究工作。

（3）结构体系适应性原因

1）剪力墙结构体系。国外高层剪力墙结构采用装配式的实例很少，尤其是装配整体式的剪力墙结构，没有可借鉴的成熟经验，高层剪力墙结构体系在预制装配式上还存在一些障碍需要进一步研究克服。邻国日本在早期曾经尝试过剪力墙预制装配，但最终没有进一步发展，目前高层结构预制装配以柱梁结构体系预制装配为主。

2）湿法连接为主。目前装配式结构设计以等同现浇的理念为主进行设计，先按现浇设计，再进行拆分预制，通过后浇段内湿法连接和锚固，来达到现浇结构的相同的整体性能，尤其对于剪力墙结构体系来说，由于现浇结构已经做到极致，用发展初期的装配整体式结构与其相比，在设计、施工安装、成本上还存在差距，装配式混凝土结构需要通过持续的技术研发、经验积累，克服障碍，才能最终发展成具有市场竞争力的体系。

3）全预制装配结构缺乏。预制构件伸出钢筋，采用后浇段内进行湿法连接和锚固的方式，是装配式结构施工安装困难、效率低下、成本高的主要原因，全预制装配结构可以做到免外架、免支撑，真正地提升效率、节约人工。目前，无后浇带的全预制装配结构体系在我国的研究应用中尚缺乏，对其抗震性能、设计标准需要进一步开展研究和实践。笔者认为，全预制结构体系的研究应用，可以首先从低、多层结构开始，国外一些成熟的应用案例也可供我们参考借鉴，比如：美国斯坦福大学 2500 个床位的学生宿舍（图 2-5），由于位于高烈度地震带，校方提出要以最高抗震标准和最高品质标准进行建造，最终选定采用的就是全预制装配方案来实现的。

（4）甲方原因

甲方在项目设计阶段，没有植入装配式的概念，在设计服务模式选择上出现了偏差，甚至有的选择工厂进行“免费”设计，未按装配式混凝土建筑应有的设计流程进行管控，没有组织设计、制作和施工单位间进行协同，导致设计协同不到位，集成设计内容缺项或集成设计不到位等问题。

▲ 图 2-5　全预制装配结构(美国斯坦福大学学生宿舍)

（5）装配式专项评审原因

目前，很多省市对装配式建筑技术管理的机制和措施还不完善，对装配式项目没有设置专项评审要求，没有组织有经验的设计、制作、施工、管理等各方面的装配式专家对装配式方案进行评审，导致不合理的装配式设计方案传导到后期的设计环节，造成项目存在先天性缺陷。

（6）施工图审查原因

目前，针对结构施工图和装配式设计文件的施工图审查主要偏向于技术节点和计算内容的审查，对于装配式设计是否方便生产制作、施工安装等的合理性审查缺失，而施工图审查通过后，即使后续深化设计单位有很好的优化建议，施工图设计文件也很难再进行优化调整，况且施工图设计单位配合优化调整的意愿也很低。另一方面，有的审图人员对装配式不熟悉，只能机械地对照规范和标准图集做法进行审查，对一些更加合理的装配式设计做法缺乏判断和审查能力。

（7）设计周期原因

装配式建筑设计由于增加了协同设计内容、前置工作内容、深化设计阶段工作内容，以及精细化设计要求更高，工作量增加较多，若按常规项目设计周期进行管控，就会导致设计周期不合理，协同配合不到位，设计深度不够的情况出现，导致设计问题在所难免。

（8）二维设计原因

目前，装配式的设计大多依赖各专业之间进行相互提资和反馈进行协同设计，提资的信息存在解读输入不全面、错误、滞后、效率低等问题，在集成设计时容易出现漏项、错误、干涉碰撞检查不到位等情况，这是二维设计的平台问题。装配式设计更强调信息协同和集成，需要上升一个维度来解决当前二维设计的不足，针对装配式建筑设计特点的三维设计软件平台还有待进一步研发和推广普及。

（9）技术进步与技术创新原因

装配式技术进步和创新，有利于推动装配式建筑健康发展，目前创新和创新技术应用还不够，如：在装配整体式结构预制构件连接和锚固方面，连接技术、连接产品、连接材料等研发应用方面还有待于开展更深入的工作。

**2. 内部原因**

（1）装配式设计意识缺乏

目前，有些设计人员的装配式混凝土建筑设计意识还比较缺乏，有的建筑方案和结构方案没有遵循装配式的规律和特点，给后续的预制构件设计和制作、施工带来困难；设计人员对标准化设计、集成一体化设计认识不足，习惯性按传统设计协作模式进行装配式设计，导致装配式设计在源头上就存在问题。

（2）专业人才缺乏

装配式建筑在我国起步较晚、发展较快，而装配式设计对设计人员综合素质要求较高，需要整合设计、制作、施工各个环节，需要协调沟通与其协作的建筑、结构、机电设备、精装、门窗等各部门和单位，装配式设计专业人才的培养需要一定时间，目前还比较缺乏，很多没经过专业培训的人员参与装配式设计，导致设计问题频繁出现。

（3）建筑师缺位

装配式建筑的装配式基因由建筑师的方案决定，建筑的标准化户型设计，平面布置的标准化模块设计，立面造型线条的效果控制等，都由建筑师的设计决定。目前在装配式设计领域，建筑师的装配式设计意识还比较淡薄，认为装配式就是结构工程师进行结构构件的预制装配，导致建筑师在装配式设计领域的缺位，从而在设计环节的上游就出现了问题。

（4）协同设计和集成设计不到位

装配式设计应该融入设计各专业，在设计各阶段完成相应的装配式设计内容，装配式设计除了需要覆盖全专业设计外，还需要覆盖设计、生产、安装全过程。任何一个环节的协同缺失，都可能导致设计出现问题，本章 2. 1 节所举的案例，都存在协同设计不到位的问题，从而导致集成设计内容缺项或预制装配方案不合理。

（5）设计深度不足

预制构件深化图须准确表达各专业的设计内容，严格区分预制构件是否镜像、给出预埋预留的详细信息、准确标注套筒连接出筋长度、绘制技术节点详图详细构造、标注施工安装顺序等，相关设计内容表达不完整、信息不明确、技术详图无针对性等设计深度不足的问题，都会导致后续环节出现问题。

（6）设计对生产和安装环节约束条件不熟悉

预制构件的制作、运输、安装等环节都有许多约束条件，设计人员对相关约束条件不熟悉，未遵循约束条件进行设计，会出现制作无法脱模、运输超高超宽、现场安装无法连接等各种由于设计原因导致的问题。

（7）执行标准不当

在执行规范标准和标准图集过程中，由于对装配式结构设计与现浇结构的差异不熟悉，也会出现一些执行标准不当导致的设计问题。

### 2. 2. 2　按照设计阶段分类和汇总

本小节根据装配式设计各阶段的工作内容，在装配式混凝土建筑发展的当前时期，对由于设计协同缺失、集成一体化设计不到位等原因产生的常见问题进行分类和汇总，具体详见表 2-1。

**表 2-1 装配式设计各阶段常见问题汇总**

<table>
<tr><th>装配式<br>设计阶段</th><th>目前常见问题</th><th>产生问题的原因</th></tr>
<tr><td rowspan="7">前期策划</td><td>政策解读不到位，设计方向出现问题</td><td rowspan="7">与甲方及政府主管部门沟通不够，调研不充分，信息获取不全面</td></tr>
<tr><td>装配式的各指标要求不清楚，各指标之间的“且”“或”逻辑关系不明确</td></tr>
<tr><td>装配式实施内容未明确，实施细则、计算口径理解有误</td></tr>
<tr><td>容积率奖励、提前预售、资金补贴等在项目中落实的可能性不明确</td></tr>
<tr><td>设计的部品部件市场是否有供应未明确，可能导致设计内容无法实施</td></tr>
<tr><td>未在实现装配式建筑的优势和提升建筑功能与品质上进行充分地策划</td></tr>
<tr><td>装配式建筑评审流程要求不明确，导致后续设计时间节点耽误</td></tr>
<tr><td rowspan="22">方案设计</td><td>方案设计时未考虑装配式奖励的不计容建筑面积纳入总图规划，导致后期奖励面积消化、日照间距、限高等出现问题</td><td rowspan="15">建筑师在方案设计时未考虑装配式特点和规律，装配式设计顾问未介入协同配合</td></tr>
<tr><td>未考虑楼型组合标准化，平面单元户型组合多样</td></tr>
<tr><td>建筑平面户型标准化、模块化设计不足</td></tr>
<tr><td>建筑平面凹凸过多</td></tr>
<tr><td>户型开间尺寸，门窗洞口尺寸等标准化设计不足</td></tr>
<tr><td>附属设备平台、空调板、装饰柱等标准化设计不足</td></tr>
<tr><td>可避免镜像设计的部位，采用了常规的镜像设计，如：楼梯、飘窗等</td></tr>
<tr><td>建筑立面造型各异、变化多、缺乏组合规律</td></tr>
<tr><td>建筑底部和顶部等特殊部位立面竖向和水平线条各异，未考虑标准化设计措施</td></tr>
<tr><td>建筑立面奇偶层间隔变化，预制外墙构件标准化程度低</td></tr>
<tr><td>外饰面设计未提前考虑一体化集成方案，未能体现工厂化优势</td></tr>
<tr><td>未考虑装饰一体化对立面风格和模数化设计产生的影响，导致立面装饰一体化实施困难</td></tr>
<tr><td>未考虑保温一体化对外墙厚度的影响，导致建筑面积超容或套内使用面积不满足要求</td></tr>
<tr><td>未前置考虑集成化设计的要求和影响，导致后期各个部品部件接口协调出现问题</td></tr>
<tr><td>未对大跨、大空间进行可行性分析</td></tr>
<tr><td>装配式结构体系选择错误，可能导致无法满足预制率、装配率指标要求，如：采用了框架剪力墙结构体系，导致剪力墙必须按规范采用现浇方式</td><td rowspan="3">考虑结构方案时未考虑装配式对结构和建筑专业的要求和影响，装配式设计顾问未介入协同配合</td></tr>
<tr><td>外围护体系与主体结构连接方式未考虑，若采用外挂时，则需要提前考虑调整外围柱网，否则会导致建筑外墙轮廓线外扩，容积率超容</td></tr>
<tr><td>未提前考虑是否采用预应力方案，对建筑层高控制，部品采购带来影响</td></tr>
<tr><td>未考虑全装修对装配式建筑的影响，缺乏策划和定位</td><td rowspan="4">装配式装修、干式工法、集成化设计未做方案可行性分析，装配式设计顾问未介入协同配合</td></tr>
<tr><td>未对采用管线分离，地面架空和天棚吊顶进行方案分析，导致对建筑层高等带来影响，不能满足建筑功能要求</td></tr>
<tr><td>未提前考虑同层排水设计，给后续集成化设计带来障碍</td></tr>
<tr><td>未考虑装配式装修，干式工法对装配式建筑评价的影响，导致装配式成本和评价偏离</td></tr>
</table>

（续）

| 装配式设计阶段 | | 目前常见问题 | 产生问题的原因 |
|---|---|---|---|
| 初步设计与施工图设计 | 剪力墙结构体系 | 未考虑选择不同预制外围护体系对墙厚变化、得房率和计容建筑面积带来的影响 | 建筑师未协同考虑装配式带来的影响和变化 |
| | | 未考虑预制外墙窗洞与底部加强区现浇窗洞尺寸的差别影响 | |
| | | 顶层建筑层高与标准层层高不一致，导致顶层预制外墙板与标准层预制墙板高度不一致，增加模具成本和人工费用 | |
| | | 预制夹芯保温外墙拼缝未结合建筑外立面分隔缝进行设计，拼缝杂乱 | |
| | | 预制夹芯保温外墙仍然按抹灰考虑，外叶板拼缝被封闭，导致后期拼缝出现鼓胀开裂 | |
| | | 预制外墙构件未进行保温装饰一体化集成设计，仍然采用粘贴保温板薄抹灰的外保温做法 | |
| | | 未组织协同考虑厨房、卫生间、收纳系统集成设计和选型 | |
| | | 预制外墙板构件采用T形密拼相接拆分方案，导致外墙防水及保温难以施工，影响外墙防水和保温节能 | |
| | | 预制剪力墙、预制叠合梁等预制结构构件未进行定义，程序遗漏接缝承载力验算等 | 结构工程师未协同考虑装配式带来的影响和变化，未采取相应的措施，设计未交圈闭环 |
| | | 采用外围护填充墙与剪力墙边缘构件一体化预制方案，忽略结构刚度影响，不符合结构概念设计要求 | |
| | | 剪力墙布置方式导致边缘构件过多，不利于拆分预制 | |
| | | 剪力墙可统一尺寸的未进行统一，导致标准化程度不足 | |
| | | 剪力墙平面外垂直布置梁时，未进行梁端铰接设计，需要设置剪力墙暗柱，导致预制拆分和连接设计困难 | |
| | | 内隔墙下可不设置承托梁时，也采用承托梁设计，不利于拆分预制 | |
| | | 建筑外周采用上翻梁设计，不利于墙板拆分预制 | |
| | | 楼板布置方案不利于拆分预制，如：较不规则的异形板方案、板面采用高差设计等 | |
| | | 伸缩后浇带设置按现浇结构平面长度进行控制，设置后浇带影响预制拆分布置 | |
| | | 未复核验算墙底接缝受剪承载力，对接缝受剪承载力难以满足的剪力墙也进行了拆分预制 | |
| | | 对采用交叉斜筋的连梁进行了拆分预制，未协同处理以满足原结构设计要求 | |
| | | 预制剪力墙平面外有梁搁置时，未考虑该梁在预制剪力墙的连接和锚固，导致后期在预制墙上开凿槽口 | |
| | | 异形板阳角区域进行了拆分预制，未协调阳角放射构造筋的设计，导致板面保护不够或楼板增厚 | |
| | | 两面临空的电梯井或楼梯间外墙进行了拆分预制，后期墙板临时支撑设置、接缝封堵和灌浆作业施工困难，施工安全不易保障 | 预制拆分方案未协同考虑后续制作、运输、施工安装需求及安全作业的条件 |
| | | 平面超长结构中间设置抗震缝时，抗震缝处剪力墙进行了预制，导致后续预制剪力墙底部接缝的分仓封堵作业困难，灌浆作业质量不能得到保证 | |

（续）

| 装配式设计阶段 | | 目前常见问题 | 产生问题的原因 |
|---|---|---|---|
| 初步设计与施工图设计 | 剪力墙结构体系 | 预制外围护墙板未对后期施工所需的脚手架、塔式起重机扶墙支撑预埋件、人货梯侧向拉结预埋件等进行预埋预留 | 预制拆分方案未协同考虑后续制作、运输、施工安装需求及安全作业的条件 |
| | | 预制构件拆分方案外形尺寸控制未考虑生产和运输等约束条件，导致后期生产和运输出现问题 | |
| | | 楼梯间外墙进行预制时，未考虑楼梯间水平梁设在层间的情况，后期安装困难 | |
| | | 对有埋设强弱电箱的剪力墙进行了拆分预制 | 机电设备专业未协同考虑装配式的影响 |
| | | 预制墙板管线预埋遗漏，导致后期凿沟槽，钢筋被切断 | |
| | | 预制阳台、空调板等集成未统筹考虑地漏、雨水管等，导致预埋止水节重叠干涉，立管距墙面过近无法安装等问题 | |
| | | 预制拆分范围未对预制构件供货进度、施工进度、销售进度统筹考虑，导致预制构件供货条件满足不了项目进度要求 | 甲方、生产厂家等未协同沟通进度安排 |
| | 柱梁结构体系 | 未协同考虑柱网及跨度规则化布置 | 结构工程师、建筑师未协同考虑装配式带来的影响和变化，未采取相应的措施，设计未交圈闭环 |
| | | 预制框架梁柱采用了一边齐平的布置方案，导致后续深化设计梁纵筋弯折产生干涉，避让困难 | |
| | | 预制框架柱截面过小，导致梁底纵筋在节点进行锚固或连接困难 | |
| | | 垂直相交的预制框架梁未进行梁底高差控制，导致两个方向的梁底纵筋在节点域重叠干涉 | |
| | | 垂直相交的预制主次梁未进行梁底高差控制，导致底筋重叠干涉，避让困难 | |
| | | 预制框架柱变截面设计过多，收截面时未遵循收进规则 | |
| | | 采用圆柱截面预制方案，导致后期预制制作较为困难 | |
| | | 采用斜交柱网框架梁预制方案，钢筋在节点域内连接或锚固干涉，避让困难 | |
| | | 内隔墙位置未考虑上下楼层对位及与框架柱的平面偏位关系 | |
| | | 叠合板采用单向密拼方案时，密拼缝未进行倒角处理，板拼缝处有效厚度不满足耐火极限要求，导致无法通过消防验收 | |
| | | 预制主次梁连接方案未经过优化比选，导致后期制作和安装出现问题 | |
| | | 次梁布置方案未经优化比选，连接接头多，导致预制和连接困难 | |
| | | 屋面梁预制时，屋面采用结构找坡方案，对屋面梁预制带来不利影响 | |
| | | 框架梁宽尺寸较大，凸入楼梯间，预制楼梯斜梯段板与凸入的框架梁冲突，后期无法吊装 | |
| | | 采用外挂墙板时，墙板与梁柱四周采用强连接，不符合外挂墙板的受力机理 | |
| | | 采用外挂墙板时，墙板间接缝宽度未经计算复核，导致宽度不能满足水平力作用下的变形要求 | |
| | 其他问题等 | 现浇带牛腿梯梁位置定位错误，导致后期预制楼梯无法安装就位 | 结构工程师未协同考虑装配式带来的影响和变化 |
| | | 预制铰接楼梯配筋未按两端铰接的受力条件进行复核计算，导致板底纵筋配筋不足，承载力裂缝挠度验算不满足要求 | |
| | | 预制叠合梁接缝受剪承载力不满足要求，未采取增加抗剪承载力的措施 | |
| | | 预制构件吨位算错或标错，误导塔式起重机型号选择和塔式起重机平面布置，将大吨位构件标错成小吨位构件时，有可能导致塔式起重机倾覆，导致安全事故 | 未与施工单位协同 |
| | | 预制构件范围布置在了塔式起重机中心安全防护距离之内，预制构件无法吊装就位 | |

（续）

| 装配式设计阶段 | | 目前常见问题 | 产生问题的原因 |
|---|---|---|---|
| 深化图设计 | 剪力墙结构体系 | 预制构件，尤其是竖向构件混凝土强度变化时，深化图设计时未区分，导致混凝土强度等级出现错误，结构承载力不足，影响结构安全 | 结构工程师、建筑师、机电工程师、精装设计、生产厂家、施工单位、集成材料供应单位等未进行协同，集成设计缺失或不到位 |
| | | 门窗洞口角部斜向加强筋设置遗漏，导致洞口角部因应力集中而造成开裂 | |
| | | 预制剪力墙水平筋在边缘构件内锚固采用封闭环形筋方式等，导致现浇边缘构件箍筋无法套入，出现与纵筋插筋干涉等问题 | |
| | | 预制两开间外填充墙构件，在接近跨中进行拆分，导致叠合梁在受力较大位置进行全截面连接，影响结构安全 | |
| | | 外围护填充墙预制构件侧面与主体结构采用了强连接，连接构造要求与计算所采用的刚度影响假定不符 | |
| | | 住宅叠合板桁架筋高度未经过计算控制，导致线管在桁架筋空腔内无法穿过、或导致板厚增加、或导致现浇叠合层钢筋保护层厚度不够等问题 | |
| | | 预制剪力墙套筒连接区与机电管线接线手孔、悬挑脚手架留洞等未进行集成一体化干涉避让设计，导致套筒连接区结构承载力受到影响 | |
| | | 叠合板机电点位线盒跨接缝布置，导致制作时预埋线盒困难 | |
| | | 预制外墙板拼缝未进行防水构造设计，或防水构造设计不合理，导致外墙拼缝渗漏 | |
| | | 预制墙板上机电点位线盒跨接缝布置，或临边布置，导致后续生产和安装困难 | |
| | | 机电点位在预制墙板上预埋线管走向错误或预埋根数错误，导致后续开凿线槽修正 | |
| | | 预制叠合板上有隔墙时，隔墙上的机电点位所需穿过叠合板的预留洞或预留套管遗漏，导致后开凿 | |
| | | 开口预制构件未采取临时加固措施，导致构件应力集中部位开裂 | |
| | | 中间分户剪力墙也进行了预制，未考虑施工物料运输通道要求，导致现场物料水平运输无法进行 | |
| | 柱梁结构体系 | 预制框架柱上下层有变截面及钢筋变化时，未考虑柱纵筋上下连接关系，导致无法安装，构件报废 | |
| | | 未考虑预制柱灌浆孔朝向，外围边柱和角柱灌浆口朝向室外，导致灌浆作业不方便，影响灌浆质量 | |
| | | 预制框架梁需要采用封闭箍筋时，箍筋弯钩设置在了上部叠合层内，导致现场梁顶纵筋穿筋作业困难 | |
| | | 梁柱节点域现浇区内钢筋干涉未做碰撞干涉检查，干涉避让不到位，导致施工困难，引发断筋、缺筋、缺锚固配件等问题，影响结构安全 | |
| | | 未考虑钢筋与连接、锚固配件之间的净距，导致安装空间不足，配件无法安装到位 | |
| | | 预制柱底预埋线盒线管及设置接线手孔，与灌浆套筒及箍筋干涉 | |
| | | 预制框架梁在梁柱节点域弯锚时，未考虑钢筋交错避让和钢筋净距控制，导致节点安装困难 | |
| | | 预制框架梁采用锚固板在梁柱节点域锚固时，未考虑锚固板与预制柱筋距离控制，导致相互干涉，影响安装 | |

（续）

| 装配式设计阶段 | | 目前常见问题 | 产生问题的原因 |
|---|---|---|---|
| 深化图设计 | 柱梁结构体系 | 预制框架梁采用全灌浆套筒在梁柱节点域连接时，未考虑钢筋净距控制，导致套筒间净距不足 | 结构工程师、建筑师、机电工程师、精装设计、生产厂家、施工单位、集成材料供应单位等未进行协同，集成设计缺失或不到位 |
| | | 梁柱节点区、主次梁连接节点区相关联的预制构件未考虑构件安装顺序，也未考虑后置箍筋及抗扭腰筋的安装顺序，无法安装就位 | |
| | | 预制柱底抗剪键槽构造设计不合理，影响灌浆质量，造成连接套筒内灌浆不饱满，导致柱底接缝受剪承载力不足等问题 | |
| | | 预制框架梁吊点设计不合理，采用三点起吊方式，中间吊点位于重心处，容易导致中间吊点首先受力，两端悬臂的情况，导致梁中间吊点部位上表面断裂或开裂 | |
| | | 预制框架梁吊点设计不合理，两端悬臂过长，导致吊点部位上表面断裂或开裂 | |
| | 其他问题等 | 外墙金属门窗、栏杆、屋面等防雷接地预埋遗漏 | |
| | | 滴水线、防滑条等细部构造未考虑在预制构件一次预制成型 | |
| | | 脱模方向尺寸较大的门窗洞口、镂空构造等未做脱模斜度构造设计 | |
| | | 室内有水区域的金属设备设施（电热水器、淋浴花洒等）电位连接预埋遗漏 | |
| | | 采用半灌浆套筒还是全灌浆套筒未明确，采用灌浆套筒的品牌未确定，导致深化图中设计的出筋长度不满足要求 | |
| | | 带窗洞预制外墙构件，窗洞口四周未考虑防水构造设计 | |
| | | 过多集中暗埋于结构预制构件中的线管和线盒削弱了构件承载力 | |
| | | 吊装预埋件布置与预制构件出筋干涉，吊具无法安装 | |
| | | 预制楼梯滑动端预留缝宽不足，导致中震或大震作用下不能满足层间变形要求 | |
| | | 预制楼梯休息平台水平段栏杆立柱预埋件位置未复核，埋设位置错误，侵占休息平台宽度，导致休息平台不满足消防疏散宽度要求 | |
| | | 剪刀梯未考虑减少预制构件吨位的优化设计方案，导致需要安排大吨位塔式起重机吊装，塔式起重机租赁成本大幅上升 | |
| | | 楼梯预制未针对是否贴装饰面砖和清水混凝土等不同的装修标准，采用不同的预制方案 | |
| | | 吊装点预埋件规格大小未经承载力计算，选择错误，引发吊装施工安全事故 | |
| | | 预制构件考虑干涉避让的安装顺序与实际施工吊装组织设计不符，导致安装时发生相互干涉 | |
| | | 未进行预制构件吨位最后复核确认，引发吊装事故 | |
| | | 预制夹芯保温板连接件（拉结件）未进行专门布置与计算，连接件布置未进行碰撞干涉检查，导致连接不合理或连接作用失效 | |
| | | 预制夹芯保温板未进行防止外叶板脱落的第二道安全防线设计 | |
| | | 镜像预制构件设计图未分别绘制，导致部分镜像构件预埋预留方向错误，无法使用 | |
| | | 预制构件集成设计信息表达不完整，内容缺失，深度不足，导致构件生产出错 | |
| | | 缺乏特殊部位节点详图，或节点详图没有进行针对性设计、无指导性等 | |
| | | 特殊节点和部位缺少装配顺序图，无法指导施工安装 | |

（续）

| 装配式设计阶段 | 目前常见问题 | 产生问题的原因 |
|---|---|---|
| 后期技术服务 | 深化设计图纸未提交相关单位进行图纸意见征询，缺少优化调整环节 | 服务环节缺失或工作不到位 |
| | 预制构件模具设计时，未进行协同优化配合，问题没有在生产之前得到解决 | |
| | 在预制构件深化图中涉及的非预埋的连接件及配件，未明确是预制构件工厂提供还是现场自备，导致配件使用时缺失 | |
| | 设计变更信息传递不及时，导致错误预制构件继续生产 | |
| | 未在预制构件深化图中表达通用技术节点的构造要求，未做好技术交底，导致生产出现遗漏 | |

## 2.3　设计问题可能造成的危害

**1. 影响结构安全**

结构设计未考虑因装配式带来的影响和变化，会导致与原结构设计不符，出现结构构件承载力不满足要求，对结构安全带来影响。如：预制构件接缝承载力未进行验算，或虽然程序按规定进行了验算，但构件深化设计图中未按结构计算结果进行连接筋调整；图 2-1 中因未协同考虑后期施工安装所需的预留洞口要求，导致预制外墙套筒连接区被破坏，影响结构安全；图 2-6 为预制框架柱所有灌浆套筒的灌浆导管和出浆导管集中在一个面埋设，导致灌浆套筒之间缺少混凝土有效握裹，浇筑很难密实，柱底有效截面削弱，影响柱底范围柱承载力等问题。诸如此类对结构安全带来危害的问题，是设计的原则性问题，必须避免。

▲ 图 2-6　浆管集中布置导致预制柱底截面承载力削弱

**2. 影响建筑功能和结构耐久性**

预制外墙接缝渗漏问题时常在装配式项目中被发现，预制剪力墙水平接缝渗漏，不仅会导致保温层受潮、室内渗水，影响建筑的使用功能，还可能导致接缝内受力钢筋锈蚀，影响结构的耐久性和安全。

**3. 影响施工安装安全**

因为设计采用了不合理的预制方案，或设计错误，给施工现场预制构件吊装留下安全隐患。例如：设计图纸中预制构件的吨位信息标识错误，将大吨位构件标注成了小吨位，若未在后期及时发现修正，将会误导现场塔式起重机型号选择和塔式起重机布置，如果构件吨位超过塔式起重机的吊装能力时，就会导致无法吊装，甚至引发塔式起重机的倾覆事故；再如：吊装用的预埋件规格型号选择未经计算或计算错误，导致吊点预埋件承载力不足，吊装时吊点预埋件被拔出，引发预制构件从空中掉落的安全事故，图 2-7 即为楼梯吊点埋件选择错误，导致承载力不足，吊装时被拔出破坏的实例。

▲ 图 2-7 吊点预埋件承载力不足导致吊装时被拔出

4. **导致制作和安装困难**

预制设计方案不合理，连接方案不合理，构件与构件之间伸出钢筋未进行碰撞干涉检查等各种设计原因产生的问题，经常会给后续生产制作和现场安装带来困难，降低制作和安装效率。如图 2-2 中所举的“鱼骨式”预制方案，就是一个可以通过优化设计来减少制作和施工安装困难的方案；再如图 2-8，结构方案设计时，由于未考虑将垂直相交的预制框架梁梁高错开，导致梁底纵筋在框架柱节点域内重叠干涉，无法安装就位，现场工人擅自用气焊将钢筋烤软折弯，其节点域内层箍筋也因此和纵筋干涉，有的甚至无法套入就位，导致箍筋缺失，节点域施工质量不能满足规范要求，同时带来结构质量和安全隐患问题。

▲ 图 2-8 两个方向预制框架梁梁高相同导致柱底纵筋在节点域内干涉严重

5. **导致工期和成本增加**

由于设计标准化程度低、预制构件拆分方案不合理、碰撞干涉检查不到位等各种因设计产生的问题，都会影响制作和施工效率，增加制作和施工难度，影响项目工期，增加项目成本。

# 第3章 设计观念与管理问题

本章提要

梳理了装配式混凝土建筑在设计与管理上存在的一些认识不足与误区，分析了设计管理、设计流程、协同设计、设计深度与设计质量方面一些问题形成的原因和危害，提出了设计的责任，给出了解决观念与管理问题的措施。

## 3.1 设计与管理方面存在的认识不足与误区

目前，发展装配式建筑已经上升为国家战略，但是，装配式建筑在我国尚处于发展初期，在设计和管理上还存在一些认识不足和误区。

**1. 装配式优点会自动实现**

有些人误以为只要搞了装配式，装配式建筑的优点就会自动实现。实际上，装配式建筑需要更精细的设计、更严谨的计划、更有效的管理，装配式的优点只有基于这几个“更”才能实现。否则，就会出现各种问题、麻烦和隐患。

**2. 盲目追求高速度与高指标**

根据国家规划目标，到2025年我国装配式建筑占新建建筑的比例将达到30%，已经是很高的速度了，是世界建筑工业化进程中前所未有的速度、前所未有的规模、前所未有的跨度和前所未有的难度。但一些地方还要加速，全区域100%新建项目都要求采用装配式建造，出现了一些不太适合实施装配建造的项目，也勉强硬做装配式的情况。在实践经验积累还不多，技术完善度不够，尤其是人才匮乏、产业链发展还不成熟的情况下，高速度可能带来一些不良后果。

装配式建筑指标（预制率和装配率）高低受结构体系、项目类型、区域产业链发展水平等各方面因素制约，有的地方对装配式建筑认识还不足，产业链发展水平还不够，盲目跟进，追求高指标，甲方和设计单位只是被动地完成规定的指标要求，没有对实现装配式的效率与效益进行深入分析和多方案经济比较，因地制宜地发展装配式建筑，为了装配率而装配，不仅影响建设效率、增加成本，还会带来质量问题，包括影响结构安全的质量问题。

**3. 标准化设计与标准设计概念混淆**

装配式建筑设计应遵循模数化和标准化原则。但是，装配式建筑设计并非标准设计和千篇一律，而是在尊重个性化和多样化基础上的标准化设计。例如，乐高建筑，采用了大量的标准件和少量的非标准零件，组合成个性化、多样化、造型丰富的乐高建筑（图 3-1），乐高建筑的标准件设计就是遵循模数化原则下的标准化设计，通过乐高建筑的理念可以帮助我们正确理解和区分“标准设计”和“标准化设计”之间的差别。再如，欧美、日本等国家预制构件的标准化程度很高，如应用于各类建筑的标准化预应力楼板，构件是标准化的，但建筑则是千差万别个性化的。

有的设计人员误把照搬标准图当作标准化，或没有针对具体项目建立标准化模式。实现装配式建筑的标准化设计，需要针对不同建筑类型和部品部件的特点，结合建筑功能需求，划分标准化模块，进行部品部件以及结构、内外围护、内装和设备管线的模数协调及接口标准化研究，建立标准化技术体系。深圳市针对保障房进行的装配式标准化设计研究成果，就是基于标准化设计理念的，值得借鉴。

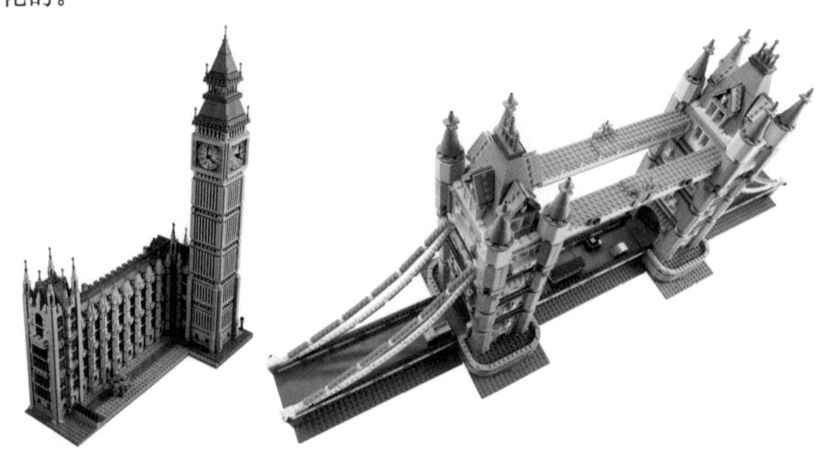

▲ 图 3-1　乐高建筑模型

**4. 预制率和装配率指标混淆**

很多地方实施细则对预制率有比较明确的定义和计算方法，一般是指单体建筑地上结构中预制混凝土体积占全楼混凝土体积的比例，反映的是装配式建筑结构系统预制比例高低的一个指标，是装配式建筑装配率的一个组成部分。

按《装配式建筑评价标准》GB/T 51129—2017 的定义，装配率是由结构系统、内外围护系统、装修与设备管线系统三大类装配评价指标构成，是比较完整的装配式建筑评价体系。

指标的混淆和认识偏差，导致一些地方的装配式建筑的设计和研究，包括指标认定、实施细则都是按照装配式结构的思路在做，存在过分重视主体结构而忽视整体建筑装配的认识误区。

**5. 装配式住宅就是装配式剪力墙住宅**

在我国，剪力墙结构是我国目前高层住宅建筑的主要结构形式，当国家大力推行装配式建筑时，装配式经验不多、技术不成熟的剪力墙结构也仓促上马，大规模搞起了装配式。但剪力墙结构采用装配式，就目前的技术、经验和规范规定而言，很难达到实现经济效益、环境效益和社会效益的初衷，效率难提高、工期难缩短，成本却增加不少。

既然剪力墙结构体系目前还不大适宜大规模采用装配式，为什么不换一个思路换一种结构体系尝试一下、而非要在剪力墙结构体系上做文章呢？

我国建筑界似乎有一个心理定势：只要建住宅，就非剪力墙结构不可。

日本住宅就很少采用剪力墙结构，高层住宅更不用。他们把包括框架结构、筒体结构的柱梁结构体系统称为“拉面”结构，认为柔性对抗震更加有利。剪力墙结构比框架结构混凝土用量大，自重荷载大，导致地震作用也随之增大。日本设计人员还不认可剪力墙结构对空间的刚性分隔。

笔者认为，既然装配式建筑是非做不可的事情，在剪力墙装配式技术目前还不够成熟的情况下，应打破心理定势，对最终采用什么结构体系进行定量的对比分析，找到适宜的方式。而不是习惯性地又不无勉强地在不大适宜的结构体系上“为了装配式而装配式”。

现在很多人一提到框架结构，就强调柱梁占用室内空间的缺点，这也是一种心理定势。一方面，现在的框架和筒体结构体系柱网越来越大，柱梁占用室内空间的影响其实很小。更重要的是，装配式建筑提倡管线分离，剪力墙结构占用室内空间少的优势是建立在管线埋设在墙体内这一落后做法上的。如果要实现管线分离，剪力墙是实体墙，无处埋设管线，就需要做架空层，如此剪力墙结构体系比柱梁结构体系占用的室内空间就更大。框架结构、筒体结构采用轻质隔墙，管线可以布置在墙体里。

笔者并不断言，剪力墙结构体系做装配式就一定不如柱梁结构体系，而是建议项目的决策者和设计者首先应破除心理定势，在定量细致的分析后再做决定，找到最适宜的装配式结构体系。不能因为简单的一句柱梁占用空间就直接否定在国外用于住宅建筑非常普遍、非常成熟的装配式结构体系。

**6. 对装配式建筑风格认识不足**

北欧是最先大规模搞装配式混凝土建筑的地区，日本是高层建筑采用装配式最多的国家。北欧人和日本人都喜欢简洁的建筑风格，比较适合装配式，经济性好。如：目前世界上最高的装配式超高层住宅——日本大阪的北浜大厦（图 3-2），其高度达到 208m，建筑风格简洁，很适合采用装配式建造，除核心筒剪力墙现浇外，框架部分都采用预制装配。还有一些国家和地区，装配式建筑大都是保障房，建筑风格也比较简洁。中国目前是在商品房领域推广装配式建筑，中国消费者大都喜欢富丽豪华一些的建筑风格，简洁的住宅觉得档次不够、不好卖，而这些变化多、缺乏标准化设计的复杂建筑做装配式适应性差，实施的难度也比较大。

▲ 图 3-2　日本大阪北浜大厦

**7. 将装配式结构误等同为装配式建筑**

根据国家标准的定义，装配式建筑是由结构系统、外围护系统、内装系统、设备与管线系统四个系统集合而成，而不仅仅是结构系统预制装配。在我国推广装配式建筑之初，确实是以结构预制作为抓手，推动了预制构件工厂等上下游产业链的发展，以至于现在很多人认为装配式建筑就是混凝土预制构件装配，形成了装配式就是混凝土构件预制的片面认识。

在实际项目设计中，很多建筑师，包括甲方设计管理部的建筑师也会简单地认为，装配式建筑主要是结构专业的事情，跟建筑专业、机电设备专业关系不大，只要结构专业做好就可以了，而未能全面地从四个系统之间寻求更加合理化的技术路线，综合地看待装配式建筑，从源头上控制建筑方案的设计、平衡好装配内容和成本之间的关系。甚至有的地方政策和实施细则也是完全偏向于结构系统预制，以结构系统预制率作为是否是装配式建筑的考核指标进行判定，其导向的结果就是装配式建筑只是做结构系统预制，而不是四个系统的综合集成平衡。

**8. 管线系统暗埋**

国内习惯于管线暗埋于结构体内，尤其是住宅，凿墙开槽是装修工程不可缺少的“大工程”，锯断钢筋、破坏结构的事情常有发生。这与装配化装修的思路背道而驰，是装配式建筑实施的主要障碍之一。管线暗埋是导致目前装配式建筑（尤其是住宅）实现困难、效率低、成本高的一个非常重要的因素，具体见本书第 14 章第 14.1.2 节内容。

**9. 把复杂的工作留给现场**

现行《装配式混凝土结构技术规程》JGJ 1—2014（以下简称《装规》）、《装配式混凝土建筑技术标准》GB/T 51231—2016（以下简称《装标》），以及标准图集等，主要倾向于平板形及线形构件预制，节点进行现场后浇连接，比如，剪力墙结构中剪力墙墙身预制，三边出筋与后浇带连接，一边埋设灌浆套筒；框架结构中梁柱预制，而在最为复杂和质量要求最高的梁柱节点域采用现场后浇连接（图 3-3），除了节点域钢筋密集构造复杂外，还存在着柱节点域混凝土强度等级与梁板叠合层混凝土等级差异问题，大面积的梁板混凝土连续浇筑作业被点状的柱节点域高等级混凝土浇筑作业打断，施工效率受到影响，措施费用也会随之增加。

▲ 图 3-3 复杂而困难的梁柱节点域现场连接

也就是说：目前规范和图集的预制装配思路主要倾向于简单的构件在工厂预制，复杂的连接和构造留给现场。在装配式结构设计过程中，是否应该反过来想想，把最为复杂的节点放在最容易控制质量的工厂来预制，而在作业条件差的现场只进行简单部位的连接装配，图 3-4 为日本某项目在工厂里制作的多节莲藕梁，大大减轻了现场连接安装的困难和压力，保证了整体结构质量，也提高了安装效率。

▲ 图 3-4 日本某预制多节莲藕梁

### 10. 采用外墙外保温

在外墙的节能保温设计上，长期以来习惯于采用外保温设计，在一些地方还存在外保温厚度可以不计入容积率的"优惠"政策，这和长期以来都是毛坯房交付的建筑标准也是有关系的，毛坯房交付的产品，采用内保温时，容易被二次装修破坏，为回避这个问题，退而求其次，通过采用外保温来实现外墙节能保温设计。

▲ 图 3-5　外保温脱落

外墙外保温的弊端已日益显现，高层建筑外保温着火后施救困难、成片漫延，还有粘结不牢产生脱落（图 3-5），以及其他耐久性问题等。而目前外墙外保温在装配式建筑里仍然习惯性地沿用，造成老的防火和耐久性问题没解决，还带来了新的问题：在预制装配外墙上实施外保温，由于外墙面相对更光滑，铺贴外保温更困难，粘结强度问题更为突出。

国外采用外墙外保温是非常慎重的，尤其是高层建筑，消防扑救能力达不到时，更是不可能采用。在日本，以采用外墙内保温为主（图 3-6），从保温节能和分户计量角度来说，采用内保温更有利于形成分户小单元的保温封闭空间；从消防角度来说，采用内保温更有利于防火分区分隔；从建筑外墙艺术表达角度来说，采用内保温，对建筑外立面的艺术表达的限制更少，立面可以更灵活地处理，结合现在强制性成品房标准交付的政策要求，在装配式建筑住宅领域可以适时地转向实施内保温或夹芯保温，但夹芯保温应用目前还不够成熟，采用夹芯保温时，应进行合理的构造设计。

### 11. 单一维度考核装配式建筑成本

在建设成本考核上，长期以来形成以建成交付所完成的投资额作为建设投资成本考核的最终目标。在装配式建筑上，由于工业化生产制作、安装带来建筑的质量和功能提升，未能计入建筑成本考核的影响因素，或者说装配式建筑质量和功能的提升，还不被消费者接受和认可，从消费者角度来说，在装配式建筑上的"获得感"还很差，甚至排斥装配式建筑，质量和功能增量部分还不能获得销售溢价。

▲ 图 3-6　日本内保温住宅

日本装配式建筑很多外立面采用石材反打的外挂预制混凝土幕墙，历经几十年风吹雨淋日晒，看上去就像是新的一样，建成交付以后运营维护成本极低，加上采用管线分离等，大大增加了建筑的寿命，减少了后期装修升级改造的成本，如此由装配式带来的建筑功能增量，便能从时间维度上大大拉低建筑的运营维护难度和成本。

在上海等城市，项目开发建设，政策规定逐步增加了自持运营的建筑比例要求，在自持产品的项目开发建设上，尤其要平衡由于采用装配式产生的功能增量和成本增量的关系，多维度考虑装配式建筑的成本，打破单一维度考核装配式建筑成本的问题，纠正认为装配式建筑成本就是高的片面认识。

**12. 装配式建筑就应当工期长、成本高**

国内近些年的装配式建筑实践，似乎留给大家的印象都是成本高、工期长，既没有经济效益，也缺乏社会效益。

▲ 图 3-7 大连英特尔装配式芯片厂房

发达国家几十年的装配式建筑发展经验证明，装配式不但可以解决施工中的一些问题，还可以带来效益，世界各地不乏一些非常经典的装配式建筑案例（详见本书第 1 章 1.4 节），有的是从实际需求出发解决工程中出现的实际问题，如：现场无法支模现浇的悉尼歌剧院，转而采用预制装配解决了施工难题；为了节约工期，尽快将新研发的芯片推向市场，采用装配式结构体系（图 3-7）、管线分离的大连英特尔芯片厂房，将工期缩短到只有现浇的 1/3 左右，采用装配式建造节约了工期，赢得了市场。诸如此类的装配式建筑，从建设实际需求出发，精细策划设计，不为装配指标要求而实行装配，采用先进、适合的装配技术，实现其项目本身所追求的效益目标，是装配式建筑特有的魅力所在。

## 3.2 设计管理与设计流程存在的问题

装配式建筑设计管理应围绕装配式建筑设计的合理流程（图 1-2）展开，装配式建筑的设计流程有别于传统现浇项目，装配式建筑设计总的来说具有“工作前置性”“集成一体化”“避免两阶段设计”等特点，只有遵循装配式建筑设计的客观规律，在设计和设计管理上选择合理的模式，分清设计界面，确保关键环节的设计和管理不脱节，按装配式建筑设计规律和流程进行设计和管控，才能做好装配式建筑设计，确保项目有效落地实施，实现装配式建筑预期的效益目标。目前，设计管理与设计流程中还存在一些问题，择其要点说明如下：

**1. 设计服务模式选择偏差的问题**

我国装配式建筑发展还处于初期，区域发展水平也存在较大差异，在设计管理上及设计服务模式上，经常会出现一些偏差，先来看一下目前装配式专项设计存在的几种模式。

（1）分离模式：主体设计（方案到施工图）+预制构件深化设计的模式

这种模式要求主体设计单位有比较丰富的装配式建筑设计经验，将从方案到施工图阶段的装配设计内容全部闭合，预制构件深化设计单位只做预制构件图的深化工作。对于只有预制构件深化图设计能力的单位来说，他们往往缺乏传统综合设计院的项目管理、设计和专业间协作配合的经验，尚不具备从方案到施工图这些设计阶段的咨询顾问能力，很难把装配建筑的要求有机、合理地契合进去。这样的模式导致后续的深化设计完全建立在主体设计院的前期设计基础上，如果没有充分做好前期的装配方案，对于低预制率项目，还可以勉强"硬"做，但对于中、高预制率项目，硬做的话，会带来装配式一体化集成设计的极大困难，很难落地实施。

（2）顾问模式：主体设计（方案到施工图）+装配式专项全程咨询顾问与设计模式

顾问模式是建立在装配式专项设计单位具备完全的咨询顾问能力的基础上，是对分离模式的界面壁垒的打破。对装配式专项的咨询顾问与设计人员的综合素质要求更高，不仅要熟悉设计各专业，而且对项目从设计、生产、安装各环节要了如指掌，对项目的成本、招采、管理各方面都要有相当的经验和知识储备，只有这样才能做好专项的咨询顾问和设计工作。

（3）一体化模式：全专业全过程（含装配式）均由一家设计单位来完成的模式

一体化模式比较有利于全专业全过程的无缝衔接、闭环设计，目前有一些综合型大型设计院已经具备了这种一体化的设计服务能力，而这种一体化的服务模式也是最值得推荐和倡导的。在这种模式下，对于建设单位来说，设计管控界面也会减少，有利于设计项目的组织与管理，也有利于商务招标采购等各方面工作的开展。

**2. 选择工厂"免费"设计**

有不熟悉装配式建筑设计和管理的建设单位，会选择预制构件工厂进行所谓的"免费"设计，这种做法会带来很多不可控因素，往往得不偿失，是不明智的选择，装配式专项一体化设计与构件厂"免费"设计的优劣对比简要分析见表 3-1，供读者参考。

**表 3-1 装配式设计模式优劣对比**

| 对比项 | 装配式专项一体化设计 | 工厂"免费"设计 | 备注 |
| --- | --- | --- | --- |
| 一体化优势 | 1. 在前期方案阶段即介入装配式方案配合，将装配建筑所要考虑的要素融入方案设计中，和建筑功能布置、平面凹凸、立面效果等有机结合，避免建筑方案与装配要求不匹配带来修改和各专业的返工<br>2. 设计各阶段对预制装配的设计成果都有相应的深度要求，施工图阶段还要提交非常具体和系统的图纸、计算书进行施工图审查，设计院相关专业对审图的要求、评审流程熟悉，经验丰富，能够顺利完成各项评审和施工图审查工作 | 1. 作为预制构件生产供应商，在设计前期介入困难，专业度不够；在施工图审图后再进行所谓的"深化"设计，困难重重，因为前期没有充分的沟通协调，已经造成各专业积重难返，此时介入来"硬做"，就会带来对前期工作的修改返工，耽误设计工期<br>2. 构件厂一般没有设计资质，对专项评审和审图环节流程也不熟悉，专业度和经验不足，容易在送审阶段出现沟通障碍，影响评审和出图时间节点要求，出图时间得不到保障 | 装配式深化设计只是其中一环，工业化设计是个系统设计，没有进行前期工作的良好协调和铺垫，会导致后期的实施困难 |

（续）

| 对比项 | 装配式专项一体化设计 | 工厂“免费”设计 | 备注 |
| --- | --- | --- | --- |
| 专业技术协调配合 | 1. 对于建筑、结构、机电、全装修各专业的设计意图理解充分，能够第一时间提出优化措施和反馈<br>2. 在施工过程中出现修改变更时，各专业之间协调更有效率 | 1. 构件厂对设计各专业的理解有限，沟通不顺畅，相对来说对生产工艺熟悉，而和设计院的其他专业之间协调配合专业度不够，较难提出设计优化措施<br>2. 出现修改变更时，与设计院的各专业协调难度较大，修改反馈不及时，现场施工进度得不到保障 | 工厂来做“深化”设计，专业度不够 |
| 成本控制意识 | 1. 设计院作为设计的第一责任人，在成本控制方面、进度控制、质量保证等各方面都有严格的管理机制<br>2. 作为设计方提供预制构件招标图，满足甲方对构件厂的招标要求，通过市场化商务洽谈，获得合理构件报价，这也是正常合理的程序<br>3. 在构件生产和施工过程中，能够协助甲方针对现场签证量进行有效控制 | 1. 从构件厂自身效益出发，对于装配式设计前期造价成本控制主观意识不强或专业度不够。如：预制率指标控制、优化配筋率等，构件厂对前期的成本控制专业度尚不足<br>2. 由构件厂完成深化阶段的图纸，即设计和生产都由厂家完成，对甲方招标商务谈判不利，不能获得合理的市场价格<br>3. 设计和生产都由构件厂来做，责任不好界定 | 工厂即设计又生产，责任主体不清晰 |
| 设计范围和流程 | 1. 装配式专项设计要完成方案设计、初步设计、施工图设计、深化设计，还要整合工厂生产、施工安装各方面设计条件，完成全部阶段的工作，每个阶段均有相应的成果提交甲方、提交相关评审单位、施工图审查单位等进行第三方评审，设计范围全覆盖，流程清晰，管控明确<br>2. 装配式专项设计要完成项目的咨询顾问工作，如：在项目前期进行调研，研究制定项目最优化的工业化实施路线；完成政策扶持的资金补贴专项申请报告；完成不计容建筑面积专项申请报告等 | 构件厂一般无设计资质，单独出图流程不符合相关手续流程要求，只做“深化设计”一个环节的工作，对工作开展不利 | 工厂设计流程不畅 |
| 设计责任 | 设计作为五方责任主体之一，承担装配式结构设计安全的责任，并确保后期现场的技术核定、签证等工作，设计方责任不缺位，能确保项目开发建设各环节设计方责任到位，责任界定明确清晰 | 作为五方责任主体之一的设计方责任缺位 | 工厂设计，设计方责任缺位 |

### 3. 设计协作模式不清导致设计脱节的问题

目前，装配式建筑的专项设计一般由专项设计单位或团队完成，由于配合协作模式还在摸索完善中，在项目协作时，还存在设计衔接不清带来的一些问题。

装配式专项设计和管理要融合到方案设计、初步设计、施工图设计各环节中去，是一个动态连续渐进的过程。如：在建筑方案设计阶段，就要把装配式建筑的特点充分地融合考虑，从立面的规律性变化，到平面的凹凸或进退关系，都要和装配式建筑特点有机地结合起来；在结构方案设计阶段，把装配式结构方案的要点充分地融进结构方案里。

由于目前很多设计单位和建设单位对装配式建筑设计和管理不熟悉，对协作模式不清楚，会导致在管理和设计上出现问题，尤其是建设单位为非专业房地产开发公司的项目上更突出，比如学校、厂房、养老院、医院等项目，甲方缺乏专业管理团队，即使配备了专业管理团队，能力也相对要薄弱，特别是装配式方面，更显得力不从心。

笔者了解到一个三层装配整体式框架结构项目，由于建筑单位委托的施工图设计单位对装配式设计不熟悉，结构专业按预制率指标要求，“指定”了需要预制的构件范围（典型部分截图见图 3-8、图 3-9），项目也通过了施工图审查，拿到了审图合格证。各个环节都是不了解装配式建筑的团队在设计和管理，整个项目从方案设计到施工图设计结束直至审图通过，始终没有一家有经验的装配式专项设计单位和团队介入配合，也没有按装配式的规律和流程来进行管控，未能在建筑和结构方案设计过程中贯彻装配式的设计思维，结构工程师按现浇思维设计好后，“指定”了一些看似可以预制的构件进行预制装配。如此一来，带来了很多预制装配困难或难以实施的问题（表 3-2），预制方案极不合理，标准化程度低，甚至出现了不满足规范要求的情况，导致了成本和工期的增加，实施十分困难。

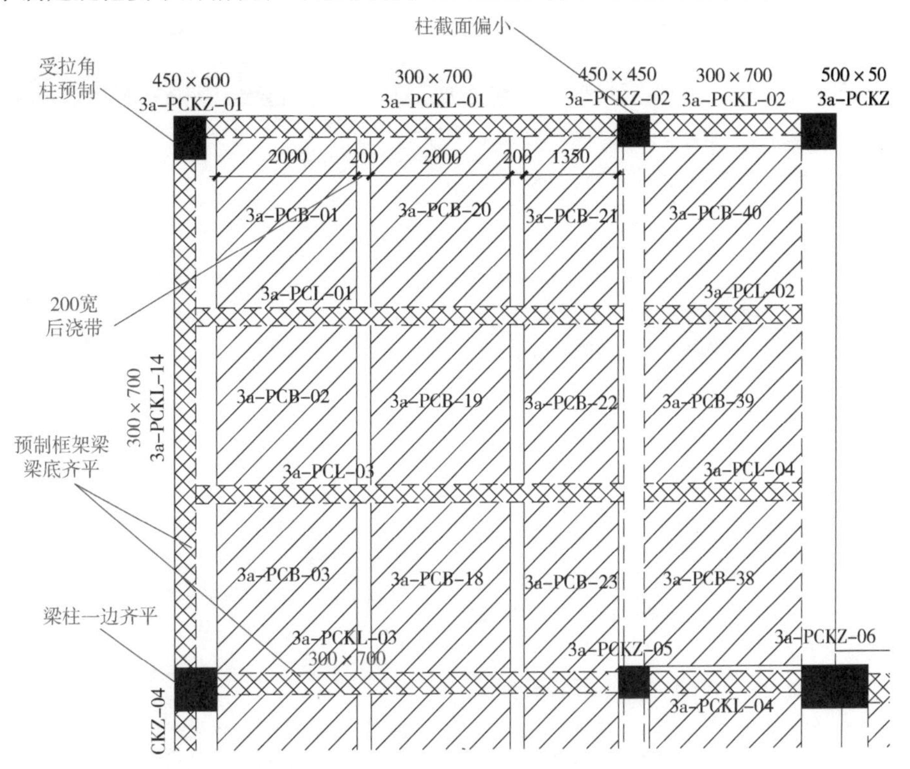


▲ 图 3-8　某项目局部预制构件拆分平面布置图(一)

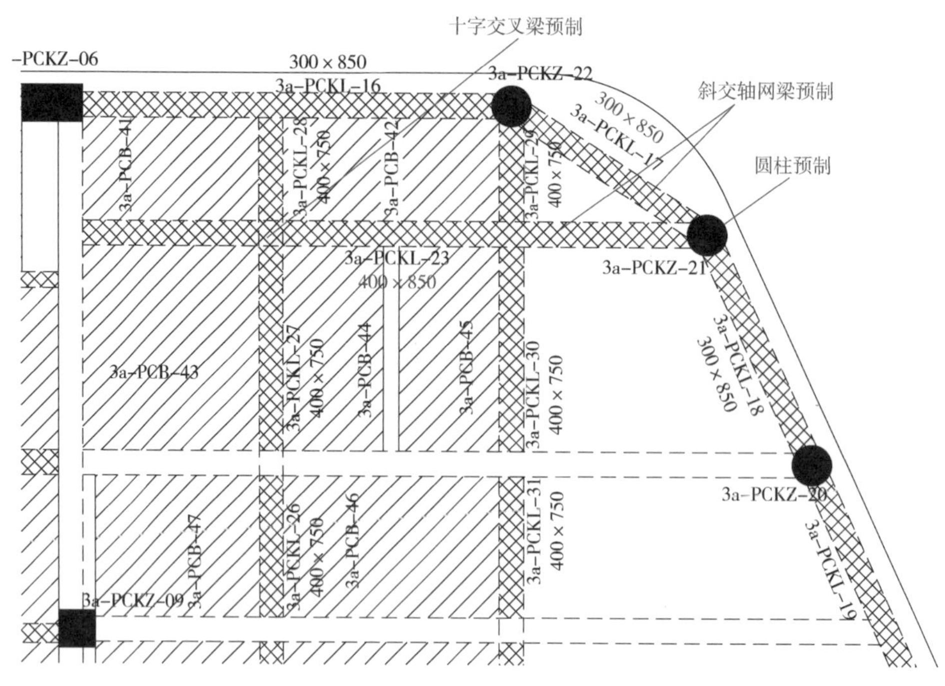

▲ 图 3-9 某项目局部预制构件拆分平面布置图(二)

**表 3-2 某项目结构设计与装配式专项设计脱节产生的主要问题**

| 主要内容 | 存在的问题 | 解决方案 | 需要协同的专业和环节 |
|---|---|---|---|
| 梁柱一边齐平 | 按构造要求，梁纵筋需要在柱纵筋内侧锚固，由于一边齐平，梁纵筋与柱纵筋干涉，弯折避让困难 | 梁居中布置，不能居中时，梁边与柱边错开 50mm 以上。若建筑需要外边齐平，可做出 50mm 的梁边构造来满足齐平的要求 | 建筑、结构专业，生产和安装环节 |
| 柱截面偏小 | 柱截面单边或双边较多为 450mm，截面面积偏小，Φ25、Φ28 的梁底纵筋在中柱节点内锚固不足，而采用全灌浆套筒连接时，节点域连接空间不够 | 柱截面适当调大，或改变预制方案(如采用莲藕梁方案等) | 建筑、结构专业，生产和安装环节 |
| 圆柱截面 | 本项目共 7 根圆柱，全部采用预制，未考虑工厂制作的难度和成本 | 取消圆柱预制，增加其他梁板构件预制来满足预制率指标要求；或采用方柱，后续装饰成圆柱 | 建筑、结构专业，生产和安装环节 |
| 叠合楼板 200mm 宽现浇带 | 本项目采用双向叠合板方案，按《装规》要求设置了 200mm 宽的后浇带，板底筋最小采用Φ8 的钢筋，无法满足搭接锚固的宽度要求 | 后浇带宽度至少达到 300mm 方能满足Φ8 钢筋搭接连接锚固要求；或在设计之初考虑按单向密拼叠合板方案 | 结构专业，生产和安装环节 |
| 角柱预制 | 角柱或边柱出现偏心受拉或轴压力较小的柱，预制柱底接缝受剪承载力不满足要求，或需要加大柱纵筋来满足接缝抗剪承载力，构造和连接困难，不适合预制 | 根据柱底内力，区分出受剪承载力不足的柱，不做预制，保障结构安全 | 结构专业 |

（续）

| 主要内容 | 存在的问题 | 解决方案 | 需要协同的专业和环节 |
|---|---|---|---|
| 十字交叉梁全预制 | 本项目存在十字交叉梁全预制，未留设后浇连接区段，无法安装和连接 | 留设后浇连接区段，或改变预制方案 | 结构专业，生产和安装环节 |
| 预制框架梁底齐平 | 本项目交叉的预制框架梁的高度均一致，梁底纵筋垂直交叉干涉，避让困难或无法避让 | 根据梁底钢筋排数，交叉预制梁底的纵筋高差应大于 100mm 以上 | 结构专业，生产和安装环节 |
| 斜交柱网 | 梁底纵筋交叉重叠，钢筋避让困难，无法通过纵筋水平方向平行错位布置以避免干涉；梁纵筋在柱内锚固长度长短不一，节点域内钢筋布置复杂，干涉严重 | 结构尽量避免斜交轴网布置方案，当不可避免出现斜交柱网时，斜交轴网部分尽可能避免预制 | 建筑、结构专业，生产和安装环节 |

**4. 关键环节脱节的问题**

对于装配式建筑项目而言，实现全流程的设计工作闭环非常重要，在整个流程中，一些重要环节把控得好与坏，直接决定了项目装配式的合理性、实施的难度和成本的高低。

（1）容积率奖励对项目的影响

1）对建筑方案的影响。争取不计容建筑面积奖励的项目，在方案设计时，要重点考虑奖励的不计入容积率的建筑面积能否在项目地块内按规划条件要求用完。虽然政策规定可以获得一定比例的不计容建筑面积奖励，但由于地块规划指标受到各种技术条件的约束，如：日照间距、限高等，奖励的不计容建筑面积未必能在项目地块内消化用完。笔者就曾遇到一个项目虽然可以拿到3%的不计容建筑面积奖励，但是实际地块只能用掉 1.4%的奖励面积，因此，在建筑方案设计阶段，需要结合产品设计、规划条件、奖励比例，对装配式方案进行综合评估后再进行合理的设计。

2）对装配式方案的影响。容积率奖励比例的高低，实施什么内容可以计入奖励面积等一些实施技术规则，都直接影响到装配式建筑的装配式方案，下面通过几个城市容积率奖励实施情况的对比，列出容积率奖励政策对装配式方案影响所需关注的要点内容，见表 3-3。

**表 3-3　容积率奖励政策应关注的要点内容**

| 要点内容 | 上海 | 无锡 | 宁波 | 备注 |
|---|---|---|---|---|
| 奖励比例 | 3% | 3% | 3% | 容积率奖励比例上限各城市有差异，基本范围在 3%～5%之间 |
| 实际能获得的奖励情况 | 3% | 1.5%左右 | 3% | 大部分城市都能按政策上限拿足，有的城市对实施范围要求不同，导致不能按上限拿足 |
| 实施什么装配式内容可以获得奖励 | 预制夹芯保温外墙 | 预制内剪力墙 | 预制非受力外围护墙（宁波地区对预制剪力墙比较审慎，剪力墙一般不进行预制） | 大部分城市以实施外墙预制获容积率奖励，有的城市对预制外墙渗漏等问题比较慎重，不支持外墙预制，以内剪力墙预制获得奖励 |

（续）

| 要点内容 | 上海 | 无锡 | 宁波 | 备注 |
|---|---|---|---|---|
| 评审流程和什么阶段评审 | 方案批复前由市建协组织专家进行不计容建筑面积专项评审 | 初步设计阶段由住建委组织专家进行抗震评审和装配式专项评审 | 初步设计阶段由住建委组织专家进行装配式不计容建筑面积专项评审 | 上海等装配式建筑实施较早的城市，相关评审流程清晰。有的城市虽然有奖励政策，但是尚未建立明确的评审流程，容积率奖励还只停留在纸面上 |
| 计算规则 | 预制夹芯保温外墙或单面叠合夹芯保温外墙预制的横截面面积计入 | 预制墙体横截面面积计入 | 预制外墙或叠合外墙预制部分的横截面面积计入 | 一般都以预制墙体横截面面积为准计入，四面或三面围合的门窗洞口横截面面积可不扣除 |
| 奖励面积计算基数 | 以地上建筑面积为基数计算（实际操作中以计容建筑面积为基数计算） | 以地上计容建筑面积为基数 | 以地上计容建筑面积为基数 | 计算奖励面积的基数一般都以地上计容建筑面积为基数，有的政策规定按地上建筑面积为基数，实际操作上有难度 |
| 配套指标要求 | 预制率 40% 或装配率 60% | 预制率 20% 及装配率 50% | 预制率 40%，装配率 50%，预制外墙面积比 50% | 达到政策或评价标准规定的指标要求是获得容积率奖励的前提条件 |
| 奖励政策的动向 | 现行奖励政策 2019 年底到期；到期后奖励政策调整或退出 | 逐步调整或退出 | 逐步调整或退出 | 奖励政策是阶段性政策，随着装配式建筑产业链培育发展，会逐步调整或退出 |

3）对成本的影响。目前阶段容积率奖励政策是装配式项目对成本核算和装配式方案影响很大的一个因素，所获得的不计入容积率部分的建筑面积奖励，不需要支付土地成本，只需要付出建造成本即可获得市场价的销售回报，这对于土地价格及房屋售价较高的地区来说，溢价空间很大，甚至除可以抵消掉整个项目由于采用装配式而产生的成本增量外，还能额外产生溢价，因此在项目前期阶段需要重点予以关注。

上海某住宅项目地上计容建筑面积为 10.9 万 $m^2$，获得不计容建筑面积奖励为 109000×3%＝3270（$m^2$），项目所在区域商品住宅售价约为 5.5 万元/$m^2$，由此产生的额外销售额为 3270×5.5＝17985（万元）。因项目采用装配式产生总的成本增量约为（10.9+0.327）×600＝6736（万元），扣除装配式建筑成本增量外，产生不计容建筑面积奖励总溢价为 17985－6736＝11249（万元），因为奖励政策，做装配式建筑不但没有增加成本，还获得了额外收益。

（2）提前预售对项目的影响

1）对装配方案的影响。装配式设计由于精细化程度高、设计内容增多、环节增多（预制构件深化设计）等原因，需要比传统设计时间增加约 30～60d，再加上模具设计及制作供货也需要约 30～60d 时间，对于施工现场进度安排来说，需要把采用预制构件的楼层适当往后安排，现场构件需求进度和预制构件工厂供货进度尽可能匹配，不要出现现场等构件安装的情况。在设计环节，需要把首开区安排、提前预售的时间节点要求和工程进度结合起来，对项目的预制构件的装配楼栋范围、装配楼栋的楼层分布范围进行合理的安排，使得项目的装配方案合理化、最优化。

2）对工期和成本的影响。对于销售型项目而言，资金提前回流，偿还开发贷款，减少财务成本是非常重要的。很多城市对采用装配式建造的项目制定了提前预售的政策（表 3-4）。对于装配式建筑项目的开发建设，应结合工期进度安排、装配方案设计、预制构件招标采购及供货等综合进行考虑，尽可能避免项目现场由于预制构件到场不及时而影响工期等情况，尽早满足预售条件，这是对装配式建筑项目成本核算影响较大的一项内容。

**表 3-4　部分城市提前预售情况**

| 城市 | 提前预售规定 | 原预售条件 | 预售提前幅度 |
|---|---|---|---|
| 上海 | 1. 七层及以下，完成基础工程并施工至主体结构封顶<br>2. 八层及以上，完成基础工程并施工至主体结构 1/2，且不得少于七层 | 主体结构完成、封顶 | 对于高层来说预售时间提前明显，30 层的建筑，提前时间约 3 个月 |
| 宁波 | 完成±0. 00 标高以下工程，并已确定项目施工进度和竣工交付日期的，可申请预售登记 | 多层建筑结构封顶，高层建筑主体结构完成三分之二 | 预售时间大幅度提前，出地面即可销售 |
| 无锡 | 该栋建筑预制构件已进场并开始安装，单体建筑基础施工完成至±0. 00m，即可申领商品房预售许可证 | 多层商品房形象建设进度达到 50%以上，小高层及高层商品房形象建设进度达到 30%以上 | 预售时间提前幅度较大，出地面即可销售 |

以上海某个项目为例，地上计容建筑面积约 7 万 $m^2$，建设单位融资 4 亿元，融资利率 8%，每天的贷款利息大约是 7. 7 万元，1 个月利息成本大约为 233 万元，3 个月的利息成本已超过整个项目的设计费，财务的时间成本支出可见一斑，时间即意味着金钱，装配式建筑的预制构件设计范围与项目预售时间及项目成本密切相关。

（3）资金补贴对项目的影响

为推广装配式建筑，很多城市都出台了资金补贴政策（表 3-5），给予真金白银的补贴，对于装配式建筑项目开发来说，是否增加一定投入去获取财政资金补贴，在装配式建筑设计和管理上，就需要在前期决策阶段做好评估。

**表 3-5　部分城市资金补贴情况**

| 城市 | 提前预售规定 | 补贴标准 | 实施难度 | 实际情况 |
|---|---|---|---|---|
| 上海 | 达到一定建设规模（居住建筑 3 万 $m^2$ 以上，公建 2 万 $m^2$ 以上），装配式建筑单体预制率不低于 45%或装配率不低于 65%，且具有两项以上的创新技术应用的示范项目 | 100 元/$m^2$ | 在原标准 40% 预制率或 60%装配率的基础上，提高 5%的百分点，实施有一定难度，需要通过专家评审，有完善的评审机制和流程 | 获得示范项目补贴的项目较少 |
| 长沙 | 特定区域内，建设单位主动采用装配式建筑技术建造，单体建筑装配率在 50%（含）以上的；以及在土地挂牌条件中已明确装配式建筑要求，建设单位主动提高装配标准，单体建筑装配率在 60%（含）以上的新建商品房项目 | 100 元/$m^2$ | 指标提高较多，成本增量较大，实施门槛较高 | 目前装配式建筑成本较高，主动采用装配式建筑技术建造及提高装配率指标要求的意愿不足 |

（续）

| 城市 | 提前预售规定 | 补贴标准 | 实施难度 | 实际情况 |
|---|---|---|---|---|
| 郑州 | 建筑面积 3 万 $m^2$ 以上装配式住宅和 2 万 $m^2$ 以上的装配式公建项目 | 50 元/$m^2$ | 装配式认定标准、补贴实施细则和评审流程有待完善 | 获取补贴有一定难度 |

以上海住宅项目为例，根据上海沪建建材【2016】601 号文预制率和装配率的计算细则，上海装配式建筑项目，以满足 40%预制率要求为主流（60%装配率更难满足，成本会更高些），那么预制率由 40%提高到 45%，增加 5 个百分点的结构系统预制，获取 100 元/$m^2$ 的补贴是否合算呢？我们知道，在满足 40%预制率的情况下，能预制的结构构件基本都预制了，增加的 5%的预制构件都是比较不合理的构件，要么构件复杂，要么标准化程度更低，这部分构件的生产成本会更高；按当前市场价格，每 5%的预制率增加，增量成本大约为 75~85 元/$m^2$，虽然补贴的资金基本能平衡掉由 40%到 45%预制率指标提高产生的成本增量，但是项目实施的难度大大增加，效率和工期等各方面都会受到一定影响。另外，获取资金补贴的项目需要经过严格的示范项目评审，且要有两项以上的创新技术应用，通过验收以后才能获得相应的资金补贴，所以，单纯从成本角度来看，对项目开发来说未必是合适的，需要前期做好项目策划、平衡好各方面得失，以便做出更加经济可行的决策。

（4）装配式建筑专项专家评审的重要性

目前，很多地方还没有装配式建筑专项评审的要求和制度，缺乏相应的评审环节，在很多建设单位和设计单位对装配式还不熟悉、缺乏经验的情况下，笔者认为在设计环节做好装配式建筑专项评审是非常必要的，应充分发挥装配式建筑专家评审的作用，邀请行业内的设计、生产、施工安装等各方面的专家对装配式建筑设计技术方案进行比较全面的事前评审，确保装配式技术方案的合理性，避免反复，为装配式建筑方案顺利实施打下基础。

全国很多城市都对装配式建筑专项评审工作确定了评审内容和评审流程，表 3-6 列举了几个城市关于装配式建筑专项评审的情况，供读者参考。

**表 3-6 部分城市装配式建筑专项评审情况**

| 城市 | 评审内容 | 评审阶段 | 评审专家范围 |
|---|---|---|---|
| 上海 | 1. 不计容建筑面积奖励评审<br>2. 技术条件特殊项目，降低预制率或免于装配式建筑评审<br>3. 申请资金补贴的示范项目评审 | 1. 方案报批阶段<br>2. 初步设计阶段 | 设计、生产、施工、甲方等方面专家 |
| 深圳 | 设计阶段技术认定项目范围：<br>1. 土地出让文件等政府文件规定按装配式建筑要求实施的项目<br>2. 建设单位自有土地上实施装配式建筑，并申请建筑面积奖励的项目<br>3. 申请资金资助的装配式建筑示范项目 | 初步设计阶段 | 设计、生产、施工、甲方等方面专家 |
| 无锡 | 符合装配率 50%、预制率 20%要求的所有项目 | 初步设计阶段 | 设计、施工图审查等方面专家 |

# 3.3　设计协同存在的问题

**1. 装配式混凝土建筑设计、制作、施工协同设计**

装配式设计是高度集成一体化的设计，设计各专业，项目各环节都要高度地协同和互动。具体涉及建筑、结构、水、暖、电、内装设计等各专业的协同作业（图 3-10），与铝合金门窗、幕墙、部品部件、施工安装等各单位在设计、生产、安装各环节都需要紧密地互动（图 3-11），形成六个阶段（方案设计、初步设计、施工图设计、深化图设计、生产阶段、安装阶段）完整闭环的设计。通过集成结构系统、外围护系统、设备与管线系统、内装系统，实现装配式建筑的功能完整和性能优良。装配式建筑设计协同配合合理设计流程参见图 1-2。

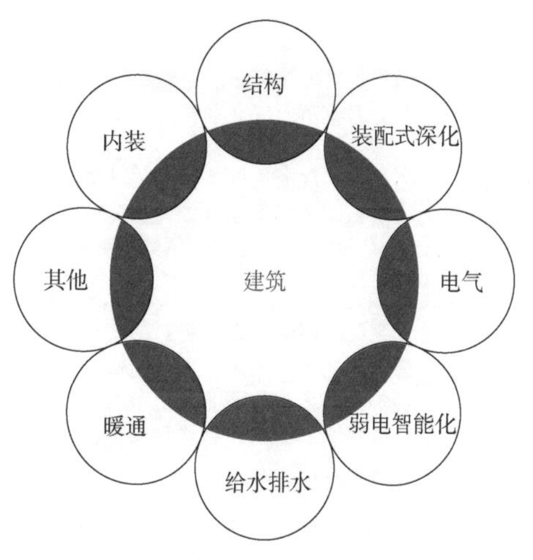


▲ 图 3-10　设计各专业协同

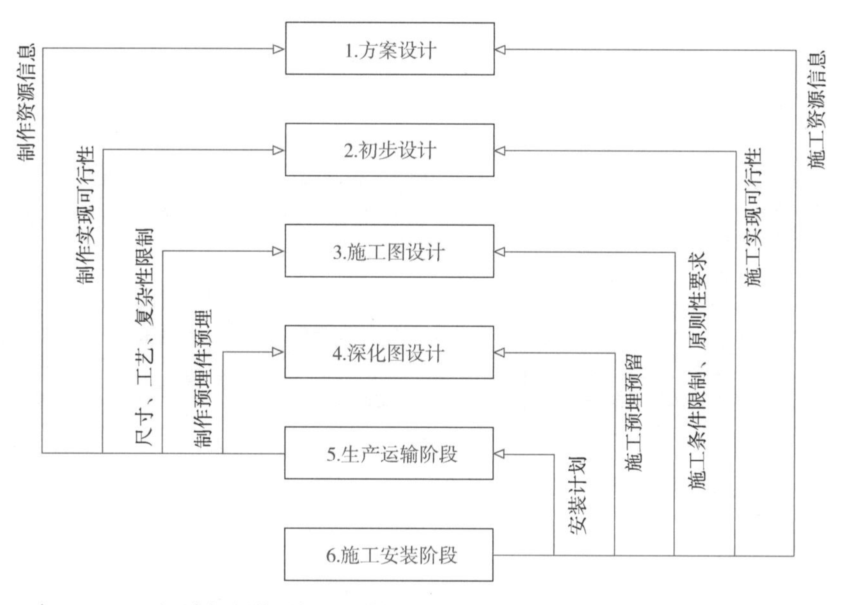


▲ 图 3-11　设计与制作、施工环节协同示意图

**2. 缺乏协同设计产生的问题**

装配式混凝土建筑的设计不仅要在不同专业之间协同，而且要与生产制作、施工安装环节高度协同，要将预制装配的部品部件之间集成一体化的要求通过协同设计落实在设计文件中，缺乏设计协同或协同不到位产生的一些问题举例见表 3-7。

**表 3-7 协同设计脱节导致的问题举例**

| | 主要问题 | 脱节原因 | 危害及影响 |
|---|---|---|---|
| 设计各专业间协同脱节的问题举例 | 建筑方案未考虑装配式的规律和要素 | 建筑师不了解装配式建筑的规律和特点，与装配式设计要求脱节 | 导致建筑没有装配式基因，标准化程度低、实施困难、成本增高 |
| | 结构方案不利于装配式拆分设计或拆分方案不合理（图 3-11，图 3-12） | 结构设计师不了解装配结构设计，结构方案设计与装配式设计要求脱节 | 导致装配式实施困难，成本增高 |
| | 装配式混凝土结构特有的一些构造要求未能协同到位，如：套筒保护层不够，或套筒正常设置导致钢筋保护层过厚 | 结构师对装配式结构的特有的技术要点还不熟悉，设计时未考虑装配式连接带来构造上的影响 | 影响结构耐久性或影响结构承载力，与原结构设计要求不一致 |
| | 装配式混凝土结构特有的一些计算要求未能协同到位，如：预制构件接缝的受剪承载力不满足规范要求，主体结构施工图和预制构件深化图均未采取有效的措施 | 结构师和深化设计师对装配式结构与现浇结构差异不熟悉，深化设计按结构施工图深化时容易忽视，而结构施工图设计时也没有相应的处理措施 | 影响结构安全、危害业主生命财产安全 |
| | 机电、给水排水、暖通、内装等预埋物没有集成设计到预制构件制作图中 | 装配式专项设计师对机电等专业设计要求不熟悉，内装设计与深化设计脱节 | 导致后期凿改、返工，与预制构件受力连接部位冲突等，影响结构安全和建筑成本 |
| | 特殊的集成一体化设计未能协同到位，如：防雷接地设置错误或遗漏 | 深化设计师不熟悉防雷设计要求，未能有效沟通协同 | 影响建筑物的防雷，危害业主生命财产安全 |
| 与部品部件、连接件协同脱节的问题举例 | 夹芯保温外墙构造设计错误、拉结件选择错误、构造与受力原理不符合 | 夹芯保温外墙构造设计与保温拉结件设计要求不符，缺乏相关的设计标准和构造标准图集 | 影响夹芯保温内外叶板的受力变形协调，产生开裂，外围护墙的耐久性受影响，增加维护维修成本 |
| | 门窗副框或门窗框一体化预埋设计错误或构造不合理 | 与集成部品供应单位协同脱节，建筑防水设计、部品连接构造设计要求与深化设计未能闭环 | 影响窗洞大小、窗口四周防水构造、影响窗扇开启，导致重新凿除改造，影响工期、增加成本 |
| | 干挂石材幕墙龙骨直接受力作用在预制夹芯保温外墙外叶板上 | 石材幕墙荷载传递到保温拉结件上，与保温连接受力要求不符 | 导致保温连接所受荷载增大，连接承载力不足，带来安全隐患 |
| 与生产运输环节脱节的问题举例 | 设计未给出构件叠放运输和存放支承的要求 | 设计和存放、运输等要求脱节 | 导致构件在运输和存放过程中变形开裂等，增加维修成本 |
| | 开口型或局部薄弱预制构件未设置临时加固措施 | 设计和生产、运输、安装环节的工况要求脱节 | 导致脱模、运输、吊装过程中应力集中，预制构件开裂等，增加维修成本 |
| | 预制构件拆分设计尺寸超出模台或运输的尺寸限制条件要求 | 预制构件拆分设计和生产条件、运输条件要求脱节 | 导致生产模台改制而增加制作成本，采用特殊审批的运输车而增加运输成本等 |
| | 未按生产工艺要求埋设相应的脱模吊点等 | 预制构件预埋件设计和生产制作要求脱节 | 对脱模产生影响 |
| | 脱模阶段荷载工况考虑错误或遗漏考虑 | 预制构件设计和生产制作要求脱节 | 导致预制构件在脱模阶段就开裂或断裂，质量不符合要求，构件报废或增加维修成本 |
| | 预制构件内局部钢筋、预埋件、预埋物密集（图 14-1） | 相关专业与深化设计未能协同考虑，预制方案不合理 | 导致混凝土浇筑质量不满足要求，影响结构受力和安全 |

（续）

| | 主要问题 | 脱节原因 | 危害及影响 |
|---|---|---|---|
| 与施工安装环节脱节的问题举例 | 预制构件出筋与后浇连接区钢筋干涉严重（图 8-1） | 设计和现场安装施工要求脱节 | 导致后浇连接区连接质量达不到要求，留下安全隐患 |
| | 脚手架拉结件或挑架预留洞未留设或留洞偏位 | 预制外墙设计和现场脚手架、塔式起重机扶墙支撑等安装要求脱节 | 导致后期凿改、返工，与预制构件受力连接部位冲突等，影响结构安全和建筑成本 |
| | 未标明预制构件的安装方向 | 预制构件设计和吊装要求脱节 | 导致安装错误或安装困难，影响效率 |
| | 预制构件等吨位遗漏标注或标注吨位有误 | 预制构件等设计和吊装要求脱节 | 导致塔式起重机选型和布置错误、影响塔式起重机吊装安全和效率 |
| | 现浇与预制间转换层的竖向预制构件预埋插筋偏位或遗漏 | 预制构件设计和连接安装要求脱节 | 导致连接不能满足结构受力要求，后期整改，增加成本 |
| | 未结合施工安装环节的荷载工况进行验算，未给出支撑要求，未给出拆除支撑的条件要求 | 预制构件设计和施工安装支撑条件等要求脱节 | 导致施工安装环节预制构件倾覆或开裂破坏，影响结构安全和施工安全 |

# 3.4　设计深度与设计质量管理问题

## 3.4.1　设计深度问题

**1. 设计深度规定问题**

2016 年版《建筑工程设计文件编制深度规定》作为国家性的建筑工程设计文件编制工作的管理指导文件，该规定没有对装配式建筑设计在方案设计、初步设计、施工图设计阶段的设计文件编制要求，提出专门针对性的规定，仅在该规定的第 5.4 节对“预制混凝土构件加工图设计”提出了编制深度的要求，这在某种程度上也反映出当时大家对装配式建筑设计需要达到什么样的深度要求，还不够熟悉。从另一方面也反映了目前装配式建筑设计存在“两阶段”设计的一个现状，主体设计单位按传统现浇建筑设计思维完成设计后，深化设计单位或团队再进行拆分和构件详图设计，没有在前期的建筑方案、结构方案、机电设备方案中融入装配式建筑的因素，是目前导致一系列问题产生的一个重要原因。

在地方标准上，上海市住房和城乡建设管理委员会批准实施的《上海市工程建设规范—装配式建筑工程设计文件编制深度标准》，对装配式建筑各专业从方案到施工图设计各阶段的设计深度做出了针对性的规定，值得借鉴。当然，随着对装配式建筑逐步深入的认识和发展，需要适时地做出更新、调整和补充。

**2. 各专业设计衔接深度问题**

在我国，大家习惯于传统的设计流程和设计协作配合模式，已经形成了一整套的质量控制标准体系。在短时间内过渡到装配式建筑集成一体化设计，还需要时间来适应，还存在一些各专业设计之间衔接深度不够所带来的问题，下面举一个“外墙拼缝和立面分格缝协调设计问题”进行简要说明。

采用夹芯保温外墙的装配整体式剪力墙结构，外墙板拆分设计以装配式专项设计为主，有水平拼缝和竖向拼缝（图 3-12）。建筑的立面分格缝设计与夹芯保温外墙永久拼缝位置要协调统一设计是比较困难的，需要前期和建筑专业做好充分的沟通和衔接。水平拼缝由于统一在楼层标高位置，相对容易协调统一，而竖向拼缝位置呈现无规律状态，与建筑立面分格缝统一较为困难，图 3-13 为一夹芯保温外墙，通过采用真假缝结合的方式，仍然不能将竖向拼缝和建筑立面分格缝协调起来，该项目采用铺贴网格布盖缝后再作饰面层，将不能协调统一的竖向拼缝封闭在里面，被封闭的竖向拼缝内的小气候环境是非常复杂的，错误的构造做法使得封闭的缝鼓胀隆起，房子尚未交付就出现质量问题，这些问题的出现主要是由于对装配式建筑设计不熟悉、各专业衔接深度不够造成的。

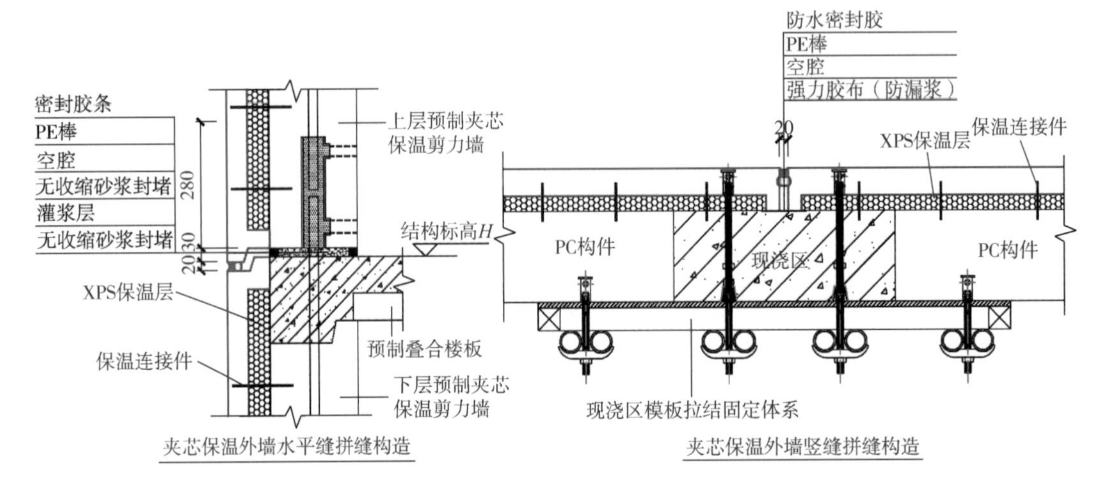


▲ 图 3-12　预制夹芯保温外墙拼缝防水构造

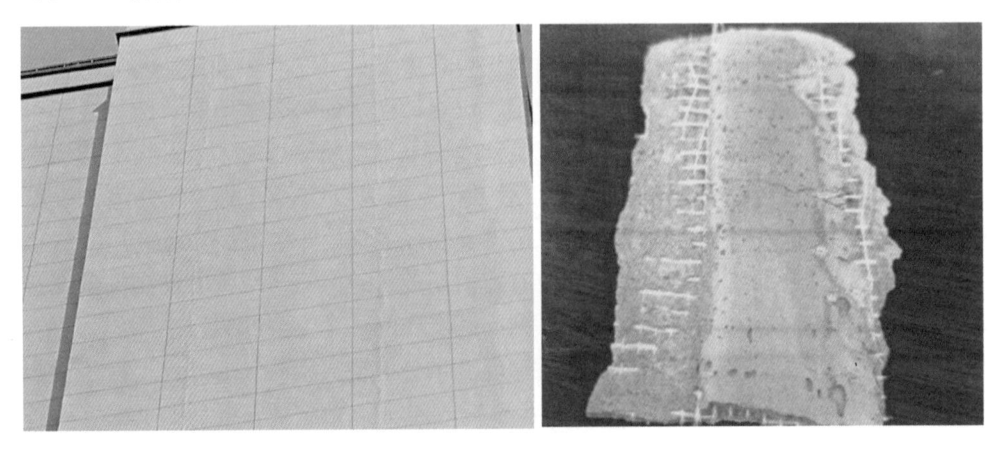

▲ 图 3-13　夹芯保温外墙拼缝构造

## 3.4.2　设计文件审查问题

### 1. 图纸审查范围问题

据笔者了解，装配式专项设计审查，目前存在两种情况：一种是在施工图审查阶段，装配式专项施工图设计文件（非深化图）同步送审，设计内容包含建筑、结构、水暖电各专业，目前主要以结构专业内容审查为主，建筑专业涉及内容少些，设备专业内容更少，这与装配内容以结构预制装配为主有关；另一种情况是施工图审查后，还需要将全套预制构件深化设计详图也进行送审，比如宁波市。

按 2016 年版国家的《建筑工程设计文件编制深度规定》，预制构件深化详图由主体设计单位审核确认后实施，按此规定是不需要进行深化图审查的。目前，预制构件深化设计详图的审核确认工作，存在责权利不清的问题，尤其是深化设计和主体设计不是一家单位时，因为深化图的图纸量一般情况都比较大，审核工作需要承担相应责任却没有相应的费用，目前审核工作存在流于形式、或者不作审核的情况。

**2. 装配式建筑审查专业归属问题**

装配式专项设计文件，按道理应该各个专业分别进行设计，各个装配式设计内容归口到自己专业进行审查。但目前，很多地方还是全部由结构专业进行审查，存在专业审查盲区的问题。

**3. 审查深度问题**

目前，第三方审查单位对装配式建筑的审查内容还比较陌生，一方面审图人员对装配式专项设计的内容审查，尚缺乏一些审查依据，有的地方发布了装配式建筑工程施工图设计文件审查要点，这有利于审图工作的开展，是值得肯定的；另一方面，对装配式专项设计文件的审查更倾向于技术设计方面的审查，而对于涉及装配式方案合理性，是否适合生产和施工安装方面，缺乏审查，尤其是在没有装配式专项评审要求的地区，这块工作的缺失，会带来后续实施的困难。

目前，一些省市正在进行取消施工图审查的试点改革，对于装配式专项设计的审查和审核确认，有向主体设计单位归属的趋势，在审查可能逐步退出的情况下，是否可以依靠行业协会的力量，来促进装配式建筑的健康发展，也是需要重视和探索的方向。

### 3.4.3　设计质量管理问题

装配式专项设计需要涵盖全专业（建筑、结构、水、暖、电），全过程（方案设计、初步设计、施工图设计、深化图设计、生产制作、施工安装）的设计，是集成一体化的设计。《装标》3.0.1 规定：装配式混凝土建筑应采用系统集成的方法统筹设计、生产运输、施工安装，实现全过程的协调。目前装配式建筑的快速发展，带来了装配式建筑设计管理上的一些新问题。

**1. 专业间协同不到位**

传统设计专业“界面”细分清楚，形成了比较成熟的协作模式，专业间“界面”的存在给装配式系统化集成设计带来一些障碍，有的会认为这不是本专业的工作内容，使得需要协同协调的内容无法有效地落实，而项目负责人在特定的专业能力上又存在或多或少的不足，带来协同不到位的问题；另外，专业间二维协同本身存在先天不足，设计各专业间以及设计、制作、施工各环节间的二维提资和反馈，难以把信息有效传递，做到无缝衔接，主要依赖于提资方的表达清晰性、完整性和受资方经验判断能力及理解程度，信息传递中容易遗漏和误读。

**2. 设计周期不合理**

目前装配式建筑项目的设计周期往往被压缩得和传统项目差不多，装配式建筑设计集成化、精细化的要求与设计周期不匹配，导致设计考虑不充分、协调不到位，带来后期的修改、变更，甚至凿改的情况。这种压缩设计时间的现象，在“快周转”的商品房开发项目上尤为突出。我国传统项目上的设计周期与国外一些发达国家相比，我们的设计也是“快”的，“快周期”带来的未必是“高”效率和“高”质量，尤其是装配式建筑项目，边设计、边施工、边修改的做法是行不通的，粗放式的设计建造带来的修正错误需要付出巨大的代价。笔者认为，粗放型的开发建设模式一定会回到精细化上来。

**3. 前置工作考虑不充分**

目前很多建设单位都是第一次面临装配式建筑项目的开发建设，在一定程度上需要熟悉装配式项目配合协作流程的设计单位来做前期的指引推动。在装配式项目上，需要提前介入协同作业的单位，如果还按照传统项目来进行管控，相关单位招标采购滞后，就会导致前期设计和后期生产制作、安装环节无法闭环。比如：精装修交付的住宅项目，装修点位一体化预留预埋工作未前置考虑，按传统思路在主体设计单位完成施工图设计后，根据项目销售定位再来考虑精装修设计，这是完全不符合项目进度要求的，也满足不了装配式设计一体化集成、精细化的要求，导致的结果就是工期延误或者后面二次、三次整改造成大量的浪费，违背了工业化的初衷，白白丧失了装配式建筑的优势。

**4. 设计对生产制作工艺的不熟悉**

目前传统设计院的设计师对预制构件工厂生产工艺和流程还不熟悉，容易产生设计与生产脱节，在设计和工厂沟通及调研不充分的情况下，会带来所设计的预制构件生产困难或成本上升的情况。目前装配式设计资源相对来说跟不上发展的需要，还需要通过大量的培训，调整相关从业人员结构才能逐步跟上市场的需求。

**5. 设计对运输条件不熟悉**

对预制构件运输车基本参数和道路运输限高要求等不了解，拆分设计时未充分考虑运输的限制条件，导致构件超高无法运输或运输效率下降。比如：虽然构件混凝土外包尺寸未超高，但未注意预埋插筋等出筋长度，导致构件立式运输超高的情况，工程中曾见到过将插筋强行折弯后运输，到现场再调直的做法，这样会导致钢筋性能受损，不满足规范施工要求。

**6. 设计对施工安装条件不熟悉**

传统现浇设计做法，设计师大多数对施工单位的脚手架方案、模板支设方案，塔式起重机扶墙等施工方案不关心，也不了解、不熟悉，而施工单位也缺乏对设计单位提资的经验。按传统思路设计出的预制构件无法有效满足现场安装的需要。比如：现在装配整体式剪力墙结构体系，大量的预制构件与现浇构件衔接穿插使用，在预制构件上预埋的模板支设埋件，时常发生模板支设连接困难、与其他埋件互相干涉的情况。没有协调落实施工环节一体化集成的设计要求，结果带来大量的后期施工困难，调整起来费时费力，造成大量的浪费。

**7. 设计对相关配套材料不熟悉**

预制构件设计高度集成一体化的要求，对项目负责人（或设计师）的综合素质要求很高，不懂材料，不跨界多了解相关的配套产品，就做不好预制构件设计。比如：在夹芯保温外墙的设计上，如果设计师对保温拉结件不了解，对夹芯保温墙受力原理不熟悉，就会出现设计构造错误、拉结件布置不合理等因为设计原因导致的质量问题。我国建筑法第五十七条规定：建筑设计单位对设计文件选用的建筑材料、建筑构配件和设备不得指定生产厂、供应商。设计不能“指定”产品，这条法规给了设计师偷懒的理由，在设计时没有很好考虑设计的产品的适用性和合理性，在装配式项目中不去了解市场上的相关配套产品，就很难做好预制构件设计，比如：规范规定预埋钢筋伸入灌浆套筒的长度不小 $8d$（$d$—钢筋直径），但是不同厂家所提供的产品会有所差异，若甲方或设计人员不提前把所需要的产品确定下来，后续就有可能出现不匹配的情况。

**8. 人工二维协同设计易出差错**

目前设计单位还是采用 CAD 的二维设计为主，装配式设计考虑的内容多，集成度高，靠阶段性互相提资和反馈进行设计作业，导致提资信息不能全面有效传递，滞后性和人工复核的覆盖不完整，导致设计产生差错。装配式专业单独采用 BIM 作业有很大的局限，相当于将其他专业的二维设计内容翻成三维信息模型，再用二维出图、出成果，在目前来看，这种单环节采用 BIM 的模式，并不能很好地发挥 BIM 的优势。如果从方案设计开始就进行三维协同设计，完成信息的各专业无缝对接，同步协调，避免人工提资和人工复核导致的缺失，才能真正将 BIM 三维信息模型的作用发挥出来。

**9. 三维设计二维表达的局限性**

目前各设计专业的施工图以及装配式深化设计图成果交付方式仍然以二维平面图纸成果交付为主，即使采用三维信息模型设计，最后还是回到二维标准来出图。建筑专业三维模型信息目前也难以有效转化成结构力学分析的三维信息模型，另外，如何将结构计算分析后的三维信息模型再有效地同步协同到其他专业的三维信息模型中去，把通道打通，还有大量的工作要做。设计院要完成从二维到三维的提升，突破一个维度，才能提升自己的市场竞争力。

**10. 施工图表达方式的局限性**

我国的施工图表达方式与国外有很大的不同，严格意义上来说，我们的施工图不是真正意义上的施工图，或者说没有达到施工图的设计深度，施工单位很难做到按图施工，甲方拿着这样的施工图也不能很准确地确定造价，因为还要确认和补充一些更具体的材料做法和节点。设计深度达不到，很大一部分原因是我们的设计大量地引用标准图集，而标准图集的做法不能涵盖新产品新技术的要求，也没有办法适用于整个项目的各个节点的情况，设计没有针对性，需要靠施工单位的二次深化和理解，通过现场集成一体化来完成施工建造。采用平法表达的结构施工图（截面、配筋等信息都采用规则化的抽象的数字来表达）更是如此，平法施工图很多信息是不完整的、缺失的，例如：梁的钢筋多长、如何弯折、如何锚固，从施工图里根本无法知晓，只能通过施工单位查找相应的标准图集构造，进行钢筋的翻样深化，才能下料制作。

我们说社会发展进步应该是简化现场蓝领的工作，充分发挥设计白领阶层的作用，让我们设计所见即所得，将相关信息完整准确地表达在施工图上，让一线施工作业人员每个施工步骤都有图可依，以避免信息误读产生施工错误。这才是顺应现代社会发展的科学行为。

## 3.5 设计责任

**1. 资质要求**

目前对于装配式专项设计的深化图设计是否需要资质，在政策法规上没有相关的规定。《装规》3.0.6条文说明有关资质的表述为“预制构件的深化设计可以由设计院完成，也可以委托有相应设计资质的单位单独完成深化设计详图”。预制构件深化图的设计目前有的是由没有设计资质的深化设计单位承担的，有的甚至由预制构件工厂进行“免费”设计。

按《建筑工程设计文件编制深度规定》及《上海市工程建设规范—装配式建筑工程设计文件编制深度标准》，对于预制构件加工图的深化设计规定，深化图可由施工图设计单位设计完成，也可由其他单位设计完成，并经施工图设计单位审核通过后实施。

目前对于装配式专项设计的深化图设计尚没有相关资质规定和要求。

**2. 特殊的专项技术设计责任归属问题**

夹芯保温外墙所采用的拉结件，其受力要求和布置构造受到较多因素的影响：夹芯保温层厚度、夹芯保温外墙的形状、是否开洞、外叶板上是否有其他附加荷载、内外叶板组合构造形式等，夹芯保温拉结件需要进行专门的计算和布置，也就是说需要进行专门技术设计，目前市场上无论是FRP拉结件还是金属拉结件，一般都由拉结件供应单位采用其配套开发的软件进行计算和布置，相应成果在深化设计图阶段一体化集成，和深化设计图一起出图。

类似这样特殊的需要进行专项技术设计的内容，需要由签字盖章出图的单位进行审核，由于对相关设计内容不熟悉，其审核较多流于形式，而夹芯保温连接一旦出问题，则是涉及安全的重要问题，在日益强调设计终身责任制的今天，其责任归属问题需要认真考虑。

**3. 设计责任**

《装配式建筑工程设计文件编制深度标准》中规定：当建设单位另行委托相关单位承担项目专项设计（包括二次设计）时，主体建筑设计单位应提出专项设计的技术要求并对主体结构和整体安全负责。专项设计单位应依据本规定相关章节的要求以及主体建筑设计单位提出的技术要求进行专项设计并对设计内容负责。按相关规定，装配式的设计责任应当由主体设计单位承担。

日本装配式深化图设计很多由涉外的设计机构分包，国内在大连、上海等城市都有很多深化设计单位分包日本的装配式深化图设计业务，但最终责任由签字出图的设计总包负责。

**4. 需要解决的责权利问题**

在实际项目执行过程中，如果深化设计图不是由主体设计单位设计的，就会存在两个方面问题：一个是在施工图审查环节，装配式设计内容需要注册执业人员在相关设计文件上签字盖章，目前还存在着较多建筑和结构注册师不太熟悉装配式设计的情况，需要由其对设计文件承担相应责任；另一个是在深化图出图环节，需要主体设计单位审核，给出审核确认手续。

采用主体设计和深化设计分离的设计模式，会存在着主体设计单位不愿意配合的情况，主要原因在于深化图不是他们完成的，如果出现问题，相关责任由他们来承担，而主体设计单位没有相应的利益，只担责没有利益的事情是行不通的；另一方面主体设计单位结构专业感觉深化图内容太过繁杂，又不熟悉，有很多还是非结构专业的内容，存在着不是我本专业的内容，为何要我承担责任的想法，这也是情有可原的，所以一体化设计模式可以有效地规避上述责权利不明的问题。如果采用分离模式，可以通过商务的合理约定来明确责、权、利。作为建设单位，也应该考虑由主体设计单位一体化模式来发包业务，即使要进行专项分包，也应由主体设计单位去分包给专业的装配式深化单位来做，或者甲方指定分包单位，由主体设计单位来确立分包的责权利。

有关责、权、利的问题，我们必须清楚地意识到，装配式建筑设计工作量一定是增加的，专项设计费是无法回避和避免的，建设单位无论是选择一体化还是分离的设计服务模式，都要支付对等的设计费，如果只是为了节省一点设计费，找厂家来进行“免费”设计，或者压着主体设计单位“免费”打包在主体设计合同内，都是不可取的，专项设计缺乏会带来更多的质量问题、导致更多的结构安全隐患，修正错误的代价会远大于所支付的专项设计费用。

## 3.6　解决观念与管理问题的措施

### 3.6.1　循序渐进、科学的发展装配式混凝土建筑

**1. 装配式混凝土建筑比例**

在邻国日本，近十年来装配式住宅的比例基本稳定在 13%~16%左右，而这里面主要是由多层的装配式木结构和钢结构别墅（日语叫“一户建”）构成，高层装配式混凝土结构住宅的比例较低，据日本国土交通省统计资料，2018 年日本全年住宅供应户数为 95.3 万户，装配式住宅户数为 13.1 万户，装配式住宅占比为 13.7%，其中装配式钢结构住宅 11.7 万户，装配式木结构住宅 1.2 万户，而装配式混凝土结构住宅仅 0.2 万户，装配式混凝土住宅供应户数占全年住宅供应户数仅占 0.21%（0.2/95.3），在装配式住宅户数里所占比例也仅为 1.53%（0.2/13.1）。日本目前装配式住宅市场的发展基本趋于稳定，是否采用装配式建造，采用何种形式装配式建筑，都是市场自发的选择。

我国装配式混凝土结构的发展出现了较长时间的停滞，尤其是住宅，基本都采用现浇建造，而我们在全国范围内要用十年左右时间达到装配式建筑占新建建筑面积的 30%，当然这里面包含了装配式混凝土结构、装配式钢结构、装配式木结构建筑，但在住宅领域，钢结构和木结构住宅还是非主流，主要以钢筋混凝土住宅为主。按 2018 年的统计数据看，全国新开工房屋面积 20.9 亿 $m^2$，其中住宅新开工面积 15.3 亿 $m^2$，住宅的比例约占四分之三，如此一来，也就意味着到 2025 年装配式混凝土住宅的建筑占全年总建筑面积比例约为 20%，这是一个非常高的比例，有大量的工作需要做。

**2. 差异化发展策略**

（1）区域发展差异化

住建部于 2017 年 3 月发布的《“十三五”装配式建筑行动方案》也明确指出到 2020 年，全国装配式建筑占新建建筑的比例达到 15%以上，其中长三角、珠三角为重点推进地区，需达到 20%以上。300 万常住人口以上城市为积极推进地区，需达到 15%以上。 其他地区为鼓励推进地区，需达到 10%以上。

国家层面根据经济发展状况划分区域，确定不同指标，以及指标分阶段实现，这都体现了循序渐进和因地制宜发展装配式建筑的指导思想。

目前我国绝大部分省市出台的装配式建筑实施意见或政策也都是本着循序渐进的发展原则分阶段来确定装配式建筑占新建建筑的比例以及装配率、预制率等指标，并根据每个城市的发展状况等，因地制宜地确定各个城市的指标。

（2）项目实施差异化

不是所有项目都适合采用装配式混凝土建筑，需要根据项目规模的大小、技术条件、运输条件、施工安装条件、周边环境等因素综合进行判断是否采用装配式，采用何种装配式建筑，根据项目的具体情况进行差异化实施。上海在项目实施差异化方面采用负面清单的方式进行管理，对于一些不适合采用装配式的项目，允许不采用装配式，对于技术条件特殊的项目，允许通过专家评审论证的方式申请降低指标执行，值得借鉴。上海项目差异化实施规定可参见《关于进一步明确装配式建筑实施范围和相关工作要求的通知》（沪建建材［2019］97 号）。

（3）指标分配差异化

在同一个项目里，不同户型、不同楼栋之间有可能存在着差异，有的户型可能标准化程度高，更适合采用装配式建造，有的户型可能层数低、规模小，不太适合采用装配式，或难以达到较高的预制率、装配率指标要求，这种情况，应当允许按整个项目的装配指标进行平衡。适合采用装配式建造的，适当提高比例；不适合的，适当降低比例，通过两者之间装配指标按实施面积加权的方式来满足整个项目的装配指标要求。 笔者认为这才是科学的、客观的。

## 3.6.2 借鉴国外先进经验

**1. 标准化设计思维**

标准化设计是装配式混凝土建筑大规模实施的基础条件，目前我国装配式混凝土图建筑的标准化程度还很低，从两个方面数据可以反映：一是预制构件生产环节人工消耗量数据，行业平均每立方米预制构件的人工消耗量普遍在 1~1.5 工日，而美国仅为 0.25~0.4 工日；另一个是项目钢模具周转次数，大多数住宅项目钢模具周转次数普遍在 40~80 次，商业等公建项目周转次数则更低，远没有达到钢模具 200 次左右周转使用次数的能力要求，没有物尽其用，产生大量的浪费现象，如图 3-14 所示。

▲ 图 3-14 预制构件工厂大量废旧模具

装配式混凝土建筑的优势之一就是标准化的预制构件进行规模化和自动化生产，从而减少人工消耗量和成本，提升构件品质。关于标准化设计思维，国外有些成熟的经验可供借鉴。

（1）德国可借鉴的经验

一是实行建筑部品的标准化、模数化。

二是因地制宜选择合适的建造体系，发挥建筑工业化的优势，达到提升建筑品质和环保性能的目的，不盲目追求预制率水平。

三是鼓励不同类型装配式建筑技术体系研究，逐步形成适用范围更广的通用技术体系，推进规模化应用，降低成本，提高效率。

（2）丹麦可借鉴的经验

丹麦是第一个将预制装配式建筑模数化的国家，把模数化纳入法制体系，模数化既考虑通用化，又照顾多样化，同时考虑将技术与预制构件的特点紧密结合，使预制构件既能够应用于新建建筑，也能够用于旧房屋改造。

（3）美国可借鉴的经验

美国住宅用构件和部品的标准化、系列化、专业化、商品化、社会化程度很高。除工厂生产的活动房屋和成套供应的木框架结构的预制构配件外，其他混凝土构件和制品、轻质墙板、室内外装修部品以及设备等产品也十分丰富，品种达几万种，用户可以通过产品目录，从市场上自由买到所需的产品。这些构件具有结构性能好，通用性强，易于机械化生产等特点。

**2. 管线分离和装配式装修**

（1）管线分离

所谓管线分离，是指不在混凝土结构中埋设管线，将管线设置在结构之外的方式，对结构安全、维修更换和延长建筑寿命有利，是发达国家的普遍做法，也是目前中国发展装配式混凝土建筑所提倡的，但根深蒂固的传统暗埋的观念转变尚需时日。日本采用的 SI 体系的住宅顶棚吊顶内实现管线分离（图 3-15），卫生间采用同层排水和地面架空（图 3-16）。

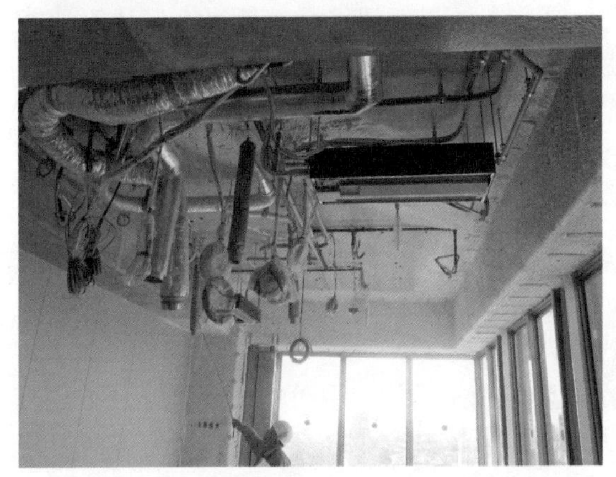

▲ 图 3-15　采用吊顶方式实现管线分离

▲ 图 3-16　卫生间同层排水和地面架空

实现管线分离，会增加建筑层高，对项目容积率产生影响，需要系统化的统筹考虑，如：在政策层面可以做些鼓励规定，因实施管线分离导致容积率损失时，可给予项目一定比例的容积率补偿，使开发企业不用因担心容积率受损而对实施管线分离产生顾虑。

（2）装配式装修

装配式装修可以提升建筑品质，通过标准化结构，提高施工安装效率，实现装修的快速更新，避免装修对主体结构的破坏，减少自行装修带来的装修垃圾。日本在装配式装修所需的配套部品部件和设备供应上，已形成一个成熟的产业，门、窗、卫浴、厨房、屋顶、墙体材料及相配套的各种配件都可以实现一站式服务。

### 3.6.3 建筑师应引领装配式建筑设计

设计环节是装配式建筑全产业链的上游环节，而建筑专业是设计环节的龙头专业。装配式建筑应当由建筑师来引领，不是所有的建筑师都能设计好装配式建筑，但是装配式建筑缺了建筑师的引领，就很难成为一个好的装配式建筑。

**1. 装配式建筑的基因由建筑师的方案设计决定**

一个建筑是否具备装配式建筑的基因，在方案设计之初就已确立。建筑师要充分掌握和认识装配式建筑的规律，才能有的放矢，戴着脚镣跳舞，平衡好艺术表达与成本约束、技术条件等各方面的关系，甚至可以由建筑师根据装配式建筑的规律在方案设计之初决定是否采用装配式建造，或哪些部品部件采用装配式实现，提前确定项目的实施方向。

目前的一些装配式项目方案设计、施工图设计、装配式设计分别是三家单位，在建筑方案招标阶段，方案公司出于追求方案出彩、个性化和中标的需求，在某种程度上出现相悖于装配式建筑规律的情况。如何平衡和评判一个装配式建筑方案的好坏，应建立一套可遵循的标准，从平面布局、凹凸、立面变化、饰面材料、线条与造型要求等，都是有约束条件的，在装配式建筑约束条件下进行方案创作，才能种下装配式建筑的基因。方案缺乏装配式基因，结构师再怎么努力也改变不了先天基因的缺陷。

**2. 建筑师的龙头专业地位不能被取代**

在装配式建筑上的创新产品设计，应当由建筑师来引领，规范也要求装配式建筑应采用大开间大进深、空间灵活可变、平面规则化的布置方式。只有建筑师才能平衡好建筑功能和装配式建筑规律之间的关系，这是专业细分所决定的，建筑专业不能被别的专业取代。

**3. 建筑师的统筹协调的协同作用在装配式建筑项目中不可替代**

装配式建筑强调各个专业的协同设计，因为装配式建筑的装配特点要求部品部件有精准的衔接性，而不同部品部件是由各个专业集成一体化的，比如预制构件中各个专业所需的预埋管线和预留洞口等，这就需要建筑专业来组织结构、水电、设备和装修等各个专业互相配合，进行协同设计。

**4. 建筑师在装配式建筑集成设计上起着关键作用**

装配式建筑要求尽可能集成设计，例如装配式建筑围护结构应尽可能实现建筑、结构、保温、装饰一体化，内部装饰也应当集成化，为此，除了建筑专业自身与装配式有关的设计外，还需要集成结构、装饰、水电暖设备等各个与装配式有关的专业设计。特别是涉及建筑、结构、装饰和其他专业功能一体化及为提升建筑功能与品质而进行的对传统做法的改变，都需要由建筑师来领衔。

### 3.6.4　设计质量管理措施

装配式建筑项目设计有几个显著的特征：工作的前置性要求、工作的精细化要求、工作的系统化集成化要求。装配式建筑设计，尤其是结构系统预制的容错性差。下面从装配式建筑设计质量管理，保证设计质量方面，提出如下一些管理要点，供读者参考。

**1. 结构安全问题是设计质量管理的重中之重**

由于装配式结构设计与建筑、机电、生产、安装等高度一体化，专业交叉多，系统性强，实现一体化过程中涉及结构安全问题，所以应当慎之又慎，加强管控，形成风险清单式的管理。如：夹芯保温拉结件的安全问题、关键节点可靠连接的问题等。

**2. 满足规范、图集、设计深度规定的要求**

这是最基本要求，也是对质量的有效保证。从全国范围来讲，目前装配式建筑结构的设计水平还有待提高，要充分理解和掌握规范、规程的相关要求。一方面要从项目实践中多总结和学习、借鉴成功经验，尤其是管理经验；另一方面参加专门的技术培训也是非常有必要的，对规范规定做到知其然并知其所以然，灵活运用规范，创新应用时可通过专家评审和论证来执行。

**3. 编制统一技术管理措施**

根据不同的项目类型，针对每种项目类型的特点，制定统一的技术管理措施，列出质量管理清单，对于设计工作的开展和管理，都有非常积极的推动和促进作用，不会因为人员变动而带来设计项目质量的波动，甚至在一定程度上可以拉平设计人员水平的差异，使得设计成果质量趋于稳定。

**4. 建立标准化的设计管控流程**

装配式建筑项目的设计工作，协同配合机制，有着其自身的规律性，把握其规律性，制定标准化设计管控流程（图 1-4），对于项目设计质量提升，加强设计管理工作，都会有非常大的益处。当我们从二维设计时代过渡到三维设计时代时，一些标准化、流程化的内容甚至可以通过融入软件来控制，形成后台的专家系统，保障我们的设计质量。

**5. 建立本单位的设计质量管理体系**

在传统设计项目上，每个设计院都已经形成了自己的一套质量管理标准和体系，比如校审制度、培训制度、设计责任分级制度，在装配式项目上都可以延用。针对装配式建筑项目的特点，可以进一步扩展补充，建立新的协同配合机制和质量管理体系。

**6. 采用 BIM 设计**

从二维提升到三维，是不可阻挡的趋势，信息模型的交付标准，国家和地方都已经陆续出台。按照《装标》3.0.6 条要求：装配式混凝土建筑宜采用建筑信息模型（BIM）技术，实现全专业、全过程的信息化管理。采用 BIM 技术对提高工程建设一体化管理水平具有重要作用，提升一个维度也是设计界划时代的事情，可以极大地避免人工复核带来的局限，从根本上提升设计质量和工作效率。

# 第4章
# 方案设计阶段存在的问题

本章提要

方案设计阶段是装配式建筑设计最关键的环节，对整个项目实施起着决定性作用。本章指出了装配式建筑方案的概念与认识问题，列举了装配式建筑方案设计中常见问题，分析了装配式建筑方案阶段平面和立面应考虑的因素，提出了装配式建筑方案设计须遵循的原则以及解决和预防问题的措施。

## 4.1 装配式建筑方案的概念与认识问题

**1. 装配式建筑与现浇建筑设计的差异认识问题**

我国装配整体式混凝土建筑是按等同现浇的理念进行设计的，但这让很多初涉装配式建筑的设计人员形成误解，误认为装配式建筑可以按与现浇建筑一样的思路和方法进行设计。其实，装配式建筑和现浇建筑不仅在建造方式上有着很大的不同，在建筑方案设计、总体设计、施工图设计、深化设计等各阶段的设计方法上也都有很大的区别，建筑方案设计更是装配式建筑设计的源头，应在方案设计阶段提前介入装配式技术策划，考虑预制构件生产的工艺特点，结合装配化施工方式，以提升建筑品质、提高建造效率、降低能源消耗、有利于环保节能为目的，同时使建造成本可控。因此，方案设计阶段是否充分考虑并融入装配式建筑的特点和因素就显得尤为重要。

国内目前实施装配式建筑存在的最大问题，是在最为关键的方案设计环节，没有按照装配式建筑的规律与特点进行设计，仅仅被动地考虑政策要求的预制率和装配率如何实现，为了装配式而装配，没有在实现装配式的优势上下功夫。方案阶段未充分考虑装配式或考虑得不周密，将很难在后续环节弥补纠正。

**2. 装配式建筑让建筑师更有可为**

目前，装配式相关概念在以建筑师为主的方案设计中体现得很少，很多从业人员认为装配式建筑只是结构工程师的事，只与结构专业有关。形成这种不正确的观念，或许是由于预制构件主要由钢筋混凝土组成、构件连接又以保证结构安全为首任、装配式相关专家人士以结构专业为主等因素的影响造成的。

方案设计环节是决定建筑功能、建筑艺术和建造成本的最关键环节，只有将装配式建筑的规律与建筑功能、艺术与成本目标有机地结合，才能做出优秀的扬长避短的装配式建筑设计。国外很多经典的装配式建筑都是由建筑师主持全程设计的，建筑师很了解装配式建筑的特点和规律，从而将装配式因素和特点能有机地融入建筑方案中去。装配式建筑为建筑师的创作、高品质地呈现作品，提供了一个新的途径，让建筑师更有可为。 精彩的装配式建筑设计从方案设计开始。

**3. 突破某些思维定式**

装配式建筑应通过更精细的策划，综合定量分析，以确定适宜采用什么结构体系，而不是目前“凡住宅必剪力墙”的惯性思维；通过项目适用性分析，判断究竟采用何种外围护系统保温方式，而不是“凡预制外墙必夹芯保温”的固化思维；分析实施装配式工艺对工程带来的优势，如以“两提两减”——达到提高品质、提升效率、减少人工、减少耗材为目的，而非“结构构件不做预制就是假 PC”的定向思维；要避免“让建筑功能和建筑艺术一味屈从装配式的规律和特点”的片面思维，正确的思路是“让装配式更好地为实现建筑的功能与艺术效果服务”。

## 4.2　装配式建筑方案设计常见问题

**1. 装配式建筑在上游环节重视不够**

装配式项目各个实施环节中，作为上游环节的政策性文件、建设方决策和设计方案，远比构件生产和施工安装的下游环节作用大；在上游环节中，设计环节技术含量最大，难度也最大；在设计环节的方案设计是实现装配式建筑优势、避免或减少装配式建筑劣势的决定性环节，也是引导建设方决策的关键环节。很多装配式建筑项目的问题往往是由于在建筑方案设计环节未充分考虑装配式工艺与特点造成的，虽说并不能因为装配式而扼制了建筑师的创意，但也不能天马行空随意发挥，应当在模数化、统一性方面多多考虑。

▲ 图 4-1　辛辛那提大学体育馆中心

**2. 对装配式建筑特点和优势认识不足**

装配式建筑包括公共建筑（如歌剧院、体育馆、图书馆、政府机构建筑）、商业建筑（如宾馆、写字楼、商场、娱乐场所）和住宅建筑，各类建筑的装配式特点不同，要注意区分。装配式在实现公共建筑和商业建筑个性化、复杂化方面比现浇更有优势，如建筑大师伯纳德 · 屈米设计的美国辛辛那提大学体育馆，建筑表皮是预制混凝土镂空曲面板（图 4-1），采用现浇根本无法实现。在住宅领域装配式的构件模块化、选配化、通用化应当比现浇更有优势。

**3. 装配式建筑方案设计中常见的几个具体问题**

目前我国的装配式建筑技术发展刚刚起步，很多认知和概念还在逐渐形成中，会出现一些具有共性的问题，下面以项目案例进行简要说明。

（1）楼栋平面形状各异

某人才公寓项目，共19栋楼，2栋18层剪力墙结构，6栋8层框剪结构，11栋5~6层框架结构，建筑平面呈L形、G形、U形，户型种类合计约90余种（图4-2）。在项目的土地出让合同中要求采用装配式建造，而建设方及建筑师在方案设计阶段忽略了装配式技术因素，主要考虑了建筑效果。在整体风格大致趋同的前提下，为追求个性化、差异化表现，平面布置几乎栋栋不同，不符合装配式建筑模数化、模块化、少规格、多组合的特征要求。按现浇模式的建筑方案设计完成后，开始装配式施工图设计时才发现柱网凌乱、梁柱板规格多、构件标准化程度低，很难按装配式技术路线实施，勉强采用装配式技术建造则成本奇高、工期超长，建设方陷入进退两难的境地。

▲ 图4-2 户型种类过多的某人才公寓项目

（2）立面造型变化过多

某高层商品房住宅项目，在项目的土地出让条件中要求采用装配式技术建造，而建设方和建筑师忽略了这一点，认为装配式只要由后期的结构工程师来考虑就可以了。为了打造地标性项目，建筑方案设计时一味追求立面造型新颖别致，几乎层层有变化（图4-3），这和装配式建筑的技术要求是背离的。即使是现浇建筑，这样的立面造型在造价和工期上也不能和常规住宅指标参照比对，若要实施装配式建造则更

▲ 图4-3 立面造型复杂的某高层住宅商品房项目

难。此时建设方面临的选择要么是推翻辛苦打造的立面效果重来，按装配式建筑要求的特征和规律重新设计，要么硬着头皮实施装配式，将会陷入更艰难的被动境地。

（3）外饰面工艺问题

预制构件由于生产时大多使用钢模具，因此成品构件表面平整度高、光洁度好，无须再做抹灰找平，可直接批嵌腻子刷外墙涂料。这样的工艺前提是外墙必须都以预制构件进行围合交圈，若设计没有考虑这个问题，现浇外墙与预制外墙形成交错拼接时，就会产生外墙面接茬不平整、基底粗糙度不同的问题，个别项目甚至为了外墙找平一致，不得不在预制构件上再人工凿毛进行抹灰，这样的做法不符合发展建筑工业化的方向与目的。

另外，当预制外墙考虑集成保温性能时，可采用预制夹芯保温墙的形式，即在工厂生产时预制混凝土外叶板与内叶板中间预埋保温板材。预制外叶板厚度仅 5~6cm，起到对保温板材的防护作用，其自重作为荷载通过连接件传递至内叶板，因此建筑外饰面选择采用干挂饰面板材或湿贴装饰线条时，需考虑其附加荷载的影响并选择可靠的连接方式。预制夹芯保温墙板的外侧一般不宜再做龙骨干挂石材等重载饰面工艺，而多采用普通涂料或真石漆。在希望选用真石材或铝板等追求立面品质较高的项目上常因考虑不周而出现这样的矛盾冲突。

## 4.3　装配式建筑方案阶段平面应考虑的因素

建筑方案阶段考虑装配式技术对平面的影响可以从三个层面分析：装配式建筑的楼型、户型开间尺寸及附属空间。下面以某一住宅项目为例（图 4-4），分析在建筑方案设计阶段需考虑的装配式因素，以及装配式技术对方案产生的差异性影响，并通过前后对比反映出问题所在，同时提出解决方法。

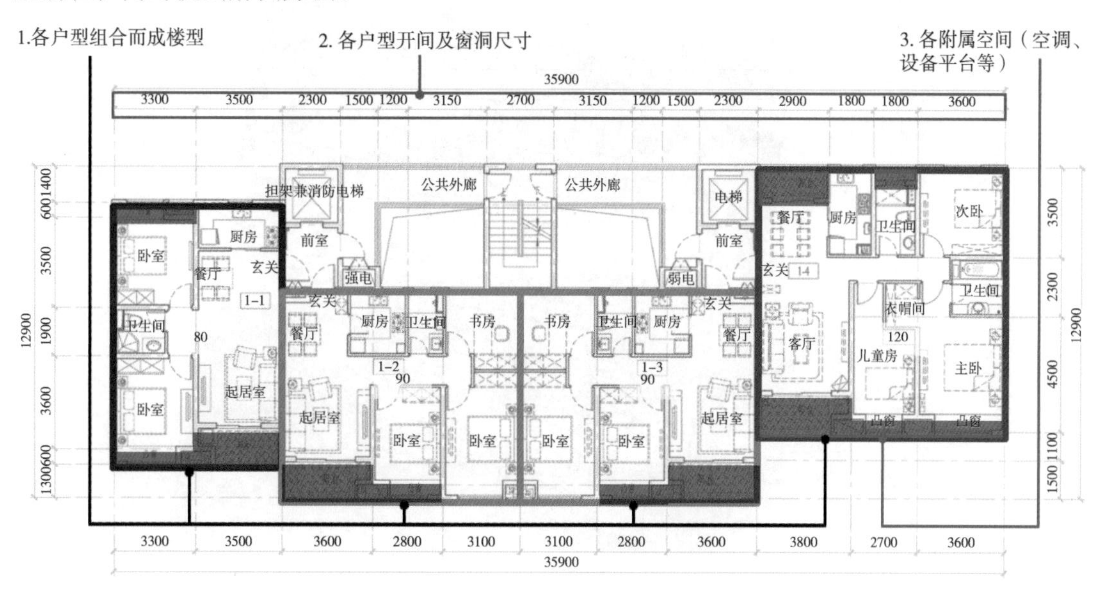


▲ 图 4-4　建筑方案阶段平面应考虑的因素

### 1. 装配式建筑的楼型

装配式住宅的平面首先强调的是楼型，楼型由户型单元组合而成，不同户型通过不同组合会形成不同的楼型。有些项目在建筑方案设计阶段确定了若干单个户型之后，为了追求变化会交叉组合产生很多种楼型，使得楼栋形状各异，而这并不符合装配式建筑的特点要求。

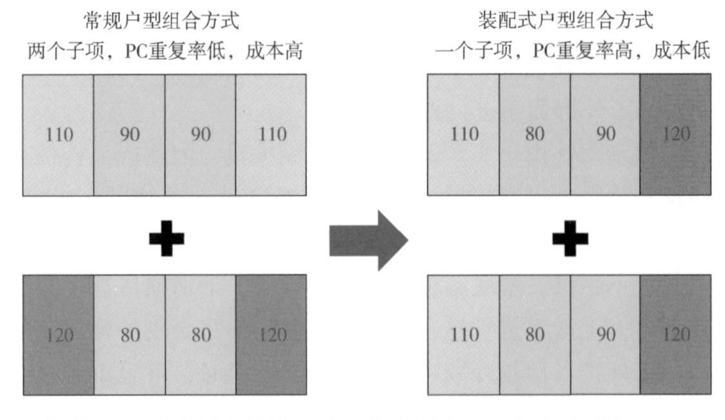


▲ 图 4-5　常规户型组合方式和装配式户型组合方式对比

户型布置时建筑师习惯于对称布置，且对称单元多冠以相同的单元名称。但对装配式建筑来说，镜像户型的预制构件并不相同，只有平移或旋转 180°后仍完全相同的构件才能冠以相同的编号名称，因此装配式住宅通常在保持户型面积不变的情况下优先考虑楼型尽量相同的组合方案（图 4-5）。

如某一住宅小区，高层住宅楼采用装配式技术，在早期方案设计时未考虑装配式特点，按常规方式进行了户型组合，形成了 5 个楼型（图 4-6）。按上述装配式户型组合方式进行调整，在保持户型配比尽量不变或少变的原则下进行户型组合调整，形成了理论的 3.5 个楼型，实际仅 3 个楼型的平面方案（图 4-7 和图 4-8）。这样可大幅提高预制构件的重复使用率，也提高了施工效率，进而降低了建造成本。

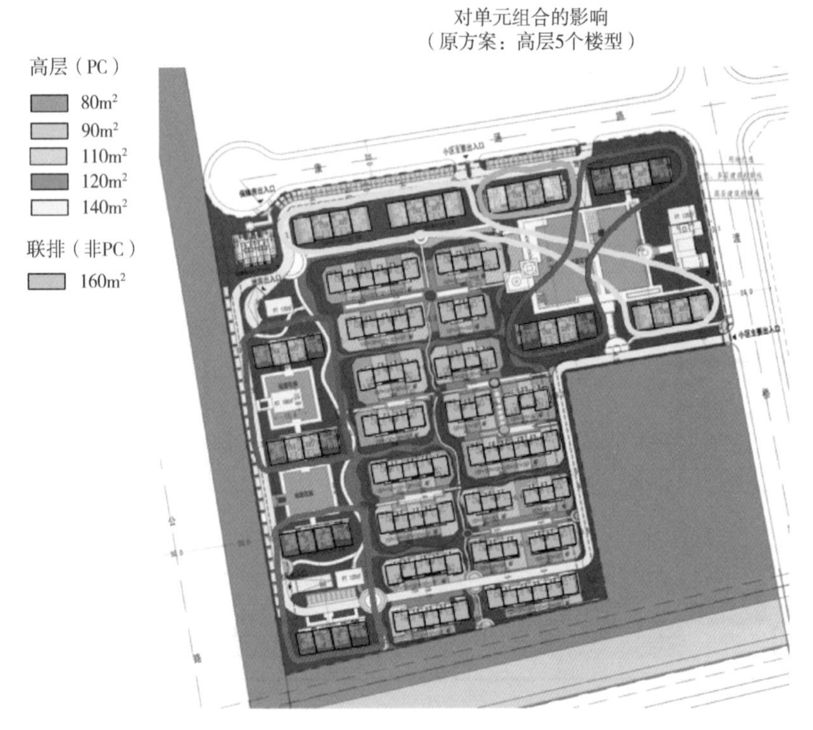


▲ 图 4-6　某住宅小区 5 个楼型的原方案

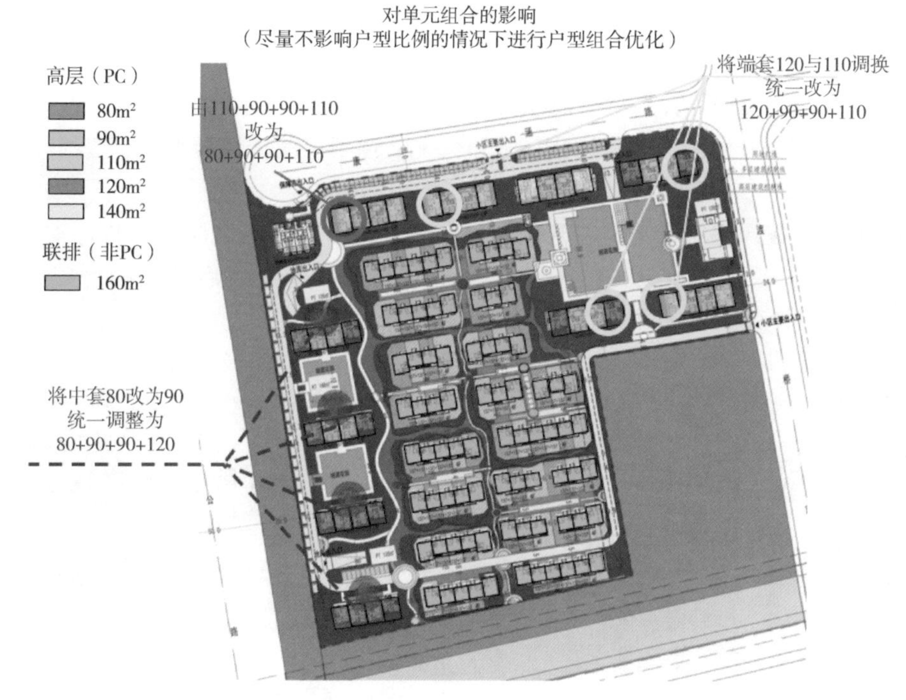


▲ 图 4-7　对原方案进行户型组合优化

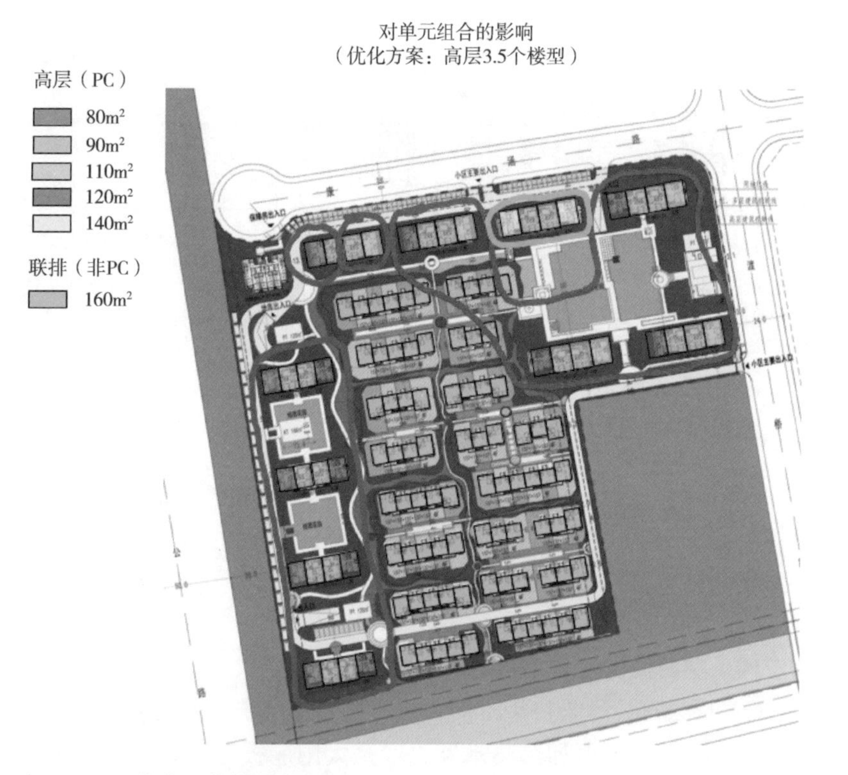


▲ 图 4-8　优化后的楼型方案

### 2. 户型开间尺寸

对于面积相差不大的户型，有些功能性房间的开间尺寸是有条件调整成一致的，如卫生间、厨房、衣帽间、书房等，户型的面积段差异可以通过客厅、卧室等体现。这样可将不同面积段户型的一部分开间的预制构件规格进行统一，达到了减少模具数量、提高效率、降低成本的目的。

在该项目中，按原建筑方案户型开间尺寸布置，初步估算标准层预制构件类型约 41 种（图 4-9 中红色数字），即至少需 41 套模具。局部开间调整之后预制构件归并成 30 种（图 4-10 中蓝色数字），节省了约 25%的模具用量。

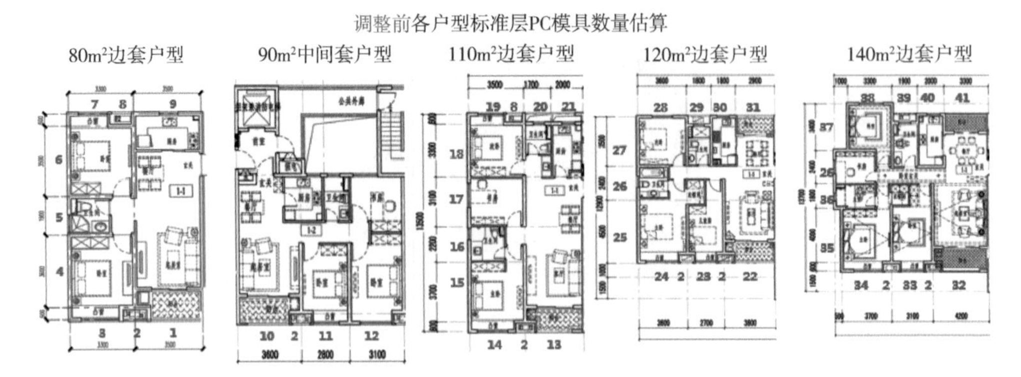


▲ 图 4-9 调整前标准层预制构件类型(红色数字)

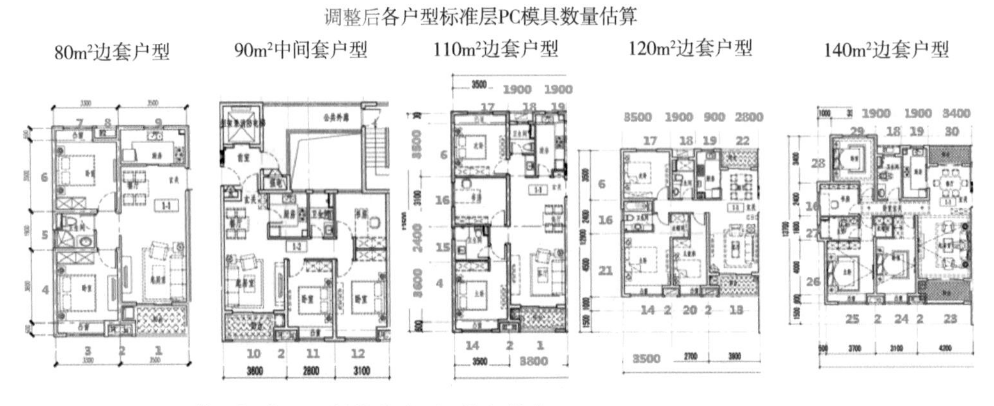


▲ 图 4-10 调整后标准层预制构件类型(蓝色数字)

此外，若再进一步探究，尽管可能有些房间开间不能归并统一，如客厅、卧室等，但门窗洞口还是有条件统一的，如不同户型的 3800 开间和 4000 开间的客厅，其落地门窗的宽度可以统一采用 2400 的规格，这样也能进一步为预制构件生产时统一门窗模具、提高生产效率带来便利。

### 3. 附属配套空间（空调板、设备平台）

对于同一类型的高层公寓，尽管户型不同，但所配套使用的设施设备是一样的，比如统一采用家庭式中央空调、大容量电加热热水器，或是太阳能板等。这些设备所占用的空间并不因为户型不同而有差异，应当调整为统一规格。且从装配式建筑角度来看，这些空间往往是全预制空调板或全预制设备平台，属于简单成熟的预制产品，使用数量多，应当模块化配置，如图 4-11 所示。

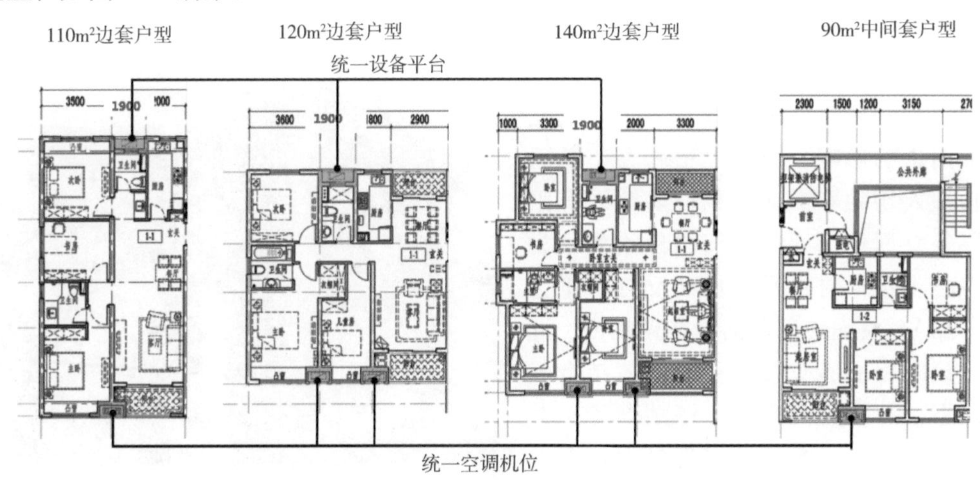


▲ 图 4-11　模块化配置的设备平台和空调机位

另外，进一步从预埋预留的细节上进行控制，空调板与设备平台上的排水地漏、排水立管等，为使预制构件最大化合并规格，除了空间外形调整成相同之外，还应将地漏、立管等的相对位置尽量调整一致从而使预制构件的标准化程度达到最大化。

## 4.4　装配式建筑方案阶段立面应考虑的因素

装配式建筑在方案设计阶段必须考虑预制外墙对建筑立面表现效果的影响。主要围绕两个方面：外饰面和造型线角材质及实施工艺、相同规格构件的重复率。

**1. 外饰面和造型线角材质及实施工艺**

装配式建筑常用外饰面材料工艺有：普通外墙涂料、仿真石漆、清水混凝土、装饰混凝土、面砖、石材、铝板等。当建筑外墙采用预制混凝土构件时，可将饰面功能与围护功能合二为一，如预制装饰混凝土外墙（图 4-12）、面砖反打外墙（图 4-13）、石材反打外墙（图 4-14）。

▲ 图 4-12　预制装饰混凝土外墙板(左图为卡尔加里大学教学楼)

装饰混凝土表面可利用硅胶模制作出纹理各异、以假乱真的各式纹样，这些纹样在预制外墙浇筑混凝土时一体化浇筑成型，因此具有很好的耐久性。

高层建筑外饰面采用手工铺贴面砖工艺时，由于受到粘结材料性能、工人技能水平等因素的影响，经常发生剥离坠落而导致物损人伤的事故，因此很多地区都限制高层外立面使用面砖。但当建筑外墙为预制混凝土构件时可采用面砖反打的工艺（图 4-13），将面砖反向铺设在模具内，混凝土浇筑时将面砖直接与预制墙体结合一体化成型，与传统高空手工铺贴面砖工艺相比，面砖反打工艺可以实现最大程度地减少饰面层厚度，抗拉拔强度高，构件表面砖缝横平竖直整齐美观等效果。

▲ 图 4-13　预制面砖反打外墙板

建筑立面的饰面材料为石材时也可采用预制外墙石材反打工艺，见图 4-14。事先将石材按设计要求切割加工后运至预制构件厂，石材背面涂抹孔隙封闭隔离剂并配置金属连接件，反向铺设在模具内与预制外墙混凝土一体化浇筑成型。石材反打工艺无须龙骨与空腔，减少了饰面层构造厚度，也减少了现场施工环节，节省施工措施费。

▲ 图 4-14　预制石材反打外墙板

**2. 相同规格构件的重复率**

高层建筑预制外墙的实施范围一般为中间标准层，建筑方案设计中为使得立面有节奏感和层次感，通常顶层以上部分以及底层基座部分做法有所不同（图 4-15），但从提高预制构件重复使用率的角度来说，应尽量减少非标准构件的产生。

需注意的是与底部基座衔接的预制外墙的下部，以及与顶部屋面衔接的预制外墙的上部，其连接构造在满足安全可靠的前提下，应尽量保持与标准层一致。如：顶层预制外墙经常会产生与标准层预制外墙高度不一样的问题，这是因为不了解装配式技术特点的设计师在处理屋面标高时往往将建筑标高线与结构标高线设计成一样，而标准层的建筑与结构标高却存在差值，这样就导致了预制外墙高度不一致的情况发生。因此在处理建筑立面顶部和底部时应特别注意不要产生外形不同的非标准构件，而上下连接的外伸钢筋形式可以不同，这只需在工厂生产时替换边模即可。

此外，在标准层建筑方案立面设计时需注意：外墙造型可以复杂但必须有规律、可复制，因为复杂的立面造型对现浇施工同样也是难点。 而对于使用钢模加工的预制构件来说，复杂也就是一次性模具投入较高，生产数量越多反而越体现工业化生产的优势，所以装

▲ 图 4-15　预制外墙在高层建筑中通常应用在标准层

配式建筑立面设计强调的是重复率高而变化少。

有的建筑立面在标准层会采用奇偶层做法，即奇数层与偶数层的立面交替变化，这就不利于减少预制构件的规格，如图 4-15 所示标准层一共仅 9 层，再拆分奇偶层则模具重复率降低进而大幅增加成本。遇到这样的问题，首先从设计理念上要转变观念，始终要有装配式建筑特征概念，即尽量在不增加构件规格数量的前提下进行设计。

如图 4-16 所示，左图为原建筑方案立面奇偶层设计，立面线条为外凸，右图为经调整后改为内凹线条，但仍保留了立面阴影的层次关系。这样的调整使得奇偶层预制外墙的主要模具可以通用，仅在窗间墙局部增加造型线条小模具就可以达到既满足建筑师想要的奇偶层交替变化的效果，又满足预制构件少规格的要求。只是这样的设计方法是建立在建筑师了解装配式建筑特征，了解构件生产方式的基础上。因此正确引导建筑师了解装配式技术尤为重要。

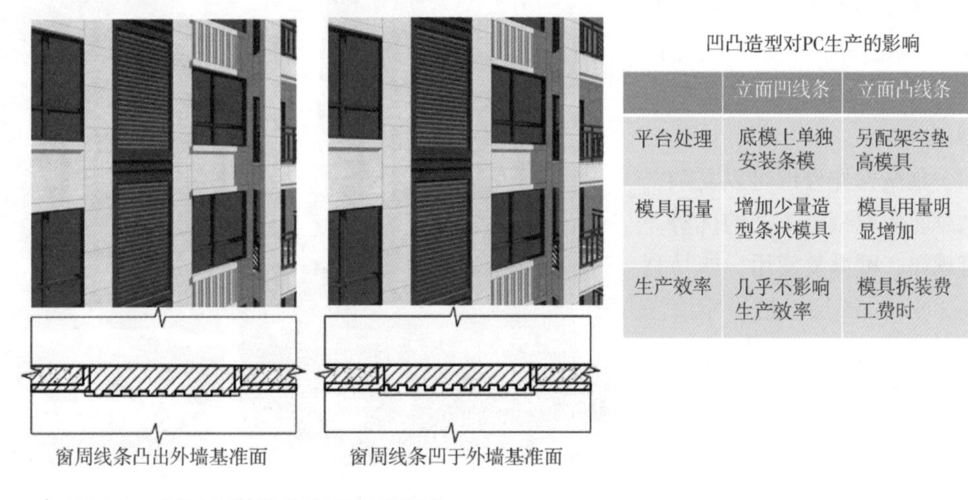


凹凸造型对PC生产的影响

| | 立面凹线条 | 立面凸线条 |
|---|---|---|
| 平台处理 | 底模上单独安装条模 | 另配架空垫高模具 |
| 模具用量 | 增加少量造型条状模具 | 模具用量明显增加 |
| 生产效率 | 几乎不影响生产效率 | 模具拆装费工费时 |

▲ 图 4-16　通过调整线条达到模具通用

## 4.5 装配式建筑方案设计须遵循的原则

建筑方案设计是设计的源头，需始终贯穿装配式技术概念，掌握装配式设计原则，对项目后续进展会起到事半功倍的作用。

**1. 需提前确定的事项**

方案设计阶段应明确落实国家和行业“两应四宜”的要求即应全装修、应集成化、宜管线分离、宜同层排水、宜大跨度、宜开间尺寸统一，提升建筑功能与品质。设计方应与建设方共同商讨确定：

（1）室内装修风格与主要装饰材料、施工工艺。

（2）室内设施部品部件，如分户地暖、家庭中央空调、新风系统、智能家居控制系统等。

（3）是否实现管线分离，管线分离便于使用期间的功能改造，但相比管线暗埋的做法可能会对层高略有影响。

（4）是否实行同层排水，同层排水会有效改善排水噪声和维修的便利性。

**2. 建筑平面布置建议**

（1）单元户型组合而成的楼型种类应尽量归并。装配式建筑平面并非仅强调户型的一致性，而是更注重楼型的统一性。

（2）楼栋平面布置宜规整，可使得预制构件形状简单。

（3）柱网间距及开间尺寸宜统一，可提高构件通用性。

（4）附属配套空间的规格应模块化，如预制空调板等。

（5）优先考虑内部大跨度空间布置，这样不但有利于未来建筑功能的改造，也有利于发挥预制楼板厚度增加的特点。

**3. 建筑立面造型建议**

（1）装配式建筑外立面造型的变化不宜过多，无规律的变化或过多的变化会导致建造成本的大幅增加。

（2）预制构件外形可以复杂，越复杂越能体现预制工艺的优势，但要有规律、可重复使用，如马利纳城高 179m，65 层，是一座浪漫的曲线建筑。一对圆形的姊妹楼像两个玉米棒，花瓣型阳台形成的玉米穗效果如图 4-17 所示。这座建筑因此被称作“玉米大厦”，造型丰富的阳台立面正是其高妙

▲ 图 4-17 芝加哥玉米大厦

之笔。玉米大厦的阳台弧形构件和柱梁都是预制的。

（3）外饰面优先采用一体化反打技术，集成饰面正是工厂化集约式、批量化生产的优势，质量可控、效率高。

（4）充分发挥预制构件少规格、多组合的原则。

（5）宜根据功能需求，选择适宜的立面风格和造型。如日本冲绳上谷希尔顿酒店，见图 4-18 和图 4-19。根据正立面和后立面所处的环境和功能需求不同，采用了适宜的装配式外围护系统。

▲ 图 4-18　冲绳上谷希尔顿度假酒店后立面正门

▲ 图 4-19　冲绳上谷希尔顿度假酒店正立面(面海)

## 4.6　建筑方案阶段须解决及预防问题的措施

很多在建筑方案阶段发生的问题并非单纯的技术问题，更多的是概念、理念的问题。在建筑师了解预制构件生产工艺，掌握装配式建筑特征之后，很多问题也就迎刃而解了。

就现阶段装配式技术发展及普及程度来看，建筑方案阶段的问题依然会重复出现，解决和预防问题须从技术培养和形式固化两个方面入手。

**1. 建筑设计师了解和熟悉装配式技术**

让装配式建筑技术不只是小众知识，而是成为每一位建筑师都熟知的普遍性知识。可邀请行业有经验的行家、专家们通过开办装配式设计专题培训班，组织建筑师学习装配式建筑知识。深入预制构件生产工厂了解各类构件生产流程与生产方式。组织观摩装配式项目在建工地和建成工地，了解预制构件特点与装配式建筑的特征。与高校联合开设装配式相关课程，让在校学生就接触、学习到相关知识。

**2. 建筑方案阶段即介入装配式建筑思维**

装配式专项设计不等于预制构件拆分设计，这是两个范畴的问题。装配式专项设计绝不是按现浇设计施工图完成后再进行构件拆分，而是在建筑方案阶段就需要介入配合，从装配式专业角度对建筑方案提出适宜性、合理化建议。包括对结构选型、构件类型、饰面集成、保温集成、门窗集成、线角处理、机电设备、精装要求、生产工艺、施工措施等方面提出专业意见。装配式建筑的设计中，装配式设计思维应贯穿于建筑、结构、水暖电等各设计专业，贯穿于设计、制作、施工、装修全过程，起到集成汇总和协调的作用。

**3. 建筑方案设计阶段增加装配式技术评价环节**

由于不正确的装配式技术路线会导致后续一系列的错误，为防止产生这样的问题，可在建筑方案阶段就实施装配式技术评价，从形式上起到技术保障作用。评价建议从下面三个方面着手：

（1）主体结构的装配式结构体系、可能的预制装配范围、施工安装的技术措施等的评价，应当以结构设计师和建造师评价意见为主，以满足装配式建造安装高要求、高质量、高效率作为评价准则。

（2）建筑外观效果与装配式建筑特征规律的符合性、功能的适应性等的评价，应当以建筑师的评价意见为主，以满足装配式建筑特征、体现预制装配特点、功能协调适应作为评价准则。

（3）结构方案的装配式特点的符合性、连接技术方案的安全可靠性等评价，应当以结构设计师的评价意见为主，以结构安全、体现装配式结构特征为评价准则。

# 第5章 建筑设计常见问题

本章提要

装配式建筑方案阶段存在的建筑设计问题已经在第4章作了详细讨论，本章主要讨论施工图阶段建筑设计中存在的问题，侧重于建筑功能、艺术和集成的具体问题，通过几个典型案例，梳理并汇总了建筑设计中常见问题的清单。对主要的常见问题产生的原因及危害进行了分析，包括平面设计问题、立面设计问题、外围护系统设计问题、集成化设计问题、标准化模数化设计问题、设计协同问题、建筑构造设计问题，并给出了避免问题的措施。

## 5.1 建筑设计问题举例

我国装配式建筑还处于起步阶段，有些人误以为装配式混凝土建筑设计是结构工程师的事，与建筑师无关，没有引起建筑师的重视或重视不够，从而导致出现了两类问题，一是没有充分发挥装配式建筑应有的优势，没有实现建筑的艺术效果，这属于不完美的问题；二是由于建筑师的失误、纰漏或不关心，导致建筑使用功能出现了不被用户接受的问题，甚至出现了对结构安全有影响的问题。

我们先看以下几个实际的工程实例。

例1 预制混凝土构件忘记预埋管线

图5-1是在某装配式混凝土建筑工地拍的照片，由于预制墙板没有预埋电气管线，工地工人在构件上凿沟槽，把水平钢筋凿断了。

▲ 图5-1 预制剪力墙墙板忘记埋设管线在构件凿沟将钢筋凿断

现场凿沟把钢筋凿断是常见现象。还有一个常见的现象是忘记埋设预埋件，在后植入膨胀螺栓用电锤打孔时，或将钢筋打断，或将钢筋保护层震裂。后续处理时往往存在以下问题：

（1）被切断的钢筋没有重新连接。

（2）沟槽内填充的砂浆随意配置，强度得不到保证，多数情况下低于预制墙板的混凝土强度等级。

（3）填充砂浆收缩产生裂缝。

（4）填充沟槽的砂浆抹平后，大多没有进行可靠地养护，强度等级没有保障。

（5）打孔时松动的保护层没有处理。

上述问题会影响结构的安全和耐久性。

忘记埋设管线和预埋件在现浇混凝土建筑中极少出现，因为管线埋设是在现场作业，埋设后再浇筑混凝土，一般不会出现遗漏情况。

而装配式混凝土建筑构件在工厂预制，管线和预埋件也在工厂埋设，预制构件图如果遗漏了管线或预埋件，或位置错了，一般在构件安装后才能发现，到那时只能凿沟埋设管线或后植膨胀螺栓进行处理。装配式混凝土建筑对错误的宽容度很低。

在装配式建筑刚开展的地区，忘记预埋管线、预埋件、防雷引下线或预埋位置错误的事时有发生。主要原因是施工图设计阶段建筑师没有承担起以下组织设计协同的责任：

（1）没有组织好各专业与预制构件深化设计者的协同设计，包括内装设计前置、预埋预留提资等。

（2）没有做好设计单位、预制构件工厂和施工企业之间的协同设计。

（3）施工图和预制构件加工图出图后，没有组织好与预制构件工厂和施工企业的图纸会审与设计交底。

如果按照装配式建筑国家标准的要求“宜实现管线分离”进行设计，就不会出现管线埋设遗漏的问题，还会提升建筑物的使用功能与维护升级的便利性。是否实现管线分离，建筑师负有很重要的责任。

例 2　装饰面砖反打没有进行排版设计

图 5-2 是国内某工程装饰一体化外墙板装饰面砖收口处的细部构造，显得凌乱，有人为的割裂感。图 5-3 是日本装饰一体化外墙板的装饰面砖排版实例，打破了错位布置装饰砖的常规做法，显得整齐、美观。

对于表面为石材或装饰面砖的墙板，日本建筑师会做准确细致的排版设计，特别注重边角收口，有的项目甚至会要求装饰面砖工厂提供非标准砖或转角砖，使得装配式建筑的表皮比现浇建筑抹灰贴砖更具有美学优势。

▲ 图 5-2　面砖反打墙板砖缝及排版不合理实例

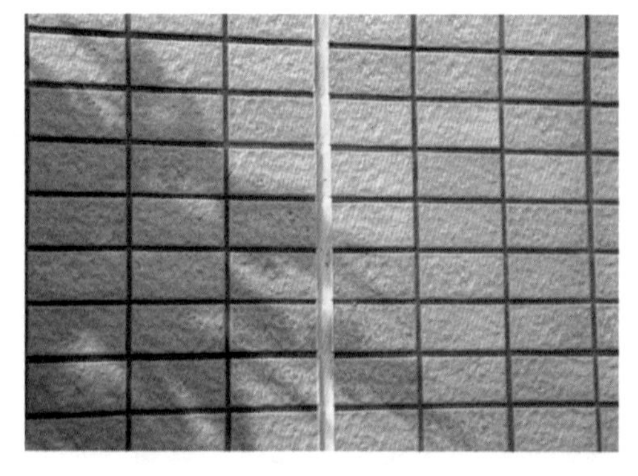

▲ 图 5-3　日本装饰一体化外墙板的装饰面砖排版实例

中国一些项目装饰表皮设计不进行细部排版，建筑师不给出缝宽要求，不给出收口构造设计，对一些细节缺乏推敲与把控。

**例 3**　没有与结构工程师协同实现“规则化柱网和跨度”

某地一个框架结构项目，在进行项目一期设计时，建筑设计完全采用了传统现浇方式的设计习惯和理念，没有遵循装配式建筑少规格、多组合、规则化柱网和跨度等理念和原则，导致次梁布置、拆分方案、构件设计等各方面都不尽合理，只是简单地达到预制率指标。这种为装配而装配的做法，最后的结果是没有体现装配式的任何优势，预制构件种类多达 1000 多个，仅拆分深化设计图就多达 1800 多张，标准化程度极低（图 5-4），标准化程度低会影响预制构件制作及安装效率，增加模具数量及组模难度和出错率。导致这个问题的原因首先是建筑师没有尽责，没有发挥统领装配式建筑整体设计的作用。同一项目的二期工程，由于从方案设计阶段就植入了装配式的设计理念，并由建筑师组织参与设计的整个过程，通过柱网和跨度规则化布置、调整主次梁布置等优化做法，预制构件种类减少到了 300 个左右，标准化程度大大提高，模具数量大大减少，仅模具成本就节省了数百万元，见图 5-5。

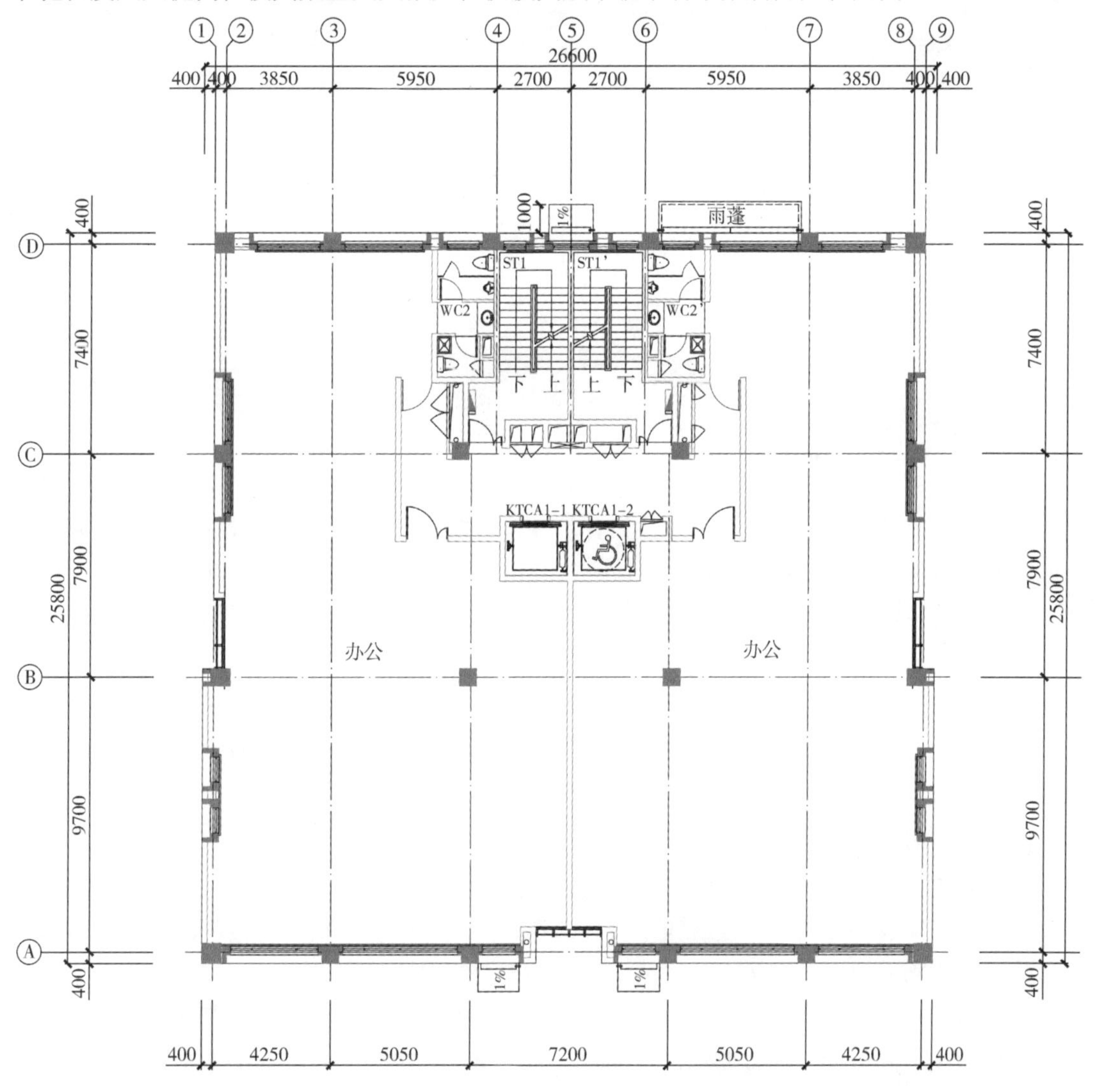


▲ 图 5-4　某项目一期 C1#楼

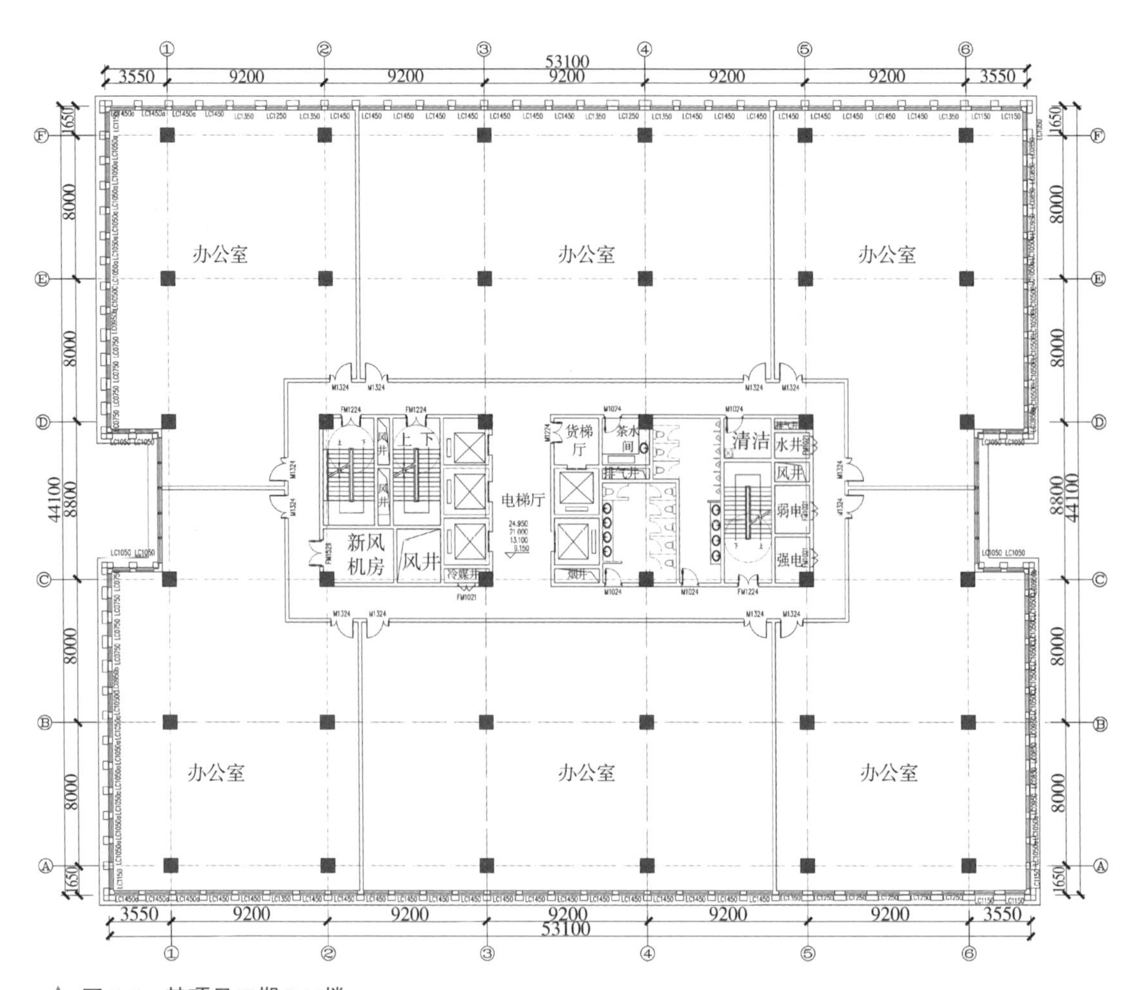


▲ 图 5-5　某项目二期 D4#楼

半个世纪前著名建筑师贝聿铭先生设计的现浇混凝土项目就实现了柱网和跨度规则化的设计，而目前我国的许多建筑，包括更应进行柱网和跨度规则化设计的装配式建筑仍比较随意，好像柱网布置是结构设计师的事，但实际上结构设计师布置柱网是根据建筑师的要求而进行的，所以柱网和跨度规则化设计应当是由建筑师发起并组织。同样，半个世纪前著名的建筑师路易斯 · 康在平面布置设计时就实现了功能分区，而目前我国在功能分区设计方面仍比较欠缺。装配式建筑设计不进行柱网和跨度规制化设计，不进行功能分区设计，是导致装配式建筑效率低、工期长、成本高、没有优势的很重要原因。

**例 4**　外挂墙板未留缝或有效缝宽不足

某建筑工程，由国内一家比较有名气的设计院设计的外挂墙板，由于对外挂墙板的工作机理不了解，导致外挂墙板不仅有四个安装节点，还在墙板侧面预留连接钢筋与柱梁进行强连接，使结构刚度分布发生了变化，留下了结构安全隐患，见图 5-6。

某些项目外挂墙板缝宽没有经过设计，缝宽本应由建筑师和结构设计师协同设计，结构工程师要根据层间位移、抗震要求设计缝宽，而建筑师选择的密封胶伸缩变形能力要符合缝隙净宽度的要求，如图 5-7 所示。

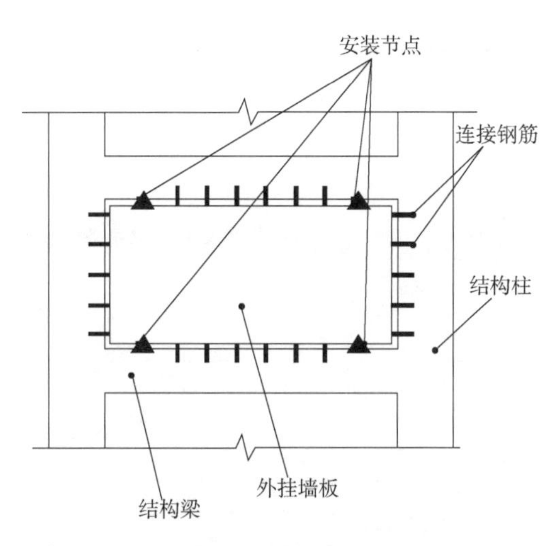

▲ 图 5-6　外挂墙板错误的加固连接

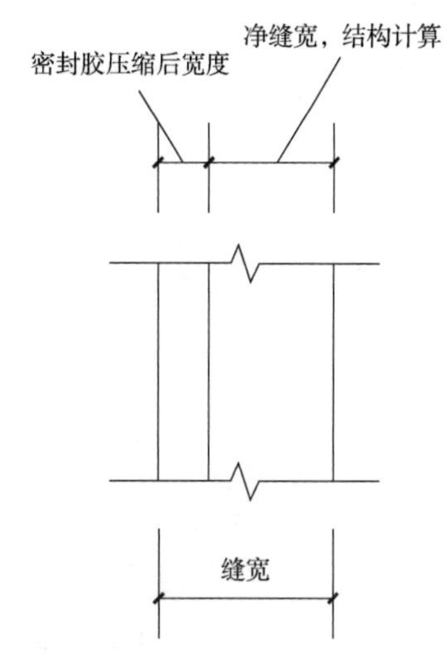


▲ 图 5-7　外挂墙板之间的缝宽要求

## 5.2　建筑设计常见问题汇总

表 5-1 是装配式混凝土建筑施工图设计阶段建筑设计常见问题一览表，实际问题可能还不止这些，读者可根据自己的经验添加。建筑师在设计中可以对照此表进行逐一排查，以避免出现同类问题。

**表 5-1　装配式混凝土建筑施工图设计阶段建筑设计常见问题一览表**

| 类别或环节 | 问题 | 后果 |
| --- | --- | --- |
| 方案设计未按照装配式规律设计的情况下，施工图设计未做补救 | 依旧按照现浇建筑的习惯设计，只是与结构设计一起确定了预制范围 | 造成预制构件种类过多，模具数量多，周转次数少 |
| | 未按装配式建筑的要求，与结构设计师一起对功能性与经济性进行分析，做出优化选择，而只是按现浇习惯选用结构体系 | 选择不适宜的结构体系，导致制作、安装麻烦，成本增加 |
| | 未对外墙保温系统做方案比较，最适于多功能一体化的外墙，只采用了墙板预制，而保温依旧采用后粘贴保温板薄抹灰的做法 | 不能实现免外架，同时也未解决保温脱落、防火等传统质量通病 |
| | 未对装配式建筑规范“应全装修”的要求做出积极的符合装配式规律的响应，也未将内装设计前置 | 装配式建筑总工期没有缩短；造成装修所需预埋预留不到位，后期不得不进行凿改和后锚固处理 |
| | 未对装配式建筑规范“宜管线分离”的要求做出响应，依旧埋设管线于混凝土中 | 管线与主体结构不同寿命，导致后期管线无法更换，影响建筑使用寿命 |
| | 未对装配式建筑规范“宜同层排水”“集中式布置”的要求做出响应 | 未能解决上下层噪声及渗漏隐患问题 |
| | 未对地方政府的鼓励优惠政策做出定量分析和响应 | 导致开发商错失容积率奖励、补贴等相关政策方面的收益 |

（续）

| 类别或环节 | 问题 | 后果 |
|---|---|---|
| 集成化设计 | 未承担起集成化设计组织者的责任 | 造成集成化设计不充分 |
| | 在外墙构件（外挂墙板、剪力墙板、柱、梁）预制时，未进行保温、装饰一体化集成设计 | 未能发挥装配式建筑外围护系统集成化的优势 |
| | 未考虑预制阳台板、遮阳板、空调板的装饰一体化 | |
| | 适合集成化设计的卫生间、厨房、收纳系统等未进行集成设计或选型 | 集成化设计未前置，导致集成部品的安装点位需后锚固埋设 |
| | 阳台地漏、雨水管等未统筹考虑，预埋带止水节的套管位置距离未控制，止水节重叠干涉，立管埋设位置未考虑夹芯保温叶板厚度影响，立管距墙面过近 | 导致后期立管安装不便，甚至无法安装 |
| | 未考虑装饰一体化对立面风格和模数化设计产生的影响 | 导致立面装饰一体化实施困难 |
| 协同设计 | 未承担起协同设计组织者的责任 | 协同设计不到位，导致精装点位、制作、运输、安装等所需的预留预埋遗漏或错位 |
| | 未组织设计团队各专业将所有预埋件、预埋物落在预制构件图中 | |
| | 未组织装饰设计参与到施工图设计环节 | |
| | 未组织制作、运输和施工环节参与协同设计，以使设计在工厂、运输和安装环节容易实施 | |
| | 未组织或要求结构设计师组织制作、运输和施工环节提出预埋件、预埋物要求 | |
| 标准化、模数化设计 | 误以为标准化就是照搬标准图；或以为标准化是标准院的事，与自己无关，在标准化设计方面无所作为 | 导致设计不合理、成本增加 |
| | 资源调查不够，预制构件设计时未考虑预制构件工厂现有模具的利用 | 预制构件模具不能充分利用，导致浪费 |
| | 未在轴线布置、柱网或跨度设计中为标准化提供便利 | 标准化程度低，制作、安装成本高、难度大 |
| | 建筑平面、立面标准化程度不够 | 导致成本增加 |
| | 预制构件等部品部件未采用标准化及模数化设计 | 导致部品部件种类多，制作及施工不便 |
| | 集成厨房、集成卫生间等没有选用标准化设备 | 导致采购价格偏高、施工不便 |
| | 可避免镜像设计的部位，采用了常规的镜像设计，如：楼梯，阳台等 | 导致预制构件类型增加，制作及安装麻烦，宜出错 |

（续）

| 类别或环节 | 问题 | 后果 |
| --- | --- | --- |
| 平面设计 | 未考虑保温一体化对外墙厚度的影响 | 导致建筑面积超容、房间套型面积和设施净宽不足 |
| | 建筑平面凹凸过多 | 预制构件种类多、模具数量多，导致制作安装麻烦，增加成本 |
| | 建筑平面户型标准化模块化设计不足 | |
| | 平面单元户型组合多样，未考虑楼型组合标准化 | |
| | 可以获取容积率奖励时，未将奖励面积纳入项目规划设计 | 导致容积率奖励面积使用不足，或加层带来日照间距，规划限高要求不满足等问题 |
| 立面设计 | 未考虑预制外墙窗洞与底部加强区现浇窗洞尺寸问题 | 导致外立面线条不连续 |
| | 建筑立面奇偶层间隔变化 | 预制外墙构件无法共模生产 |
| | 建筑立面造型各异，变化多，缺乏组合规律 | 导致模具数量多，成本增加 |
| | 建筑底部和顶部等特殊部位立面竖向和水平线条各异 | 导致与标准层预制外墙构件无法共模生产 |
| | 未考虑建筑立面线脚的合理设置 | 影响建筑外立面的美观性 |
| | 未考虑落水管等附属物一体化设计，对立面效果影响未做评估 | 影响整个建筑外立面效果 |
| | 未考虑楼梯间窗户与其他使用功能房间的窗户标高一致性 | 导致外立面不协调统一 |
| 剖面设计 | 未提前考虑楼盖方案的结构选型、开间尺寸和板块划分 | 建筑层高或者室内净高可能会受到影响 |
| | 未就采用管线分离、地面架空和吊顶进行方案分析 | 导致对建筑层高等带来影响，不能满足建筑功能要求 |
| | 建筑隔墙位置未考虑上下层对位及与框架柱的平面偏位关系 | 导致隔墙与梁底收口错位，或导致隔墙与梁的偏位关系上下层不一致，不利于梁柱偏位关系调整 |
| | 框架梁宽较大，隔墙偏位关系未采用楼梯间侧平齐布置 | 导致梁宽凸入楼梯间，预制楼梯斜梯段板与凸入的框架梁冲突，后期无法吊装 |
| 建筑节点构造设计 | 外墙构件装饰一体化细部构造（收口）考虑不周 | 影响外墙饰面效果 |
| | 石材和装饰面砖反打的预制构件未做排版设计 | 饰面效果差，影响建筑美观 |
| | 密封胶表面形状（凹入、深凹入、平面）未做要求 | 拼缝处密封胶打胶不规范，胶缝不美观 |
| | 栏杆、滴水线等未在预制构件生产时一次成型 | 现场后锚固安装破坏外观质量，还需二次局部修补抹灰 |
| | 镂空构造或者预留门窗洞口等未做斜度构造设计 | 不符合制作工艺要求，不易脱模 |
| | 预制外墙保温设计构造不合理 | 存在冷桥等各种问题 |
| | 缺乏特殊部位节点详图，或节点详图无指导性 | 无法正确指导生产和安装，存在施工与设计不符 |
| | 未对剪力墙水平缝提出渗漏检测的要求 | 外墙水平接缝未做淋水试验，接缝处留下了渗漏隐患 |

(续)

| 类别或环节 | 问题 | 后果 |
| --- | --- | --- |
| 其他设计 | 预制夹芯保温外墙拼缝未结合建筑外立面分隔缝进行设计，拼缝杂乱且采用封闭的方式处理 | 导致后期拼缝出现鼓胀开裂 |
| | 预制剪力墙外墙接缝构造未考虑背衬材料厚度 | 导致接缝处钢筋保护层厚度不足 |
| | 预制外墙拼缝防水构造设计缺乏，或构造设计不合理 | 导致接缝渗漏 |
| | T形转角外墙两个垂直方向的墙都进行了预制，预制外墙垂直相接时形成一个永久贯通拼缝 | 导致外墙防水及保温难以施工，影响外墙防水和节能效果 |

## 5.3 设计协同问题

通过5.1节 例1 我们已经知道了装配式混凝土建筑对遗漏和错误的宽容度低以及协同设计的重要性。本节具体讨论如何避免因设计协同不够所产生的问题。

**1. 协同设计问题实例**

例1 有的内隔墙下未设置托梁时，隔墙直接砌筑在叠合板之上，内隔墙上的开关、强弱电箱的机电线管，需要向上穿过叠合板（图5-8），叠合板对应位置的预埋套管或预留洞遗漏，导致后期凿洞、返工，有时还会切断桁架筋，影响质量、成本和工期，见图5-9。

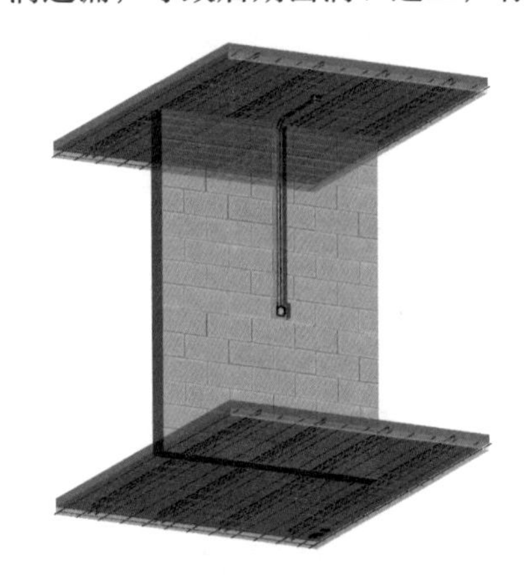

▲ 图5-8 内隔墙开关等线管向上穿过叠合板

▲ 图5-9 叠合板上开洞凿改

例2 建筑专业未与相关设计协同，预制夹芯保温外墙竖向和水平拼缝在装配式专业设计图纸中采用的是耐候密封胶的构造设计，建筑施工图中外饰面做法仍然习惯性地采用抹灰找平后刷墙面涂料的做法，未对拼缝的构造做法给出详细的技术节点，施工单位也未对设计不详之处与设计单位沟通，安装完墙板后，按照建筑施工图的外饰面构造进行施工，将拼缝采用砂浆封闭后进行抹灰找平，担心拼缝处开裂，还铺订了一层玻纤网格布。结果外饰面工程做完不到一个月，就发现了拼缝位置普遍鼓起开裂，不得不将拼缝重新凿开

（图 5-10），按胶缝构造重新施工（图 5-11）。

▲ 图 5-10　预制夹芯保温外墙拼缝被按建筑做法封闭

▲ 图 5-11　开凿后重新按胶缝构造施工

**2. 协同设计的目的**

装配式混凝土建筑比现浇建筑更强调设计过程中的协同，协同设计的目的包括：

（1）设计集成化部品部件。

（2）避免各个专业需要预埋在预制构件中的预埋件、预埋物遗漏。

（3）避免制作、施工环节的工况、荷载和要求未在设计中考虑。

（4）避免制作、施工环节需要预埋在预制构件中的预埋件、预埋物遗漏。

目的（1）将在本章 5.4 节讨论；目的（3）将在本书相关结构设计章节讨论。本节重点讨论目的（2）和目的（4）。

**3. 协同设计的责任与内容**

应当明确，建筑师是协同设计的组织者和桥梁，在施工图设计阶段，其责任是：

（1）通过甲方组织制作、运输和施工安装各环节的协同设计。

（2）与结构设计师组织各专业的协同设计。

（3）组织装修设计参与施工图协同设计。如果甲方没有确定装修单位，应与甲方商定避免预埋遗漏的具体措施。

需要协同设计的环节和具体内容见表 5-2。

**表 5-2　协同设计项目与内容一览表**

| 类别 | 环节或专业 | 内容 |
|---|---|---|
| 各环节协同 | 预制构件制作 | 了解预制构件工厂模台尺寸、起重机起重能力、现有模具规格 |
| | 预制构件运输 | 了解运输的尺寸限制条件要求、预制构件叠放运输和存放支承的要求 |
| | 预制构件安装 | 了解施工安装用预留预埋定位、塔式起重机起重能力 |
| 各专业协同 | 结构 | 结构体系、轴网、跨度 |
| | 装配式深化设计及构件设计 | 预制范围、规格尺寸 |
| | 装修 | 安装点位、部品集成范围 |
| | 给水排水、暖通 | 管线分离、同层排水、安装预留预埋 |
| | 电气、弱电智能化 | 管线分离、安装预留预埋 |

**4. 预埋件、预埋物清单**

装配式混凝土建筑预埋在预制构件中的预埋件、预埋物清单见本书表 12-1，可作为基本参考和提醒。实际项目的预埋件、预埋物并不限于表中所列内容；或没有这么多，建筑师可根据实际情况增减。有一份清单作对照，就会大大降低遗漏的概率。

## 5.4 集成化设计问题

国家标准要求装配式建筑应进行集成化设计，国外的经验也表明装配式建筑集成化对提高质量、缩短工期、降低成本非常有利。

装配式混凝土建筑的集成化设计是指结构系统、外围护系统、设备与管线系统和内装系统的一体化设计。

例如，表面带装饰层的夹芯保温剪力墙板就是结构、门窗、保温、防水、装饰一体化部件，集成了建筑、结构和装饰系统；再如，集成厨房包含了建筑、内装、给水、排水、暖气、通风、燃气、电气各专业内容，是建筑系统、设备管线系统和内装系统的集成。

**1. 集成化设计问题案例**

（1）预制剪力墙外墙还是采用外保温、薄抹灰，没有集成

在外墙的节能保温设计上，长期以来习惯于采用外保温设计，目前有些装配式建筑采用外墙预制，但仍采用传统的保温板铺贴、薄抹灰的方式，没有解决外保温脱落及防火问题（图 3-18）。在装配式外墙上实施外保温，由于外墙面光滑，铺贴外保温更困难，问题更为突出。国外装配式建筑大部分不是结构装配式，而是外围护系统装配式，是外墙装饰、保温一体化。

（2）采用内装集成设计很少。

我国建筑项目的体量一般较大，特别适合集成式内装，包括集成厨房、集成卫生间、集成收纳，但目前应用较少，还是大量采用零散的内装部品和非标准化的接口。

**2. 集成化类型**

装配式混凝土建筑集成化类型详见表 5-3。

**表 5-3 装配式混凝土建筑集成化类型表**

| 类型 | 名称 | 特征 | 举例 |
|---|---|---|---|
| A | 多专业统筹设计 | 在设计中各个专业进行协同，对相关系统进行综合考虑统筹设计 | 对管线进行集中布置时考虑建筑功能、结构拆分、内装修等因素 |
| B | 多系统部品部件 | 不同系统单元集合成一个部品部件 | 夹芯保温装饰一体化剪力墙外墙板、集成厨房、集成卫生间 |
| C | 多单元部品部件 | 一个系统内不同单元组合成部品部件 | 柱-梁一体化预制构件、梁-墙板一体化预制构件 |
| D | 支持型部品部件 | 单一型部品部件，包括对其他系统或环节的支持性元素 | 预制楼板预埋内装修需要的预埋件、预制梁预留管线孔洞 |

**3. 集成化设计的原则**

集成化设计应遵循以下原则：

（1）实用性原则

集成化设计必须带来好处，或降低成本或提高质量或缩短工期，既不要为了应付规范或装配率指标要求勉强搞集成化，也不能为了作秀搞集成化。集成化设计应进行多方案技术经济分析比较后确定。

▲ 图 5-12　柱梁装饰保温一体化

（2）统筹原则

不应当简单地把集成化设计仅仅看成是设计一些多功能部品部件，集成化设计最重要的是多因素综合考虑，统筹设计，找到最优方案。

（3）信息化原则

集成化设计是多专业多环节协同设计的过程，不是一两个人拍脑袋就行，必须建立信息共享渠道和平台，包括各专业信息共享与交流，应使设计人员与部品部件制作厂家、施工企业的信息实现共享与交流。信息共享与交流是搞好集成设计的前提。BIM 是集成设计的重要帮手。

▲ 图 5-13　玻璃幕墙一体化外墙板

（4）效果跟踪原则

集成设计并不会必然带来效益和其他好处，设计人员应当跟踪集成设计的实现过程和使用过程，找出问题，避免重复犯错。

**4. 集成化设计内容**

（1）结构围护装饰功能一体化设计

1）柱梁装饰保温一体化设计，如图 5-12 所示。

2）剪力墙外墙板门窗、保温、装饰一体化设计。

▲ 图 5-14　装饰一体化墙板

（2）围护系统集成设计

1）对外墙板、幕墙、外门窗、阳台板、空调板、遮阳部件等进行集成设计。

2）应采用提高建筑性能的构造连接措施。

3）宜采用单元装配式外墙系统；外墙板装饰一体化，如图 5-13 和图 5-14 所示。

4）采用建筑幕墙时，利用预制墙板精度高的优势，可设计无龙骨幕墙。

5）利用预制优势实现功能性构件艺术化。

（3）设备与管线系统集成设计

图5-15是日本一座装配式高层建筑集中式布置阀门的照片，其阀门选用了不锈钢材质，集中式布置阀门也成了一道别致的风景线。

▲ 图5-15 日本装配式建筑集中式布置的阀门

1）给水排水、暖通空调、电器智能化、燃气等设备与管线应综合设计。

2）宜选用模块化产品，接口应标准化，并应预留扩展条件。

（4）内装系统集成设计

1）内装设计应与建筑设计、设备与管线设计同步进行。

2）宜采用装配式楼地面、墙面、吊顶等部品系统。

3）住宅建筑宜采用集成厨房（图5-16）、集成卫生间（图5-17）、整体收纳（图5-18）、集成式背景墙及窗帘盒等部品系统。

▲ 图5-16 集成厨房

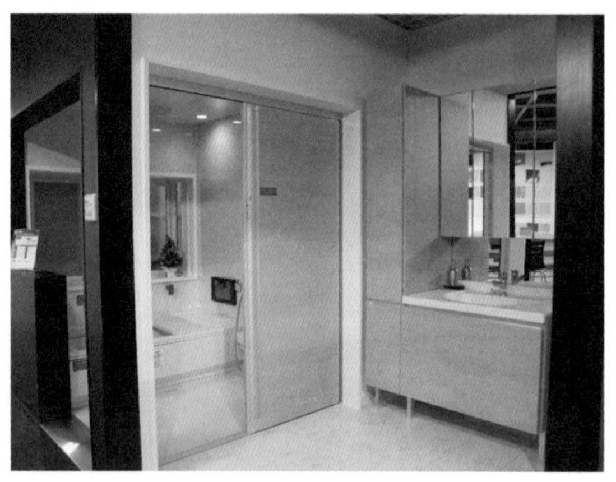

▲ 图5-17 集成卫生间

（5）进行接口与构造设计

1）结构部件、内装部品和设备管线之间的连接方式应能满足安全性和耐久性要求。

2）部品部件的连接应安全可靠，接口及构造设计应满足安装与使用维护的要求。

3）确定适宜的制作公差和安装公差设计值。

4）设备管线接口应避开预制构件受力较大部位和节点连接区域。

**5. 集成化设计的责任**

除了结构自身的集成化设计不需要建筑

▲ 图5-18 集成收纳

师参与考虑，其他外围护系统一体化和内装集成化一体化设计都需要建筑来牵头考虑。所以，建筑师在集成化设计中肩负最主要的责任。

另外我国建筑保温多采用外墙外保温，装饰一体化实施比较困难，选择结构体系尤为重要，因此建筑师与结构工程师应共同承担起集成化设计的责任，使得集成化设计实现得更好。

## 5.5　标准化、模数化设计问题

标准化、模数化的主要目的是实现建筑工业化，大幅度降低成本。定制化的装配式建筑无法实现工业化生产，不过是将工地作业转移到工厂进行而已，还会增加成本。不考虑标准化和模数化的装配式建筑没有生命力。

**1. 问题举例**

（1）工厂模具堆积如山

我国现阶段每个装配式混凝土项目都是定制化生产，每种预制构件都要新开模具，同时构件规格种类多，模具周转次数少，大多只有 40~80 次，大多数钢模具质量还完好的情况下就不再使用，而作为废品丢弃了（图 5-19），远远没有做到材尽其用，造成了极大地浪费。造成这种现象的原因肯定是设计问题，当然设计问题也不能简单地归为构件设计问题，建筑和结构设计把柱网确定后，构件设计没有办法实现标准化、模数化，虽然建筑师、结构设计师和构件设计师都有无法推卸的责任，但建筑师的责任相对更大。

▲ 图 5-19　预制构件工厂废弃的模具

（2）不适于预制的部位勉强预制

由于目前建筑师对于预制构件制作、施工安装的限制条件了解不够，装配式设计经验不足，再加上有些城市预制率指标要求过高，出现了不适合预制的构件勉强预制的现象，如：卫生间楼板、楼梯间休息平台处外围护墙等也要求预制，导致制作麻烦、施工困难，成本增加，工期延长。

（3）楼梯标准化问题

楼梯是装配式建筑最常用的预制构件，也是最容易实现标准化的构件，但由于层高变化没有规律性，习惯性地采用镜像设计等原因，导致楼梯的标准化无法实现，这和结构设计完全没有关系，因为层高尺寸是由建筑师确定的。

**2. 标准化、模数化设计的误区**

（1）以为照搬标准图就是标准化，其实标准图与标准化完全不是一回事，按标准图设计并不能解决标准化、模数化问题。

（2）以为标准化、模数化是标准院的事，与自己无关，设计环节根本不考虑标准化、模数化。

（3）很多设计师，特别是建筑师不知道在标准化、模数化方面应该做什么，应该怎么做。

**3. 建筑设计标准化和模数化内容**

虽然标准化、模数化的许多工作在结构设计环节，但建筑师的以下工作对装配式建筑的标准化、模数化非常重要，甚至起着决定性作用。

（1）平面布置、立面和剖面设计的尺度。

（2）阳台、楼梯、遮阳板、空调板等建筑师确定尺寸的预制构件的标准化或现成模具的调查。

（3）造型变化采用的重复式或组合式，有规律可循，如图 5-20 所示。

（4）对称性设计时的统一性或可组合性。

（5）集成式部品，如集成厨房、集成卫生间、集成收纳的标准化与模数化设计或提出要求。

（6）内装设计的标准化、模数化。

（7）配合结构设计师实现构件尺度的标准化、模数化。

（8）不适于预制的部位不勉强预制。

（9）市场现有的常用规格和现成模具的调查。

▲ 图 5-20 有规律的造型变化

（10）从一个项目或一个开发单位的标准化、模数化做起。

（11）对允许误差的考虑等。

## 5.6 建筑平面设计问题

装配式混凝土建筑平面设计的主要设计工作是在方案设计阶段进行的，方案设计阶段就应考虑装配式建筑的规律和特点，如果方案设计阶段没有考虑或考虑不充分，在施工图设计阶段应予以补充完善。装配式混凝土建筑施工图设计阶段，在建筑平面设计方面有时会出现一些问题，以下进行举例说明。

**1. 容积率奖励导致外轮廓尺寸增大的问题**

当获取不计容建筑面积奖励时，未在方案设计环节将奖励的不计容建筑面积纳入总图规划设计，后期施工图设计时为消化容积率奖励面积而采取增加楼栋数、增加层数或采用建筑外轮廓尺寸增大的方式，可能会导致日照间距不满足、建筑高度限高要求不满足、户型面积控制要求不满足等一系列问题。如此一来，就需要重新进行规划报批，或者放弃不计容积率的建筑面积奖励。

**2. 墙体保温一体化带来的问题**

当建筑采用预制夹芯保温外墙时，外墙厚度增加，会对建筑平面造成以下影响：

（1）建筑外轮廓增大，导致楼间距减小、容积率超标、建筑密度指标等不符合规划许可的内容。

（2）在建筑外轮廓尺寸不调整的情况下墙体向室内偏移，墙厚占用部分建筑使用面积，导致套型内使用面积不足、房间使用功能缺陷（图 5-21 和图 5-22），实际得房率降低。

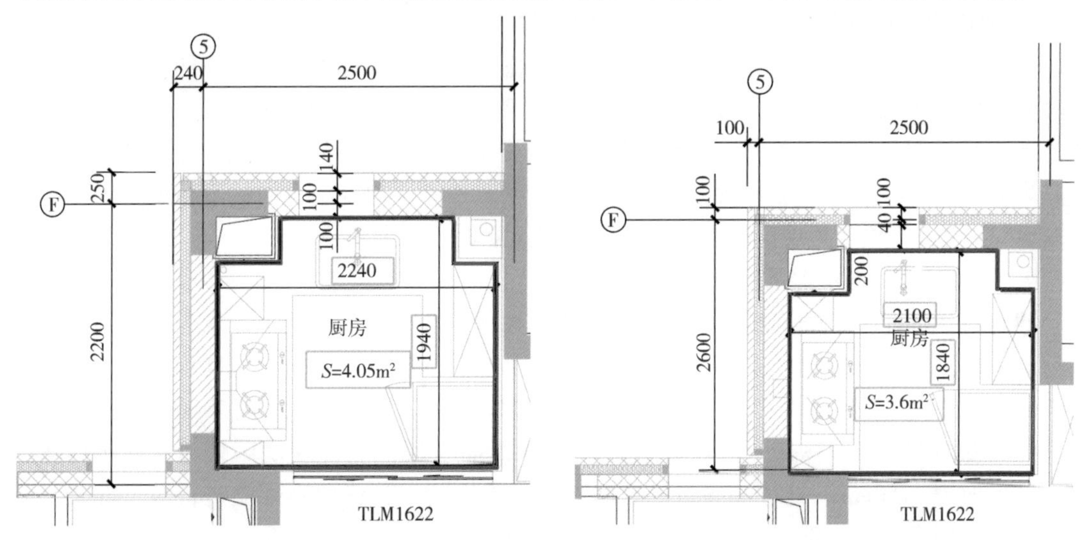


▲ 图 5-21　U 形厨房原使用面积　　▲ 图 5-22　U 形厨房实际使用面积

## 5.7　建筑立面设计问题

装配式混凝土建筑的建筑立面设计与平面设计一样，一些基本的设计要素，如形体、材料、质感等在方案设计阶段已经确定，施工图阶段只是进行细化和实现，如果方案设计阶段没有考虑装配式的规律和特点，施工图阶段应根据装配式的规律和特点补充深化完善。此外，在施工图阶段，装配式建筑立面也有比较重要的设计工作容易被忽视，以下进行举例说明。

**1. 建筑立面的形成方式问题**

装配式混凝土建筑立面有两种形成方式，一种是由预制结构构件围合而成，如柱、梁围合而成（参见图 1-10），或者剪力墙和带连梁一体预制的填充墙围合而成；另一种对于柱梁结构体系是外挂墙板（参见图 16-3），对剪力墙结构体系是一体化预制外墙板构件与现浇段（后浇带）围合而成。这两种方式的选择、确定是由建筑师和结构工程师协调互动完成的，国外柱梁结构体系的装配式混凝土建筑原来采用比较多的是外挂墙板方式，近年来采用柱梁围合方式的也较多。如果窗洞口较大，通常采用袖板和垂板的方式见图 6-26。这种选择是施工图阶段立面设计的一个重要内容，目前很多项目不做充分的比较，不进行定量的判断与设计，导致立面设计不符合装配式建筑的规律。

**2. 建筑立面分缝设计问题**

分缝设计是将装配式建筑美学特点和实现能力有机结合的过程，这项工作与预制构件制作、起重设备能力等关联度较大，也是应由建筑师组织完成的涉及面较广、互动性较强的设计工作。存在的主要问题，一是盲目服从起重设备的配置，预制构件规格较小、零碎，没有考虑分缝及分块的艺术效果。二是立面收口、装饰一体化、细部尺寸确定未在立面设计中予以考虑。

**3. 现浇部分和预制部分装饰效果不一致的问题**

高层剪力墙结构的外墙采用预制装配时，一般考虑到结构抗震设置底部加强区的需要，同时首层由于建筑功能需要通常不太规则，因此高层剪力墙底部加强部位一般采用现浇方式。由于标准层外墙采用预制，预制的精度比现浇精度高，预制的外墙墙体表面非常光洁，能实现免抹灰，而底部加强区现浇部位需要通过抹灰才能达到外墙表面的平整度要求（包括门窗洞口周边），预制与现浇的精度差异导致建筑立面效果上不连续。

**4. 预制窗洞与现浇窗洞尺寸不统一问题**

建筑设计师在不了解装配式建筑特征及预制构件生产工艺的情况下，未考虑预制外墙窗洞与底部加强区现浇窗洞尺寸的差别，将预制部位及非预制部位的窗户宽度均按统一尺寸如1800mm 考虑，预制外墙洞口因无须二次抹灰，洞口实为 1800mm，而底部现浇外墙表面及窗户洞口四周需要二次抹灰，抹灰层厚度一般为 25mm，因此底部现浇区外墙窗户洞口宽度实际完成面为 1750mm，这样会导致外立面窗洞线不连续，若将预制外墙进行统一抹灰，有可能会导致门窗无法正常开启或房间的采光面积不符合设计要求等问题。

## 5.8 建筑剖面设计问题

如果在方案设计阶段已经确定不采用管线分离、同层排水、装修不吊顶等方式，那么装配式混凝土建筑与传统现浇建筑的剖面设计比较，就只相差由于叠合楼板厚度增加 20mm 导致的净高降低问题。如果实现管线分离，建筑设计应与机电设计、内装设计协同，确定管线布置需要的空间及吊顶的高度（图 5-23），并对建筑层高和净高以及容积率的影响进行协同

▲ 图 5-23 天棚吊顶内管线布置

计算和设计。通常吊顶设计的高度需要 150mm，所以在保持净高不变的情况下，层高应做相应的增加。

## 5.9　外围护系统设计问题

装配式建筑外围护系统往往是许多成功的装配式建筑的亮点所在，目前在我国却是设计中的痛点和薄弱点。

**1. 外围护系统设计的主要问题**

（1）沿用了现浇建筑的外墙外保温施工方式，预制墙板安装后进行保温层铺贴，然后进行薄抹灰。

（2）采用了夹芯保温墙板，夹芯保温板虽然解决了防火问题，但存在成本增量高、自重较重、占用空间较大等问题，同时夹芯保温板制作时对外叶板拉结件锚固的安全性、可靠性要求较高，对施工精度要求也较高。

（3）采用外墙内保温是国外常用的做法，但目前国内由于采暖方面的一些习惯以及毛坯房装修对墙体的破坏，很少采用外墙内保温方式。

（4）没有实现装饰一体化，尤其是目前住宅建筑大都采用装配整体式剪力墙结构，预制构件安装后，需要浇筑后浇带，再进行抹灰、涂刷涂料。国外很多装配式建筑，尤其是高层建筑，大都采用柱梁结构体系，外围护系统预制构件都是采用装饰一体化，甚至门窗玻璃都在预制构件工厂安装完成，现场安装后只需对安装缝进行防水、防火及美化处理。

（5）外围护系统还带来一些防水方面的设计问题，这方面问题将在本章 5.10 节中加以论述。

以上外围护系统设计问题，既是装配式优势无法发挥的问题，也是造成成本增量较大的问题，所以外围护系统设计是装配式建筑设计中非常重要的一个方面。

**2. 解决外围护系统设计问题的措施**

（1）破除剪力墙心理定势、破除外墙外保温心理定势是解决外围护系统设计问题的关键所在。

（2）利用预制构件高平整度的优势，并在构件预制时预埋固定石材的内置螺母，可以实现类似石材干挂及无龙骨幕墙的外围护装饰方式。

（3）外墙内保温装饰一体化外墙板的尝试；用活规范，可采用对剪力墙现浇带进行预制的尝试等。

## 5.10　建筑构造设计问题

**1. 预制剪力墙外墙接缝渗漏问题**

预制剪力墙墙底接缝在灌浆施工环节会存接缝封堵不严、灌浆不饱满、不密实的情况，导致外墙水平接缝处渗漏。预制外墙水平接缝处渗漏，不仅会导致保温层受潮、室内渗水，影响建筑使用功能；接缝处长时间存水，还会导致纵向受力钢筋锈蚀，从而影响结构安全和耐久性。

针对目前我国有可能存在的灌浆不饱满的情况，可以在设计中强调灌浆作业完成，且灌浆料拌合物达到强度后进行水平缝渗漏检测的要求。如对水平缝进行高压水枪淋水试验，一旦发现渗漏，须对渗漏原因进行分析，并采取补救措施，例如将接缝处砂浆封堵改用密封胶封堵等加强措施。

**2. 预制剪力墙外墙拼缝构造问题**

预制剪力墙外墙墙底拼缝防水构造设计内容详见本书第 7.7 节第 3 条，当采用预制夹芯保温外墙时，通常采取企口防水节点做法，如图 3-15 所示。

**3. 外墙后浇带影响外饰面效果问题**

（1）免抹灰较难实现

预制外墙板的两侧和顶部均有混凝土后浇带，剪力墙被大量的水平和竖向后浇带分割，现场浇筑的精度与预制的精度差距较大（图 5-24），不易实现外墙免抹灰，需要通过抹灰才能达到墙体表面的平整度要求。

施工单位通常采用局部抹灰的方法，即预制墙部分免抹灰，现场后浇带及预制墙与现浇带衔接处的 100mm 宽范围进行抹灰，为保证抹灰后整体墙体表面的平整度，在预制剪力墙厚度方向两侧均预留 10mm 厚、100mm 宽压槽，见图 5-25。现场抹灰时需要对预制墙体做好防护，以免受到污染。

▲ 图 5-24 现浇精度与预制精度差距较大

（2）预制和现浇饰面较难协调统一

当外墙采用内保温，外墙外饰面由于大量的水平和竖向后浇带分割，当使用饰面砖反打等装饰一体化墙板时，后浇带位置饰面需要二次湿作业，施工麻烦，预制部分的饰面与后浇带现场饰面因工艺和施工时间的差异，饰面颜色也很难保证均匀一致，色差较大，预制与现浇部位所使用的饰面材生产批次不同，也会导致色差。另外，装饰材缝隙的宽度等也较难实现协调统一。

**4. 防水企口问题**

（1）室内与室外交界处设置导墙可有效防止往室内渗水（图 5-26），此做法也适用于门厅、屋面、露台等交界处。

（2）露台、屋顶等有防水要求位置的外挂墙板可做企口，并在屋面室内一侧增设混凝土导墙。墙板外侧应设置满足防水材料规范要求的上翻高度，并使防水材料可靠收口。若是饰面砖（石材）反打的墙板，应取消收口下方的饰面砖（石材），使防水材料基层平整，满足防水效果，在导墙位置增设一道防水附加层，室内室外搭接宽度各 500mm。

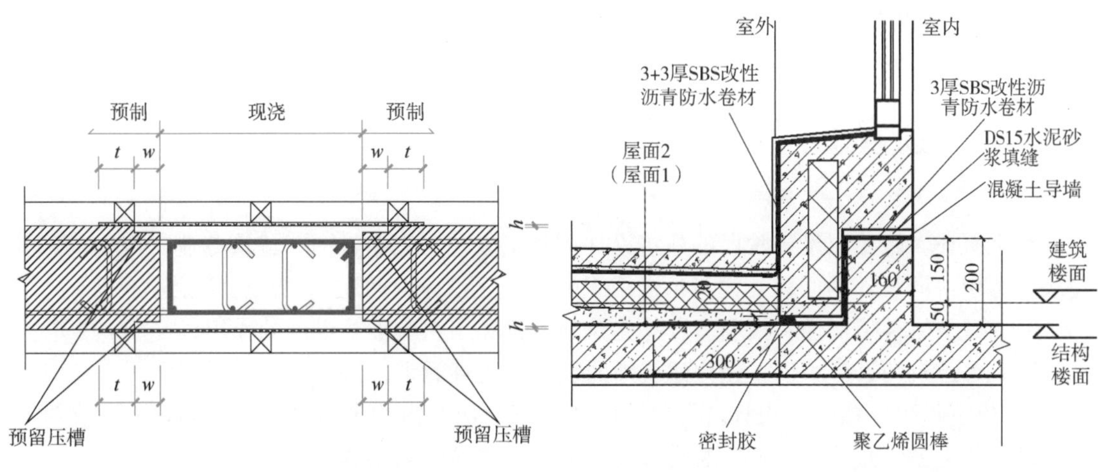


▲ 图 5-25　预制墙板预留抹灰压槽示意图　　▲ 图 5-26　室内与室外交界处设置导墙示意图

**5. 滴水、泛水、排水构造设计**

（1）滴水构造如果采用鹰嘴形式，容易在脱模、运输环节磕碰掉角，如图 5-27 所示。

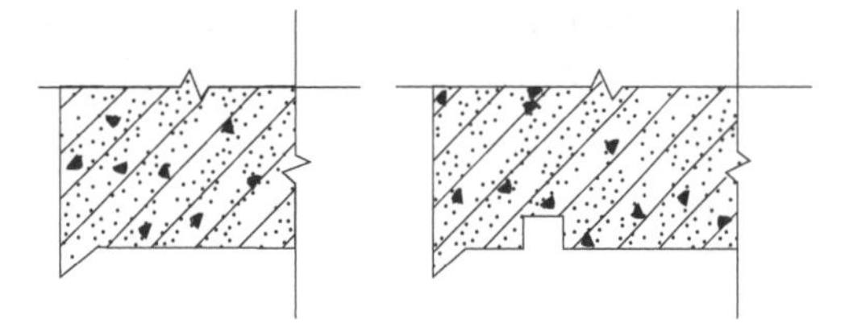

▲ 图 5-27　不适合的鹰嘴形式滴水构造

（2）预制女儿墙和飘窗墙板泛水构造遗漏，防水收头处理不好，在阴雨天常会出现屋顶与墙体交接处出现滴水或渗湿。

（3）飘窗顶板、阳台板、空调板等水平方向悬挑预制构件未做向外的排水坡度，导致根部存水，下雨天返潮。对于叠合悬挑构件，排水坡度在后浇混凝土时形成，而对于全预制构件，排水坡度应在工厂预制时形成。

（4）滴水线、防滑条等细部构造尽可能在预制构件生产时一次成型。

（5）栏杆若采用后安装，建议预埋件提前在构件内预埋，以避免现场采用后锚固安装而破坏外观质量和二次局部修补抹灰。

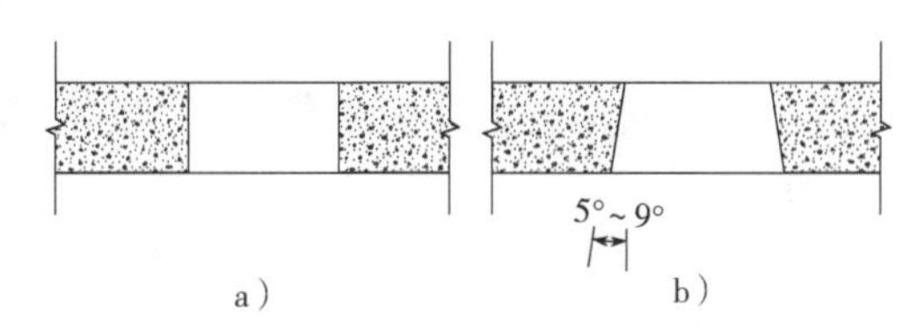


▲ 图 5-28　预留门窗洞口构造示意图
a）直角，不易脱模　b）斜角，容易脱模

**6. 构件细部构造设计**

（1）镂空构造或者预留门窗洞口等未做斜角构造要求，不易脱模，见图 5-28。

（2）预制构件转角未做转角处理时（图 5-29b），容易破损。应尽可能采用折角（图 5-29a）和弧角（图 5-29c）的转角方式处理。

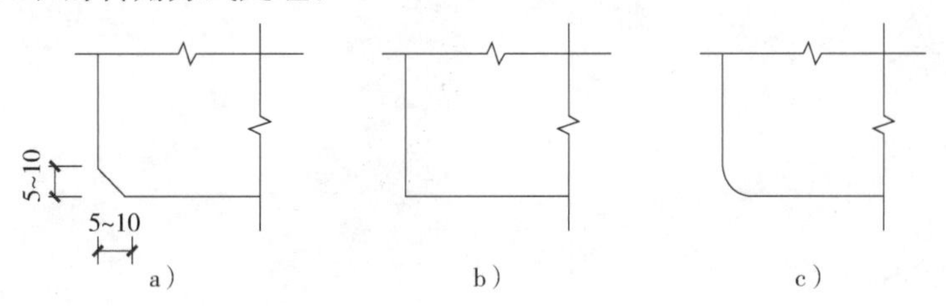


▲ 图 5-29　预制构件转角设计示意图
a）45°折角　b）直角　c）弧角

## 5.11 避免问题发生的具体措施

综上所述，施工图设计阶段的建筑设计问题主要源于三个方面：建筑专业自身的问题，建筑师组织协同设计的问题，建筑师未组织好集成化设计的问题。所以，应当：

（1）赋予建筑师责任和权利，发挥建筑师引领和组织装配式设计的作用。

（2）对建筑师进行培训，强化建筑师的装配式设计意识，包括：

1）建筑师引领意识。设计环节是装配式建筑全产业链的上游环节，而建筑专业又处在设计环节的上游，是龙头专业，装配式建筑应当由建筑师来引领。

2）协同设计意识。装配式建筑设计过程是需要许多专业协同配合的过程，也是许多部件部品、设备专业厂家共同配合完成的过程，建筑师要有强烈的协同意识。

3）特殊性设计意识。建筑师应遵循装配式建筑特有的规律，使设计更好地满足建筑使用功能和安全性、可靠性、耐久性及合理性要求。

4）节能环保设计意识。建筑师与结构设计师、内装设计师等协同进行精心和富有创意的设计，实现装配式建筑节约材料、节省劳动力、降低能源消耗，节能环保的目的。

5）模数化标准化设计意识。装配式建筑设计应实现模数化和标准化，建筑师应当像“乐高”设计师那样，用简单的单元组合出丰富的平面、立面、造型和建筑群。

6）集成化设计意识。装配式建筑设计应致力于一体化和集成化，如建筑、结构、装饰一体化，建筑、结构、保温、装饰一体化，集成厨房，集成卫生间，建筑与太阳能一体化设计和施工，各专业管路的集成化等。

例如，贝聿铭设计的肯尼迪图书馆，墙板细节设计得非常精致，将塑料水落管设计成方形，凹入墙板接缝处，构成装饰元素（图 5-30）。虽然它不是一个集成部件，但却把建筑功能、排水功能和装饰功能融为了一体。

7）精细化设计意识。装配式建筑设计团队必须有精细化设计意识，尽量避免制作、施

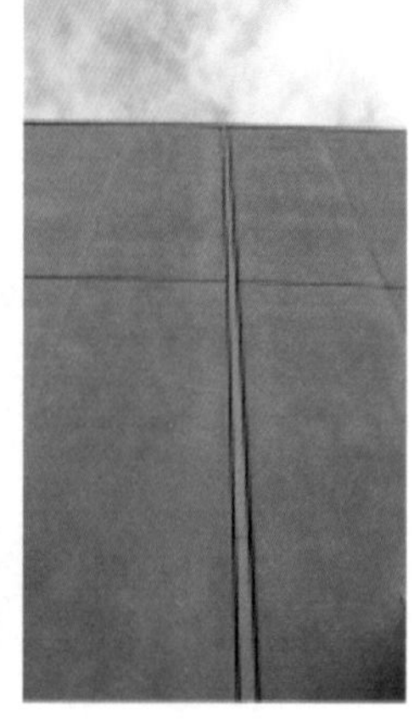

▲ 图 5-30　设计巧妙的肯尼迪图书馆的落水管

工过程出现设计变更。设计精细是预制构件制作、安装正确和保证质量的前提，是避免失误和损失的前提。

8）面向未来的设计意识。装配式建筑是建筑走向未来的基础，是建筑实现工业化、自动化和智能化的基础，建筑师应当有强烈的面向未来的意识和使命感，推动创新和技术进步。

（3）制定相关的设计流程、设计工作标准和有关的设计分工，建立避免问题产生的制度化流程与措施。

（4）形成一种随时交流、互动的机制。笔者在引进日本装配式技术，与日本设计师交往过程中，发现日本设计人员特别重视“打合”，就是讨论、交流信息。我们可以充分利用微信等良好的交流平台，保持交流的随时性、经常性和实效性。

# 第6章 结构设计常见问题Ⅰ——总体与概念设计

本章提要

对装配式混凝土建筑结构设计的总体与概念设计常见问题进行了分析，包括结构体系选择问题、结构概念设计问题、执行标准与标准图的问题、结构优化中的问题以及与工厂、施工单位协同的问题，同时给出了预防上述问题的相关措施。

## 6.1 结构体系选择问题

### 6.1.1 剪力墙结构体系问题

国外高层剪力墙结构采用装配整体式的实例非常少，可借鉴的成熟经验少，我国剪力墙结构装配式建筑有“两高一同”的特点，即高抗震设防要求、高层剪力墙结构体系住宅，与现浇剪力墙结构性能等同。目前，剪力墙结构体系的预制装配处于发展初期，还存在一些技术难点，有的是由于剪力墙结构体系本身特点的原因，有的是认识不足、设计或施工不当等原因。其中主要技术难点见表6-1。

表6-1 装配整体式剪力墙结构体系预制装配主要技术难点

| 技术难点 | 影响因素 | 对标准化、成本及效率影响程度 | 改善措施、方向或对策 |
|---|---|---|---|
| 刚性抗震 | 受力大，连接困难 | 较大 | 隔震减震 |
| 预制剪力墙三边出筋 | 生产和安装困难，效率低 | 较大 | 减少预制与现浇工序交叉，减少后浇带 |
| 预制外墙渗漏 | 影响建筑功能，影响结构安全，使用维护困难，成本增加 | 较大 | 多功能一体化外围护墙的研发应用 |
| 双向（或单向）叠合楼板 | 四边（或两边）出筋，导致生产和安装困难，影响效率 | 较大 | 不出筋叠合楼板的研究应用 |
| 预制剪力墙被后浇段分割 | 预制与现浇交叉界面多，工序交叉多，施工安装效率低，免抹灰不容易实现 | 较大 | 减少后浇段或采用高精度模板等施工措施 |

（续）

| 技术难点 | 影响因素 | 对标准化、成本及效率影响程度 | 改善措施、方向或对策 |
|---|---|---|---|
| 预制叠合连梁采用斜向交叉斜筋或集中对角斜筋设计 | 斜筋与纵筋避让困难，斜筋伸入上层预制构件无法实现 | 较大 | 避免设置斜筋的叠合连梁预制，或在结构设计时采取其他措施来满足连梁抗剪承载力要求 |
| 地震力作用下，预制剪力墙接缝受剪承载力存在较大差异 | 同一位置不同楼层预制剪力墙墙底轴压力和剪力有较大差异时，导致接缝受剪承载力差异大，竖向连接筋不同，套筒型号不同 | 一般 | 减少接缝受剪承载力差异大的剪力墙预制，严格区分不同承载力要求的预制剪力墙，采用相应型号的套筒连接 |
| 过渡层剪力墙预制 | 过渡层与底部加强区采用相同的约束边缘设计，长墙可预制的墙身长度小于标准层可预制的墙身长度 | 一般 | 剪力墙长度控制，使得过渡层预制墙身长度与标准层预制墙身长度一致，或减少过渡层非标准的剪力墙预制 |
| 规范对多层和高层剪力墙的连接、构造等设计要求区分不足 | 多层预制剪力墙竖向连接及墙顶水平现浇圈梁等要求与高层没有区分，层间位移角控制比高层更严 | 较大 | 丰富多层剪力墙连接、构造设计等内容，使多层剪力墙装配式设计更有针对性 |
| 插座等机电点位在预制剪力墙底预留接线手孔 | 与采用双排套筒连接的剪力墙底部连接区容易产生干涉，削弱套筒连接区，给结构留下安全隐患 | 较大 | 采用管线分离，或点位接线手孔与套筒连接区进行避让 |
| 外围剪力墙预制套筒连接区与脚手架挑架预留洞冲突，削弱套筒连接区结构连接强度 | 预制剪力墙竖向套筒连接筋直径小且密，挑架所需预留洞不易避让，尤其是建筑外墙阳角区域 | 较大 | 精细化设计，挑架预留洞避开套筒连接位置，或避免采用悬挑脚手架施工方案，改用爬架等其他脚手架方案 |

**1. 剪力墙结构体系刚度大、地震作用大**

剪力墙结构体系的设计思路是靠自身刚度抵抗地震作用，是刚性抗震概念。在所有结构体系里，对刚度要求也是最严的，弹性层间位移角要求为 1/1000，框剪及框架核心筒结构体系允许弹性层间位移角是它的 1.25 倍；框架结构体系允许弹性层间位移角是它的 1.8 倍；多层装配整体式剪力墙位移角比高层还严，达到 1/1200。因为刚度大，自重重，地震作用大，尤其是高层剪力墙住宅，剪力墙结构体系混凝土用量比柱梁结构体系混凝土用量高出较多，经济上也不合算。

（1）端山墙部位的剪力墙往往受力最大，且容易出现轴压力很小甚至受拉的情况，采用预制剪力墙较难甚至不能采用。预制剪力墙底接缝要进行受剪承载力验算，对接缝受剪承载力影响最大的是剪力和轴力。一般情况下，需要验算两种目标组合工况，地震作用下剪力最大时和轴压力最小时（或受拉时）的接缝受剪承载力。当轴压力较小时，需要通过加大受剪钢筋来满足接缝的承载力要求，钢筋用量增加，导致施工连接困难和成本增加。一个仅 16 层的剪力墙住宅（图 6-1），其山墙墙身 A（图 6-2）轴向出现了拉力，需要在预制剪力墙接缝内配置 3300mm² 的连接筋才能满足接缝抗剪承载力要求，而同样长度正常预制剪力墙的接缝内只需配置 1220mm² 的连接筋，超出近 2 倍的配筋量；墙身 B（图 6-2）轴拉力更大，名义拉应力达到 3.6MPa，如果要满足接缝受剪承载力要求，需要配置 9300mm² 的连接筋，按梅花形布置，单边间距 600mm，需要配置 6 ⌽ 45 的连接筋才能满足抗剪要求，无论是从受力要求还是构造设计的合理性来说，预制装配都很困难，已经失去了预制的意义。

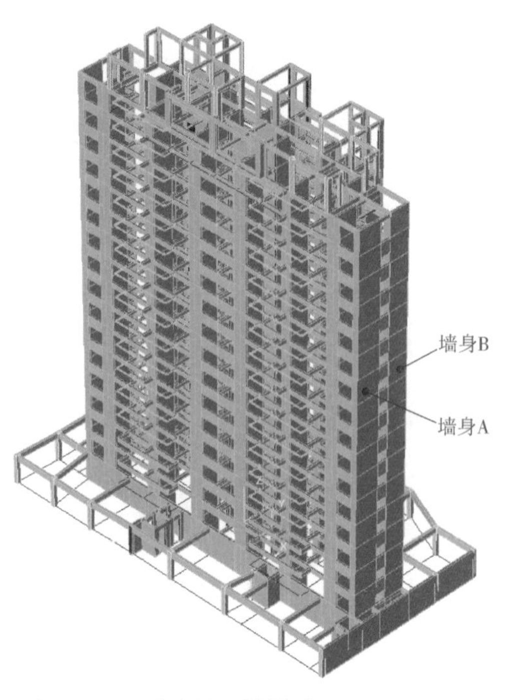

▲ 图 6-1 剪力墙三维模型图

（2）在端山墙 A 和 B 之间设置的连梁（图 6-2），同样需要很大的刚度才能满足地震工况下结构的整体位移及抗扭需要，该处连梁设计截面达到了 200mm×1700mm，计算结果显示连梁梁端剪力达到了 969kN，需要配置 8700mm² 的梁端抗剪筋才能满足梁端竖缝抗剪要求，如此两排连梁腰筋兼抗剪筋（两排共 14 ⌽ 22）和中间一排附加抗剪筋（7 ⌽ 25），才能满足连梁端部竖缝抗剪承载力要求，配筋困难（图 6-3），构件情况见图 6-4，制作和安装也相当困难。

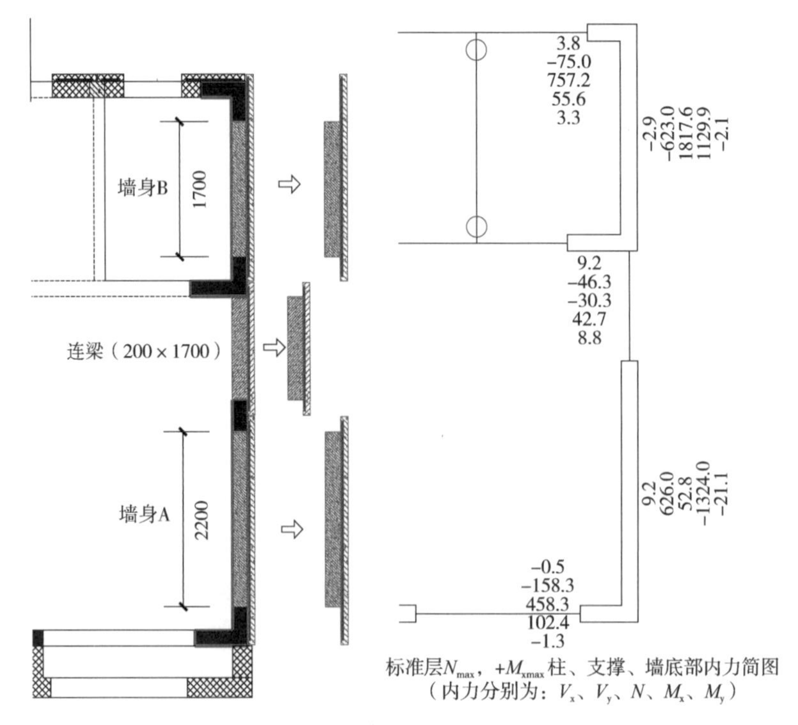

▲ 图 6-2 剪力墙平面示意及 $N_{max}$ 目标组合受力简图

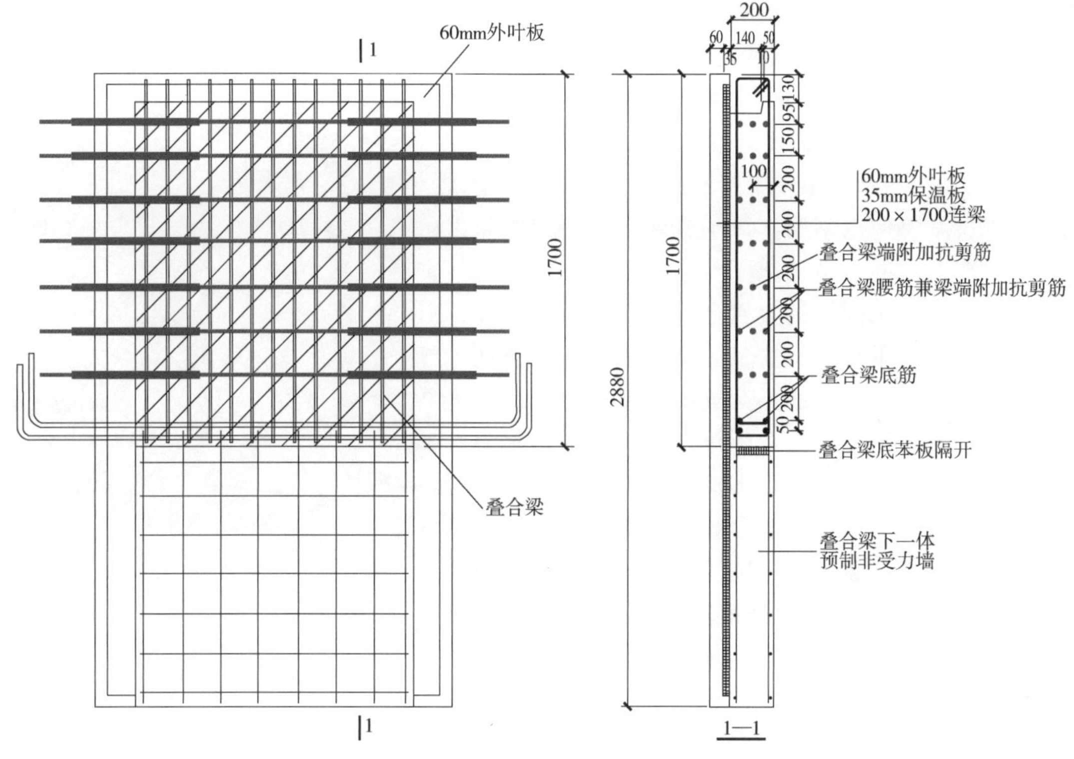


▲ 图 6-3　端山墙连梁预制构件配筋图

**2. 预制剪力墙三边出筋带来生产和安装的困难**

剪力墙结构边缘构件规范规定宜现浇，预制剪力墙左右两侧有后浇竖向边缘构件，墙顶有水平后浇圈梁，形成了三边出筋一边灌浆套筒连接的情况，见图 6-5。在工厂制作时，三边伸出钢筋需要通过侧模开孔穿出，影响模具组装和拆卸的效率，增加了人工消耗；由于出筋，不能适应自动化流水线生产，导致效率降低和成本增加；现场安装时，预制剪力墙两侧伸出的水平筋与后浇边缘构件箍筋和纵筋干涉问题也十分突出，施工安装难度大、效率低。现浇与预制出筋的交接结合面越多，质量问题就越多，造成效率越低、成本越高。

▲ 图 6-4　端山墙连梁预制构件

**3. 桁架筋单双向叠合楼板在成本和效率上没有优势**

（1）剪力墙结构体系住宅都以小开间为主，板跨普遍在 3～4. 5m 左右，叠合楼板总厚度常规都在 130～150mm 之间，预制层最小 60mm，现浇叠合层均达不到 100mm，按《装标》规定，板底筋需要伸入支座锚固，由此造成制作时的组模拆模及钢筋网片入模等作业不便，耗费人工，也影响生产效率、增加成本。四边出筋的双向叠合楼板对效率和成本的影响更大。

（2）规范规定叠合楼板板跨达到3m时，宜设置桁架筋，由于预制层厚60mm，刚度较小，为避免叠合板在脱模、运输、存放等环节开裂，实际工程中小于3m的叠合板通常也设置桁架筋，由于设置了桁架筋，以及需要伸出钢筋，每平方米叠合板用钢量增加2kg左右，同时也造成了叠合板现浇层机电管线的穿管困难。桁架筋的设置还导致了在板四个角部区域负筋双向垂直重叠交叉，在桁架筋的上弦筋下施工穿筋困难，若负筋不穿筋，叠放在上弦筋之上，钢筋保护层厚度则无法保证，只能被迫增加板厚，导致人工费和材料消耗增加。

▲ 图6-5　三边出筋的预制剪力墙

（3）一般情况下单向叠合板不能免支撑，而双向叠合楼板既无法免模也不能免支撑，双向叠合板之间设有300~400mm的后浇带，后浇带需要局部搭设模板，必须吊模施工或者增加模板顶撑，施工操作困难，容易跑模、胀模，出现浇筑不平整、不密实的情况（图6-6）。单双向叠合板下需要设置支撑（图6-7），需要增加支撑费用，双向板后浇带还需另外支设模板，比较零碎，效率很低，在成本和效率上都无法发挥装配式的优势。

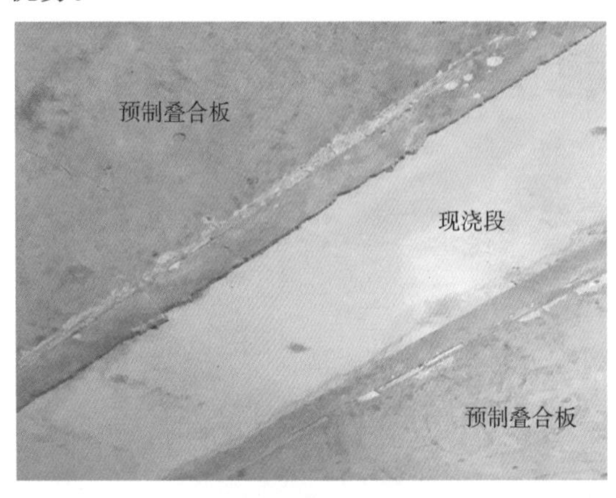


▲ 图6-6　双向叠合后浇带不平整

▲ 图6-7　双向叠合楼板支撑

（4）双向叠合板之间后浇带的钢筋需要进行搭接连接，与单向密拼叠合板相比，用钢量指标也并不经济，具体经济指标对比分析见本章6.4节。

**4. 预制外墙渗漏问题**

预制外墙接缝工程量大，在后续灌浆环节会存在封堵不严、灌浆不密实的隐患，外墙接缝工程既影响成本，又影响质量。在预制率（装配率）要求高的地区，尤其是有预制外墙面积比指标要求的地区，预制外墙比例高、连接路径长、连接点多，渗漏现象时有发生。图6-8为灌浆不密实导致接缝出现渗漏的实例，图6-9为装修后外墙接缝出现渗漏的实例。

在预制外墙水平接缝处的渗漏水，不仅会导致保温层受潮、室内渗水，影响建筑使用功能，还可能导致受力钢筋锈蚀，影响结构安全和耐久性。

预制外墙带来预制部品本身质量和功能的提升，却因为接缝质量薄弱问题，导致保温、耐久性、防渗漏等功能的降低，使用维护成本增高，甚至影响结构安全，是预制外墙质量控制的重点与难点。

▲ 图 6-8　预制外墙灌浆后出现渗漏

**5. 免抹灰不容易实现**

预制外墙板的侧面和顶面均有后浇带，外墙面被大量的水平和竖向后浇带分割，预制的精度和现场后浇混凝土的精度形成的差距，不容易实现免抹灰。如图 6-10 所示的预制外墙与后浇带衔接部位，需要通过抹灰才能达到外墙表面的平整度要求。

▲ 图 6-9　装修后外墙出现渗漏

**6. 预制剪力墙底套筒连接区易被削弱**

预制剪力墙底灌浆套筒连接区经常与暗埋机电线管接线手孔干涉避让困难而被削弱（图 6-11），甚至有的连接套筒位置与接线手孔位置冲突，套筒直接裸露于接线手孔内（图 6-12）。另外，预制剪力墙外墙还容易和悬挑脚手架预留洞产生干涉而被削弱，造成结构安全隐患。

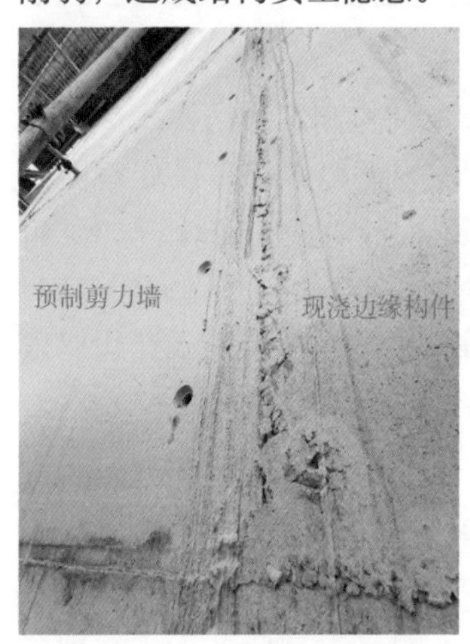


▲ 图 6-10　后浇带与预制外墙衔接部位平整度不够

▲ 图 6-11　接线手孔削弱了套筒连接区

▲ 图 6-12　套筒裸露于接线手孔内

## 6. 1. 2　柱梁结构体系预制的技术难点问题

柱梁结构体系（框架、框剪、框架核心筒等）采用装配式，若按传统方式设计，存在构件数量多、连接接头多、连接锚固钢筋干涉多、钢筋干涉避让要求高等问题，其主要技术难点及对成本和效率的影响详见表 6-2。

**表 6-2 柱梁结构体系预制装配的主要技术问题**

| 技术难点 | 影响因素 | 对预制难度、成本和效率的影响程度 | 改善措施或方向 |
|---|---|---|---|
| 现浇设计思维惯性 | 结构设计时没有融入装配式设计思维，柱梁体系预制时矛盾突出 | 较大 | 强化装配式建筑设计流程，结构方案设计时融入装配式设计理念 |
| 高强材料 | 高强度钢筋、大直径钢筋，在我国属于非常用建筑材料，市场供应不足，采购有障碍 | 较大 | 加强高强材料使用的引导和市场供应，以及配套的高强连接件的开发应用 |
| 主次梁结构方案 | 习惯于采用常规主次梁设计，通过次梁来减少板跨，承托隔墙等 | 较大 | 采用无次梁楼盖或预应力楼盖方案 |
| 梁柱节点域连接 | 钢筋密集，干涉严重，施工安装质量不易控制 | 较大 | 丰富、改善节点域连接方式，研究开发非节点域连接方式 |
| 连接接头多，后浇连接区段多 | 大量的钢筋连接接头和后浇连接段，影响了施工效率和质量 | 较大 | 优化设计方案，尽可能减少接头和后浇连接段 |
| 双向（或单向）叠合楼板 | 四边（或两边）出筋 | 较大 | 不出筋叠合楼板的研究应用 |
| 预制柱纵筋内移 | 预制柱纵筋套筒连接，导致纵筋内移，截面有效高度减少，影响柱实际承载力 | 一般 | 在结构设计之初，考虑柱纵筋内移的尺寸影响 |
| 跨度大 | 普通主次梁板混凝土结构方案适应性差 | 较大 | 预应力技术应用 |

**1. 按传统现浇思维下标准化设计的障碍**

现浇结构设计已经非常成熟，在用钢量和混凝土用量经济指标的控制下，结构优化已经做到了极致，并形成了设计习惯。比如：竖向柱会根据轴压比控制需要进行多次变截面设计，梁宽、梁高也会根据不同功能区荷载以及受荷大小的需要进行针对性的设计。如果用传统现浇结构的思维定式和设计习惯进行装配式建筑的设计，缺乏标准化的设计思维，就会导致标准化程度低，预制构件种类多，模具周转次数少，成本增量较大。按装配式结构要求进行优化设计的内容具体详见本章 6. 4 节。

**2. 高强度大直径钢筋和高强度混凝土使用的障碍**

装配整体式混凝土结构的材料应优先采用高强度混凝土与高强度钢筋。高强度材料的使用可以减少钢筋数量，减少钢筋连接接头，避免钢筋配置过密、套筒间距过小而影响混凝土的浇筑质量；高强度混凝土的使用，可以减少钢筋的锚固长度，减少截面尺寸不足与锚固长度要求高的矛盾，可以方便施工，降低成本；另外高强度混凝土和高强度钢筋对提高整个建筑的结构质量、提高结构耐久性、延长结构寿命都是非常有利的，从建筑的全生命周期来看，也能提高建筑的性价比。

日本装配式的梁柱构件普遍使用大直径、高强度钢筋（图 6-13），但目前国内建筑用钢里高强度、大直径钢筋还不是常用钢筋，价格高、采购困难；与高强度、大直径钢筋匹配的灌浆套筒、灌浆料由于使用量少，投入研发相应配套产品的单位很少。导致目前设计阶段采用高强度大直径钢筋还有障碍。

另外，在柱梁构件里更希望采用高强度混凝土，但是对于楼板，从受力和经济性角度来讲，都不希望采用高强度混凝土。如果柱梁采用高强度混凝土，在梁板、板柱交界区域就会存在混凝土强度等级差异较大的情况，施工措施不到位时，有可能会让低强度的板混凝土侵入到柱梁的高强度混凝土区域中去。

**3. 梁柱节点域后浇区干涉严重**

在规范和图集中，柱梁预制采用的是在节点域后浇的连接方式。在节点域内，有来自四个方向框架梁纵筋、抗扭腰筋、柱纵筋、节点域箍筋，钢筋纵横交错，是所有结构构件内钢筋最密集的地方（图 6-14 和图 6-15）。无论对设计、生产、还是安装环节都是最难实现的区域，需要严格控制设计的合理性、生产和安装的误差，以及安装顺序，稍有疏忽，就会导致安装困难或无法安装，造成成本上升和工期拖延。

▲ 图 6-13　日本预制构件使用的大直径高强钢筋

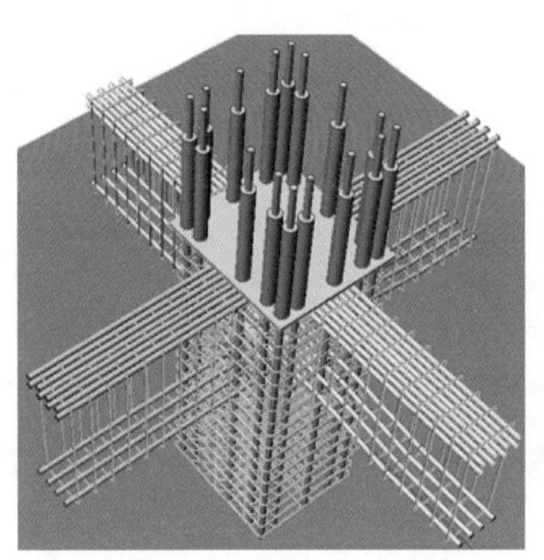

▲ 图 6-14　节点域钢筋密集示意图

▲ 图 6-15　节点域钢筋密集实例

## 6.2　结构概念设计问题

结构概念设计是指依据结构原理对结构安全进行分析判断和总体把握，特别是对结构计算解决不了的问题，进行定性分析，做出正确设计。结构概念设计十分重要，尤其是在结构抗震设计中更应特别重视。同样，在装配式结构设计中，概念设计比具体计算和画图更重要，结构设计师应具有装配式结构概念设计意识。下面具体讨论装配整体式混凝土结构由于“装配”而带来的新的概念设计问题。

**1. 结构整体性概念设计**

装配整体式混凝土结构设计的基本原理是等同原理，等同的意思是说通过采用可靠的连接技术和必要的结构构造措施，使装配整体式混凝土结构与现浇混凝土结构的效能基本等同。因此，在装配式建筑结构方案设计和拆分设计中，必须贯彻结构整体性的概念设计，对于需要加强结构整体性的部位，应有意识地加强。

如图 6-16 的平面布置图，楼梯间外凸，其剪力墙的整体性相对较差，需要利用楼梯板的水平约束作用加强楼梯间的整体性。此时，设计师就不应一味强调预制，按标准图设计采用一端固定铰接一端滑动铰接的预制楼梯，而应当将楼梯板现浇并将钢筋锚入剪力墙，以便剪力墙平面外形成类似“竹节”效应的侧向约束，有利于增强整体抗震性能。

通过概念设计确保结构整体性的关注点还包括：不规则的特殊楼层及特殊部位的关键构件、平面凹凸及楼板不连续形成的弱连接部位、层间受剪承载力突变的薄弱层、侧向刚度不规则的软弱层、挑空空间形成的穿层柱、部分框支剪力墙结构框支层及相邻上一层、转换梁、转换柱等。总之，结构设计师不可为了追求预制率，而不作区分地采用预制方案。

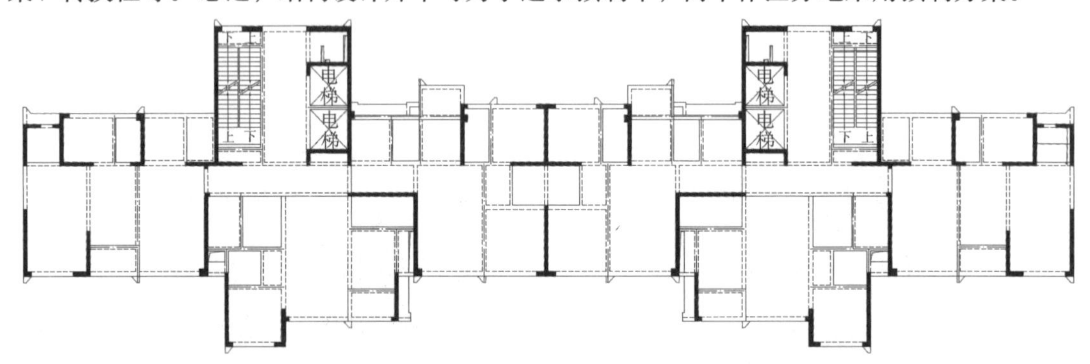


▲ 图 6-16　楼梯间外凸平面

**2. 强柱弱梁设计**

“强柱弱梁”设计是从结构抗震设计角度提出的一个结构设计概念。简单地说就是使框架柱不先于框架梁破坏，因为框架梁破坏是局部性的构件破坏，而框架柱破坏将危及整个结构的安全——可能会整体倒塌，后果严重。这是一个相对概念，我们要保证竖向承载构件“相对”更安全，故要“强柱弱梁”。强柱弱梁的概念设计在装配式结构里的要求和现浇结构里是一样的，采用与现浇结构同样的设计方法，但是因为要满足预制装配和连接的需要而带来一些对“强柱弱梁”的影响因素，这就需要引起我们足够的重视，在设计过程中要贯彻“强柱弱梁”的设计概念，确保装配整体式混凝土结构形成合理的“梁铰”屈服机制，避免出现“柱铰”屈服机制，如图 6-17 所示。

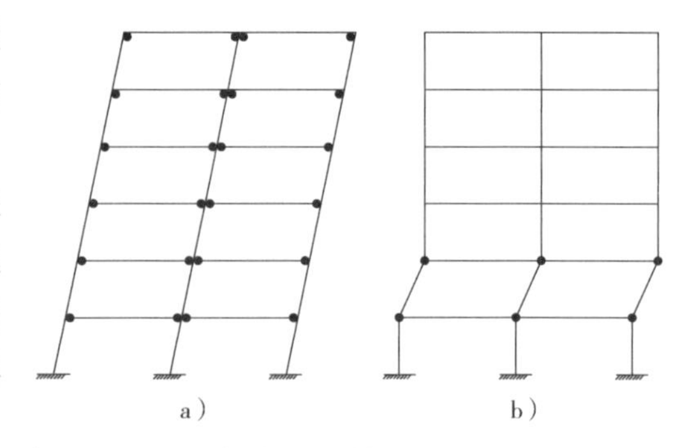


▲ 图 6-17　框架结构塑性铰屈服机制

a）梁铰机制　b）柱铰机制

在装配整体式混凝土结构里，影响强柱弱

梁的主要因素有：

（1）叠合楼板有效翼缘增大及实配钢筋增多的影响

在采用叠合楼板设计时，因为叠合楼板预制层由于本身刚度和承载力的需要，《装规》规定不宜小于 60mm，现浇叠合层为了方便机电管线埋设，一般来说以不小于 80mm 为宜；另外，为了达到叠合楼板不出筋，满足工厂自动化生产的需要，《装标》规定现浇叠合层应不小于 100mm。因此，预制叠合楼板的厚度、刚度、配筋都比传统现浇楼板大得多。在强柱弱梁验算中梁端楼板受拉翼缘的有效影响宽度可按《混凝土结构设计规范》GB 50010—2010 表 5. 2. 4 取值，框架梁有效翼缘板配筋范围可取梁两侧 6 倍板厚范围（《高层建筑混凝土结构技术规程》JGJ3—2010（以下简称《高规》）第 6. 2. 1 条）。较厚的预制叠合楼板和较大的板配筋对梁端实际抗弯刚度和抗弯承载力的影响是十分明显的，在设计过程中不应忽视楼板刚度和配筋带来的对框架梁端承载力增大的影响，要按新的设计条件平衡柱梁之间的相对强弱关系，贯彻“强柱弱梁”的设计理念。

（2）梁端负弯矩及实配钢筋的影响

装配整体式混凝土结构整体分析计算是按现浇结构进行的。其框架梁端部负弯矩是按梁的计算跨度的 $l_0$ 进行计算，当未考虑梁柱刚域影响时，梁端内力计算位置位于梁柱交点处（柱截面中心处，见图 6-18a），即使程序考虑了柱刚域影响，梁端计算截面也是取在柱内距柱边 $h_b$ /4 处（图 6-18b），而梁端抗弯配筋计算是采用梁端（柱边）截面进行的，抗力和效应计算分别采用了不同的截面，使得梁端截面配筋值加大，实际上弱化了“强柱弱梁”的效果；另外验算梁端截面的裂缝宽度时，内力取值和裂缝验算的实际截面位置也是不一致的，这导致梁端计算弯矩过大，梁端裂缝宽度计算值过大，也加大了梁端负筋的实际配筋量；还有，在装配整体式混凝土结构里，进行预制梁端竖缝结合面受剪承载力验算时，只靠原来梁的配筋有时不能通过验算，需要附加穿过竖缝结合面的抗剪钢筋来加强竖缝结合面的抗剪承载力，为回避附加筋在预制梁高范围内出筋带来互相干涉的问题，将附加筋加在梁顶现浇叠

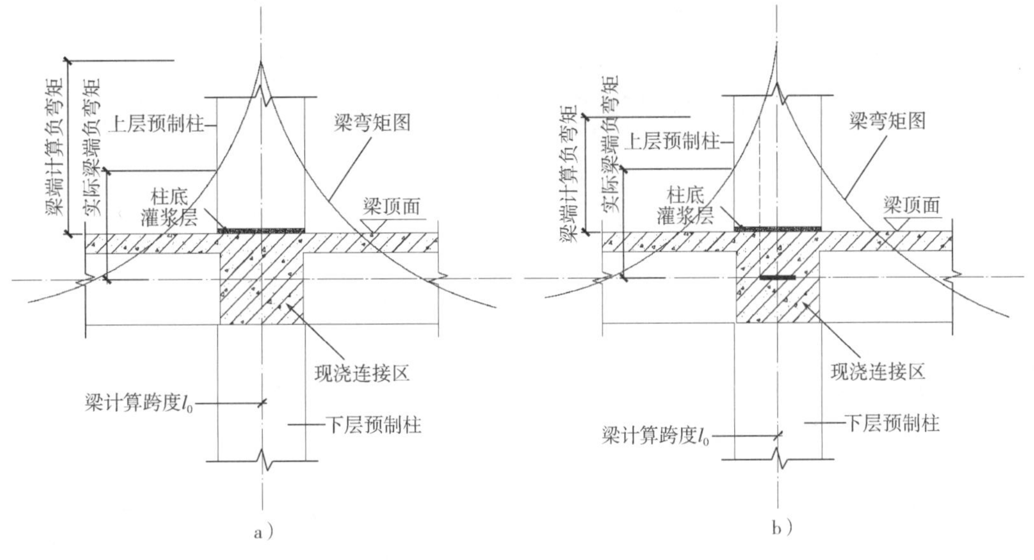


▲ 图 6-18　梁端实际弯矩与计算弯矩关系示意图

a）不考虑刚域时　b）考虑刚域时

合层内是方便施工的（图 6-19），而加在梁顶叠合层内相当于又一次加大了梁端负筋的钢筋量，使得梁端抗弯承载力进一步强化。所以在装配式结构里同样需要注意梁端负弯矩和实配钢筋的影响，平衡好柱端与梁端承载力相对的强弱关系，贯彻好“强柱弱梁”的概念设计。

（3）梁端正弯矩及实配钢筋的影响

在强柱弱梁设计中，梁端正弯矩与对应的梁端负弯矩组成强柱弱梁验算中的梁端力偶，在实际结构施工图设计时通常采用平法标注，往往不加区分地将跨中配筋直接用作梁端配筋，将跨中弯矩计算所得配筋量全部贯通锚入框架柱（图 6-20），使得梁端底筋大大超出强柱弱梁计算中对应的梁底弯矩设计值的配筋量；另外，有的装配式结构设计，对梁截面和跨度一致的预制梁归类为同一种预制梁，钢筋也按配筋最大的梁统一归并配置。这两个方面都造成梁端底面的实际配筋超出强柱弱梁设计中对于梁底弯矩设计值的配筋量，大大弱化了“强柱弱梁”的效果，不得不引起设计人员的重视。

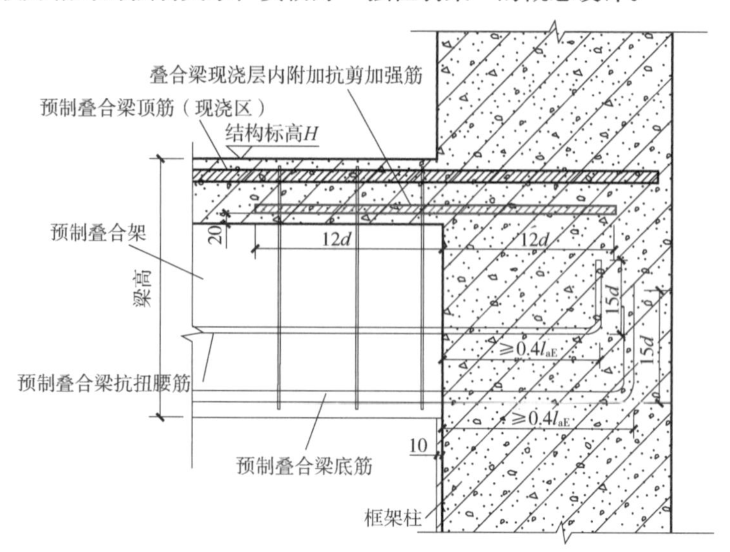


▲ 图 6-19 抗剪加强筋置于梁顶现浇叠合层内

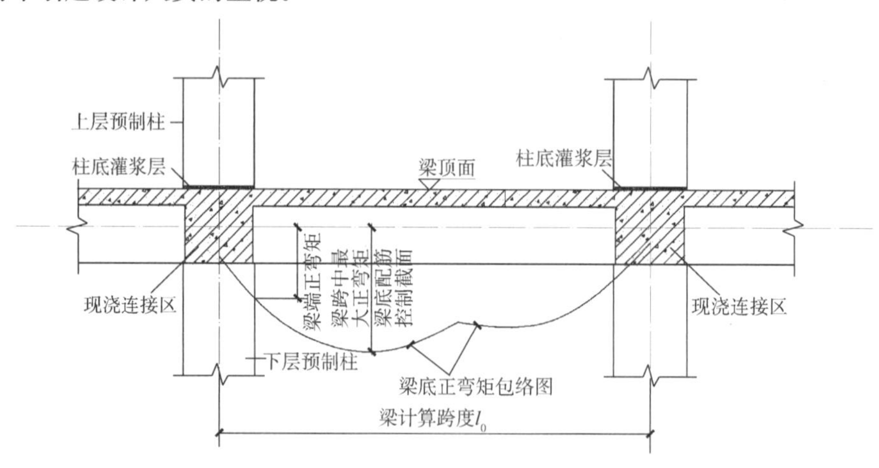


▲ 图 6-20 梁端正弯矩与跨中正弯矩对比示意图

（4）抗扭纵筋不当配置的影响

按规范要求，框架梁的抗扭纵筋需要按受拉锚固要求伸入柱内，由于扭筋在梁腰位置，在节点域内各个方向伸出的扭筋相互干涉，是无法施工安装的。有的深化设计简单地采用增加梁上下纵筋代替梁腰的抗扭纵筋的方式，这样也会对“强柱弱梁”的设计带来影响，是不可取的。

**3. 强剪弱弯设计**

“弯曲破坏”是延性破坏，有显性预兆特征，如开裂或下挠变形过大等，会给人以提醒。而“剪切破坏”是一种脆性破坏，没有预兆，瞬时发生。因此，装配式建筑结构设计要避免先发生剪切破坏，设定“强剪弱弯”的目标。

装配整体式混凝土结构里预制梁、预制柱、预制剪力墙等结构构件设计都应以实现“强剪弱弯”的设计为目标，选择符合“强剪弱弯”概念设计的抗震措施。比如：在预制叠合梁的设计中，若采用不恰当的竖缝结合面抗剪加强措施，如图 6-18 将附加筋加在梁顶现浇叠合层内，会带来框架梁受弯承载力的增强，而该附加筋对该梁的斜截面抗剪承载力没有加强作用（纵筋对斜截面受剪承载力在计算公式里没有帮助），使得抗弯承载力强化，改变了原来已设计好的相对强弱关系。所以，预制叠合梁附加抗剪加强筋设置在梁高中部位置更为合理，见图 6-21。

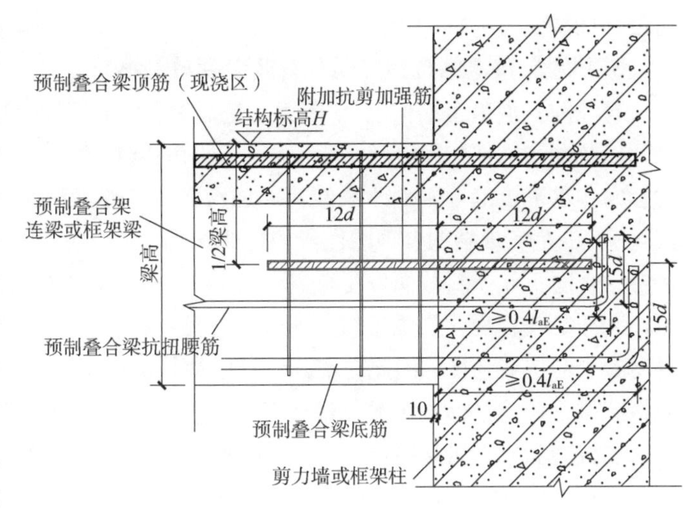

▲ 图 6-21　抗剪加强筋置于梁中部

**4. 强节点弱构件设计**

梁柱节点核心区在竖向荷载和地震作用下，受力复杂，但主要是压力和剪力。核心区容易出现剪压破坏和粘结锚固破坏，图 6-22。“强节点弱构件”的设计目标就是要达到核心区不能先于构件出现破坏，一方面是核心区的受剪承载力应大于节点两侧梁端达到受弯承载力时对应的核心区剪力，梁端钢筋屈服时，核心区不先于梁端发生剪切屈服，而避免核心区过早发生剪切破坏的主要抗震构造措施是配置足够的箍筋；另一方面应加强梁纵筋在核心区的锚固，避免梁纵筋在核心区粘结锚固破坏。由于大量的梁柱纵筋在后浇节点区内连接、锚固、穿过，钢筋交错密集，在开始进行梁柱预制的装配方案设计时，就应考虑采用合适的梁柱截面，留有足够的梁柱节点空间来满足相应的构造要求，确保核心区箍筋设置到位，混凝土浇筑密实。试想一下：对于节点核心区内的钢筋及连接套筒等，如果我们在图纸上的理论设计都难以排布的话，那么在施工现场如此大型的预制构件要进行校准和高精度的安装则是不可能的，所以在设计阶段就要充分考虑节点区的合理尺寸，尽可能采用三维节点进行模拟设计，充分考虑钢筋净距控制和相互避让，安排好构件的安装顺序，确保“节点”的设计质量。

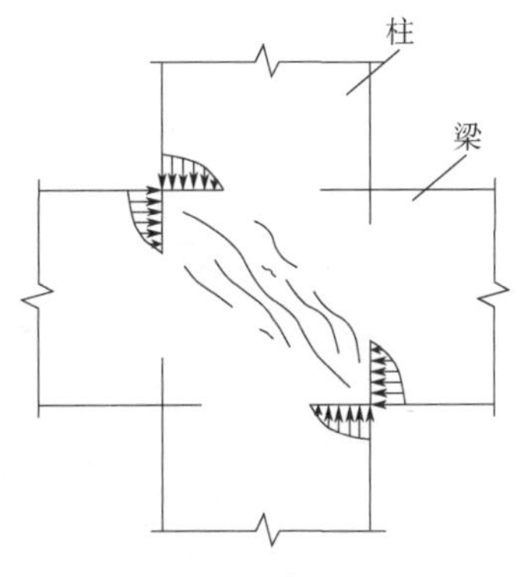

▲ 图 6-22　梁柱核心区剪压破坏示意图

采用可靠的连接节点技术是确保节点整体性和“强”

节点设计的关键，通过连接节点的合理设计构造，将装配式结构连接成一个整体，保证其整体性、延性、承载力和耐久性，从而确保“强节点弱构件”目标的实现。另外，梁柱连接节点可考虑避开在柱头连接，采用梁柱节点一体化预制，确保节点的高质量，而将连接节点设置在梁上（图 3-7），是日本柱梁体系预制常用的做法，可以较好地解决“强节点弱构件”的设计问题。

**5. “强”接缝结合面“弱”斜截面受剪的概念**

在装配式混凝土结构里，“接缝”是需要解决的不可避免的问题，接缝主要是指预制构件之间以及预制构件与现浇及后浇混凝土之间的结合面，包括梁端接缝、柱底柱顶接缝、剪力墙的竖向和水平接缝等。对于梁端箍筋加密区、柱端箍筋加密区、剪力墙底部加强部位（套筒连接区），都是实现结构合理塑性铰的控制区域，在地震设计工况下，接缝要实现强连接，保证接缝结合面不先于斜截面发生破坏，即接缝结合面受剪承载力应大于相应的斜截面受剪承载力。由于后浇混凝土、灌浆料或座浆料与预制构件结合面的粘结抗剪强度往往低于预制构件本身混凝上的抗剪强度，因此在实际设计中往往需要附加结合面抗剪钢筋（图 6-21）或抗剪钢板来达到该设计的目标。另外，还要考虑加强措施的合理性和施工安装的方便性，比如：梁端竖缝附加抗剪筋靠近梁高中部 1/3 区域内设置对受力来说是比较合理的，除此以外，还要考虑在后浇节点内出筋互相避让的问题，以及相邻构件安装顺序的合理安排等构造措施。

**6. 多道抗震设防设计概念**

装配整体式混凝土抗震结构里，同样需要适当处理结构的总体体系与分体系承载能力的相对强弱关系，以及结构构件承载能力的相对强弱关系，形成两道或更多的抗震防线。《装规》《装标》对框架—剪力墙结构、框架—核心筒结构，均强调剪力墙和核心筒现浇，基于目前的研究成果，没有对第一道防线采用有条件的放松。在框架—剪力墙、框架—核心筒结构中，对其抗震墙有更高的特殊要求，相对于剪力墙结构的抗震墙，要有所加强；同时由于第一道防线抗震墙推迟了框架塑性铰的形成，因此框架部分的强柱弱梁、强柱根等要求可不需要像按纯框架结构要求那么严格。在装配式结构里要有多道抗震设防的设计意识，处理好相对的强弱关系。

**7. 柱梁结构体系套筒连接节点避开“塑性铰”的概念**

梁端、柱端是潜在塑性铰容易出现的部位，必须预计到塑性铰区域内的受拉和受压钢筋都将屈服，并可能进入强化阶段。为了避免该部位的各类钢筋接头干扰或削弱钢筋在该部位所应具有的较大的屈服后伸长率，应要求钢筋连接接头宜尽量避开梁端、柱端箍筋加密区。 对于装配式柱梁结构体系来说，柱梁结构套筒连接节点也应避开塑性铰位置。具体地说，柱、梁结构一层柱脚、最高层柱顶、梁端部和受拉边柱及角柱等部位不应作为套筒连接部位。日本鹿岛的装配式设计规程中特别强调这一点。我国《装规》规定装配式框架结构一层宜现浇，顶层楼盖现浇，也避免了柱的塑性铰位置有装配式连接节点。要避开梁端塑性铰位置，梁的连接节点就不应设在距离梁端塑性铰范围内，如图 6-23 所示。

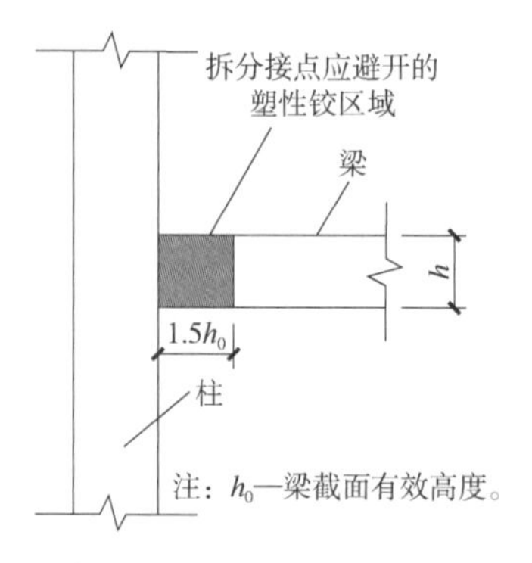


▲ 图 6-23 结构梁连接点避开塑性铰位置

**8. 刚度影响概念**

非承重外围护墙、内隔墙的刚度对结构的整体刚度、地震力分配、相邻构件的破坏模式等都有影响。影响的大小与围护墙及隔墙的数量、刚度，以及与主体结构连接构造方式直接相关。这些非承重构件中，非承重预制混凝土墙的刚度影响最大，在目前没有充分的量化分析支持的情况下，当不得不采用非承重的预制混凝土墙时（在一些地方政策要求中，预制外墙面积比是刚性指标要求），我们应当从构造设计方面削弱填充墙预制构件对主体结构刚度的影响，采用相对合理的构造做法，见图7-2和图7-3。并且从结构刚度折减系数上再加以考虑，总之，对填充墙预制构件刚度影响要有充分的考量。在装配整体式剪力墙结构设计时应避免做出如图7-1所示的忽视刚度影响的错误方案。

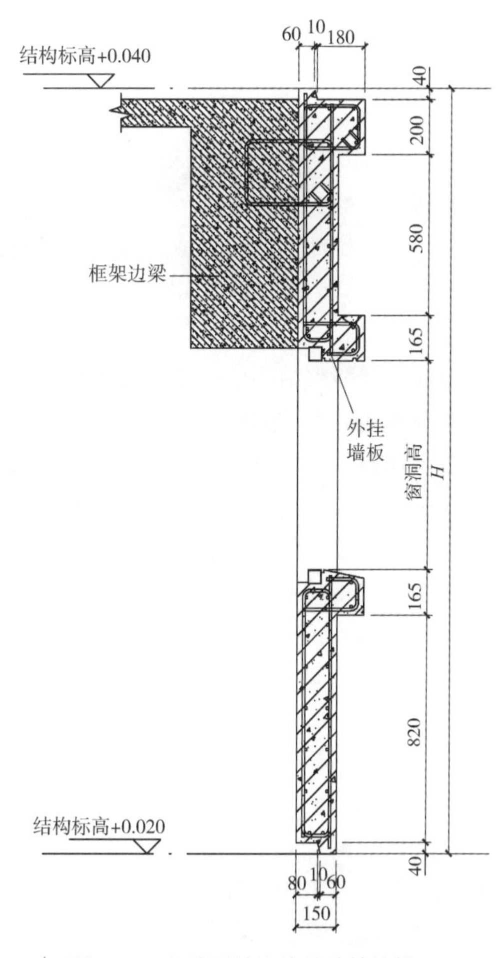

▲ 图6-24　上端刚性连接的外挂墙板

外围护墙采用外挂墙板时，与主体结构应优先采用柔性连接，特殊情况下，采用外挂墙板顶部与梁线支承刚性连接时（图6-24），应充分考虑刚性连接对主体结构整体刚度带来的影响，以及刚性连接在框架梁外侧的外挂墙板对框架梁受力性能（抗弯承载力、受剪承载力等）带来的影响，且在连接构造上应使固定连接区段避开梁端1.5倍有效梁高长度范围（避开梁端塑性铰区域）。

单侧叠合剪力墙（PCF）外侧叠合层（图6-25）对结构整体刚度带来的影响也是不容忽视的，在结构整体分析时应考虑叠合层带来的刚度影响。

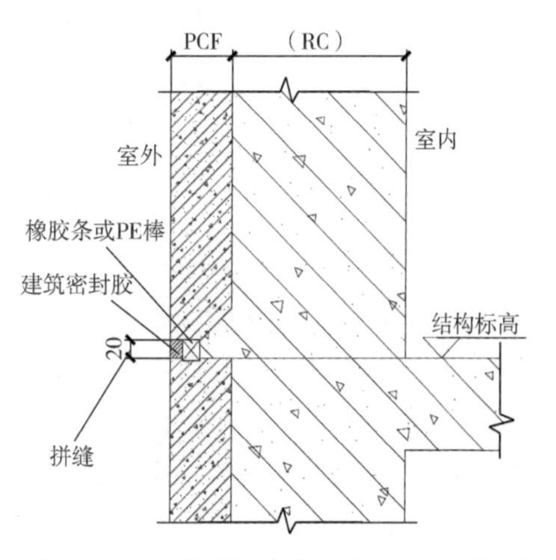

▲ 图6-25　单侧叠合剪力墙——PCF体系

由于目前刚度影响量化分析研究相对滞后，更多依赖于结构工程师的工程经验判断，所以在装配式结构设计中应加强刚度影响的概念意识，充分考量预制装配的非承重竖向结构构件的数量、自身刚度、与主体构件连接构造等情况，根据规范规定，在相应范围内做出判断和选择。《装标》第5.3.3规定：框架结构周期折减系数取0.7～0.9，剪力墙结构周期折减系数取0.8～1.0；《高混规》JGJ3—2010第4.3.17条规定周期折减系数：框架结构可取0.6～0.7，框架—剪力墙结构可取0.7～0.8，框架—核心筒结构可取0.8～0.9，剪力墙结构可取0.8～1.0。

**9. 避免“短柱效应”**

“短柱效应”是指非结构构件造成结构柱或墙肢长度事实上变短，削弱其延性，易导致脆性剪切破坏的效应。

竖向结构构件框架柱（或墙肢）应具有延性，以消耗能量，避免脆性破坏。短柱延性不好，容易造成剪切破坏。所以，应避免短柱，尤其要避免在同一层结构中，既有长柱又有短柱的情况。

装配式混凝土结构中，常出现内嵌式窗下墙预制，或将凹入式阳台的预制混凝土阳台栏板内嵌在框架柱两侧的情况，嵌入的预制墙板如果与框架柱之间没有缝隙，甚至连接紧密，就相当于在框架柱侧有了支承点和约束，使框架柱事实上变短，在地震作用下容易出现脆性的剪切破坏，产生危害较大的“短柱效应”。

日本在混凝土结构抗震设计方面非常重视避免出现短柱效应，嵌入式的混凝土墙板与框架柱之间的缝宽经过计算得到，接缝处填充的密封胶要求有较高的压缩比；混凝土阳台护栏与框架柱之间都留有较宽的缝；窗下墙如果是混凝土板，都是从楼板或梁向上悬臂，与柱子之间留缝2cm以上，缝隙用高弹性密封胶填充，以避免框架柱在地震作用下产生“短柱效应”破坏，见图6-26。

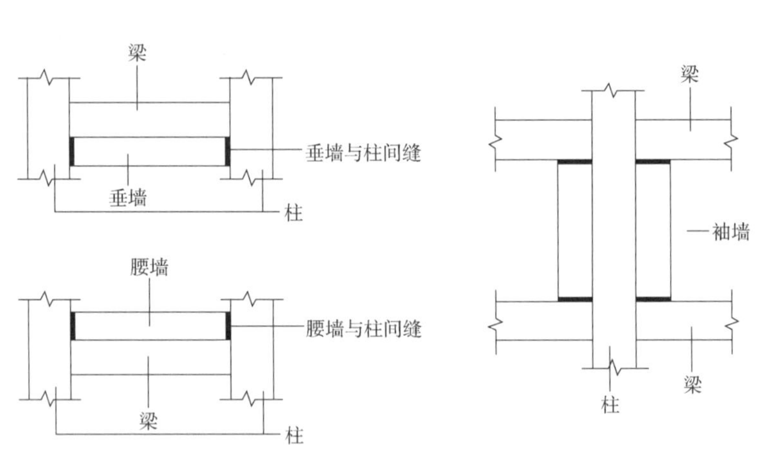


▲ 图6-26 日本避免短柱效应的设计示意图

## 6.3 执行标准与标准图的不当

在执行规范标准和标准图集过程中，由于对装配式要求理解不到位，或未考虑后续生产安装环节的可实施性，往往出现执行不当的情况。有的是计算方面的问题，有的是构造方面的问题，本节通过一些执行不当的案例对此加以说明。

**1. 装配式混凝土结构伸缩缝间距**

混凝土结构伸缩缝的间距设计，会直接影响结构预制的拆分方案，现浇结构长度超过45m时，一般采取在建筑中间部位设置贯通的后浇带，以释放由于结构超长引起的施工期和早期混凝土收缩产生的裂缝，减少早期水化热产生的温差作用下的裂缝。由于惯性思维，装配整体式剪力墙结构也习惯性地沿用了现浇结构 45m 设置后浇带的设计思路，导致对预制装配拆分方案带来影响。

其实，预制混凝土构件安装时已基本完成收缩，尤其对超长结构起主要影响作用的楼板，采用叠合楼板分块预制组装后再进行叠合层现浇，伸缩缝间距是可以适当放大的，根据《混凝土结构设计规范》(GB 50010—2010）第 8. 1. 1 的规定，室内环境下伸缩缝间距可以放宽到 65m，因此笔者认为可以根据项目预制装配的实际情况，适当放松结构伸缩缝间距的设置要求。

**2. 未按要求进行接缝受剪承载力验算和配筋**

对于预制的剪力墙及框架柱竖向构件，按规范要求进行接缝受剪承载力计算时，由于主体结构设计与深化设计是由两个单位或者两个团队分别承担的，没有做好相应的衔接工作，深化设计单位仅按主体结构的施工图文件进行深化设计，接缝受剪承载力验算时以为结构设计已考虑过了，导致设计出现问题。前文 6. 1. 1 节（1）的预制端山墙部位剪力墙（图 6-2）已说明：有时要满足接缝承载力所需要的配筋和剪力墙竖向分布筋差异是很大的，结构施工图上墙身 A 和墙身 B 竖向分布筋均只配置了⏀ 10@ 200，已经能够满足竖向分布筋的构造和计算要求，计算书和图纸也通过了施工图审查。深化设计时所接受的提资仅为施工图文件，若深化设计师没有相关经验，深化设计时也没有再向结构设计师要接缝受剪承载力验算结果（或者不知道还要有此验算），仅按结构施工图配筋要求进行套筒连接筋构造排布，如此导致接缝承载力相差几倍以上，严重影响了地震作用下的结构安全，留下了永久的结构安全隐患。

**3. 现浇竖向构件内力放大系数的合理取用**

根据《装规》8. 1. 1 和《装标》6. 3. 1 条的规定，地震设计状况下宜对现浇抗侧力构件在地震作用下的弯矩和剪力适当放大。

对于装配式混凝土结构部分竖向构件预制时，其他同层现浇竖向构件是否进行内力放大，放大多少才合理，笔者认为还有待于进一步研究确认，具体论述内容参加本书第 16 章 16. 3. 1 第 1（2）条。

但是，从满足规范要求的角度来说，在进行装配式结构设计时，需要在程序中定义预制竖向构件和输入相应内力放大系数，这样程序才会根据规范要求进行相应的内力放大，对于剪力墙结构体系来说，现行规范规定比较明确，可以按规范规定的放大系数采用，而对于框架、框剪（框筒）结构，取用 1. 0~1. 1 之间的哪个系数，需要根据项目具体情况而定。

**4. 主次梁后浇连接区段抗剪键槽的合理性设计**

根据《装规》要求，预制框架梁与平面外预制次梁之间的连接，通常采用后浇段内钢筋搭接进行连接，次梁梁端要求设置键槽，框架梁连接一侧侧面通常也设置键槽来增加连接面的竖缝抗剪承载能力。如此一来，键槽按构造要求深度不小于 30mm，而梁的钢筋保护层厚度为 20mm，带来的结果要么是正常设置键槽，而框架梁箍筋和纵筋均要内移，此时其保护层厚度将超过 30mm；要么是箍筋和纵筋正常设置，则箍筋凸出到键槽内，键槽不能满足构造要求（图 6-27）。由于模具的键槽成型构造模板对箍筋和纵筋位置干涉，模具拼装完后，钢筋骨架入模时才发现和键槽成型构造模板干涉，只能将钢筋骨架扭曲变形后才可勉强放入（图 6-28）。尤其是框架梁对应两侧均有键槽的情况，这个问题会更为突出，造成生产制作困难，影响结构构件成型质量和承载力，降低制作效率，增加制作成本。

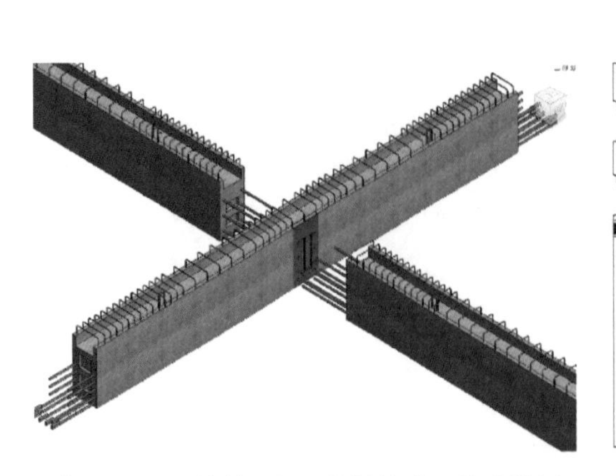

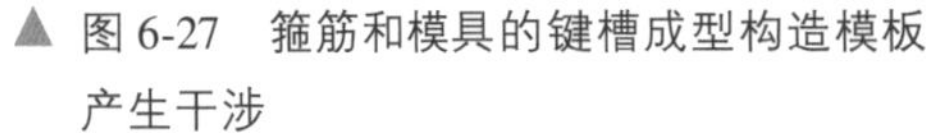

▲ 图 6-27 箍筋和模具的键槽成型构造模板产生干涉

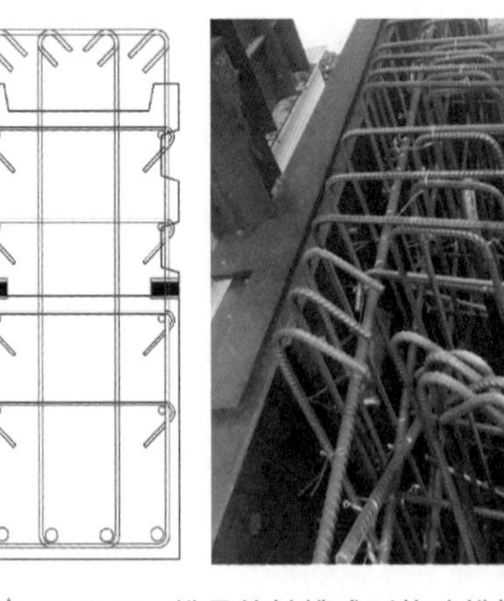

▲ 图 6-28 模具的键槽成型构造模板对梁钢筋骨架的影响

按笔者理解，此接缝处仅强调接缝受剪承载力和接缝结合面的整体性要求，可以通过采用接缝界面设置粗糙面，在梁中心位置设置抗剪短筋的方式来灵活处理，此处键槽提供的抗剪承载力为 90kN 左右，而通过主梁侧面埋设两根⏀14直螺纹套筒机械接头，后拧入两根⏀14的抗剪短筋（图 6-29），即可代替键槽提供的抗剪能力，既省去了模具的键槽成型构造，又能满足规范的设计要求。

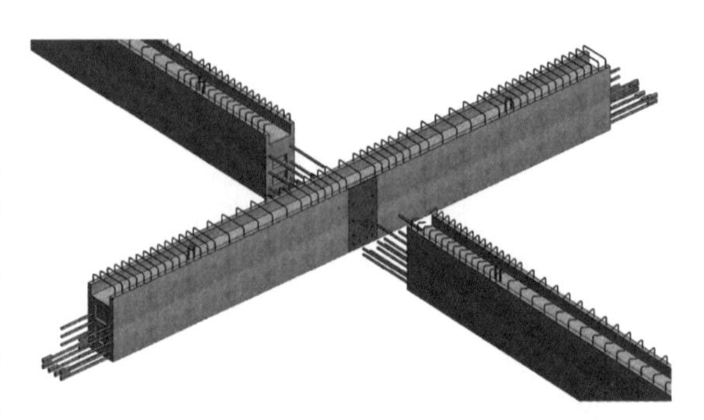

▲ 图 6-29 附加抗剪筋代替模具的键槽成型构造

**5. 预制连梁交叉斜筋设计不当**

高层剪力墙结构在地震力作用下，跨高比小的连梁常出现斜截面受剪承载力不足而超筋的情况，通过设置交叉斜筋（图 6-30）或集中对角斜筋（图 6-31）可以将连梁斜截面受剪承载力大幅度提高。现浇结构设计时通常考虑这样的斜筋的处理方式。但由于结构设计师对预制装配没有经验，或认识还不够，经常会在装配式剪力墙结构中也采用相同的斜筋处理方案。如此一来，斜筋与连梁纵筋避让困难，斜向出筋导致脱模困难，特别是斜筋无法实现伸入上层预制构件进

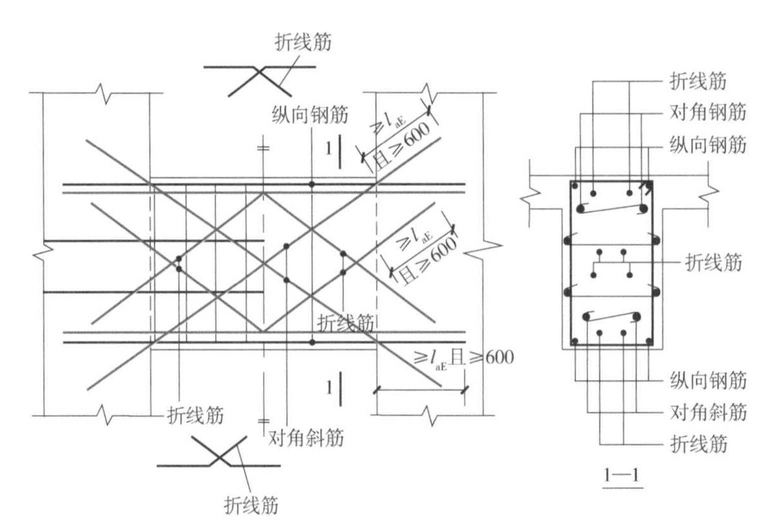


▲ 图 6-30 连梁交叉斜筋

行抗震锚固。

如果结构施工图设计时，采用配置斜筋避免配筋超限，完成了施工图审查，但到预制构件深化设计阶段才发现无法实施，连梁配筋超限的调整往往会影响整体结构的设计计算，包括剪力墙布置、梁截面的调整及剪力墙、梁配筋的改变。实际上，有的项目前期结构设计时按普通混凝土连梁配置斜筋考虑，等到深化设计才发现无法实施，不得不改用在连梁内埋入型钢或钢板来满足斜截面抗剪承载力进行设计。严格意义上来说，这与原来的计算模型是不符的，型钢混凝土梁与钢筋混凝土梁的刚度差异较大，应在结构建模分析时就考虑其对结构整体刚度的影响差异。否则会直接影响后续整体结构的模型配筋设计、刚度分配，因此，这种改变原设计的深化设计做法，需要重新建模计算分析，按实际型钢梁真实的刚度进行模拟分析和配筋。

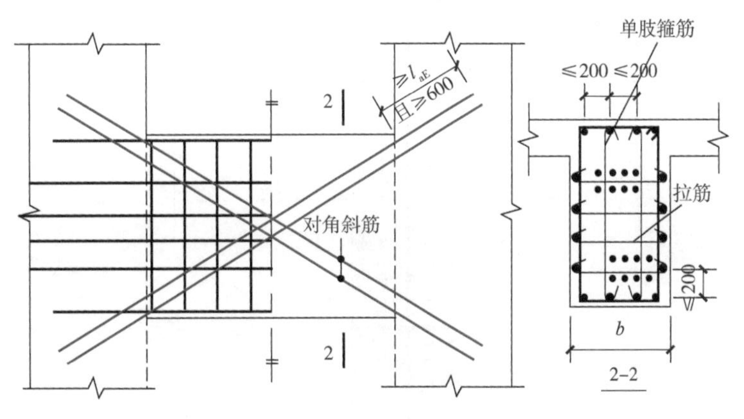

▲ 图 6-31 连梁集中对角斜筋

**6. 按标准图集选用套筒异径连接时产生设计错误**

框架结构或框剪（框筒）结构，上部楼层由于层高变化或偏心受压不同等原因，导致上层柱配筋大于下层，框架柱预制时，根据《G310-1、2》图集附录选用钢筋级差一级的异径套筒连接时，由于下层预制柱钢筋伸出到上层楼面标高以上 $8d$，与上层预制柱采用异径灌浆套筒在上层柱底形成连接（图 6-32），上层预制柱本应配置 4 ⌀ 28+12 ⌀ 22 通到下层柱内 $l_{aE}$的锚固长度，而按此连接，下层预制柱的 4 ⌀ 25+12 ⌀ 20 通到上层预制柱底灌浆套筒内形成连接，上层柱底实配钢筋少了 7022−5732＝1290（$mm^2$），少了 18.4%的配筋量，这会影响柱底受弯承载力和接缝处的受剪承载力，留下永久的结构安全隐患。

# 6.4 结构优化中的问题

本章 6.1 节根据剪力墙体系和柱梁体系的特点，提出了不同体系在预制装配时的一些技术难点和体系选择的问题。本节将进一步针对结构装配方案优化方面，根据现有的规范要求，提出一些需要在设计过程中考虑的优化方向和内容。

**1. 楼盖预制装配设计优化及内容**

楼盖的预制装配方案，按是否施加预应力，可以分为普通叠合板、全预制楼盖和预应力楼盖等；按是否免模免支撑，可以分为免模不免支撑楼盖、免模免支撑楼盖等。楼盖预制装配方案的经济性和设计优化考量，不能简单地从是否采用了混凝土预制构件方面进行考虑。如果楼盖方案既能提高生产安装效率，又能免去现场支撑、节约人工、提高工业化水平，达

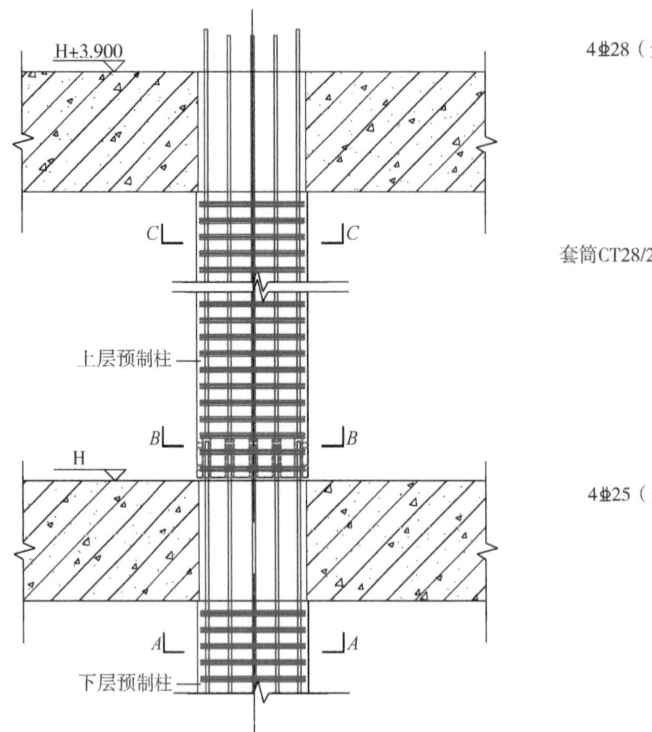


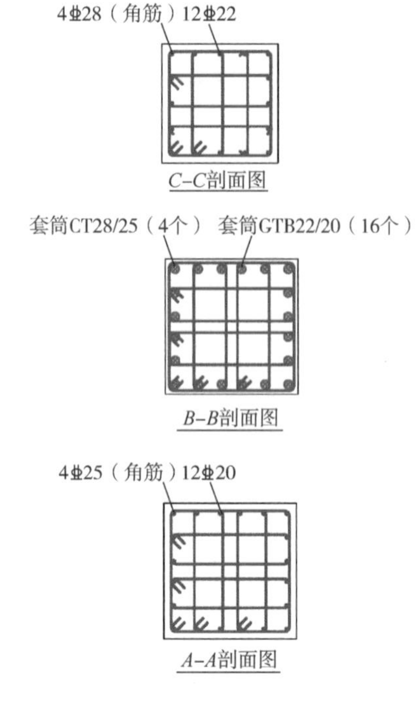


▲ 图 6-32 上大下小异径套筒连接

到综合成本最优，那么笔者认为就是一个好的设计优化方案。

（1）单向密拼与双向叠合楼板方案对比分析

双向叠合楼板与单向密拼叠合楼板相比，在考虑楼盖方案选择时，有以下几点应予以关注：

1）由于双向叠合板之间设有后浇带，后浇带需要另外支设模板进行现浇，后浇带多且零碎，工序交叉增多，导致施工安装效率降低、人工增加、导致成本增加。

2）双向叠合板需要四边出筋，在模具四边均需要开设穿筋孔，比单向密拼叠合板复杂，增加了组模和拆模的难度，人工费和模具损耗也会增加，导致成本增加。

3）单向密拼叠合板由于有两边不出筋，无须设置后浇带连接，比双向叠合板施工方便，施工安装效率比双向叠合板要高。

4）单向密拼拼缝的处理，对于公建项目来说，一般情况下会有吊顶，板底拼缝无须处理；而对于住宅项目来说，单向密拼叠合板底拼缝需要采用网格布盖缝铺订及抹灰后做面层处理。

5）从含钢量指标来说，叠合楼板与现浇的单双向板用钢量经济指标规律并不相同，并非双向板用钢量就经济些。为了说明问题，笔者取了 4m 板跨的板，按长宽比 1：1、2：1、3：1 采用相同的荷载加载到楼板计算配筋（非构造配筋）的情况，分别对单向密拼叠合板和双向叠合板用钢量进行统计分析，见图 6-33，从图中可以看出，楼板长宽比 1：1.6 左右时，单向板用钢量和双向板用钢量达到平衡，长宽比超过 1：1.6 时，单向叠合板的用钢量是小于双向叠合板的用钢量的。统计结果表明：叠合板单双向板含钢量的分界点在 1：1.5

左右，与现浇单双向板经济性规律不同，不能按现浇单双向板的思维来考量叠合板的用钢量经济性。

（2）预应力楼盖方案

与普通叠合楼盖方案相比，尤其在较大跨度的楼盖中，预应力楼盖适应性更好，还可以进一步省去次梁布置，经济成本效应比较明显。 双 T 板、SP 板等还可以免模且免支撑，提高施工安装效率，节约时间成本。

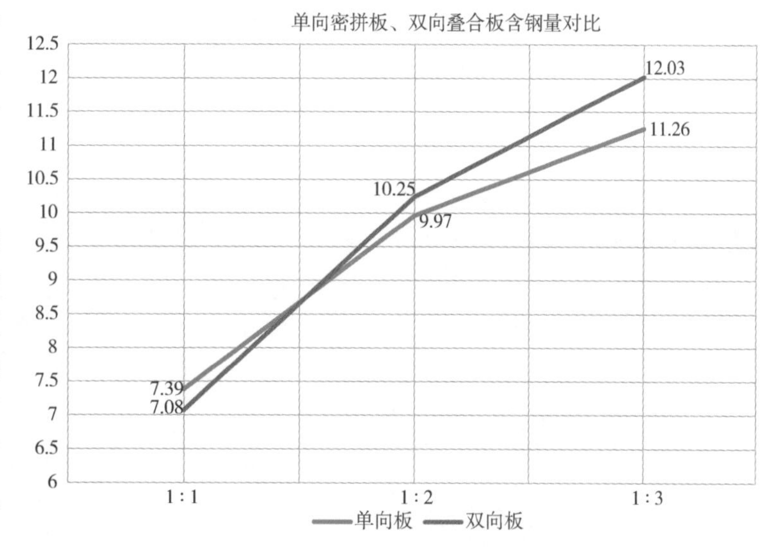


▲ 图 6-33　单向密拼叠合板和双向叠合板用钢量统计分析

预应力楼盖有 SP 板（图 6-34）、双 T 板（图 6-35）、PK 板（图 6-36）等。日本由于高层住宅多为柱梁体系，带肋预应力板（图 6-37）使用较多；双 T 板能适应更大的跨度，用于大跨度的商业、工业建筑较多；空心预应力板（SP 板）及双 T 板在美国应用较多。

▲ 图 6-34　预应力 SP 板

▲ 图 6-35　双 T 板

▲ 图 6-36　PK 板

▲ 图 6-37　带肋预应力板(日本)

下面以单向双次梁+单向密拼叠合板方案（图6-38）与预应力SP板方案（图6-39）及双T板方案（图6-40）进行楼盖的经济性对比。分析对比指标结果见表6-3，通过测算分析表明，无论是从预制率指标上，还是经济成本上，预应力楼盖都要优于次梁+普通叠合楼板方案。

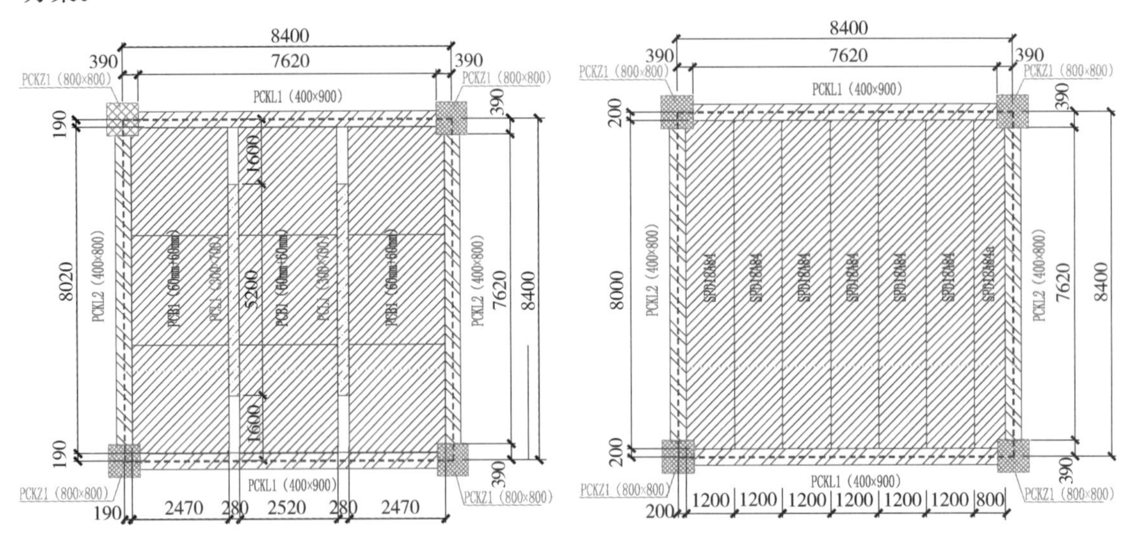


▲ 图6-38 单向密拼叠合板方案

▲ 图6-39 预应力SP板方案

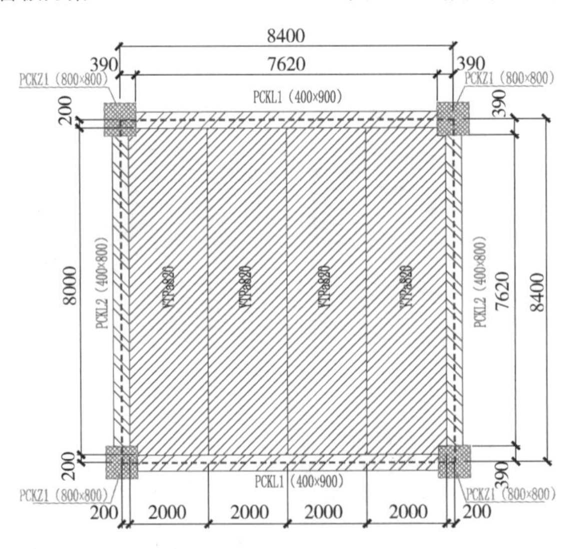


▲ 图6-40 双T板方案

**表6-3 预制楼盖方案经济指标对比**

| 对比项目 | 普通叠合楼板 | | | SP板 | | | 双T板 | | |
|---|---|---|---|---|---|---|---|---|---|
| | 梁 | 板 | 柱 | 梁 | 板 | 柱 | 梁 | 板 | 柱 |
| 总混凝土量/$m^3$ | 8.54 | 7.68 | 3.2 | 5.38 | 11.8 | 3.2 | 6.09 | 9.87 | 3.2 |
| 预制混凝土量/$m^3$ | 6.26 | 3.84 | 2.62 | 4 | 8 | 2.62 | 5.17 | 6 | 2.62 |
| 预制构件综合单价/(元/$m^3$) | 4750 | 4188 | 5671 | 4750 | 3000 | 5671 | 4750 | 4000 | 5671 |

（续）

| 对比项目 | 普通叠合楼板 | | | SP 板 | | | 双 T 板 | | |
|---|---|---|---|---|---|---|---|---|---|
| | 梁 | 板 | 柱 | 梁 | 板 | 柱 | 梁 | 板 | 柱 |
| 综合总价/元 | 60674.9 | | | 57858.0 | | | 63415.5 | | |
| 现浇混凝土量/$m^3$ | 6.70 | | | 5.80 | | | 5.37 | | |
| 现浇综合总价/元 | 12060.0 | | | 10368.0 | | | 9666.0 | | |
| 预制率 | 65.51% | | | 71.74% | | | 71.97% | | |
| 混凝土用量/($m^3/m^2$) | 0.275 | | | 0.289 | | | 0.272 | | |
| 支撑费用/元 | 5644.8 | | | 0 | | | 0 | | |
| 综合总费用/元 | 78376.7 | | | 68226.0 | | | 73081.5 | | |
| 综合单价/(元/$m^2$) | 1110.80 | | | 966.92 | | | 1035.73 | | |

注：1. 统计范围分别为图 6-38～图 6-40 中蓝色虚线框内 8.4m×8.4m 的范围。
2. 预制构件综合单价包含构件价格、吊装、税费等相关费用。
3. 普通叠合楼板支撑按层高 4.5m 公建项目满堂红支撑体系进行估算。
4. 相关价格参考上海 2019 年市场信息价进行测算，不同地区、不同项目均可能存在价格差异。

（3）其他工业化楼盖方案

楼盖工业化施工安装方案，不能仅仅局限于钢筋混凝土预制方案，如果能做到免模免支撑+混凝土现场连续浇筑，省去人工效率低、成本高的模板支设工程以及支撑体系，发挥商品混凝土现场连续浇筑的优势，从效率和成本角度来看，甚至比预制楼板还有优势。据资料统计表明，在传统现浇混凝土结构中，商品混凝土在现场连续浇筑作业，大约每天人均产值约 2 万元左右，是所有分项作业工程中人均产值最高的，所以不能否认商品混凝土现场连续浇筑也是建筑工业化的一种体现。

如闭口型压型钢板（图 6-41）、钢筋桁架楼承板（图 6-42）以及优肋板（图 6-43）等，从工业化的生产效率、运输效率、对楼盖板块划分的标准化依赖程度、塔式起重机的吊能要求等各方面来说，都比普通混凝土叠合板具有更好的优势。

▲ 图 6-41　闭口型压型钢板

▲ 图 6-42　钢筋桁架楼承板

▲ 图 6-43　优肋板(欧本钢构)

**2. 次梁布置方案设计**

现浇结构次梁布置方案中，一般约束条件较少。主要根据跨度、所托内隔墙位置按需要进行布置。但是在预制装配时，需要考虑适合装配的标准化设计以及简单、高效、可靠的连接设计。结构次梁布置方案直接决定了构件的标准化、后浇连接区段的数量、施工安装的难易程度，会影响生产安装的效率和成本。次梁布置比较适合采用单向双次梁

（图 6-44）和单向单次梁方案（图 6-45）。而双向十字梁（图 6-46）和双向井字梁（图 6-47）则应尽可能避免采用。标准跨次梁预制方案合理性见表 6-4。当采用预制预应力板方案时，标准跨还可以做到无次梁方案设计（图 6-39 和图 6-40），预制构件数量可以大为减少，经济成本上也具有优势，见表 6-4 的相关对比分析。

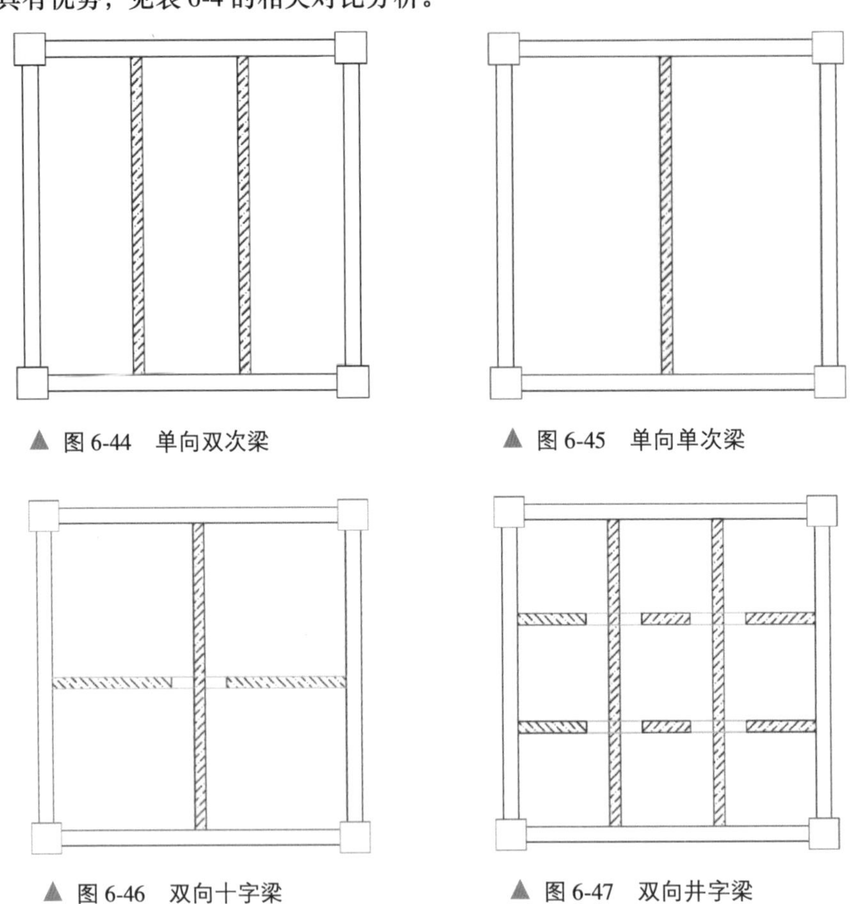

▲ 图 6-44 单向双次梁

▲ 图 6-45 单向单次梁

▲ 图 6-46 双向十字梁

▲ 图 6-47 双向井字梁

**表 6-4 标准跨次梁预制方案对比**

| 次梁方案 | 构件数量 | 后浇连接区段数 | 模具套数 | 施工安装 | 成本 |
|---|---|---|---|---|---|
| 单向单次梁 | 1 | 2 | 1 | 后浇连接区段少，安装简单，效率高 | 低 |
| 单向双次梁 | 2 | 4 | 1 | 后浇连接区段少，安装较简单，效率较高 | 较低 |
| 双向十字梁 | 3 | 6 | 2 | 后浇连接区段多，安装较难，效率较低 | 较高 |
| 双向井字梁 | 8 | 16 | 3 | 后浇连接区段最多，安装最难，效率最低 | 最高 |

### 3. 梁柱布置方案设计

本书中的柱梁结构体系，指的是框架结构、框剪结构、框筒结构中的框架部分，框架部分采用预制时，这些结构体系的预制装配方案特征是一样的。在结构方案设计时要兼顾考虑装配式的优化设计问题，柱梁体系预制时，着重需要考虑的优化设计主要内容详见表 6-5。

**表 6-5　柱梁体系装配式设计优化问题**

| 优化内容 | 需要优化的原因 | 优化建议 | 可能的障碍 |
|---|---|---|---|
| 混凝土强度 | 预制构件采用高强材料，可以有效减少构件钢筋用量，减少钢筋连接接头数量 | 根据项目情况，适当提高混凝土强度等级 | 传统现浇工法下先入为主的设计习惯 |
| 钢筋强度 | 预制构件采用高强材料，可以有效减少构件钢筋用量，减少钢筋连接接头数量 | 采用高强钢筋 | 传统现浇工法下先入为主的设计习惯及市场采购的难度 |
| 采用大直径钢筋 | 减少预制构件钢筋数量，减少钢筋干涉，减少钢筋连接接头数量 | 尽量采用大直径钢筋 | 传统现浇工法下先入为主的设计习惯，抗震等级高的框架柱箍筋肢距不满足要求时，需要附加构造纵筋 |
| 楼盖预制方案 | 楼盖预制方案直接决定了后续的生产制作、施工安装的效率和成本 | 对双向叠合板、单向密拼叠合板、各种预应力板进行综合分析对比选型 | 对预应力楼盖设计不熟悉，应用不多 |
| 梁柱偏心距控制 | 偏心超过 1/4 时需要加腋，加腋梁预制困难 | 控制梁柱偏心距不超过 1/4，不需要采用加腋梁方案 | 建筑功能影响，限制梁位和柱位 |
| 梁柱一边齐平 | 梁柱一边齐平时，梁纵筋与柱纵筋干涉，弯折避让困难 | 梁居中布置，不能居中时，梁边与柱边错开 50mm 以上 | 建筑功能影响，限制梁位和柱位 |
| 屋面结构找坡 | 屋面结构找坡，导致屋面梁板倾斜和折角，预制装配实施较困难 | 尽量采用材料构造找坡，出屋面塔楼多，汇水找坡复杂的情况下，更应该避免结构找坡 | 屋面面积大，需要较厚的找坡构造材料，材料耗费多，屋面荷载大 |
| 标准跨内板上设隔墙 | 如果墙下设置托梁，会导致相关位置梁板等预制构件种类增加 | 标准跨内板上隔墙考虑按板上砌墙方案，荷载折算成板面荷载予以考虑 | 板跨较大时，折算荷载影响较大，经济指标有所影响 |
| 垂直相交的两个方向框架梁底齐平或高差太小 | 两个方向框架梁预制时，梁底纵筋垂直交叉干涉，无法避让或避让困难 | 根据梁底钢筋排数，统一一个方向的梁底比另一个方向高差不小于 100mm 为宜 | 层高净高要求紧张时，两个方向高差控制影响层高净高 |
| 在梁柱节点处，框架梁出现非 90° 的斜交柱网 | 梁纵筋成交叉重叠布置，钢筋避让困难，无法通过纵筋水平方向平行错位布置避免干涉。梁纵筋在柱内锚固长度长短不一，节点域内钢筋布置复杂 | 结构尽量避免斜交轴网布置方案，当无可避免出现斜交柱网时，斜交轴网部分尽量不预制 | 有时由于建筑用地形状、功能布置需要等因素，不得不采用斜交柱网 |
| 预制梁负筋的排数 | 预制叠合梁叠合层厚度一般与楼板厚度相同，板厚范围内梁负筋排数过多时，排布不下 | 根据板厚，确定梁负筋能做到的排数，如 120mm 厚的板，负筋可以设置两排。根据板厚能容许负筋排数，控制梁截面尺寸，控制配筋率 | 建筑层高，跨度等受限 |

（续）

| 优化内容 | 需要优化的原因 | 优化建议 | 可能的障碍 |
| --- | --- | --- | --- |
| 预制框架与平面外的预制次梁梁底高差 | 梁底纵筋垂直交叉干涉，无法避让或避让困难 | 建议设置不小于100mm的高差，便于钢筋连接，减少钢筋碰撞 | 次梁跨度较大，需要较高的次梁截面 |
| 相同外形尺寸的预制梁配筋归并 | 虽然预制梁的外形是相同的，但由于纵筋直径及数量不同，导致预制时需要采用不同的端模 | 相同的预制梁，钢筋进行适当归并，尽可能统一端模，减少端模的数量，减少出错概率 | 归并系数过大时，钢筋用钢量指标上升 |
| 框架梁底筋伸入支座锚固 | 梁底纵筋伸入梁柱节点域钢筋越多，钢筋干涉越多，避让困难 | 计算不需要的底筋，不伸入支座锚固 | 地震力大，梁底支座出现弯矩时，需要锚入较多的底筋 |
| 次梁方案 | 如果采用预制次梁方案，需要尽可能地避免零碎构件，减少后浇连接 | 避免井字梁、十字梁结构方案，建议采用无次梁、单向单次梁，单向双次梁等方案，板跨较大时，可考虑预应力楼盖方案，不设置次梁 | 传统现浇设计习惯 |
| 梁截面控制 | 梁宽、梁高过小时，配筋率大，不利于钢筋避让 | 建议框架梁宽不小于300mm，次梁宽不小于250mm为宜。并通过钢筋配筋率、钢筋排数和根数情况，反过来控制梁截面。以方便预制梁的钢筋连接和避让为准 | 结构经济指标会受一定影响 |
| 偏心受拉柱，轴压力较小柱 | 接缝受剪承载力不容易满足要求 | 采用现浇柱方案 | 预制率会受到一定影响 |
| 相邻上下层柱截面变化 | 柱截面变化，导致柱纵筋上下弯折对位困难，节点核心区箍筋设置困难，柱纵筋定位精度不足，上层柱无法安装就位 | 1. 尽可能不变截面<br>2. 需要变截面时，保持上下对齐边数最多的原则<br>3. 单侧变化尺寸不小于100mm，在下层柱采用纵筋插筋的方式与上层柱对位连接<br>4. 柱截面变化时，如采用弯折方式对位上层柱，尽量避免在后浇节点域内弯折，在预制段内完成弯折后垂直伸出，预制段内由于纵筋弯折需要另外附加纵筋，保证弯折段内柱头纵筋和箍筋保持原设计要求 | 结构经济指标会受到一定影响 |
| 相邻上下层柱纵筋变化 | 直径不同、根数不同，导致连接构造复杂 | 纵筋直径和根数尽量统一，直径变化不应超过一个级差 | 结构用钢量指标会受一定影响 |
| 柱截面尺寸 | 当采用梁柱节点域内后浇连接锚固方案时，节点域内钢筋密集，碰撞干涉多，若柱截面过小的话，会导致构件无法安装，梁纵筋不能满足锚固要求 | 1. 柱截面尺寸和梁宽尺寸协调<br>2. 预制柱纵筋方案采用角部集中配置连接方案时，角部集中纵筋应避免进入梁宽区域内，以减少与梁纵筋干涉避让的困难，方便连接 | 结构经济指标会受到一定影响 |

（续）

| 优化内容 | 需要优化的原因 | 优化建议 | 可能的障碍 |
| --- | --- | --- | --- |
| 预制楼梯 | 楼梯间框架梁宽大于楼梯间隔墙的厚度，梁宽凸出墙面，导致预制楼梯与隔墙之间存在空腔。若预制楼梯段加宽，则吊装时与凸出的梁干涉，导致无法安装 | 首选采用楼梯间侧隔墙与梁边齐平的方案，楼梯预制；其次考虑以下方案：<br>1. 楼梯间隔墙厚度加厚到与梁宽一致，墙两侧都与梁齐平<br>2. 不齐平而导致梯段与隔墙间形成空腔时，须另设栏杆<br>3. 预制楼梯在梁宽凸出部位采用缺口设计 | |
| 梁柱节点域内钢筋干涉 | 框架梁和框架柱预制，节点域后浇方案，会导致节点域钢筋干涉严重，施工安装困难 | 1. 采用莲藕梁方案<br>2. 采用新型避免节点域钢筋干涉的连接节点方案 | 新型连接节点缺少规范标准支持，需要进一步研究验证 |

### 4. 连接优化设计问题

装配式混凝土建筑是指预制混凝土结构部件通过“可靠”的连接方式建造的建筑。装配整体式混凝土结构要获得良好的结构整体性，连接方式起着最为关键的作用。连接设计不仅要解决安全可靠的问题，还要考虑施工安装的方便快捷，提高连接安装效率。对于装配式建筑连接优化的课题，现有规范标准提供的连接方式还有进一步研究提升的空间，连接方式优化设计可以从构造、产品、材料等方面进行研发和突破。

（1）连接构造设计优化

如本章 6.1.2 节 3 所述，梁柱预制构件在节点域的节点连接非常复杂，施工安装效率很低，由于钢筋过于密集，会导致节点域混凝土浇筑不密实，削弱了节点域抗剪能力以及钢筋在节点域的锚固能力，违背装配整体式结构强节点弱构件的设计初衷，给结构带来安全隐患。故需要研发一种性能可靠、安装方便的连接方式，来降低预制梁柱节点域的设计、施工难度，满足节点域各项承载力和构造要求，提高结构连接质量。

由华建集团科创中心团队牵头研发的 U 形钢筋套箍连接，可以有效地解决梁柱节点钢筋碰撞的问题。该连接方式，由预制梁纵筋在梁端形成封闭的 U 形环扣，节点域环形封闭钢筋伸出与 U 形环扣搭接，插入短筋绑扎后形成钢筋连接，如图 6-48 和图 6-49 所示。

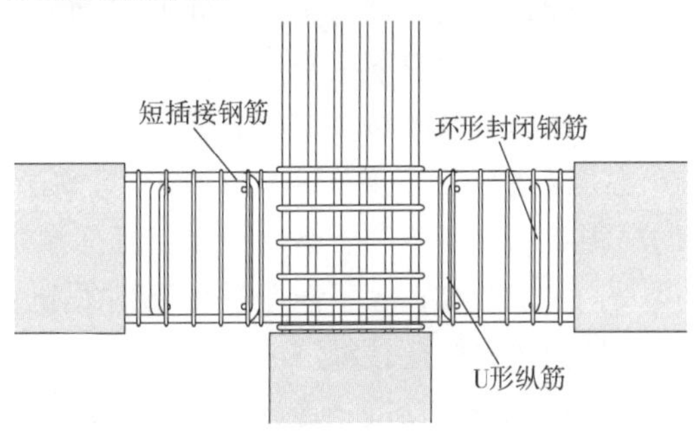


▲ 图 6-48　梁柱节点 U 形钢筋套箍连接(一)

试验结果表明，U 形环扣钢筋套箍连接具有比连续布筋的现浇节点更强的延性与耗能性能，相关研究工作还在进一步推进。

该连接节点思路同样可以用在主次梁连接节点（图 6-50）及双向叠合板连接节点上（图 6-51），拓宽节点连接的可选范围，可以提高施工安装的便利性。

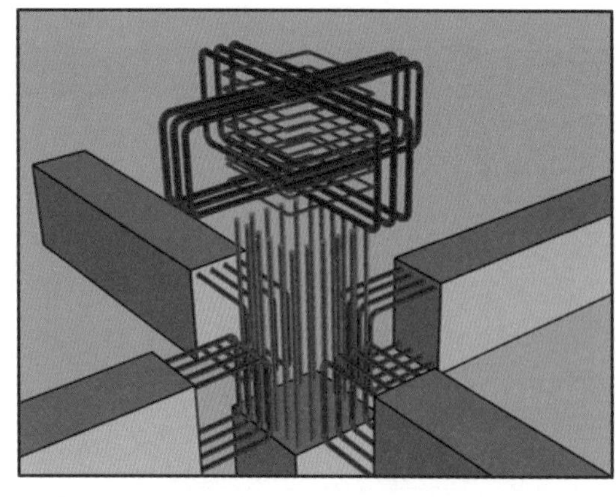

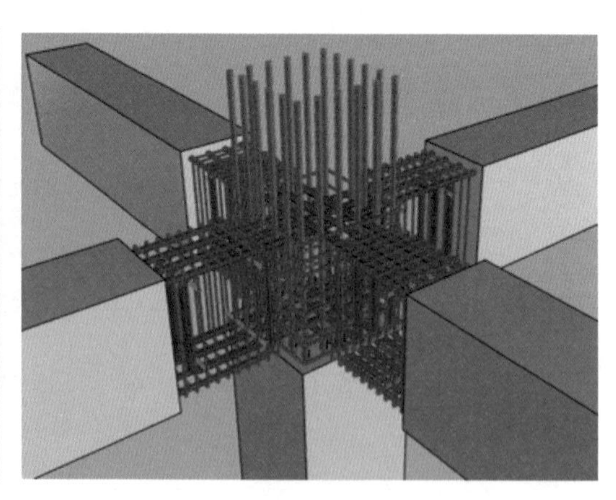

▲ 图 6-49　梁柱节点 U 形钢筋套箍连接(二)

▲ 图 6-50　主次梁节点 U 形钢筋套箍连接

▲ 图 6-51　双向叠合板密拼 U 形钢筋连接

（2）高效连接产品的研发

1）现有连接产品存在不足。

装配式预制构件与构件之间伸出钢筋的连接问题，是解决装配式结构的关键问题，目前常用的连接方式有灌浆套筒连接、机械挤压套筒连接、直螺纹机械套筒连接，但在工程实际应用中不同类型的接头受到各种适用性限制，存在一些不足。

①灌浆套筒连接：目前应用较广，有一定的容差能力，但灌浆套筒整体尺寸较大，套筒间净距要求高，不利于钢筋排布，且需灌浆施工，对灌浆材料及施工质量要求较高，施工难度大，工序增加，灌浆作业需要随时跟进，作业量大，工程质量受技术和管理水平的影响大；且灌浆套筒连接经济成本目前最高。

②机械挤压套筒：连接操作时钢筋之间需要保证压接钳的操作空间，钢筋间距要求较大，对实际工程中钢筋排布影响较大，且压接钳重量大，需要电动葫芦等设备吊起压接钳进行压接连接，施工操作不方便，很大程度上限制了其应用。

③机械直螺纹套筒：需利用套筒和钢筋之间的螺纹进行连接，直螺纹套筒对钢筋对中精度要求苛刻，没有容错能力。常用于现浇部位钢筋与钢筋的连接、现浇部位钢筋与预制构件外露钢筋之间的连接，但不适用于预制构件与预制构件外露钢筋之间的连接。

2）新型双向偏心钢筋机械螺纹连接套筒的研发。

装配式预制构件之间的连接，需要有一种连接件，既能发挥机械连接的可靠性和便利性，又能使连接有一定的容差能力（与全灌浆套筒相近的容差能力），来解决目前使用连接件的不足。出于这样一个初衷，上海班升科技有限公司研发了一种双向偏心钢筋机械螺纹连接套筒，该种专利产品连接方式具有下面几个技术优势：

①适用于偏心钢筋之间的连接，对于预制构件及钢筋骨架中钢筋端头长度及偏位的加工精度要求不高，通过连接套筒自身容差能力能基本保证两端钢筋的可靠连接；且在连接过程中不需要转动和移动待连接的钢筋。可极大地提高构件、钢筋骨架之间现场连接的便利性。

②连接接头既能满足受拉，又能满足受压：钢筋通过套筒与螺栓拉紧保证了连接件满足钢筋抗拉需求，同时通过螺栓圆柱头端与偏心内外丝螺母的顶紧保证了连接件满足钢筋抗压的需求。

③安装操作便利：连接为全螺纹连接，安装操作灵活方便，使用扳手即可完成连接，不需要特种设备，对密集布置的钢筋也可以逐根操作。

④连接件空间需求较小：连接套筒尺寸小，便于钢筋排布，通过提高连接件钢材强度，还能进一步控制连接件尺寸。

⑤该连接套筒的实验室试验数据表明，能够很好地满足一级机械接头的标准要求。

3）双向偏心钢筋机械螺纹连接套筒简介。

双向偏心钢筋机械螺纹连接套筒，由偏心内外丝螺母、偏心套筒、螺栓、外套筒组成连接件，各部件之间安装方式为螺纹连接，连接剖面如图6-52所示。

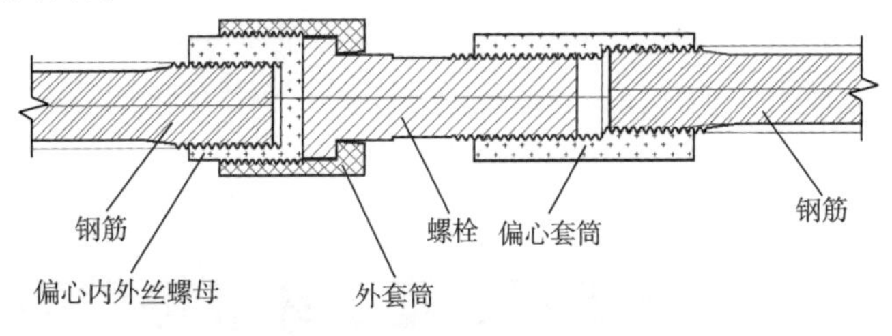


▲ 图6-52 双向偏心钢筋机械螺纹连接套筒连接剖面图

（3）高性能连接材料应用研究和实践

超高性能混凝土，简称UHPC（Ultra-High Performance Concrete），也称作活性粉末混凝土（RPC，Reactive Powder Concrete），UHPC基本原料主要为水泥、硅灰、超高效减水剂、细骨料和钢纤维，其材料“超高”性能包含两个方面：即具有超高的耐久性和超高的力学性能（抗压、抗拉以及高韧性），抗压强度大于150MPa，抗拉强度大于7MPa，极限拉伸变形大于0.2%，是一种性能接近金属的材料。

预制混凝土构件出筋后在后浇连接区段连接或后浇节点内锚固，由于钢筋数量多，要满足连接和锚固的需要，钢筋伸出长度较长，加上受制作和施工安装误差影响等，导致在后浇湿连接区内钢筋干涉碰撞问题突出，是预制构件出筋后连接和锚固的主要问题所在。

上海建工二建集团联合上海理工大学，研究将UHPC材料用于预制构件的后浇节点连接，对连接节点的拉拔、预制梁受弯、梁柱节点抗震性能等进行了一系列的试验，试验主要结论如下：

1）建议UHPC与高强钢筋黏结强度的中心拉拔试件的合理锚固长度取4$d$（$d$为梁纵筋直径）。

2）UHPC预制梁在承载能力、变形能力上与混凝土现浇梁在同一水平范围内，性能基本相当。极限承载力试验值是其设计值的 1.4 倍以上。正常工作状态下裂缝发展缓慢且宽度较小，满足规范要求。当搭接长度为 10$d$ 时，已能够满足工程要求。

3）UHPC 预制柱的破坏形态为底部榫头翘起。相比现浇柱，承载能力提高 3.1% ~ 31.9%，同时耗能能力更优。当搭接长度为 10$d$ 时，已能够满足工程要求。

4）当搭接长度为 10$d$ 时，UHPC 装配梁柱节点可具有同现浇节点相当的承载能力和抗震性能。

▲ 图 6-53 预制柱 UHPC 后浇搭接连接

▲ 图 6-54 预制梁 UHPC 后浇搭接连接

将 UHPC 这样的高性能材料用在预制构件之间类似“胶水”一样进行连接，可以优化连接区的钢筋构造要求，减少预制构件连接和锚固部位的钢筋干涉和碰撞，减少设计的干涉碰撞检查工作量，提高现场的施工安装效率。图 6-53 为预制柱 UHPC 后浇搭接连接，图 6-54 为预制梁 UHPC 后浇搭接连接。

## 6.5 与工厂、施工环节协同的问题

装配式建筑在设计阶段，设计单位要与预制构件等部品部件工厂及施工安装单位进行全面认真地协同，以保证部品部件易于生产，方便施工安装，同时保证生产、安装需要的预埋件、预埋物和预留孔洞完整齐全、准确无误。如果协同不到位，后续的生产和施工就会出现一些问题。

与预制构件等部品部件工厂及施工安装单位协同设计脱节，会产生的主要问题、协同设计脱节的原因以及协同设计脱节的危害及影响见第 3 章表 3-8。

下面列出设计与工厂制作、施工环节协同容易出现的常见问题。

**1. 设计与制作、运输环节协同问题**

设计师对预制构件生产工艺和流程等不熟悉，也未对项目所在地的工厂进行调研和沟通，例如对工厂能做尺寸多大、多重的构件，工厂起重机的起重能力，当地运输车辆限重及超宽超高的限制等都不了解，就容易导致设计的构件在生产或运输环节存在以下问题：

（1）设计未给出预制构件运输和存放支承的要求及层数，导致构件在运输和存放过程中变形开裂。

（2）开口型、转角型或局部薄弱预制构件（门窗洞口较大的墙板）未设置临时拉结件，导致构件在脱模、运输、吊装过程中出现应力集中，构件内转角部位开裂。

（3）未考虑脱模因素，预制构件转角等未做圆角或倒角处理，导致脱模困难，构件损坏率高。

（4）预制构件拆分设计尺寸超出模台或运输的尺寸限制条件要求，导致模台需重新制定，运输需要采用特殊审批的运输车。

（5）预制构件的钢筋、预埋件等过于集中，导致混凝土浇筑困难、振捣不密实，质量无法满足要求，影响结构受力和安全。

（6）脱模阶段荷载工况计算错误、遗漏，吊点设计不合理，导致预制构件在脱模环节开裂或折断，造成构件报废。

**2. 设计与施工环节协同问题**

传统现浇混凝土工程在设计过程中，设计师是无须熟悉和了解施工单位的脚手架、模板选型、安全护栏固定、塔式起重机扶墙支撑等相关施工方案的，往往是施工图设计完成后，甲方才确定土建施工总包单位。如此，按传统习惯设计出的装配式混凝土项目，如果不考虑预制构件安装和现场施工因素，就会导致设计的预制构件在施工环节存在以下问题：

（1）预制构件出筋与后浇连接区钢筋干涉严重，导致后浇区钢筋绑扎和混凝土浇筑作业困难，质量得不到保证，留下结构安全隐患。

（2）未标明预制构件的安装方向，导致安装错误，需要二次吊装，影响施工效率。

（3）叠合板内泵管孔、放线孔、传料口等施工所需洞口遗漏，导致后期凿砸开孔、返工。

（4）预制构件吨位计算错误或标注遗漏，实际构件重量超出塔式起重机起重范围，导致塔式起重机选型和布置错误、影响塔式起重机吊装效率和安全。

（5）未结合施工安装环节的荷载工况进行承载力和裂缝验算，未计算支撑间距，未对支撑拆除条件提出要求。

（6）预制外墙板与施工安装外架系统、塔式起重机扶墙支撑、人货梯、卸料平台所需的预留预埋密切相关，如采用挑架时，需要在预制外墙预留挑架洞口（图 6-55），挑架洞口是后期防水渗漏的薄弱点；采用爬升式脚手架时，附着在预制外墙上的相应位置需要埋设预埋件，用以承担外架系统的附着力等。如果协同不够、精细化设计不到位就可能造成这些预留预埋出现遗漏、错位等问题，导致后期凿改、返工，与预制构件受力连接部位发生冲突等，影响结构安全。

▲ 图 6-55　挑架预留洞口

## 6.6　预防问题的具体措施

（1）建筑方案设计要结合装配式设计要求，使建筑方案具有装配式建筑的规律和特征。

（2）结构方案设计与装配式设计应同步考虑，提高结构系统预制构件的标准化，减少连接节点，为后续高效生产和施工安装打下基础。

（3）进行预制装配方案设计的同时，对连接的优化设计方案进行同步考虑，选择最适宜的连接方案，连接方案对装配式建筑的成本和效率起着决定性作用。

（4）做好装配式建筑四个系统之间的综合平衡，实现四个系统之间成本最优组合，以及每个系统内部之间与项目匹配的最优组合。

（5）做好装配式内容的优化设计工作，做好装配式技术方案评审工作，确保装配式技术方案的合理性和成本可控。

（6）做好部品部件与精装之间的协同工作，避免一体化集成错误和遗漏产生的修正成本。

（7）做好设计与集成的部品部件（门窗、夹芯保温拉结件等）供应单位之间的协同对接工作，避免因协同不到位而产生的修正成本。

（8）做好设计与生产制作、运输环节的协同工作，把相互之间的约束条件对接清楚，合理控制预制构件等部品部件的尺寸和运输、存放条件等。

（9）做好设计与施工安装环节的协同工作，对设计的预留预埋与项目施工安装的外架系统、塔式起重机布置、人货梯布置、卸料平台、临时支撑和固定要求等进行全面系统的集成考虑，避免错误遗漏等产生的修正成本。

# 第7章 结构设计常见问题Ⅱ——剪力墙结构体系

**本章提要**

对剪力墙结构体系的设计问题进行了举例说明和梳理汇总，对其中一些主要问题产生的原因及危害进行了分析，包括结构布置与计算问题、拆分设计问题、连接设计问题、构造和预埋设计问题以及其他设计问题，并给出了预防问题的具体措施和建议。

## 7.1 剪力墙结构体系设计问题举例

装配整体式剪力墙结构体系是按等同现浇设计理念，对可进行预制装配的剪力墙、梁、板等进行拆分预制，通过可靠的连接装配而成的装配式结构。其主要预制构件包括剪力墙板、叠合楼板、叠合梁、楼梯、阳台、空调板、飘窗、外围护墙等。预制构件在施工现场拼装后，墙板间竖向接缝通过现浇段连接、上下墙板间通过钢筋套筒灌浆连接、楼面梁板叠合现浇，最终形成结构整体。下面通过实际案例来说明设计中的常见问题。

**1. 外围护填充墙预制对结构刚度的影响问题**

预制外墙板是装配式剪力墙结构中的重要组成部件。为了减少施工现场湿作业、提高外墙的预制化程度和防水性能等原因，外围护填充墙和窗下墙虽然是非结构受力构件，设计中也经常采用预制装配。若连接和构造不合理，此部分混凝土的刚度会导致结构整体刚度增加，从而导致地震力加大。在装配式剪力墙结构整体计算时，因无法考虑该部分墙体刚度，造成计算模型失真，可能会导致结构不安全。因此需要对预制剪力墙结构中外围护填充墙和窗下墙的刚度影响进行概念判断和分析，从构造和连接上采取措施。

（1）拆分方案问题

预制填充墙在主体结构计算分析时，一般作为荷载输入计算模型，再通过结构周期折减系数折减的方式来提高结构整体刚度，对结构刚度进行整体均匀放大，计算模型并不能精确模拟局部预制填充墙刚度影响程度，因此在进行填充墙预制拆分时，要严格区分剪力墙构件和填充墙构件，不能将剪力墙和填充墙混合拆分成一个构件。如图7-1所示的一个端山墙的拆分方案，将端山墙剪力墙A和剪力墙B的边缘构件与中间填充墙混合拆分成了一个预制构件，再通过后浇连接区段将整个山墙连接成了一个长度超过8m的整体钢筋混凝土墙，实际刚度远超过计算模型分析的模拟刚度，不符合原结构设计要求。

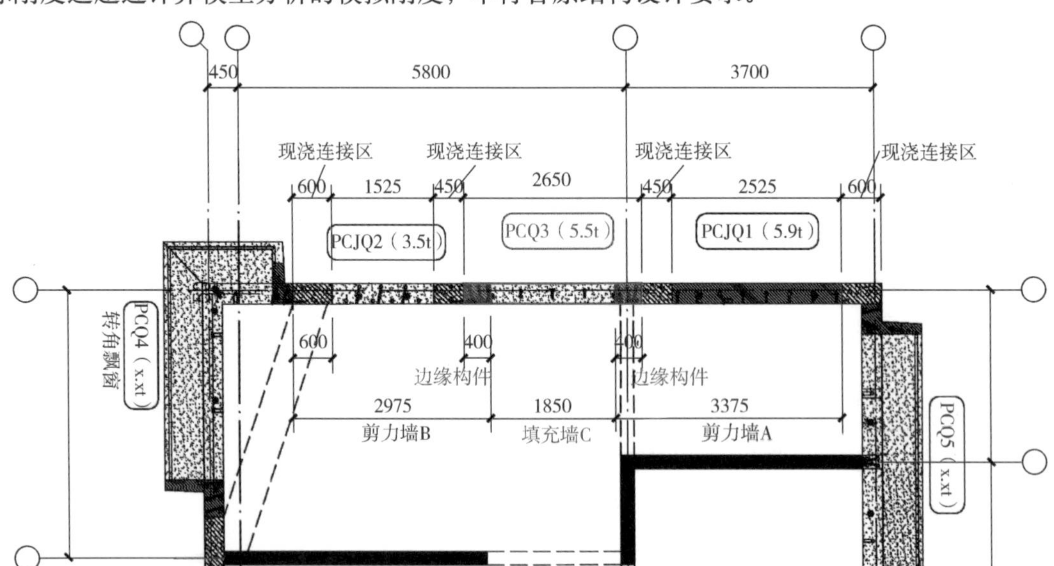


▲ 图 7-1 拆分方案忽视了刚度影响

（2）构造措施问题

预制填充墙或窗下墙内嵌在竖向剪力墙结构之间，其相接处不可采用强连接，需要采取相应的构造措施来削弱此部分的刚度影响，通常采用以下构造措施：

1）在墙体内填充聚苯板块等轻质材料来削弱预制墙本身的刚度（图 7-2），以减轻预制墙本身对相接的剪力墙刚度的影响。

2）与结构构件之间采用弱连接，并采用拉缝构造，用 PVC 或泡沫板等填充材料将主体受力结构与预制填充墙隔开，采用如图 7-3 所示的构造。

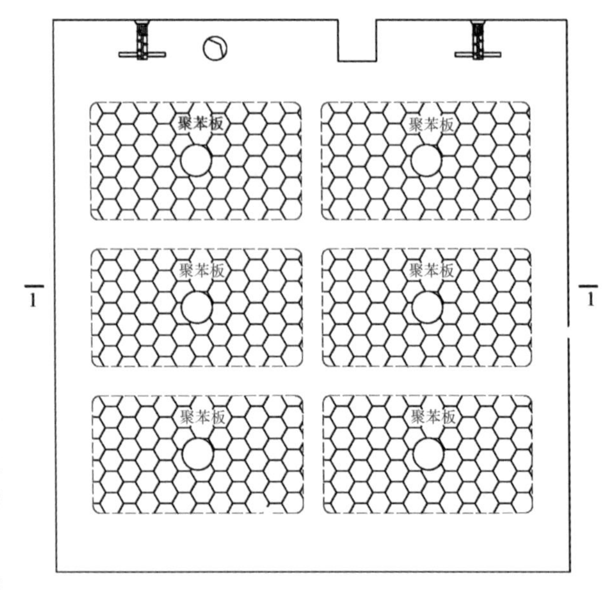


▲ 图 7-2 预制填充墙采用聚苯板填充以减轻刚度影响

**2. 预制叠合梁封闭箍筋与纵向钢筋干涉问题**

剪力墙结构预制叠合梁与柱梁结构体系预制叠合梁有所不同。剪力墙结构的梁宽较窄，一般与剪力墙厚度相同，通常宽度为 200mm。叠合梁与门窗一体化预制的外墙板，构件顶部叠合层内会预留叠合梁箍筋，在施工现场吊装完成后再穿入梁的上

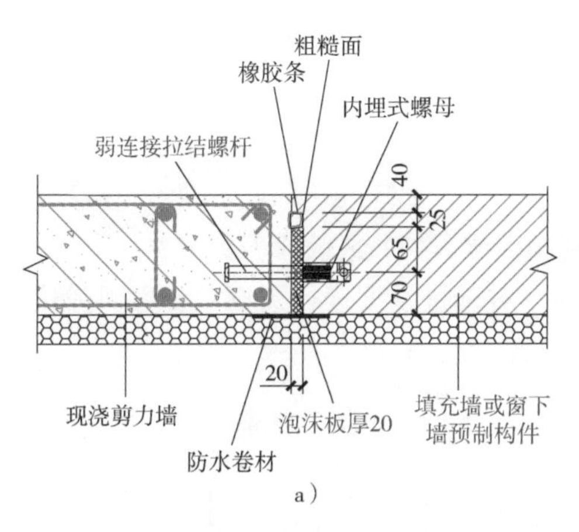


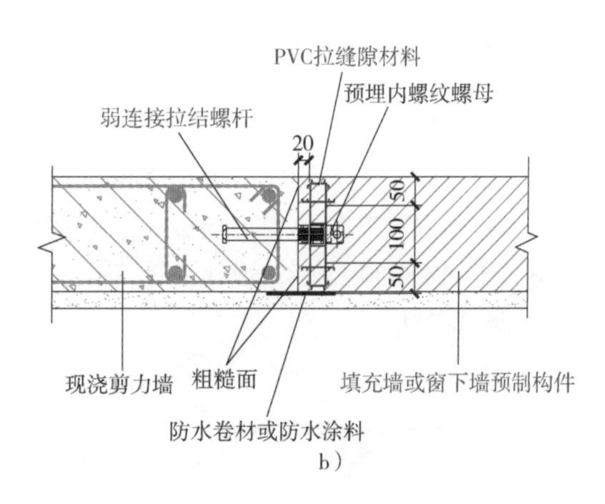


▲ 图 7-3　连接处采用拉缝材料构造减轻刚度影响

部纵筋浇筑成整体。根据抗震设计要求，叠合梁箍筋弯钩平直段长度需要 10$d$，箍筋的样式如图 7-4 所示。若采用开口箍筋，预制叠合梁箍筋按照图 7-5a 所示样式进行箍筋加工，但 200mm 宽的叠合梁两侧箍筋 135°弯钩的开口箍实际已形成交错封闭，顶部纵筋安装只能从侧面穿入，且穿入纵筋的作业难度较封闭箍筋（图 7-4）更大。此问题，可根据剪力墙结构特点和施工安装的需求，通过两种方式改进设计：一种方式是将预制叠合梁闭口箍筋按图 7-5b 所示样式加工，将闭口箍筋弯钩设置在预制段内，降低叠合层内后续穿筋的难度；另一种方式是按图 7-5c 所示，将箍筋的开口做成需二次弯折的开口箍，待放入梁纵筋后再弯折至 135°，最后套入箍筋帽。

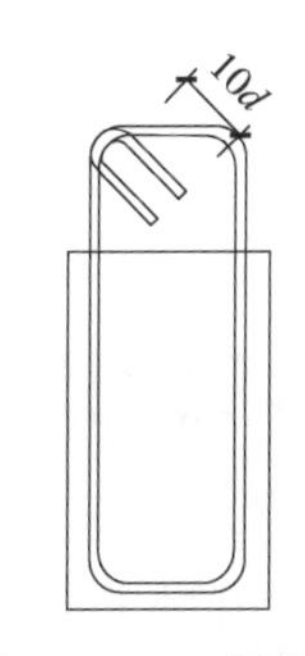


▲ 图 7-4　梁箍筋形式

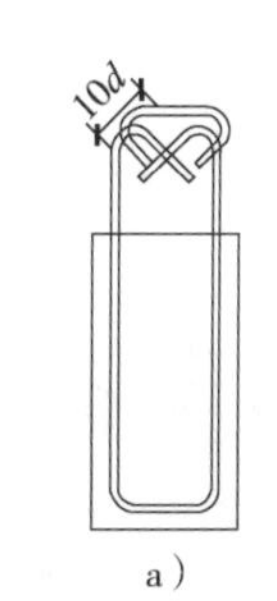


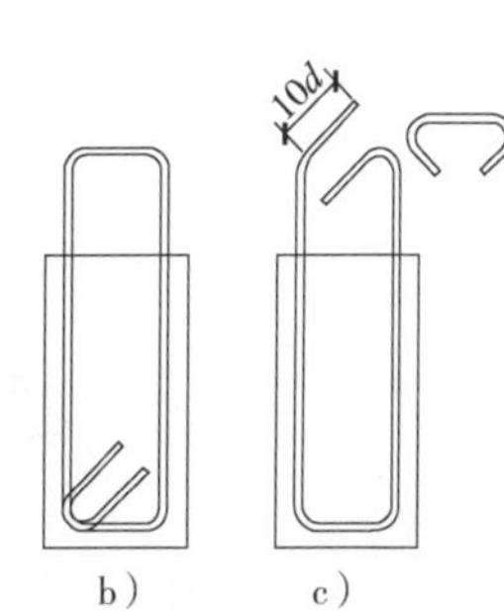


▲ 图 7-5　叠合梁叠合层箍筋预留方式

**3. 预制剪力墙板管线预埋遗漏的问题**

如本书图 5-1 所举的某项目预制剪力墙板上机电管线预埋遗漏的案例，对结构影响是很大的，因为墙板底部灌浆套筒连接区及套筒以上 300mm 范围内水平筋加密区的加强筋都被切断，该区域设置的加强筋，对提高剪力墙的抗剪能力和抗变形能力起着关键作用，是剪力墙构件底部塑性铰充分发展，确保预制墙板抗震性能的关键措施，若不恢复连接并处理到位，会留下结构安全隐患。

需要分析问题出现的原因，从设计源头上规避问题的出现。当此类问题出现时，应采取妥善的措施予以恢复：

（1）首先，从程序上，出现管线遗漏或错位问题后，施工企业不能自行决定如何处理，而应由设计给出处理方案，并由设计、监理、预制构件工厂和施工企业讨论方案的可行性。

（2）从设计角度，给出处理技术方案：

1）清理沟槽混凝土表面的松动块与颗粒，埋设管线。

2）附加同直径钢筋进行单面搭接焊接（10$d$），将被切断的钢筋连接恢复，见图 7-6。

3）埋设好管线后，采用微膨胀高强砂浆将沟槽抹平压实，砂浆的强度等级和膨胀性由实验室配置试验得出，树脂砂浆也是可考虑的选项。

4）填充砂浆应当做同步养护强度试块。

5）必须采取有效的养护措施，或贴塑料薄膜封闭保湿养护，或喷涂养护剂养护。

6）达到 28d 龄期后，观察处理部位是否有裂缝，对试块强度进行测试，并用回弹仪进行强度测试确认。

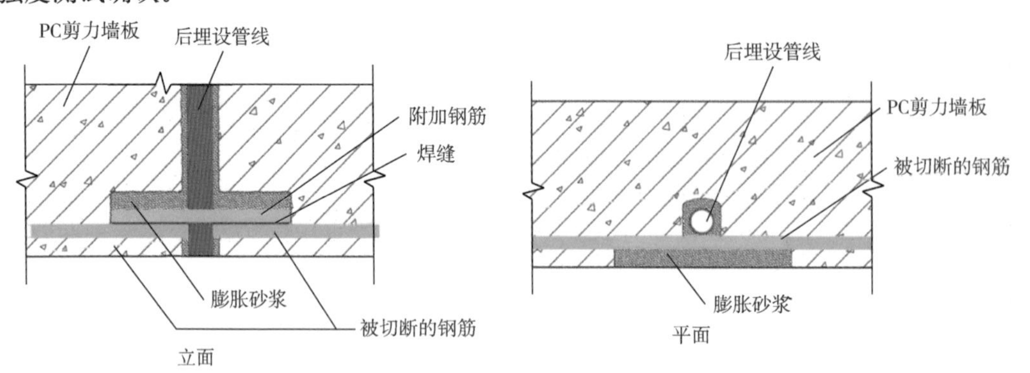


▲ 图 7-6 水平筋恢复连接处理方案

## 7.2 剪力墙结构体系设计常见问题汇总

剪力墙结构体系做装配式建筑是最难的，国外几乎未见有高层剪力墙结构采用装配整体式的建筑，框剪或筒体结构的剪力墙都采用现浇。目前，装配整体式剪力墙结构设计上的常见问题主要包括：结构布置与计算问题、拆分设计问题、节点连接问题、构造设计问题等，而此类问题通常在预制构件进场吊装时才暴露出来，不仅造成工期延误，也造成了预制构件损耗。需要引起重视的设计常见问题如下：

（1）剪力墙、梁、板布置方案设计不合理。

（2）装配整体式剪力墙结构补充计算和计算结果判断问题。

（3）预制构件拆分设计未考虑优先顺序。

（4）外围护填充墙预制对结构刚度影响问题。

（5）对电梯、楼梯井外墙等不适合预制的部位进行了拆分预制。

（6）预制构件拆分不合理，导致密拼碰撞、密拼空隙问题。

（7）预制构件跨越后浇带设置。

（8）伸缩缝（抗震缝）两侧不适合剪力墙预制的部位进行拆分了预制。

（9）不适合预制的内力较大的连梁和剪力墙进行了拆分预制。

（10）部分边缘构件与填充墙一体化预制的刚度影响问题。

（11）预制叠合梁封闭箍筋与纵筋干涉问题。

（12）预制叠合连梁纵筋锚固连接设计问题。
（13）全预制梁式阳台挑梁纵筋锚固及干涉问题。
（14）预制墙板与平面外梁纵筋锚固连接问题。
（15）预制剪力墙竖向连接方式合理性选择问题。
（16）预制剪力墙接缝封堵及分仓构造设计不合理问题。
（17）顶层预制剪力墙加强圈梁设计问题。
（18）预制剪力墙侧面伸出钢筋连接锚固形式选择问题。
（19）顶层预制剪力墙与出屋面现浇剪力墙竖向钢筋连接设计问题。
（20）首层预制竖向构件的插筋设计问题。
（21）预制剪力墙管线预埋遗漏的问题。
（22）预制剪力墙非连接筋是否伸入后浇圈梁的构造设计问题。
（23）预制剪力墙粗糙面与键槽设置不符合规范要求的问题。
（24）预制墙板斜支撑相关设计问题。
（25）开口预制构件临时加固措施设计问题。
（26）预制构件吊点设置不合理问题。
（27）剪力墙住宅大空间设计问题。
（28）套筒灌浆方法设计选用问题。
（29）预制外墙板防水设计问题。
（30）装配式剪力墙住宅外围护体系对比评价。

# 7.3　结构布置与计算问题

## 7.3.1　结构布置方案问题

**1. 剪力墙设计方案问题**

装配整体式剪力墙结构在进行剪力墙布置时，除了遵循传统剪力墙结构布置设计要点外，还应考虑预制装配的特点，以方便拆分预制，其注意要点如下：

（1）剪力墙布置原则

1）应遵循少规格、多组合的原则。

2）承重墙、柱等竖向构件宜上下连续。

3）门窗洞口宜上下对齐，成列布置。

4）宜大跨度大开间布置。

5）不宜采用转角窗布置等。

（2）剪力墙布置形状控制

1）高层剪力墙结构，边缘构件目前多采用现浇，宜布置成 L 形、T 形等（图 7-7），这样可以使得墙身部分相对完整，有利于墙身拆分预制；避免在 L 形、T 形等剪力墙中再加翼

缘（图 7-8），导致墙身被拆成零碎的小段墙肢。

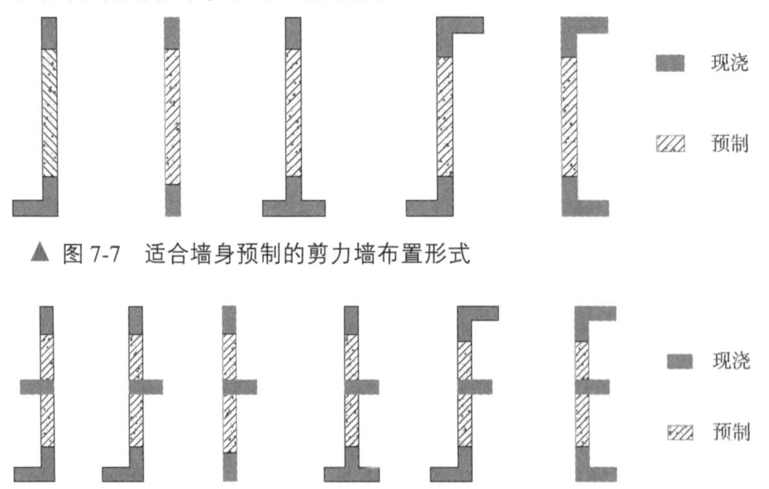


▲ 图 7-7　适合墙身预制的剪力墙布置形式

▲ 图 7-8　不适合墙身预制的剪力墙布置形式

2）《装规》也给出了部分边缘构件预制的规定，可预制成 T 形、L 形和一字形构件（图 7-9）。此种拆分设计的好处是外墙可以少设竖向现浇段，提高安装效率。

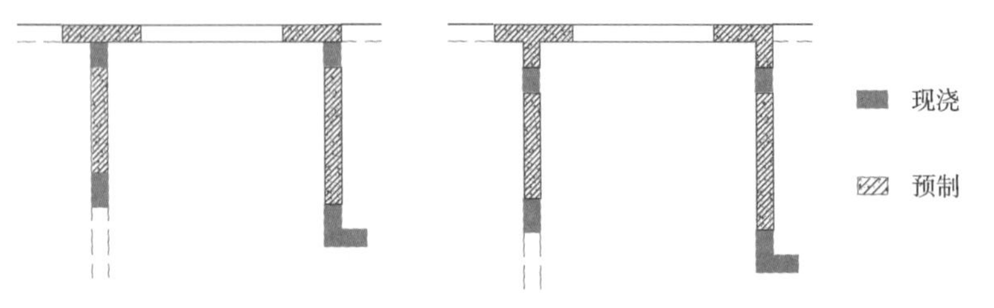


▲ 图 7-9　部分边缘构件预制的布置形式

3）剪力墙布置时，需要对所预制的剪力墙板进行尺寸标准化调整，使得所预制的剪力墙板尺寸尽可能统一，减少预制剪力墙板的规格，提高模具的重复使用率。

4）当考虑采用填充墙预制时，外围周边的剪力墙在窗洞和门洞边需考虑退让，留设不小于 200mm 的填充墙垛（图 7-10），这样可以采用立面为口字形和门字形预制外墙，避免剪力墙暗柱预制。

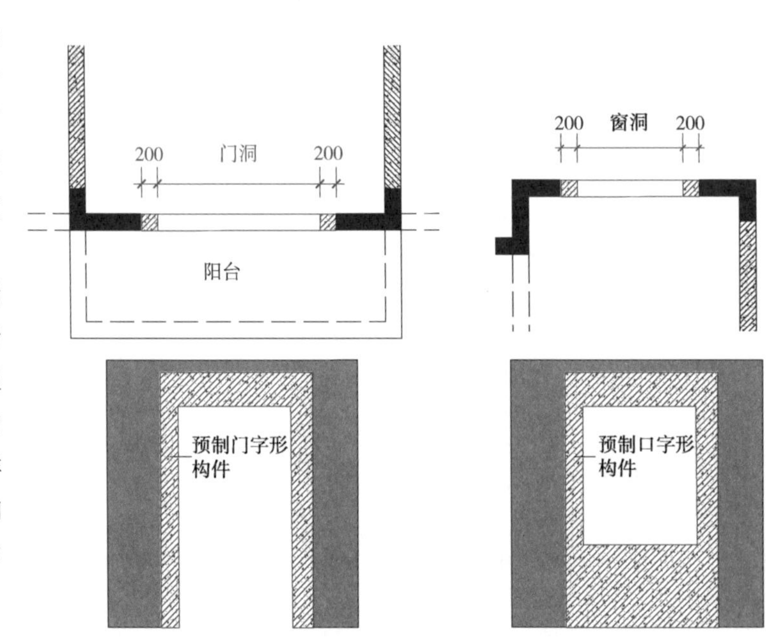


▲ 图 7-10　门窗洞边留设预制填充墙垛

**2. 梁布置设计问题**

（1）尽量避免上翻梁

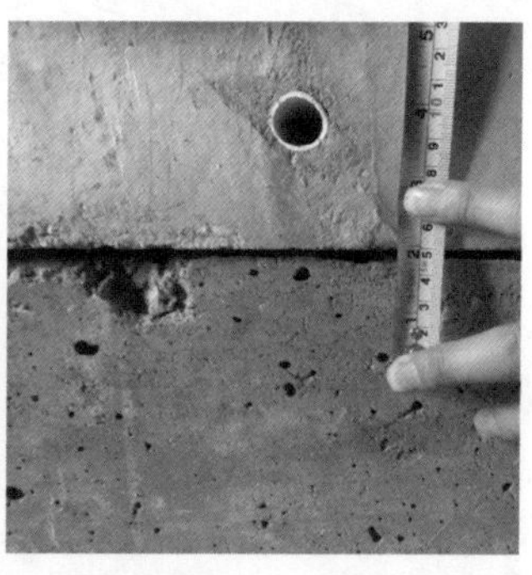

▲ 图 7-11　上翻梁与预制墙底之间接缝质量不容易控制

高层剪力墙结构住宅层高一般为 2.8m 或 2.9m，建筑外周窗洞和门洞顶着梁底设置，当设计有地暖时，楼层结构面一般需要降低 100mm，从结构面到门窗洞顶之间留给结构设梁的高度有限，梁高不够时，在现浇设计时会采用外墙梁顶上翻的做法，俗称上翻梁，对于预制结构，上翻梁施工较为困难。由于有水平现浇带的要求，梁顶超出楼层结构面的部分，需要分两次浇筑或采用吊模一次浇筑，施工精度和质量较难控制，上翻梁顶易出现缺棱掉角、顶面不平整等质量缺陷，预制墙底边与梁顶之间的灌浆接缝易出现较大偏差（图 7-11），给后续灌浆作业带来困难，质量不容易保证。因此在结构设计之初，需要协调好梁高、建筑层高、门窗洞顶标高之间的关系，尽可能避免采用上翻梁。

（2）尽量避免设置次梁

剪力墙建筑中，竖向墙体除了剪力墙外，还需要设置用于分隔不同空间的非承重内隔墙（图 7-12）。当进行结构梁布置设计时，内隔墙下应尽可能不设置或少设置次梁，如果都按隔墙下布梁设计（图 7-13），会将楼盖分割成大小不同、规格多样的楼板区块，不利于楼板规则化、标准化拆分。进行优化布置后，图 7-13 中红色显示的梁均可以取消，将隔墙荷载计入楼面荷载进行考虑，对应隔墙位置处在楼板中设置加强筋，如此带来的好处有：

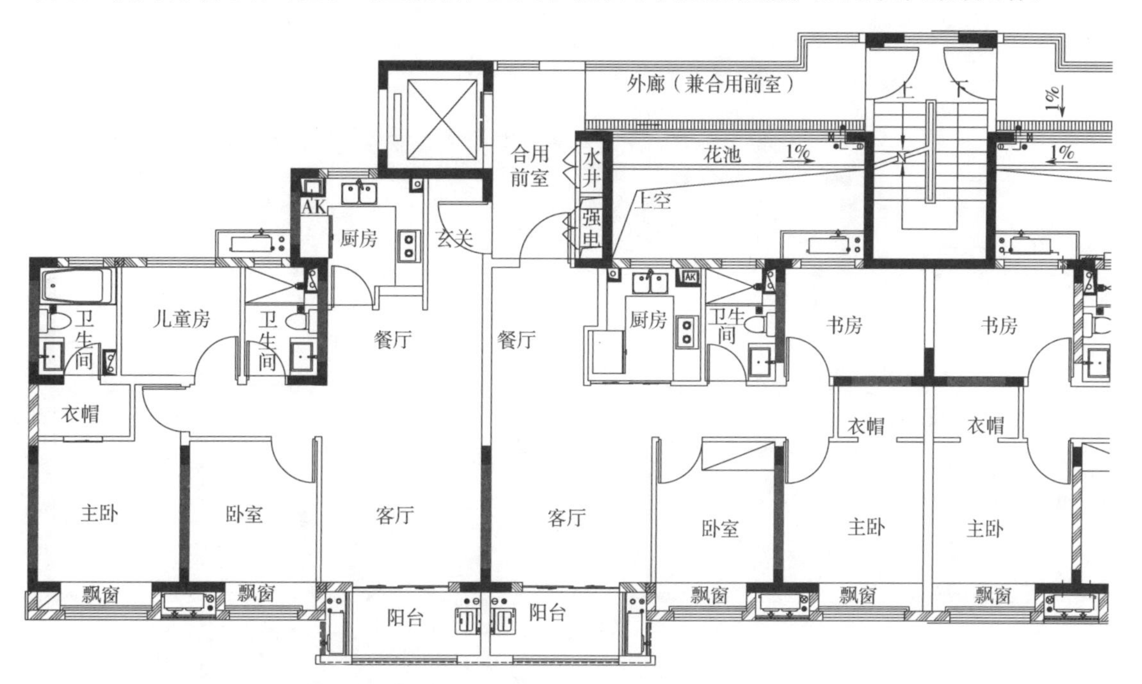


▲ 图 7-12　某剪力墙住宅户型布置图

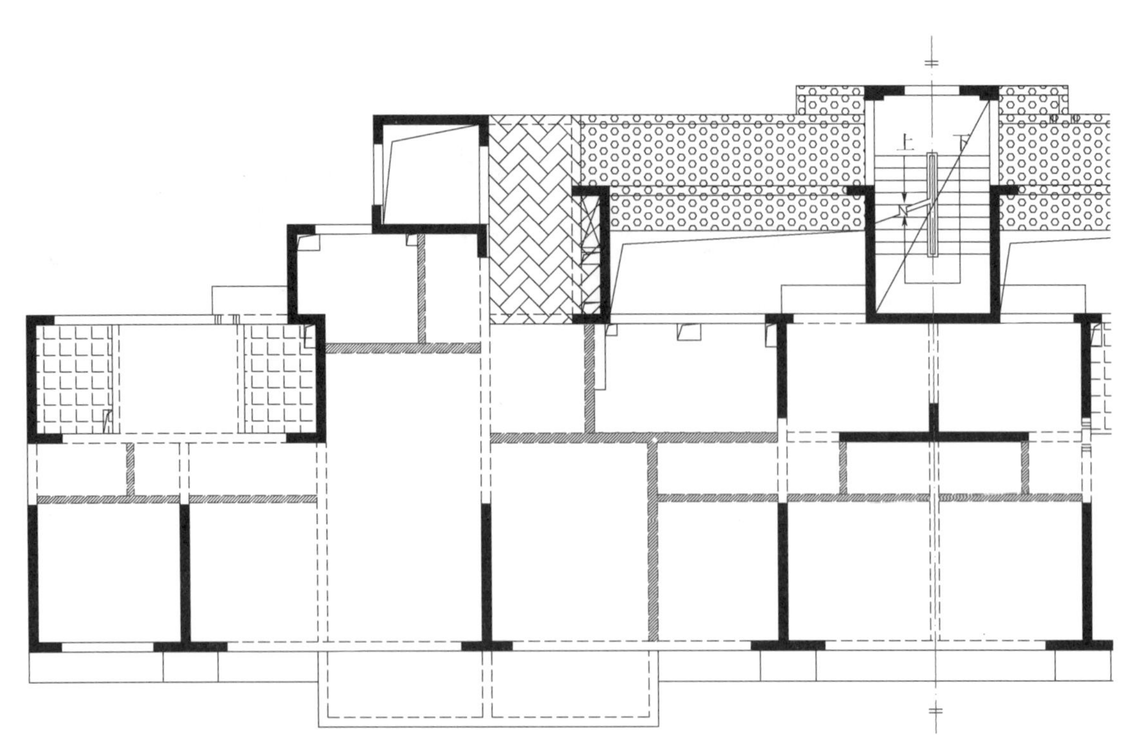


▲ 图 7-13　可以取消的内隔墙下的承托梁(红色)

1）整个结构楼盖平面布置整齐合理（图 7-14），有利于叠合楼板规则化、标准化拆分，减少叠合板的规格，提高叠合板模具的重复使用率。

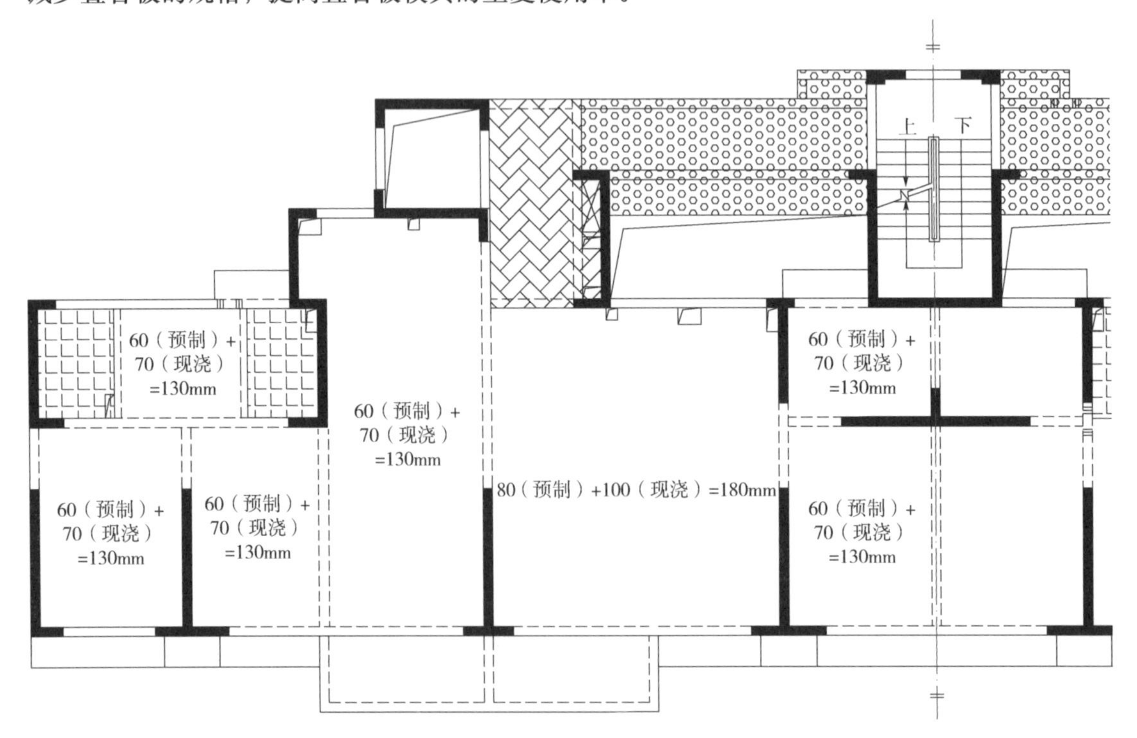


▲ 图 7-14　隔墙下承托梁优化后的平面图

2）剪力墙住宅中，建筑内部的梁一般都采用现浇，现浇梁构件大量减少后，有利于提高整个楼面的施工效率，减少现浇梁的模板安装、钢筋绑扎，也减少了叠合板与梁支座钢筋产生的干涉。

3）内隔墙宽度一般为100mm，小于梁宽，内隔墙承托梁的取消，避免了梁凸出墙面的情况，从而减少了局部吊顶装饰的工程量。

（3）预制剪力墙平面外布梁设计问题

剪力墙平面外刚度及受弯承载力都很小，当剪力墙平面外布置梁时，如果采用刚接设计，会使墙肢平面外承受弯矩，需要考虑剪力墙平面外受弯的安全问题。按《高层建筑混凝土结构技术规程》JGJ3规定，此时应在梁端设置暗柱（图7-15），暗柱纵筋需要逐根连接，这给剪力墙预制增加了难度。为避免上述情况，在结构设计时，首先是尽可能不布置平面外梁；其次，可以考虑梁端铰接设计，通过计算模型中点铰来释放梁端弯矩，无须通过设置暗柱来承担平面外梁所产生的弯矩。

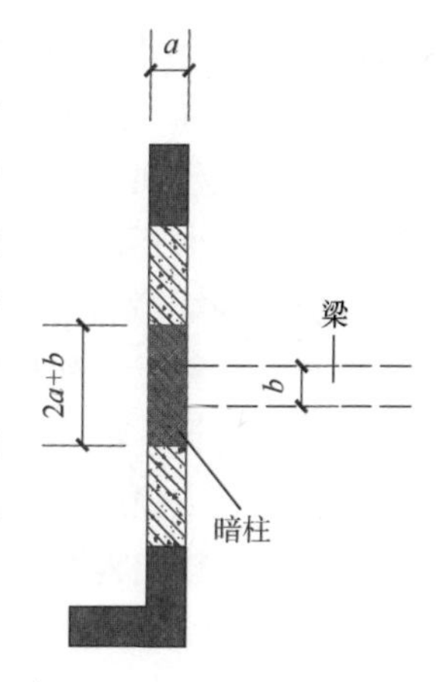

▲ 图7-15　预制剪力墙端设置暗柱

3. **楼板设计问题**

（1）楼板平面布置

楼板的平面布置与剪力墙和梁的布置方案密切相关，而剪力墙和梁的布置方案是否合理，主要是由建筑户型方案决定的。图7-16为一剪力墙住宅户型方案和结构布置方案，为了在餐厅和客厅之间不设梁，结构采用极不规则的异形板设计方案，要对其进行叠合板拆分预制较为困难，因此建筑户型方案是否兼顾装配式特点和规律要求十分重要，最好将装配式结构的方案配合前置到建筑方案设计阶段中去，以便从源头上协同到位。

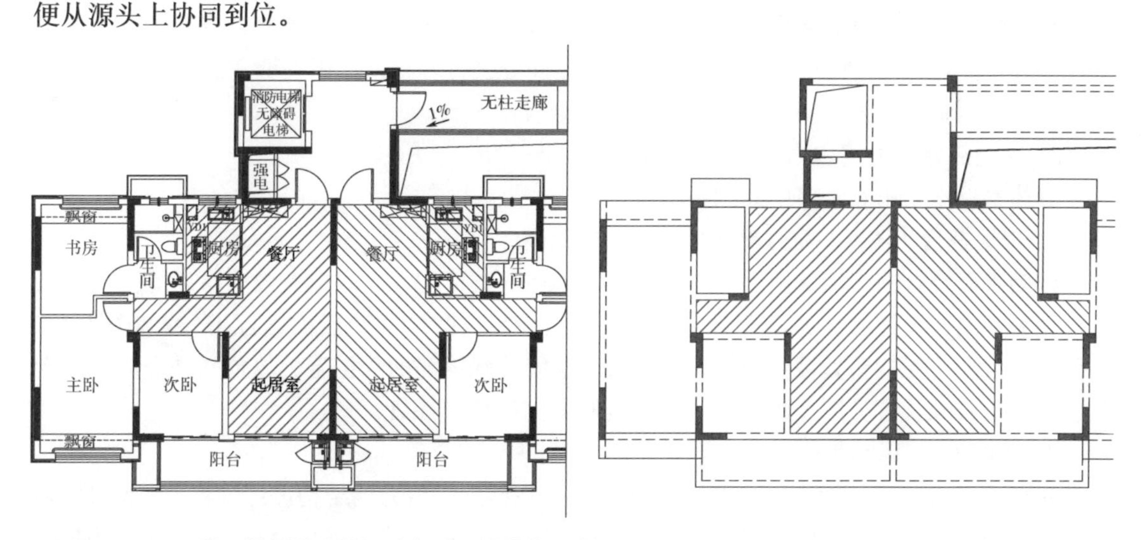

▲ 图7-16　不利于楼板拆分的设计户型和结构布置方案

（2）楼板板面结构高差问题

在同一块楼板区域内，板面结构标高尽可能保持一致，楼面装修完成面的高差，可以考虑采用不同的面层构造做法在厚度上进行调整，如厨房和餐厅之间，隔墙下未设置梁，厨房和餐厅楼板面结构标高可以保持一致，以方便整体考虑叠合板的拆分方案，有利于提高预制楼板的标准化，减少高低板的构造连接。

**4. 层高和混凝土强度设计问题**

（1）层高设计

剪力墙结构住宅标准层的层高有利于竖向预制构件标准化的设计，但首层和顶层，会出现与标准层层高不一样的情况。对于首层来说，由于入户大厅高度需要更高一些，有时会将首层层高加高；对于顶层来说，建筑层高和标准层是一致的，但是对结构来说，由于顶层楼面和标准层楼面一样，都需要留设80~100mm的面层，结构面标高低于建筑完成面标高，而屋面板结构面不需要将结构面降低，这就会导致顶层结构实际层高大于标准层。由于顶层和首层结构层高与标准层不同，首层进行外围护填充墙预制，顶层进行外围护填充墙和剪力墙预制时，都无法和标准层竖向预制构件共模。在设计过程中，这需要加强建筑与结构专业的协同设计，提前控制好建筑层高的设计问题。

（2）混凝土强度设计问题

《装规》规定混凝土强度不低于C30，而现浇混凝土结构的规范规定混凝土强度不低于C25。在进行装配式剪力墙结构设计时，对于低层、多层剪力墙结构和高层剪力墙结构的顶部楼层来说，由于对混凝土强度要求不高，如果不注意，沿用传统现浇结构设计思维，依旧采用C25，就会出现不满足《装规》对混凝土强度规定的情况。

### 7.3.2 结构计算问题

**1. 设缝双连梁的设置问题**

在一般结构设计中，为满足计算要求，部分连梁高度增加，会出现连梁跨层的情况。但是对于装配整体式剪力墙结构，由于在竖向按照楼层层高进行划分，则势必将连梁拆分为上下两部分，此时，在结构计算模型中，需要对连梁处进行调整，按照设缝双连梁的模型进行结构设计。因此，要避免拆分设计与模型模拟分析不一致。

**2. 现浇部分剪力墙内力放大系数问题**

具体参见本书第6.3节中的相关阐述。

**3. 单面叠合（PCF）剪力墙墙体有效厚度问题**

预制单面叠合剪力墙，由于外叶墙与现浇墙体共同作用，一般取有效墙厚后等同于一般抗震墙参与结构设计和计算。叠合剪力墙预制墙板制作时端部一般需进行45°或30°切角，以便浇筑混凝土时切角处被混凝土填充，形成拼缝补强钢筋的保护层，故预制叠合剪力墙有效厚度一般取现浇部分厚度加上预制墙板板厚方向的切口深度。

**4. 周期折减系数问题**

正如本书7.1节中提到的刚度增大问题，由于在装配式剪力墙结构设计过程中，设计师从预制率和施工便利性的角度出发，往往会将部分填充墙、窗下墙等进行预制，相较于剪力墙结构非承重墙体采用砌体墙的做法，该方法必然导致结构整体刚度的增大，在对结构自振周期进行折减时，相较于《高层建筑混凝土结构技术规程》中常规做法时取0.8~1.0的周期折减系数而言，对于装配整体式剪力墙结构，应根据预制填充墙体的比例，将该系数进行适当减小，通过对结构自振周期进行折减，对结构地震响应进行放大处理，来确保结构安全。

#### 5. 框架—剪力墙结构判断的问题

有的剪力墙结构住宅中会根据户型布置情况，设置一定数量的框架柱，当采用这样的结构布置方案时，应对框架部分承担的倾覆力矩比例进行判断，注意控制框架部分承担的倾覆力矩比不超过结构地震总倾覆力矩的 10%，否则应判定为框架—剪力墙结构。根据现行《装规》和《装标》对于装配式结构类型的规定，在装配整体式框架—现浇剪力墙结构中，剪力墙是不能进行预制的。

## 7.4　拆分设计问题

装配整体式剪力墙结构拆分方案的合理性，直接决定了后续生产和施工安装环节的难易程度，以及成本的合理性。由于剪力墙结构住宅户型差异性大，复杂多变，加之目前很多设计人员还缺乏装配式设计经历，故拆分设计时，拆分方案方面常会出现一些不合理的问题。

#### 1. 预制构件拆分的合理性选择

预制构件拆分设计的合理性选择，就是在满足各地装配指标要求的前提下，从若干个“可行的”方案中寻找出一个相对“最优的”方案。这个“最优的”拆分方案需要从结构安全、成本，工厂加工难易程度、施工便捷性等多维度来衡量。一般优先选择预制楼梯、叠合板、预制空调板等构件，其次选择预制板式阳台、预制剪力墙板、预制外填充墙、叠合梁等构件，最后才选择预制飘窗、全预制梁式阳台等构件。

根据房间使用功能、结构受力性能要求等情况，对剪力墙来说，结构底部加强区、电梯楼梯井的外剪力墙一般采用现浇。对于楼板来说，卫生间、公共楼道区域、连廊、屋面等一般采用现浇。对于剪力墙边缘构件，因为边缘构件内钢筋需逐根连接，连接根数多，施工难度较大，成本较高；且从受力角度分析，边缘构件为主要受力部位，宜采用现浇，以增强结构的整体性，因此目前通常做法为现浇。但边缘构件现浇最大的问题是外墙被竖向现浇段分割，使最能体现装配式建筑优势的外围护系统成了毫无优势的“现浇+预制”的混搭，所以也有很多人主张边缘构件预制的方案，以便使装配式建筑的表皮丰富灵活。

#### 2. 电梯、楼梯外墙预制

有时为了提高预制率指标，有的设计人员将楼电梯井部位不适合预制的剪力墙也进行了拆分预制，如图 7-17 所示，该位置剪力墙一般受力较大，而且平面外缺少楼板的约束，受力较为不利，规范规定此类剪力墙不宜预制；另外，由于该位置剪力墙两面临空，在预制构件安装时，斜支撑安装困难，需将斜支撑设于对面下层墙体，斜支撑在狭小的空间内交叉密集布置，可能阻挡楼梯井道通行，墙板的灌浆作业条件也差，施工质量不易控制。

#### 3. 预制构件密拼碰撞问题

有时，由于设计人员未考虑安装误差等施工要求，预制构件拆分方案不合理，导致现场安装时预制构件之间发生碰撞，构件无法就位，需进行构件剔凿作业，影响现场施工效率和质量。

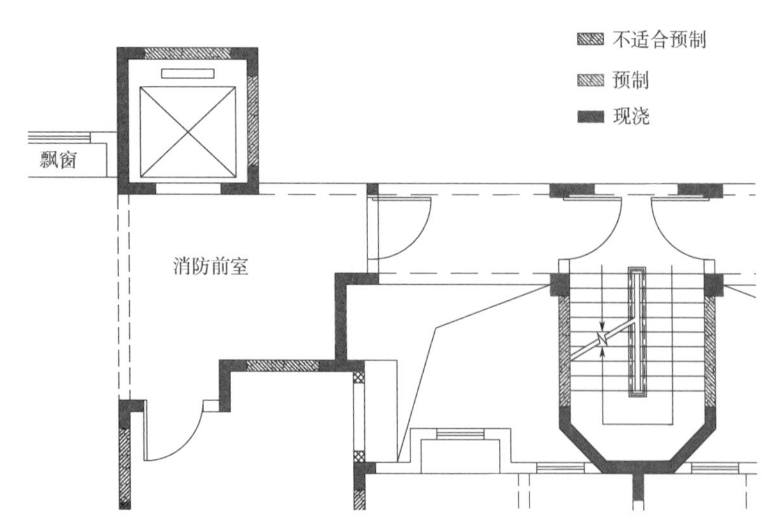


▲ 图 7-17 电梯井、楼梯井位置墙体预制

如图 7-18a 所示，预制构件紧贴安装，角部相邻预制墙板或梁出现尖角相对的情况，容易导致墙板吊装过程发生相互磕碰损坏。因此，预制构件间须设置施工安装空隙，安装空隙一般不小于 20mm。可将一边构件后退或者角部作缺口处理，如图 7-18b 所示。

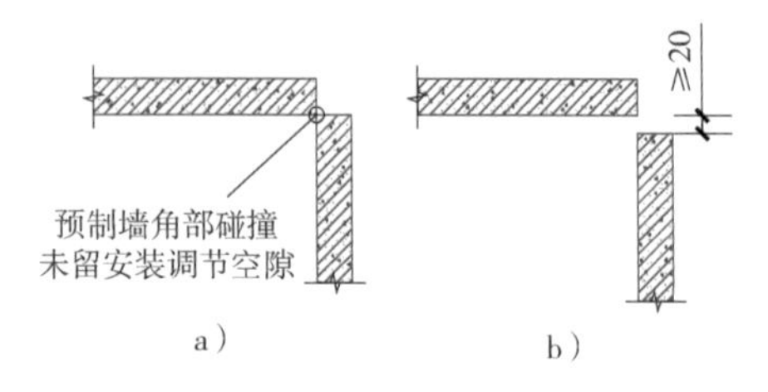


▲ 图 7-18 预制墙板尖角发生碰撞

### 4. 预制构件密拼相接问题

预制构件之间 T 形密拼相接时，如图 7-19a所示，预制构件紧贴安装，一方面由于预制构件之间没有误差调整空间，会导致构件安装就位困难，构件之间发生碰撞，出现缺损等质量问题；另一方面，构件安装就位后，预制构件之间由于平整度不够以及误差问题，无法将两个预制构件严丝合缝安装到位，导致安装之后构件之间出现一条永久的空隙（图 7-20）。由于设计疏忽，也没有在设计图中给出针对空隙的防水构造等技术节点，现场工人意识不到问题的存在，可能直接用墙面构造做法将空隙封闭，使得该缝隙部位形成外墙防水和保温的薄弱线。拆分设计时，应避免出现这样的密拼相接情况，尤其在建筑外墙上，更应杜绝此种情况的出现。当预制外墙相邻拼接时，预制构件之间应通过后浇段或现浇构造柱实现密闭的整体连接，如图 7-19b所示。

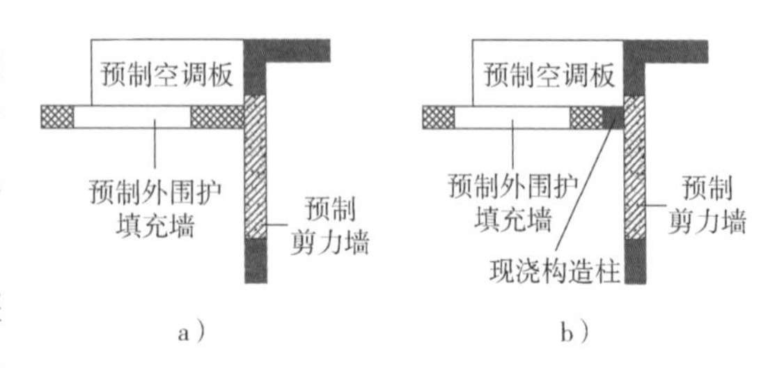


▲ 图 7-19 预制构件安装间隙处理

### 5. 预制构件跨后浇带布置

结构平面长度超长时，需要设置后浇带，一般伸缩后浇带混凝土浇筑要在施工 60d 以后进行。图 7-21 所示的后浇带跨越了叠合板、南面的预制外挂飘窗和北面的预制填充墙，现场工人要在预制叠合板上方布置后浇带，施工操作困难且复杂，叠合板上后浇带两侧的混凝土浇筑质量也不易控制；另外，外挂飘窗和预制填充墙处的连梁由于后浇带没有封闭，而外

挂飘窗和预制填充墙必须随层施工安装到位，这对尚未形成结构整体受力的连梁来说，存在安全隐患。

▲ 图 7-20　密拼预制构件间的安装空隙

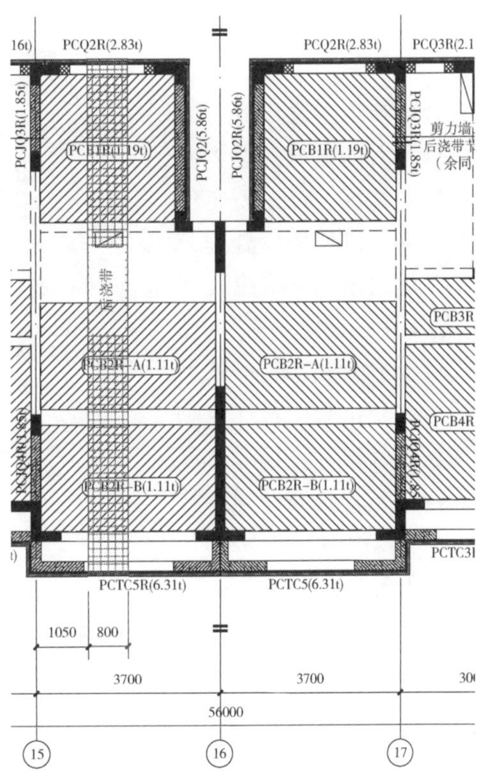


▲ 图 7-21　预制构件跨后浇带布置

导致上述不合理拆分预制方案的原因，一方面，是结构设计师按现浇结构的惯性思维设计，将伸缩缝间距按 45m 进行控制，本项目平面长度 56m，笔者认为完全可以不设置后浇带；另一方面，是拆分设计人员不熟悉结构后浇带的作用及装配式建筑施工的特点，将预制构件布置在后浇带范围。对于该类问题，需要结合装配式结构特点，提前协同确定后浇带是否设置。如果设置，应尽可能设置在没有预制构件的范围，避免预制构件跨越后浇带布置；当可以采取相应设计措施来避免后浇带设置时，就应尽可能避免。

**6. 伸缩缝（抗震缝）处剪力墙拆分预制问题**

当结构平面超长较多时，通常需要设置伸缩缝（兼抗震缝）将结构分成两个独立受力单元，缝两侧的剪力墙一般呈对称布置。有的设计人员会将缝两侧的剪力墙都进行拆分预制（图 7-22），这会给现场施工安装带来极大的困难。缝两侧楼层剪力墙无论是同步施工还是不同步，都会遇到预制剪力墙底部接缝封堵及分仓困难的问题，两片剪力墙之间的夹缝内（图 7-23），进行分仓后封堵是十分困难的，封堵质量难以控制，灌浆过程中若发现有漏浆时，也很难进行补救；而此位置若采用预先座浆法分仓和封堵施工，由于墙板安装难以一步到位，需要来回移动和校正墙板位置，很容易导致墙底分仓封堵砂浆与墙底面分离，产生缝隙，灌浆出现漏浆时，在两片墙板之间的夹缝内将难以进行补救。

**7. 部分边缘构件与填充墙一体预制的问题**

由于建筑南面和北面外墙设置窗洞和门洞的需要，导致 $X$ 向剪力墙布置困难，剪力墙往往需要顶着门窗洞口设置。遇到这样的情况，首先需要建筑和结构专业进行协商处理，采取结构剪力墙退让或建筑窗洞口减小的方案，按图 7-10 的方式留出不小于 200mm 的填充墙垛，方便拆分；若建筑和结构均没条件退让，可考虑部分边缘构件与外隔墙及窗顶叠合梁进行一体预制（图 7-24），但预制填充墙部分需要按图 7-2 和图 7-3 的要求采取构造措施，以减轻填充墙部分对主体结构刚度的影响。

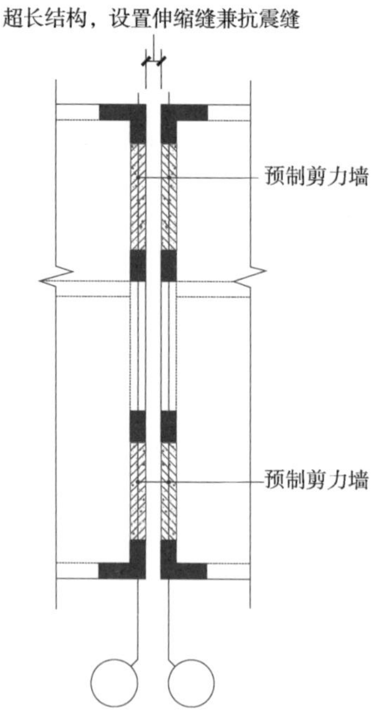


▲ 图 7-22 预制剪力墙设置在抗震缝两侧

▲ 图 7-23 抗震缝两侧的预制剪力墙

**8. 内力较大部位预制构件的设计问题**

地震工况下剪力墙肢受拉或 $Z$ 向受压较小，会出现水平接缝抗剪承载力不足的情况。本书 6.1.1 节 1（1）对这种情况进行了举例说明并分析，在进行剪力墙拆分设计时，需要引起足够重视，一般深化设计时容易出现两类问题：一是个别楼层不满足接缝承载力要求时，统一按剪力墙施工图中竖向分布筋的配筋进行套筒连接筋的设计，会导致个别楼层接缝承载力不足，没有针对性地通过适当放大该层的灌浆套筒连接筋，来满足本层的预制剪力墙底接缝受剪承载力的要求；另一种是有的墙肢接缝受剪承载力相差很大，已经不适合预制的情况，但深化设计时未核对接缝承载力验算结果，按结构施工图竖向分布筋的设计要求进行了灌浆套筒连接筋的配筋设计。本书 6.1.1 节 1（2）提到的叠合梁端竖缝抗剪承载力验算也是类似的问题。

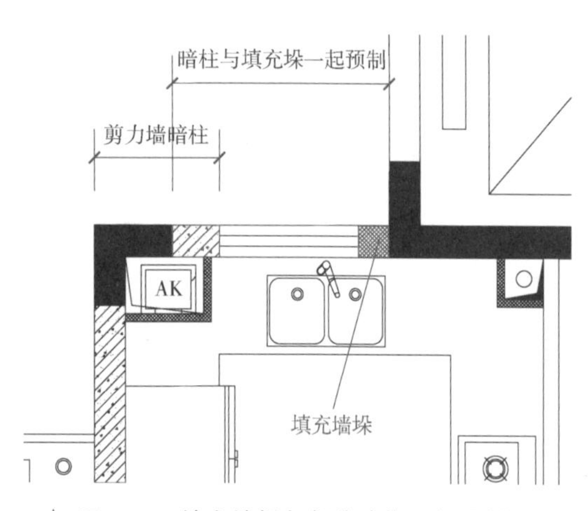


▲ 图 7-24 填充墙垛与部分暗柱一起预制

分析问题产生的原因，是结构专业施工图提资里只有配筋设计，而对接缝承载力计算的结果，图纸里或并未体现，或未向深化设计人员进行提醒，深化设计人员只根据结构施工图中提资进行了深化设计，导致问题的出现。在进行拆分设计时，需要加强各阶段工作的协调沟通，避免将不适合预制的构件进行了拆分预制。

# 7.5 连接设计问题

### 1. 连梁纵筋锚固长度无法满足规范图集要求

当外围护填充墙构件带连梁预制时，连梁两端锚固区长度在剪力墙现浇边缘构件中需达到$l_{aE}$且≥600mm 的构造要求，如图 7-25 所示。但常规边缘构件长度仅 400~500mm，连梁纵筋无法满足水平直锚的长度要求，对此种情况，目前很多的预制拆分设计做法，是按照端部墙肢较短的情况进行了弯锚处理，这与现行《高规》和 G101 图集的要求是不相符的，且向上弯折锚固方式会造成边缘构件与连梁交接部位钢筋密集，混凝土浇筑质量不易控制。

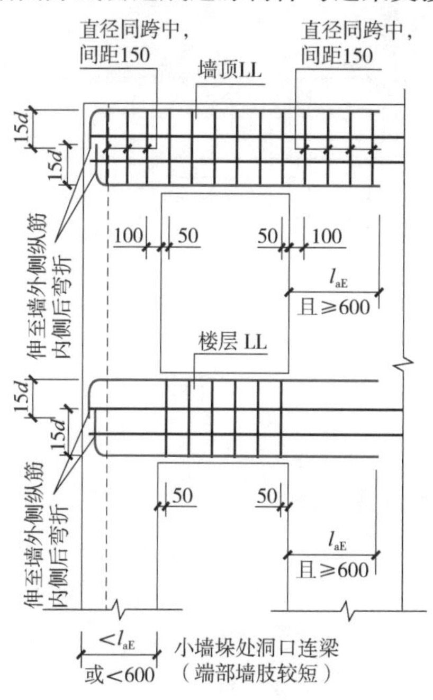


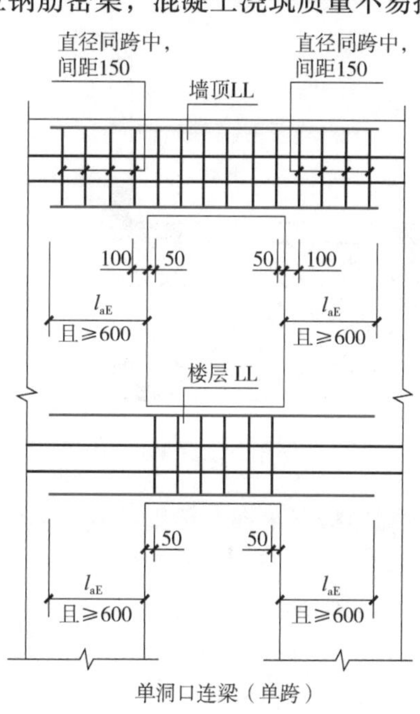


▲ 图 7-25 连梁钢筋锚固做法示意图

针对该问题，可在紧邻边缘构件的预制墙体深化中，预留一定尺寸的缺口，如图 7-26 所示，当带连梁预制构件进行安装时，缺口位置可为连梁纵筋提供足够的锚固长度。

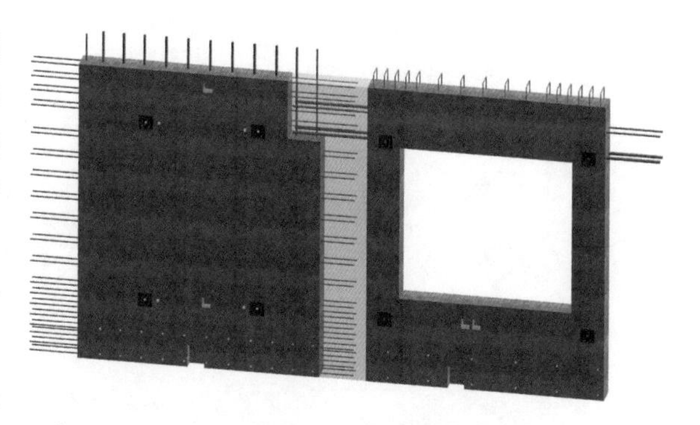

▲ 图 7-26 连梁钢筋锚固位置预留缺口

### 2. 全预制梁式阳台挑梁纵筋锚固及干涉避让问题

在梁式悬挑阳台整体预制时，尤其是阳台梁采用上翻梁设计时，悬挑梁的负筋在固定端只有 500mm 长的剪力墙现浇构造边缘区，满足不了挑梁负筋的直锚要求。针对该问题，当纵筋直锚长度在现浇范围内不能满足时，可采取纵筋向上弯折的方式进行可靠锚固；或在拆分设计时，将该预制剪力墙底抬高，让挑梁纵筋锚入现浇反槛内，如图 7-27 所示，避免悬挑平台钢筋锚固长度不足，造成安全隐患；另外挑梁负筋较多而且非常重要，深化设计时要考虑好与剪力墙现浇边缘构件纵筋的避让，避免这些关键部位的钢筋互相干涉而导致施工困难，甚而引发违规切断钢筋的情况出现，埋下结构安全隐患。

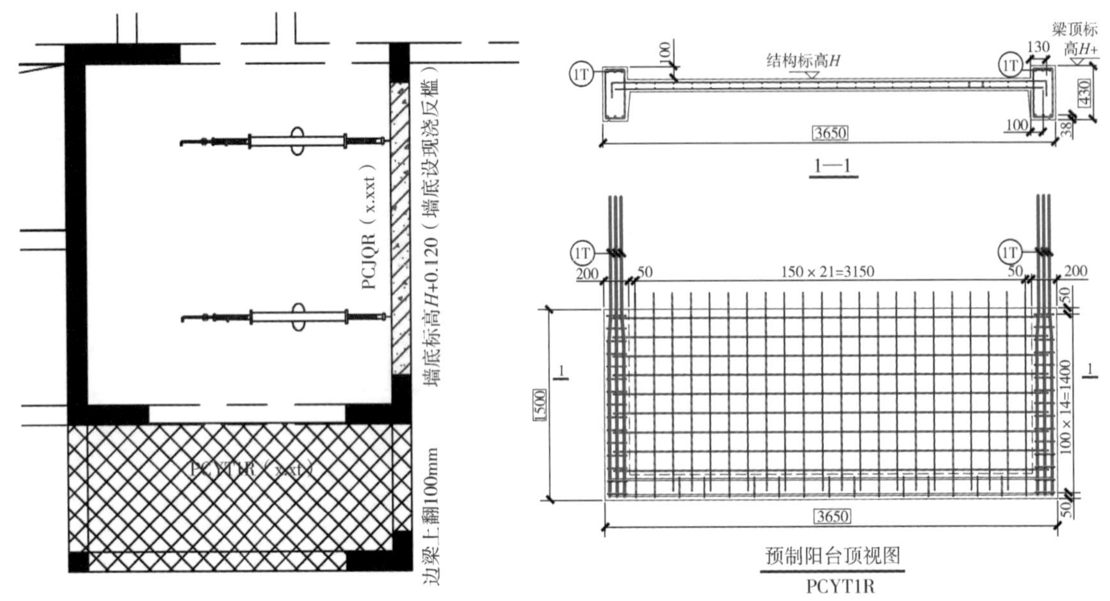


▲ 图 7-27 整体预制阳台上翻梁负筋锚固避让

### 3. 预制墙板与平面外梁钢筋连接锚固的问题方案选择

在预制构件深化设计过程中，设计师往往容易忽略预制墙板与平面外梁交接的问题，导致预制构件进场后，平面外梁钢筋无法在墙体内锚固，需要采用二次开槽或植筋的方式予以解决，影响施工质量和施工效率。对于预制墙板与平面外梁连接的问题，钢筋的连接是保证质量的重要环节，目前常用的连接方式有：预留凹槽、预埋套筒和伸出连接钢筋，如图 7-28 所示。

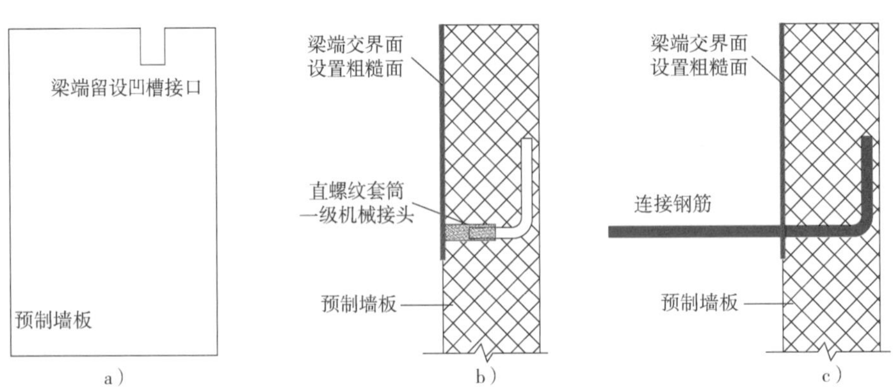


▲ 图 7-28 预制墙板与平面外梁交接位置连接方式示意

a）预留凹槽 b）预埋套筒 c）伸出钢筋

以上三种方式各有优缺点，留设凹槽的方式，钢筋安装较为方便，深化设计也较为简单，但墙板凹槽位置在钢筋连接完毕后，需要支设模板并浇筑混凝土，且该位置模板支设困难，易漏浆；预埋套筒的方式，预制构件吊装就位后，将连接钢筋旋入直螺纹套筒中，实现钢筋连接，较为方便，预制构件模具也较为简单，但由于直螺纹套筒定位精度要求高，容易出现偏位或倾斜的情况，导致现场钢筋连接时易发生碰撞或连接困难；预制墙板伸出连接钢筋的方式，规避了钢筋碰撞的问题，但是由于钢筋凸出墙体长度较长，影响预制墙板的运输，且由于钢筋为同截面搭接连接，搭接长度长，钢筋用量多一些。

**4. 预制剪力墙竖向连接方式选择问题**

深化设计时，预制剪力墙竖向连接方式的选择，将直接影响工程成本与施工的便利性，需要在深化设计前期与建设方、施工单位协商后确认。目前，国内常用的连接方式有：全灌浆套筒连接、半灌浆套筒连接和螺栓连接，其各有优缺点，说明如下：

（1）全灌浆套筒连接。如图 7-29 所示，套筒两端的钢筋均通过灌浆料握裹实现连接。工厂工艺较为简单，且套筒内径较同规格半灌浆套筒大约 1cm，现场安装更为快捷，缺点是灌浆套筒价格高、灌浆料用量较大，且若工厂操作不当，易造成墙内预留钢筋锚固长度不足或孔内被混凝土浆料堵塞。

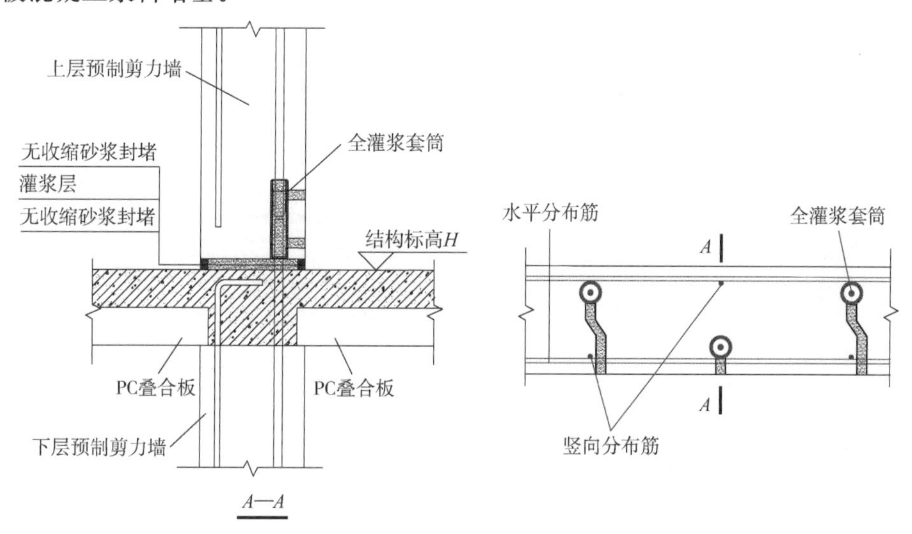


▲ 图 7-29　全灌浆套筒连接示意

（2）半灌浆套筒连接。如图 7-30 所示，套筒的钢筋一端通过直螺纹连接，另一端的钢筋通过灌浆料握裹连接。由于一端为直螺纹连接，需要在工厂进行直螺纹加工，但预制剪力墙连接钢筋直径较小，一般为 14mm 或 16mm，直螺纹加工刀具较为少见，且预制厂内加工的直螺纹存在螺纹长度不足或螺纹过长等质量问题，影响钢筋的连接性能；另外，半灌浆套筒内径较小，预制墙板安装精度要求较高，安装效率较低。

（3）螺栓连接。如图 7-31 所示，螺栓连接较为便捷，但因其连接性质、设计计算模型发生了变化，普及推广还有一定难度。

**5. 预制剪力墙分仓缝间距、封堵构造、封堵材料设计不合理**

预制剪力墙构件的竖向连接，目前通常采用连通腔灌浆法，按照《钢筋套筒灌浆连接应

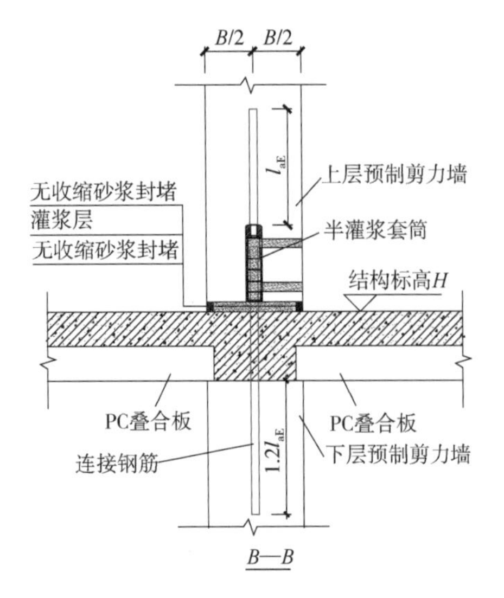


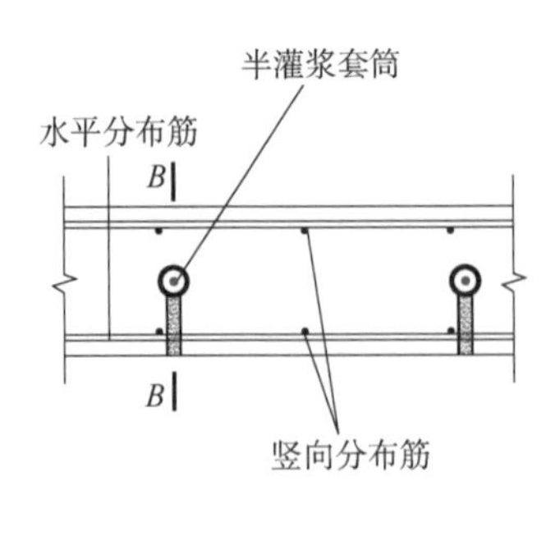


▲ 图 7-30　半灌浆套筒连接示意

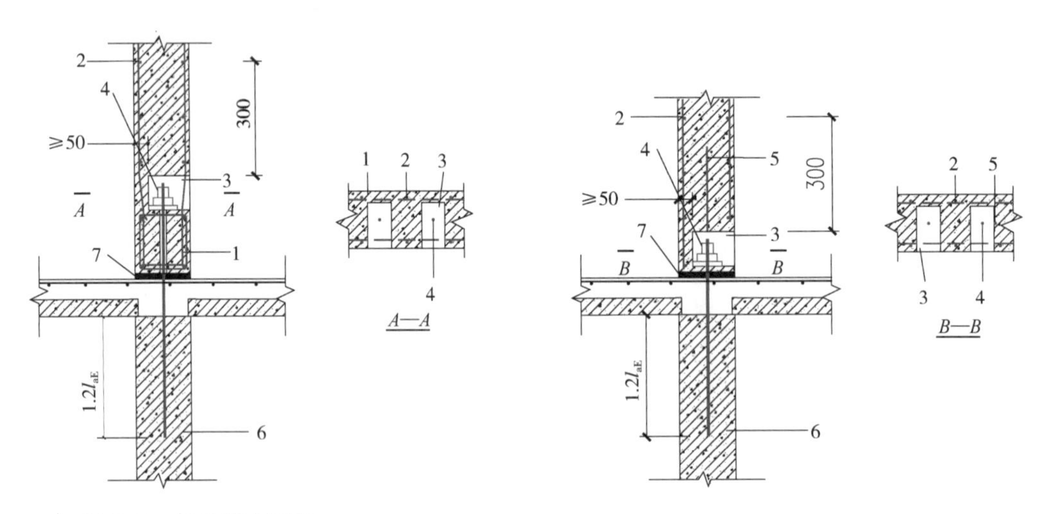


▲ 图 7-31　螺栓连接示意

1—暗梁或预埋连接器　2—剪力墙竖向钢筋　3—手孔(盒)　4—连接螺栓

5—连接器锚筋(与连接器焊接)　6—下层预制构件　7—坐浆层

用技术规程》JGJ355 的要求，预制剪力墙分仓缝间距，一般设计为 1.0～1.5m，宜采用宽 20mm、高 25mm 的条状座浆料进行分仓，座浆料强度不低于 50MPa。分仓位置不宜靠近灌浆套筒，以防止分仓料受压扩散后堵塞套筒。

有的项目深化设计时未对灌浆分仓提出设计要求或分仓设计要求不合理，造成灌浆不饱满，导致连接位置出现薄弱点。

预制剪力墙灌浆缝的封堵材料，目前多采用强度为 50MPa 的座浆料，高强度座浆料凝结速度快、初期强度增长较快，可保证灌浆时，不易被灌浆压力冲破造成灌浆失败。但是，有的项目深化设计时，错误地采用了密封胶+PE 棒的灌浆缝封堵构造方式，如图 7-32 所示。 该种方式封堵，存在以下问题：①预制剪力墙底接缝有效截面削弱，预留不少于 10mm 密封胶打胶深度，内衬 PE 棒宽度 20mm，截面削弱深度超过 30mm，对结构接缝受剪承载力削弱较大。②接缝处 PE 棒距离连接钢筋过近，钢筋混凝土保护层厚度不足，对结构耐久性及混凝土对钢筋的握裹力造成削弱，影响结构的连接安全。

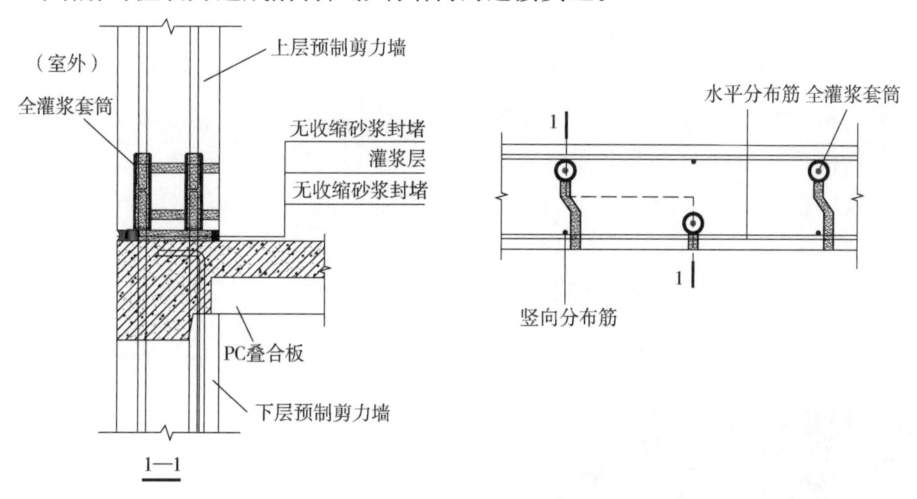


▲ 图 7-32　采用塑封胶+PE 棒进行灌浆缝封堵示意图

### 6. 屋面及立面收进的楼层的预制剪力墙顶设置圈梁问题

为保证屋面结构有较好的约束能力和整体性，按照《装规》第 8. 3. 2 条要求，应在楼层收进及屋面处设置后浇圈梁，后浇圈梁的设置如图 7-33 所示。

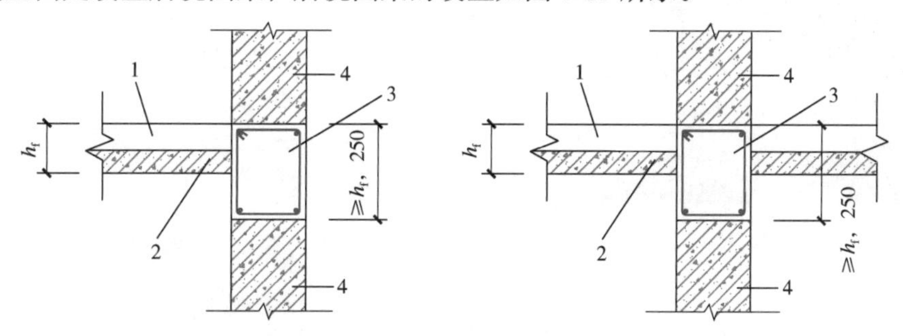


▲ 图 7-33　屋面后浇圈梁设置示意图

1—叠合板现浇层　2—预制楼板　3—现浇圈梁　4—预制墙板

但是，在实际工程设计中，有的设计人员为了保证预制墙体与标准层的统一，达到更好的标准化，减少模具费用，降低成本，将顶层预制墙体与中间标准层预制墙体设计为同一规格构件，顶层预制墙体与现浇楼盖连接如图 7-34 所示，取消了现浇圈梁。这种处理方式，使屋面结构的整体性受到影响，且不满足规范的要求，对结构安全不利，应避免。

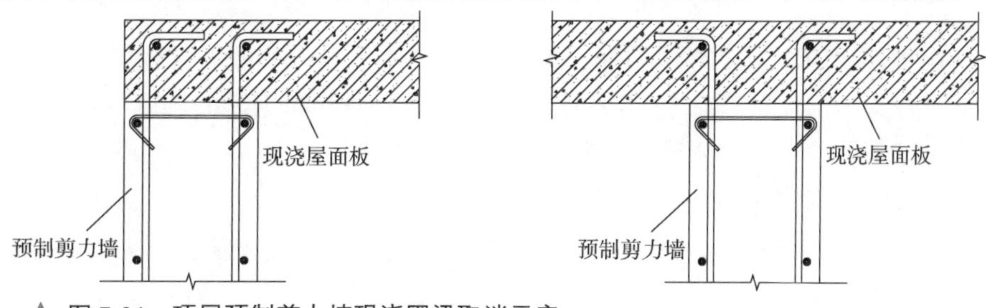


▲ 图 7-34　顶层预制剪力墙现浇圈梁取消示意

**7. 预制剪力墙侧面钢筋连接锚固形式的选择**

预制剪力墙侧面与现浇边缘构件的连接锚固，15G310 图集提供了几种不同的形式，从设计受力的锚固角度来说，均满足要求，而对于现场施工安装来说，不同的形式，其便利性具有较大差异。在施工现场，可经常看到图 7-35 所示的预制剪力墙水平外伸钢筋的连接形态，钢筋被随意弯折，箍筋放置困难，导致缺筋、漏筋情况时有发生。分析其原因，主要是因为在预制构件连接设计时，没有充分考虑施工的可操作性，导致现浇边缘构件箍筋放置困难；同时，设计也未对节点钢筋放置顺序进行必要的交底，现场施工随意性大，质量隐患突出。

对于以上情况，可采取如下预防措施：

（1）现浇边缘构件纵筋若采用绑扎搭接时，预制墙板的水平外伸钢筋宜采用带 135°弯钩或直锚形式（图 7-36）的开口设计，便于纵向钢筋绑扎。

▲ 图 7-35 现场连接节点钢筋随意弯折

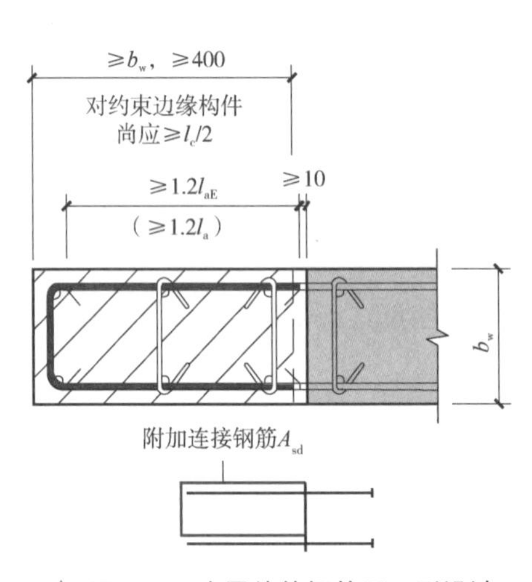


▲ 图 7-36 水平外伸钢筋开口形设计

（2）若预制墙板水平外伸钢筋采用封闭形式时，现浇段构件纵筋宜采用焊接或机械连接，且机械连接应采用 I 级接头。

（3）设计人员对施工单位的技术交底，应包含节点钢筋的放置顺序的说明。

（4）借助 BIM 技术进行设计和模拟。

**8. 预制剪力墙与出屋面现浇剪力墙竖向钢筋的连接问题**

顶层剪力墙往往也采用预制构件，但出屋面的电梯机房、楼梯间等位置仍为现浇剪力墙结构。这种情况下，顶层预制剪力墙与出屋面现浇剪力墙竖向钢筋的连接，容易在深化设计时疏忽。

按照 G101 图集要求，剪力墙墙身竖向分布钢筋锚入下层剪力墙墙身长度不小于 $1.2l_{abE}$，而顶层预制剪力墙顶部仅留有 250mm 高圈梁，不满足竖向分布钢筋的锚固长度要求。

深化设计时需提前考虑上层现浇墙体的竖向钢筋连接问题，按照上层墙体连接钢筋的规格和间距，提前在预制构件中做好连接钢筋的预留，如图 7-37 所示，以保证墙体竖向钢筋的可靠连接。预留连接筋连接方式，可以采用搭接、焊接和机械接头连接，考虑到预制剪力墙板一般采用立式运输，伸出钢筋太长时，会导致运输超高问题，因此不建议采用搭接连接。另外，一般墙身钢筋直径较小，多为 8mm 和 10mm 的钢筋，此类钢筋机械连接无法实现，因此采用焊接更为合适。

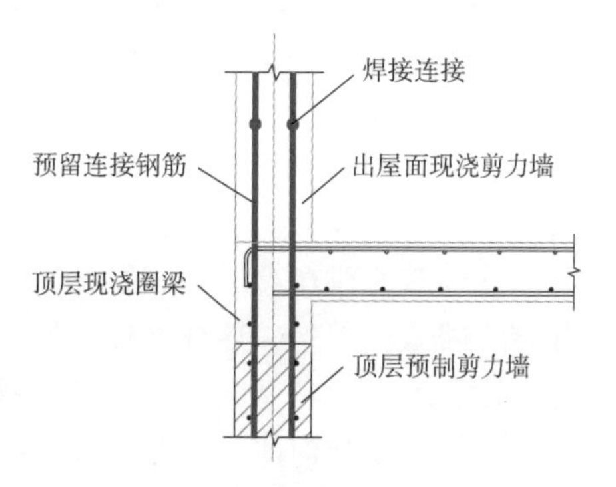


▲ 图 7-37　顶层预制剪力墙与出屋面现浇剪力墙钢筋连接示意

**9. 剪力墙预制与现浇转换楼层插筋设计问题**

规范规定剪力墙结构底部加强区宜采用现浇，在现浇与预制转换的楼层，设计中需要绘制插筋布置图，给出预留插筋的规格、标高、位置、伸出长度等准确信息，并给出插筋连接的节点详图（图 7-38），插筋设计的准确性，对后续预制剪力墙的顺利安装至关重要，必须引起足够的重视。此外，插筋预留也是设计交底的重点内容，需要对施工单位进行详细交底，避免发生施工单位读图错误，插筋预留错位的情况。

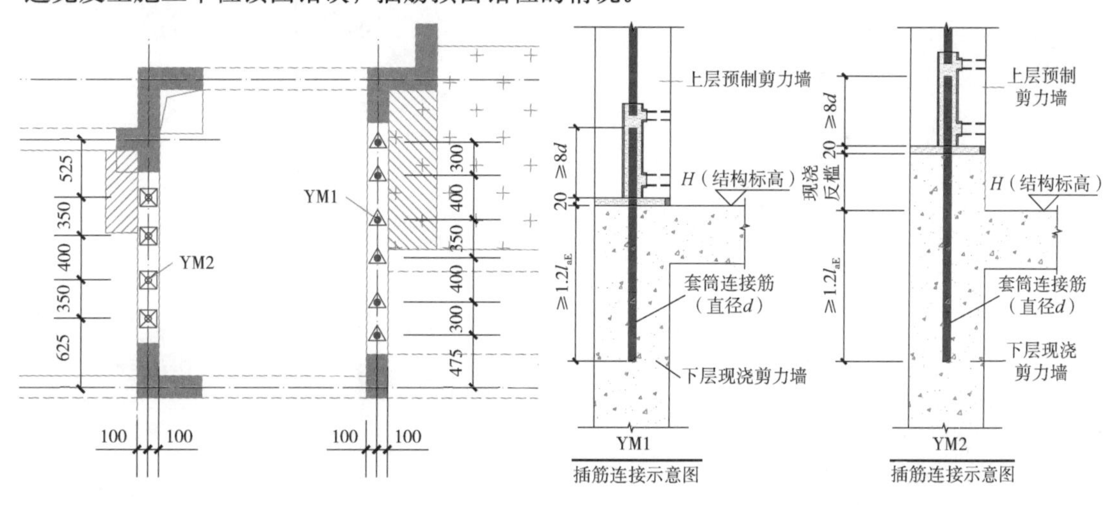


▲ 图 7-38　预埋插筋布置及连接示意

由于钢筋采用灌浆套筒连接，其位置误差允许值较小。因此，在图纸设计说明或设计交底时，需对施工单位的钢筋定位方法进行强调或提出合理化建议，目前转换层连接钢筋一般采用图 7-39 所示的定位钢板进行定位，较为准确可靠。

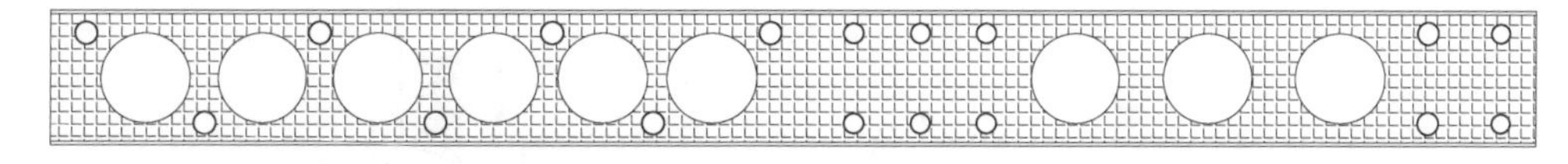

▲ 图 7-39　预埋插筋定位钢板平面示意

## 7.6　构造及预埋设计问题

**1. 预制剪力墙非连接竖向分布筋的构造设计问题**

按照《装规》的规定，预制剪力墙墙身竖向钢筋可采用部分连接的形式，在剪力墙构件承载力设计和分布钢筋配筋率计算中不得计入不连接的分布钢筋。竖向连接筋一般采用梅花形双排连接和单排连接两种方式，而规范中对于非连接钢筋的构造设计要求，仅提出了直径不小于6mm的要求。有的设计师认为非连接钢筋为非受力筋，仅起构造作用，因此，在预制构件深化设计时，将该钢筋在预制剪力墙顶部截断，不伸出预制构件，如图7-40所示。这样的处理方式，一方面可以减少钢筋用量，同时，也可以减少模具开孔，因此被参建各方所接受。但是，这样处理会导致剪力墙与楼板交接的节点部位薄弱，不能达到加强带的设计意图。尤其是采用单排套筒灌浆连接时，连接钢筋位于剪力墙墙身中部，两侧钢筋如果不伸出预制构件，将导致楼板连接带位置两侧为素混凝土，对结构受力极为不利。对于该问题，应引起足够重视，在进行预制构件深化设计时，须将非连接钢筋伸入现浇节点区，如图7-41所示，从而保证构造合理和结构安全。

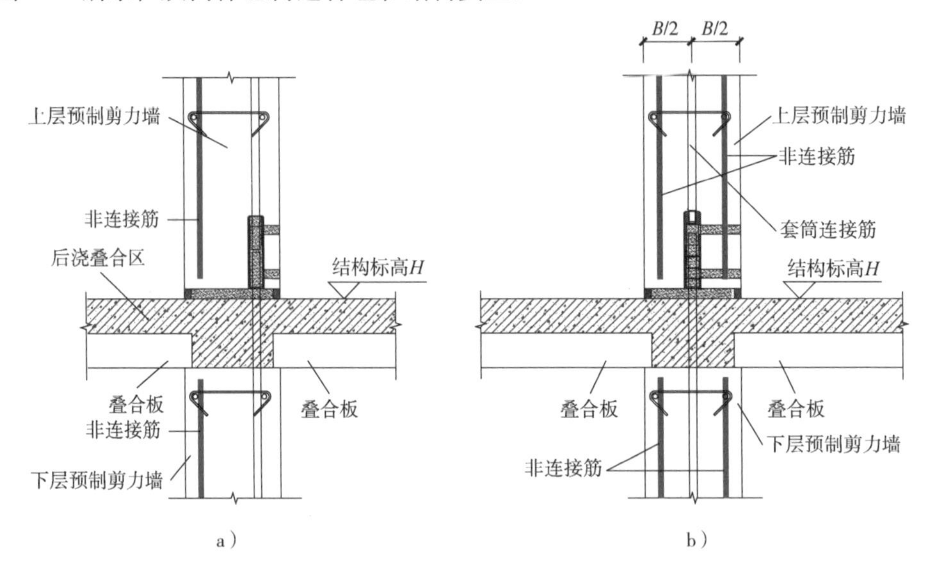


▲ 图7-40 预制剪力墙顶部非连接筋不出筋构造

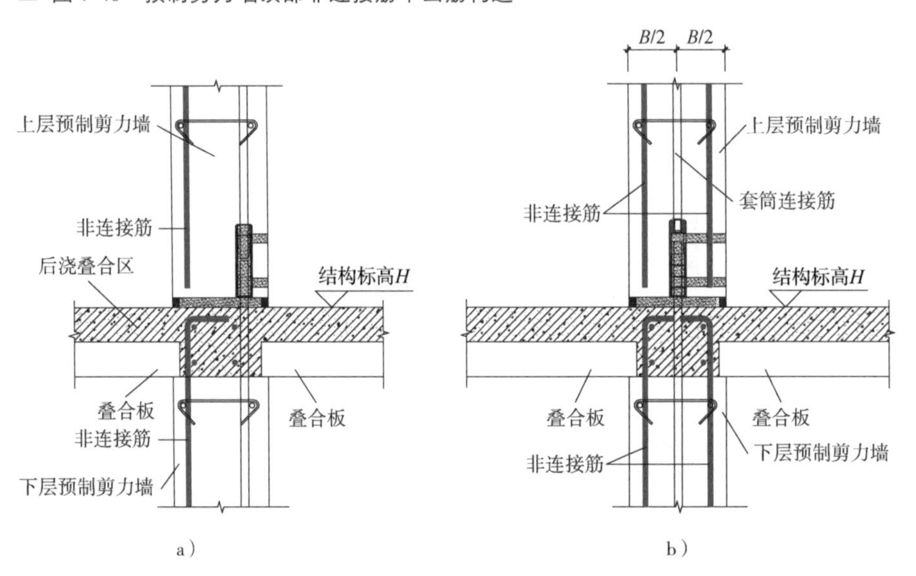


▲ 图7-41 预制剪力墙顶部非连接筋出筋构造

**2. 预制剪力墙板侧边粗糙面与键槽设置问题**

预制剪力墙板的连接，在侧面和顶面，主要通过现浇带连接；在底部主要通过套筒灌浆进行连接。为了保证连接可靠，规范中对连接面的粗糙度和键槽设置均进行了相应规定。但是，在实际工程中，经常出现预制构件粗糙面面积及深度不足或键槽设置不合理的情况。图 7-42 所示为预制构件粗糙面采用花纹钢板制作，凹凸深度及面积不满足规范要求；有的深化设计在预制剪力墙底部也设置了键槽，该设置方式，容易在预制构件底部灌浆时，产生聚气现象，导致灌浆不密实。对于粗糙面的设置，设计文件中，应对其面积和凹凸深度进行明确规定，并对采用粗糙面的工艺方式提出设计要求。当遇到采用花纹钢板法成型的不达标的粗糙面，设计方进行预制构件联合验收时，也应提出意见，以保证连接质量。对于键槽的设置，建议仅在预制构件两个侧边设置，顶部和底面仅设置粗糙面，避免由于过度设计，增大预制构件生产费用的同时，也导致不必要的质量隐患。

▲ 图 7-42　预制剪力墙底面采用花纹钢板法成型的粗糙面

**3. 预制剪力墙安装斜支撑点位和埋件设计**

预制构件安装的支撑体系和预埋件需要进行深化设计。临时斜支撑体系主要包括可调节式支撑杆、端部连接件、连接螺栓、预埋螺栓等几部分，如图 7-43 所示。预制墙板的临时斜支撑不宜少于 2 道，上部斜支撑的支撑点距离板底不宜小于板高的 2/3，且不应小于板高的 1/2，设计时需要根据具体情况给出支撑点的位置。

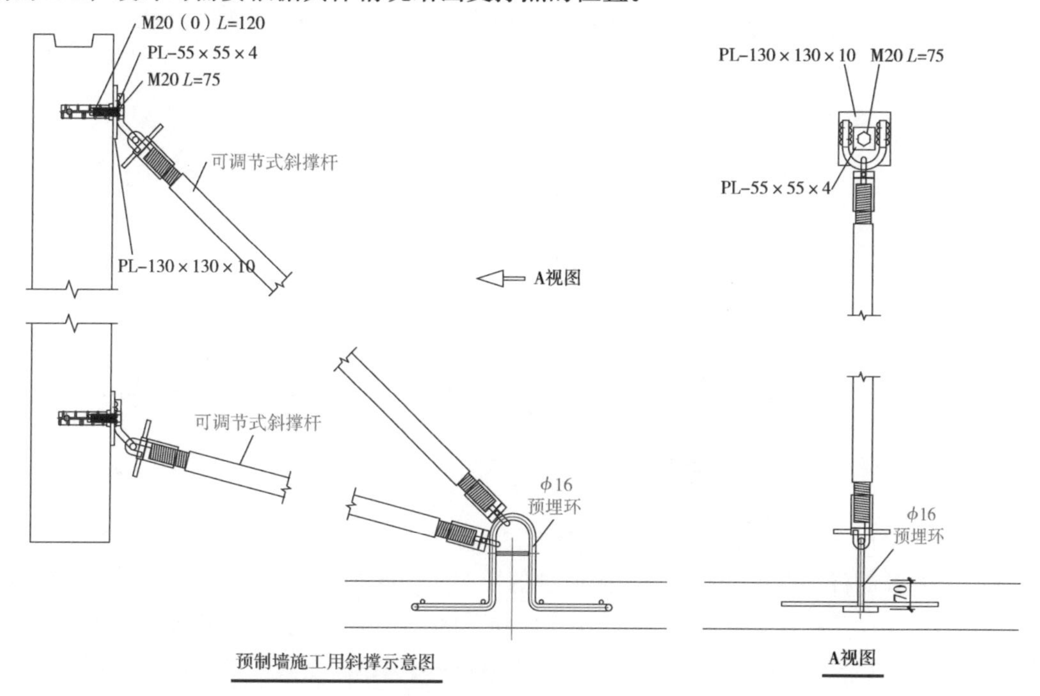


▲ 图 7-43　预制墙板用斜支撑示意图

在墙板安装过程中，有时叠合层混凝土强度还不足，就进行墙板吊装，此时安装斜支撑，如果预埋环的埋置方式不当就会导致预埋环拔出破坏。预埋环宜预埋于叠合楼板的预制层，当预埋环埋置在现浇叠合层中时，预埋环应与桁架筋采用焊接或附加穿筋等方式进行可靠连接。

此外，如果斜支撑的安装角度和位置未在深化设计阶段进行校核，导致斜支撑相互交叉干涉（图 7-44），也会影响现场后续的施工作业。针对此类问题，应合理选择斜支撑形式，尽量减少斜支撑数量；深化设计时应对构件支撑进行放样核对，对复杂易碰撞部位宜利用 BIM 三维模型进行碰撞校核。

▲ 图 7-44　预制墙板斜支撑相互干涉实例

**4. 预制构件薄弱环节设计问题**

（1）开口构件临时加固问题

在预制构件拆分设计中，经常会遇到门形、刀把形等预制墙板，该类构件由于存在缺口，在脱模、运输、吊装过程中存在应力集中现象，所以需要采取临时加固措施。一般有两种临时加固方式（图 7-45），一种是设置加固槽钢，通过墙板上预埋直螺纹套筒，拧入螺栓固定槽钢，这种方式的优点是加固槽钢可以重复使用，缺点是靠螺栓无法达到完全固接，受力后会有微小的变形；另一种方式是采用预埋螺母，用花篮螺栓锁紧的方式。在具体设计时，需要根据项目具体情况采取针对性的临时加固措施。

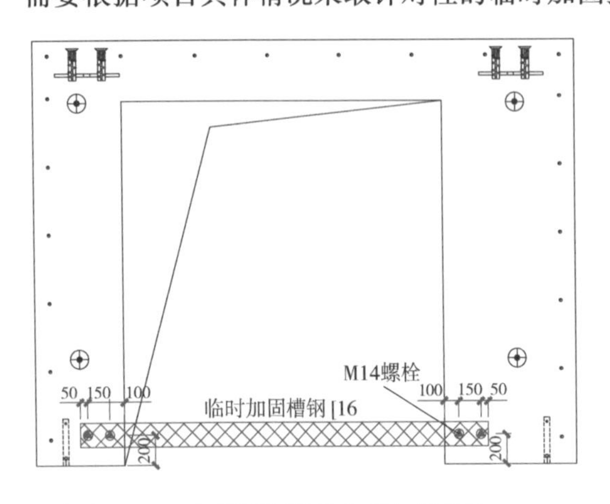


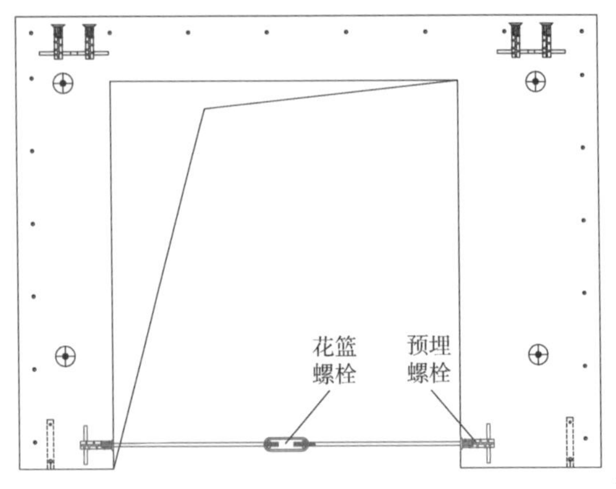


▲ 图 7-45　门形预制构件临时加固措施

（2）叠合板吊点设置及两方向验算问题

叠合板设计同样存在考虑不充分导致开裂的情况，如图 7-46 所示。在大跨度预制叠合板的吊点设置时，仅凭经验设置四个吊点，未做脱模、吊装工况补充验算，导致脱模或吊装时板底开裂；另外，有的叠合板长宽尺寸接近时，桁架钢筋因为单向布置，未对另一个方向下的脱模、吊装等工况进行补充验算，可能因承载力不足而导致平行于桁架筋的板底出现裂缝。

为避免上述情况发生，设计时应根据构件实际情况进行相应地脱模、吊装工况验算，对大跨度叠合板可采取增设吊点的方式，对长宽比接近的叠合板应进行两方向验算。当验算不满足时，可采用增设吊点，或两方向布置桁架筋等措施。

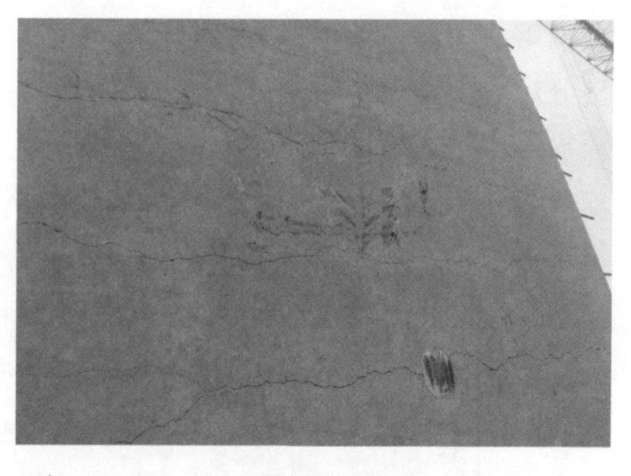

▲ 图7-46　叠合板板底开裂

**5. 预制构件吊点预埋不合理**

预制构件吊点设计是构件深化设计的重要环节。吊点形式选择、吊点位置布置及承载力验算等，都关系到施工效率和施工安全。

图7-47是吊点设计时未考虑吊点预埋件与连接插筋、墙板伸出的竖向分布筋产生的干涉问题，导致吊点埋件被钢筋遮挡，吊具无法安装，吊装无法顺利进行，需要把干涉的钢筋采用非常规方式处理后才能安装吊具进行吊装，影响了吊装作业安全。在吊点设计时，应综合考虑吊具、预埋件型号、钢筋排布等各方面因素，避免吊点埋件被干涉遮挡。

▲ 图7-47　预制构件吊点设计不合理实例

**6. 预制构件脱模验算时的混凝土强度问题**

预制构件脱模、运输、吊装等不同工况都需要进行补充验算，防止构件开裂，影响使用。在进行脱模验算时，有的设计师由于疏忽，采用预制构件的设计强度作为脱模验算的混凝土强度，但实际脱模时混凝土强度一般仅为15MPa，与设计强度有很大的差距，脱模验算时须引起注意。

## 7.7　其他设计问题

**1. 剪力墙结构住宅大空间设计问题**

我国住宅以剪力墙结构为主，承重剪力墙构件将空间进行刚性分隔，设计的住宅户型是确定的，难以改变。现有住宅消费模式是通过买卖换房的方式来实现对户型改变的需求，如何实现住宅户型可变来适应全生命周期的需求变化，也是装配式剪力墙结构设计需要考虑的一个问题。

空间可变意味着首先要尽可能去掉户内承重剪力墙，实现户型内没有承重剪力墙或少设承重剪力墙，通过非承重轻质内隔墙实现可装配、可移动和可改变。大空间对结构来说是大跨度问题，大跨度的预制装配是大空间设计的基础。

下面所举的某住宅项目，就在剪力墙结构住宅大空间设计和建设上做出了非常有意义的尝试，其住宅户型平面见图7-48，三维模型见图7-49。我们可以发现每套住宅户内均未设置承重剪力墙，承重剪力墙只设置在了建筑外围四周、分户墙、楼梯间的位置，在C和E户型分户墙上预设了门洞，可以通过门洞封闭和拆改，实现分户和两户并一户的大空间设想；楼板采用了大跨度预制预应力空心板，户内空间没有设置一根梁，顶棚平整（图7-50），有效节约了层高，节省了用来遮盖梁的吊顶；户内非承重隔墙采用轻质内隔墙板；外围护墙板采用了装饰一体化预制墙板装配而成。

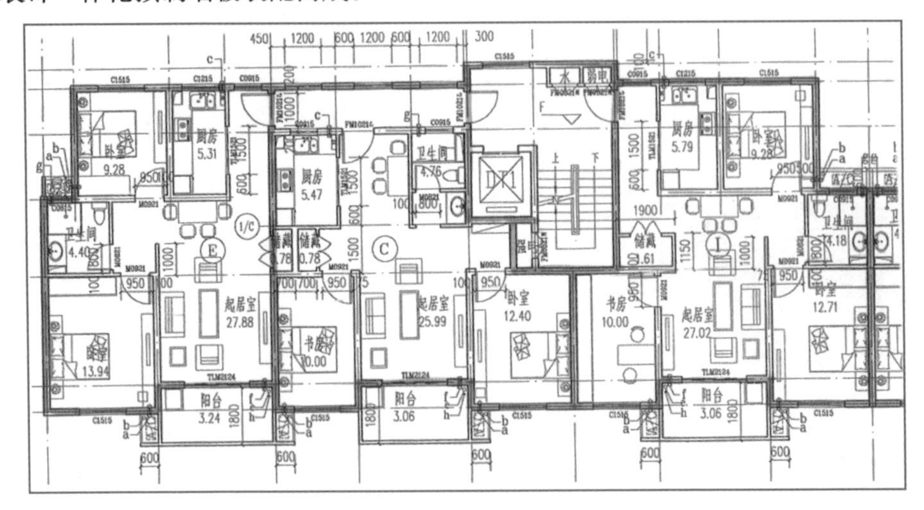


▲ 图7-48 某大空间剪力墙住宅户型平面图

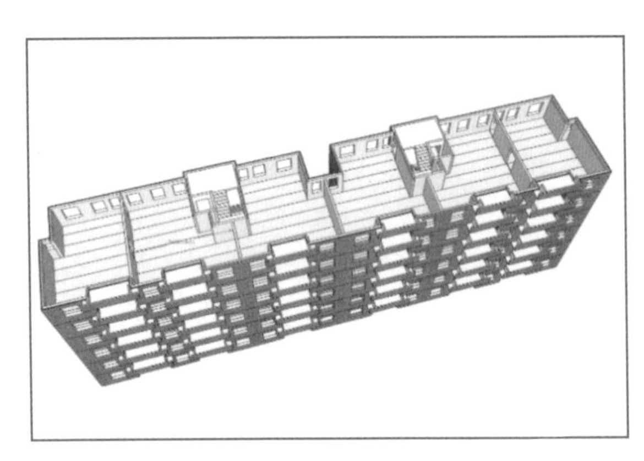

▲ 图7-49 某大空间剪力墙住宅三维图

▲ 图7-50 某大空间剪力墙住宅无梁平整顶棚

该项目预制率高，施工安装效率高，是一次非常有意义的尝试，对剪力墙结构住宅大空间预制装配的实现，提供了一个解决思路和成功案例。笔者认为，对于类似的大空间装配式剪力墙结构，首先可以考虑在低多层剪力墙住宅里应用推广，相关研究和论证工作需要进一步开展，进而形成一套完整的技术体系和设计标准。

**2. 套筒灌浆方法设计的选用问题**

目前，套筒灌浆连接剪力墙结构占有很高的比例，且随着国家对装配式建筑和装配率要求的逐步提高，套筒灌浆连接技术将占据越来越重要的地位。灌浆作业虽然是后续施工安装环节的工作，但由于其连接质量的好坏直接决定了结构的质量和安全，因此设计人员有必要了解相关的工艺特点。在设计时，有意识地选择灌浆工艺，在设计文件中结合灌浆工艺特点，对灌浆材料的性能参数等提出明确的设计要求。

目前预制剪力墙的竖向连接安装主要采用座浆法和连通腔灌浆法两种工艺，连通腔灌浆法和座浆法在工艺、质量、工期、成本等方面都各有优缺点。从目前国内预制构件制作及施工安装精度来说，预制墙板吊装就位，很难一次性对准装好，往往需要多次移动墙体进行对位安装，如果采用座浆法，很容易导致预制墙底与座浆料分离。实践经验表明选用连通腔灌浆法更适宜和可靠。

欧洲和美国剪力墙竖向连接也有采用倒插法的灌浆连接方式，即灌浆孔预留在下部预制构件上，上部预制构件预留插筋，先灌浆再安装，如图 7-51 所示。此种方式高效、灌浆饱满度也容易保证，目前国内还未见到使用，规范也未作规定，建议抗震设防低及低层建筑可以考虑尝试采用倒插法灌浆。

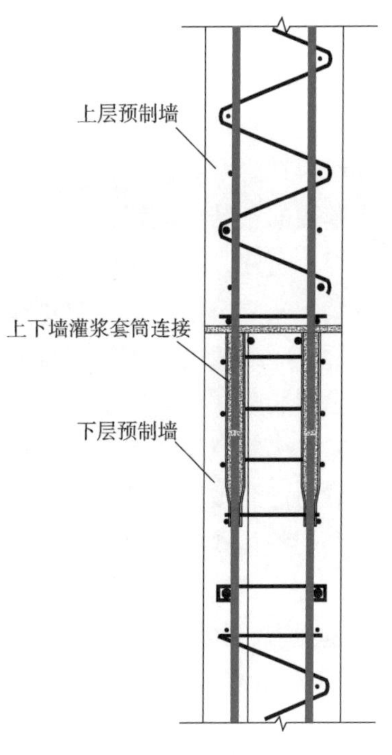


▲ 图 7-51　倒插法灌浆方式示意

**3. 预制外墙接缝防水设计问题**

装配式结构预制构件之间的拼装接缝在防水上是一个薄弱节点，特别是对外墙板考虑施工安装误差调节或出于抗震设计需要或接缝设计需要满足一定宽度的，就更增加了接缝部位的防水设计难度。

装配式建筑在防水设计上同传统建筑一样，最关键的是要有多道设防的意识，通常需结构自防水、构造防水和材料防水三道防线。

（1）结构自防水

装配式建筑与传统建筑的差异在于各种拼接缝的存在，拼接缝主要有施工缝和安装缝两种。

1）施工缝主要出现在预制构件侧面、顶面等与现浇混凝土的连接部位，接缝常用做法是“粘合接缝”，可采取预留粗糙面、凹槽或 Z 字形转折角等构造措施加强结构自防水，如图 7-52 所示。

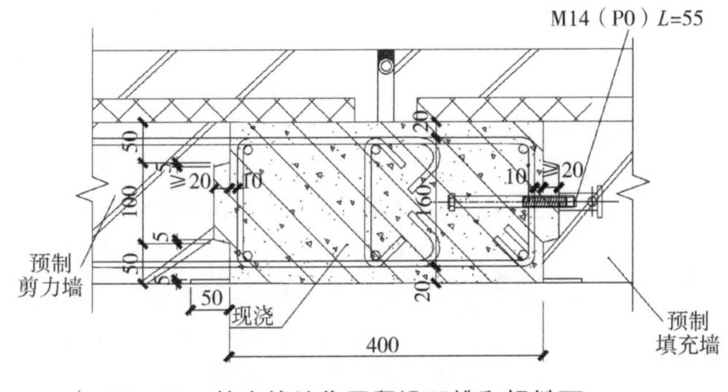


▲ 图 7-52　粘合接缝位置留设凹槽和粗糙面

2）安装缝指预制构件底部与现浇混凝土结构面之间的水平拼接缝，或预制构件侧面之间的接缝，一般缝隙宽度为 20mm，灌浆缝封堵和灌浆参见图 7-29 和图 7-30。对于预制非承重外墙板，底部与现浇结构面之间的水平安装缝，通过灌浆盲孔连接，水平缝与盲孔一起用高强度灌浆料灌实；预制剪力墙外墙板底部与现浇结构面之间的水平安装缝，通过灌浆套筒连接，水平缝与套筒一起采用高强度灌浆料灌实。

（2）构造防水

构造防水可以通过外低内高的企口接缝、截水凹槽等构造措施来防水。

（3）材料防水

材料防水是将墙外侧的缝隙用耐候密封胶等材料进行封堵。由于暴露于室外的密封胶受环境因素影响会收缩、开裂，所以密封胶的选择需要重点关注其耐久性、耐碱性能及与混凝土基面的粘结性能等。

综上所述，有效的接缝防水设计应根据工程所处的气候环境采用三种策略的不同组合以达到装配式建筑接缝防水的要求。

**4. 剪力墙外围护体系的不同做法及其评价**

虽然装配式剪力墙结构体系在国内发展时间不长，但是在装配式外围护体系做法上已经出现了很多有意义的探索和尝试，有的已经成为局部地区的主流做法，有的尚在研发推广中，有的已经被证明不符合市场需要而退出。

装配整体式剪力墙结构外围护体系是技术难度最高、实现难度最大的部位，也是成本控制的关键，不同体系之间的差异主要体现在外围护构件的不同，下面结合各地区外围护体系应用的情况，从不同体系的优缺点、适应性、成本影响等，进行简要的对比评价，见表7-1，供读者参考。

**表7-1 剪力墙结构外围护体系的不同做法对比分析**

| 外围护体系 | 优点 | 缺点 |
| --- | --- | --- |
| 单面叠合板（图7-53）与单面叠合夹芯保温板（图7-54） | 1. PCF墙板当作剪力墙外模板使用，可减少外墙湿作业，节约模板<br>2. 若外周交圈使用，可以做到不设置外脚手架，提高了施工安全性<br>3. 外立面可以封闭交圈，方便实现装饰面砖或石材的反打一次成型，提高外墙的品质<br>4. PCF拼缝防水构造容易实现，内侧现浇整体性好<br>5. 安装精度高时，可免除外墙抹灰，实现饰面与墙板一体化预制，节约综合工期<br>6. 上海有地方标准支持，在上海早期实施案例较多<br>7. 底部加强剪力墙也可使用 | 1. 外墙厚度增厚60~70mm，得房率降低约1.2%~1.5%<br>2. 对住宅立面规则性平整性要求相对较高，对变化繁多、线脚丰富的立面适应性差，对凹凸转折平面适应性差<br>3. PCF采用的外墙混凝土模板在设计中并未考虑其对墙体承载力及刚度的贡献，一方面造成了材料浪费，另一方面可能使计算假定与实际结构产生差异，量化分析手段不足 |
| 外挂墙板（图7-55）与外挂夹芯保温墙板 | 1. 外挂墙板当作剪力墙外模板使用，可减少外墙湿作业，节约模板<br>2. 若外周交圈使用，可以做到不设置外脚手架，提高了施工安全性<br>3. 外立面可以封闭交圈，方便实现装饰面砖或石材反打一次成型，提高外墙品质<br>4. 防水构造相对容易实现，内侧现浇整体性好<br>5. 可免除外墙抹灰，实现饰面与墙板一体化预制，节约综合工期<br>6. 外挂墙板受力明确，有行业标准支持 | 1. 外墙厚度增厚较多，一般需要增厚160mm，得房率受到比较大的影响<br>2. 夹芯保温连接件的计算和构造尚不成熟<br>3. 使用范围小，早期少数城市有项目采用<br>4. 对住宅立面适应性差，对有凹凸转折的平面适应性差 |

（续）

| 外围护体系 | 优点 | 缺点 |
| --- | --- | --- |
| 双面叠合剪力墙与双面叠合夹芯保温剪力墙（图 7-56） | 1. 工厂流水线作业，生产效率高<br>2. 因中间部位混凝土现浇，故自重较轻，节省塔式起重机成本<br>3. 无须采用灌浆套筒连接，上下板通过附加钢筋进行搭接连接，整体性好，抗渗漏有保证<br>4. 可做成双面叠合夹芯保温墙<br>5. 有 CECS 标准支持 | 1. 主要为平板式，对外墙线脚、造型等适应性较差<br>2. 属于引进专利技术，实施案例较少<br>3. 目前，可供货厂家少，对招标投标与供货的影响需考虑<br>4. 现浇部位需采用自密实混凝土浇筑，成本提高<br>5. 因构件较薄，对起吊作业和成品保护要求较高 |
| 模壳体系（图 7-57） | 1. 模壳当作模板使用，免模板，可在剪力墙、梁、柱等构件中使用<br>2. 模壳较薄，可免于蒸养，减少养护费用<br>3. 因中间部位混凝土现浇，故自重非常轻，单个构件一般在 2. 0t 以内，节省塔式起重机和运输成本<br>4. 节省了工地上支模、拆模、绑扎钢筋的人工，节约模板<br>5. 墙体厚度不增厚，不影响得房率<br>6. 底部加强剪力墙也可使用<br>7. 有 CECS 标准支持 | 1. 模壳较薄，对模壳材料有较高的受力性能要求，需采用复合混凝土砂浆制作<br>2. 内外叶模壳由拉结件形成整体，拉结件在较薄的模壳内锚固相对困难，需要特殊构造及高精度安装<br>3. 模壳内后浇混凝土对模壳产生的侧压力对薄模壳影响较大，需要对模壳下部支撑间距进行加密设置<br>4. 需对现场施工人员进行培训和交底 |
| SPCS 体系（图 7-58） | 1. 等同现浇结构，结构性能可靠<br>2. 墙板构件不出筋，适合工厂自动化生产，生产效率高<br>3. 钢筋笼由工厂焊接成型；机械化程度高，节约人工<br>4. 双面叠合墙板由工厂预制，精度较高，可实现现场免模免抹灰施工<br>5. 底部加强剪力墙也可使用<br>6. 有 CECS 标准支持 | 1. 主要为平板式，对外墙线脚、造型等适应性较差<br>2. 属于专利技术，实施案例目前较少<br>3. 目前，可供货厂家少，对招标投标与供货的影响需考虑<br>4. 现浇部位需采用自密实混凝土浇筑，成本提高 |
| 普通预制外墙内保温体系 | 1. 有利于形成分户计量的小单元<br>2. 有利于防火分区的分隔<br>3. 内保温施工方便、安全，施工质量容易控制<br>4. 对建筑外立面的艺术表达限制少，立面可以更灵活处理 | 1. 不利于管线暗埋设计<br>2. 后期内装更新维护时内保温易受破坏 |

▲ 图 7-53 单面叠合(PCF)板

▲ 图 7-54 单面叠合夹芯保温(PCF)板

▲ 图 7-55 外挂墙板

▲ 图 7-56 双面叠合夹芯保温剪力墙墙板

▲ 图 7-57 模壳体系

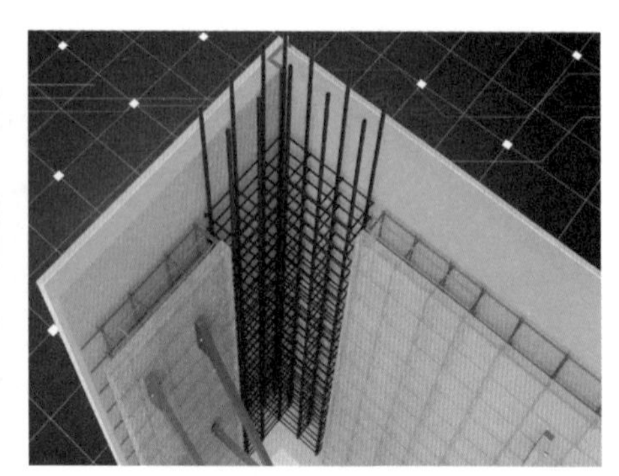

▲ 图 7-58 SPCS 体系

## 7.8 预防问题的具体措施

装配整体式剪力墙结构与现浇剪力墙结构设计存在较大的差异，有其自身的特点和规律，从所总结的问题和发生的原因来看，需要采取以下措施来预防问题的发生：

（1）方案阶段装配式设计就应介入配合，考虑装配式剪力墙住宅的特点，应遵循少规格、多组合的设计原则。

（2）结构方案设计时，结合拆分设计要求，优化布置剪力墙、梁、板等的布置，为拆分设计合理性打下基础。

（3）结构计算分析参数应考虑装配式要求进行调整。

（4）拆分设计时注意预制构件的合理性，尽可能规避异形构件、标准化程度低的构件、内力大且连接困难的构件。

（5）拆分设计时，应综合考虑生产制作和施工安装的可行性、便利性，避免制作安装出现困难。

（6）预制构件的连接和构造方式除了应满足规范和图集要求外，还应充分考虑施工安装、生产制作的方便。

（7）预制构件薄弱部位应采取必要的构造加强措施。

（8）预制构件深化设计时须加强碰撞干涉检查，必要时，采用 BIM 技术进行三维模型分析。

# 第8章
# 结构设计常见问题Ⅲ——柱梁结构体系

本章提要

对柱梁结构体系设计问题进行了举例分析，并对柱梁结构体系设计常见问题进行了汇总，重点对结构布置问题、连接节点问题、构造设计问题产生的原因及造成的危害进行了分析，并给出了具体的预防措施。

## 8.1 柱梁结构体系设计问题举例

柱梁结构体系在我国多用于公共建筑，如办公楼、商场、酒店、学校、医院、仓库等，在住宅领域也有应用。柱梁结构体系在国外的公共建筑和住宅领域应用都比较普遍。从装配式角度看，柱梁结构体系又可分为装配整体式框架结构、装配整体式框架—现浇剪力墙结构、装配整体式框架—现浇核心筒结构，其中预制部分为框架构件，即主要为柱、梁、板构件。

随着装配式建筑在全国的推广普及，越来越多的柱梁结构采用预制装配式建造，但各种技术问题也随之而来。在施工阶段显现出来的很多问题都是由于设计阶段考虑不周和设计不合理造成的，所以应追溯问题产生的根源，并在源头杜绝问题的发生。

**1. 柱梁节点核心区钢筋干涉导致施工困难**

在柱梁结构体系中，当采用构件预制、节点现浇的做法时，梁柱节点、梁梁节点等后浇连接位置的钢筋干涉问题既是设计的难点也是施工的痛点，这些节点部位对于结构本身来说也是重要部位，要满足“强节点，弱构件”的设计原则。如果节点部位的连接和构造不能满足承载力和整体性的要求，将会造成严重的质量问题和结构安全隐患。另外，如果设计碰撞干涉检查不到位，一旦出现钢筋干涉，就会增加施工难度，影响施工效率，甚至会造成预制构件无法安装（图 8-1），对项目的整体施工进度产生影响。

▲ 图 8-1　核心区梁纵筋和箍筋无法安装

目前，一些结构设计师还缺乏装配式结构设计的概念和意识，在结构布置方案和一些节点处理上，还不能全面地考虑装配式结构的“装配”需要，常常出现节点设计未充分考虑相邻构件外伸钢筋干涉的问题，致使施工无法正常进行。一些施工单位迫于工期压力不得不采用非常规的手段进行构件安装，甚至会出现断筋、缺筋的现象，造成节点的受力性能达不到设计要求，陷入施工难度高、质量差、效率低这样的恶性循环。柱梁结构核心区钢筋干涉问题已成为施工的主要难点，亟待在设计源头上予以解决。

**2. 预制柱灌浆孔设计朝向不便于施工**

考虑生产及施工时的可靠性和便利性，预制柱一般会在柱的 2~3 个侧面设置灌浆孔，灌浆孔设计朝向不合理会给制作和施工造成以下影响：

（1）对生产制作的影响。当灌浆孔设置在预制柱模台面时，在模台面上要固定灌浆导管，但封闭灌浆导管孔、避免水泥浆进入灌浆导管是比较困难的。而且，在混凝土浇筑振捣时极易造成灌浆导管移位、脱落或水泥浆进入灌浆导管造成堵塞，导致施工现场无法进行正常的灌浆作业。

▲ 图 8-2　灌浆孔设置在角柱或边柱的外侧

（2）对灌浆作业的影响。如果灌浆孔设置在不便于施工的位置，将导致灌浆施工中的灌浆、堵孔、观察等作业难度大幅增加。这种情况经常发生在预制边柱、预制角柱上，由于设计时未考虑施工的便利性，而将灌浆孔设置在角柱和边柱的外侧（图 8-2），灌浆施工时，工人需站在脚手架上作业，而脚手架踏面与施工面之间经常存在较大的高差，有时还被脚手架钢管等遮挡，作业非常不方便，严重影响灌浆作业的质量和作业安全。

▲ 图 8-3　锚固板无法旋拧到位且部分横向钢筋紧靠

（3）对结构安全的影响。若将灌浆孔集中设置在预制柱的一个面时会产生结构安全问题。由于连接四面套筒的灌浆导管穿过柱身在一个柱面集中引出，肯定会造成柱底套筒高度范围内的混凝土被导管分散割裂，尽管导管内会被灌浆料填实，但依然会影响混凝土对套筒和钢筋的握裹力，见图 2-6。

**3. 连接配件安装空间不足**

预制柱梁受力钢筋的连接和锚固，是柱梁结构体系预制装配的核心内容。由于其连接和锚固方式要适应“装配”需要，有时会使用一些连接和锚固配件，如钢筋锚固板、横向钢筋套筒等。除了需考虑钢筋之间的净距外，还需考虑钢筋与配件之间的安装空间，特别是当钢筋密集或两方向交叉重叠时，其相互之间的位置关系如果不进行优化和精细化设计，就很难保证操作的便捷性，而导致连接和锚固质量无法得到保证。

如图 8-3 所示的钢筋锚固板无法旋拧到位，会导致钢筋锚固力不足，且部分横向钢筋紧靠在一起，妨碍混凝土骨料的下落，导致振捣不易密实。由于设计考虑不周，未全面进行碰撞干涉检查，在工程中经常出现这种连接配件无法安装到位或缺失的情况，给结构质量和安全埋下隐患。

**4. 叠合梁封闭箍筋弯钩设置位置不合理**

根据结构抗震等级的不同，预制叠合梁的箍筋形式有封闭箍筋和开口组合箍筋两种。对于封闭箍筋，角部的弯钩有最低长度要求，箍筋直径越大、弯钩长度就越长，且要求弯钩的设置应左右交错间隔布置。设计时，若将弯钩设置在叠合梁上部的现浇叠合层，由于现浇叠合层高度空间较小，梁上部纵筋在现场穿筋时，会被箍筋弯钩层层阻挡，导致作业困难，梁顶纵筋难以就位，尤其是当梁截面较小时，纵筋安装难度更大（图 8-4）。现场遇到这种情况通常会采取两种处理方式，一是把弯钩先割断，纵筋安装后再焊接；二是将弯钩先掰开，纵筋安装后再复位。无论哪种方式都不符合施工规范要求，箍筋的强度及约束力都会大幅下降，导致结构质量和安全受到影响，也会影响施工安装效率。

▲ 图 8-4 梁箍筋弯钩设计不合理导致上部纵筋穿筋困难

如果充分了解和考虑装配式柱梁结构施工工艺，在设计时将预制叠合梁的箍筋弯钩设置于预制层内，现浇叠合层露出的是门形封闭环筋，就可以大幅提高现场穿筋作业的便捷性，同时也保障了结构安全。

**5. 预制柱预埋电气线盒与套筒箍筋加密区干涉**

现浇建造方式中，在满足施工规范要求的前提下，电气专业的线管线盒的施工没有特别要求，目前常见的做法是在结构施工的同时预埋线管和预留线盒空间，对于结构中可预埋预留的部位也无太多限制（图 8-5）。而对于装配式施工而言，相当一部分的线管和线盒需要在预制构件中预埋，这就要求设计应符合预制构件生产和施工工艺的需要。

▲ 图 8-5 预制柱内设置电气线盒

在预制柱上设置个别电气开关勉强可以实施，因为开关高度一般在 1.3m 左右，线管大多向上引出。但如果设置插座就会产生一些问题，因为插座高度一般在 0.3m 左右，且线管大多向下引出，这个范围内的线管和线盒往往和预制柱底部的套筒和箍筋发生冲突。由于预制柱底部钢筋套筒直径比较大，且箍筋必须加密设置，剩余空间非常有限，即使考虑避让勉强设计了插座，生产时也会遇到难以固定线盒以及混凝土堵塞线盒的情况。另外，现场管线连接需要在柱底预留较大的操作手孔，手孔与套筒及箍筋也会产生冲突，管线连接作业的空间非常狭窄，套筒灌浆前的接缝封堵也不易密实牢靠，这些都会给预制柱制作和安装带来诸多不便。此外，从结构安全角度来看，预制柱底部本应加强，但由于设置了电气线盒和接线手孔使得箍筋先断后接、纵筋间距扩大等因素反而形成了薄弱部位，影响框架柱的承载力与结构质量，因此不宜在预制柱内设置电气线盒。

## 8.2　柱梁结构体系设计常见问题汇总

目前一些结构设计师因为缺乏装配式设计意识，仍然按现浇结构的设计思维做装配式设计，往往导致后续的深化设计缺乏装配式设计基础；而在深化设计时，由于对于一些技术节点细节考虑不全，构造设计不合理，碰撞干涉检查不到位等各种原因，也会导致出现各类设计问题。这些问题归纳起来主要有：结构布置问题、连接节点问题、构造设计问题等几类，具体汇总如下：

（1）梁、柱现浇节点核心区钢筋避让问题。

（2）梁柱平面布置方式对于钢筋避让的影响。

（3）梁、柱节点核心区箍筋设计深度对于现场施工安装的影响。

（4）不同连接方式对于梁纵筋间距的要求。

（5）主次梁的连接方式及设计注意事项。

（6）叠合梁梁端键槽设计注意事项。

（7）叠合梁箍筋方式对于施工安装的影响。

（8）预制柱灌浆孔、出浆孔朝向设计不合理。

（9）预制柱底部设置线盒和接线手孔时，与柱底套筒加密区干涉。

（10）梁柱节点现浇区考虑模板加固的措施与方式。

（11）预制框架柱变截面的设计要求问题。

（12）预制柱钢筋变直径的设计要求问题。

（13）梁腰筋（扭筋）的干涉问题及处理措施。

（14）预制梁之间伸出钢筋的干涉问题及处理方式。

（15）柱底键槽及高位出浆孔的设计方式与措施。

（16）脱模吊点设置问题。

（17）顶层预制柱构造设计问题。

## 8.3　结构布置问题

### 1. 预制边柱与边梁外侧平齐布置问题

装配式柱梁结构体系的预制边柱与预制边梁的吊装施工往往费工费时，钢筋冲突干涉情况时有发生，经常遇到梁筋硬挤着柱筋往下吊装，甚至出现梁筋包柱筋的情况（图 8-6）。究其根本原因，主要是没有合理地设计梁与柱的位置关系。

▲ 图 8-6 梁筋包柱筋

柱梁结构体系中，梁与柱的平面相对位置关系通常有两种：一种是梁与柱齐边布置（图 8-7），另一种是梁与柱在轴线处居中布置或不平齐布置（图 8-8）。采用梁柱齐边布置是考虑建筑造型或内部空间的要求，比如建筑外圈梁与柱外侧平齐、梁与核心筒墙边平齐等。梁柱一边齐平布置时会发生柱外侧纵筋与梁外侧纵筋处于垂直交叉冲突状态。现浇结构施工时，梁钢筋可采取灵活排布合理避让，但是装配式结构就必须在设计时预先考虑钢筋避让，否则必然会造成预制梁外侧纵筋与预制柱外侧纵筋干涉。因为框架结构梁、柱的钢筋直径一般都比较大，现场是难以进行弯折调整的，如发生纵筋干涉，将导致施工十分困难，甚至会出现施工人员为了满足施工进度而随意截断外露钢筋的违规操作。

▲ 图 8-7 梁柱边平齐布置

▲ 图 8-8 梁柱对中布置

当梁与柱按齐边布置时，为防止梁外侧纵筋与柱外侧纵筋发生干涉，需将梁外侧纵筋在预制构件内按 1∶6 水平斜弯折后伸出进行避让（图 8-9）。此方式中梁筋弯折伸出后与相邻纵筋需满足规范的最小净距要求，同时还需考虑对面同向预制梁也会有同样的钢筋伸入支座，此时梁与梁的钢筋相互干涉情况处理起来非常困难，尤其当遇到梁筋除了水平弯折还需同时向上弯折的特殊情况，要做到空间斜向弯折是难以实现的。

当采用梁边与柱边不平齐的布置方式时，梁在平面排布上向内侧移≥50mm（图 8-10），这个方法可以较好地解决钢筋干涉问题，梁筋无须弯折即可与柱筋错位排布，不会发生干涉。但是须特别注意的是采用此方法会对建筑立面造型和楼层间防火分区阻隔产生一定影响，所以须在建筑早期确定方案效果时就应提出并讨论。若建筑立面采用玻璃幕墙则影响不大。若为窗墙体系时，建筑立面有两种呈现方式：或者利用柱外凸轮廓作为竖向线条，使整体风格呈竖立挺拔感；或者为了保持建筑立面平整，可以在预制梁外侧同步预制构造挑耳或牛腿，起到承载外围护非承重墙的作用，以及作为楼层间防火分隔阻断，通过砌筑等使得建筑外边与结构外边平齐。

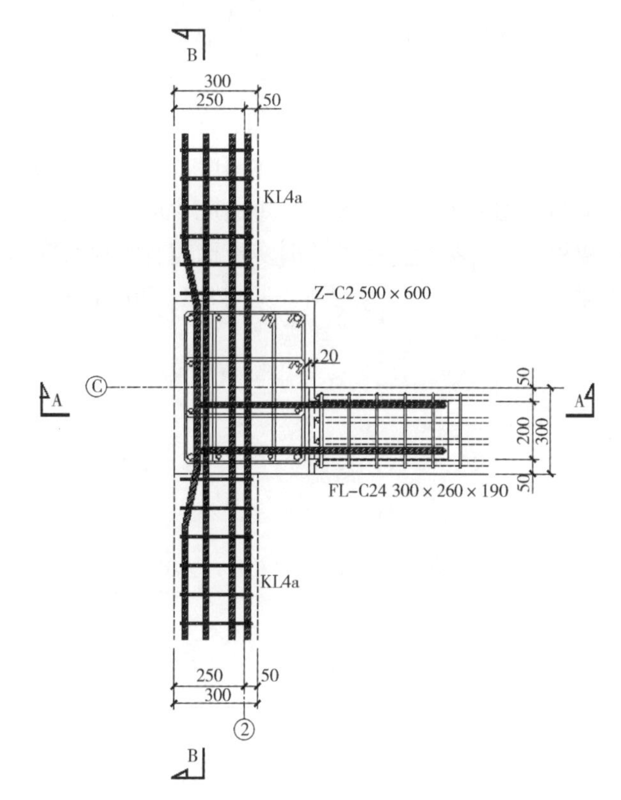


▲ 图 8-9　梁柱边平齐布置

通过上述分析可知，当梁柱配筋不多，通过第一种方式弯折梁筋后可以实现钢筋避让时，建筑和结构专业在设计时无须做特殊考虑。当梁柱配筋较多，但有条件采用第二种梁与柱错位布置方式时，梁纵筋与柱纵筋发生干涉的情况将会大大改善，不仅可以降低预制构件的生产难度，同时还可以提高施工效率、保证施工质量。

此外，还可采用梁的实际结构与柱边不平齐，通过梁外侧增厚混凝土的构造方式，使得梁侧构造边与柱边平齐。梁外侧增厚混凝土保护层较大时需注意考虑采取防裂措施。

## 2. 次梁布置问题

次梁布置问题往往容易被结构设计人员忽视，但对装配式结构却有着很大的影响。尤其是习惯了现浇结构的设计人员在设计装配式结构时，若无特殊提示往往按现浇思路去设计，而且次梁又属于非抗震构件，在结构布置方案时可能不会过多关注并加以优化。其实，预制次梁布置不合理往往是造成装配式结构施工

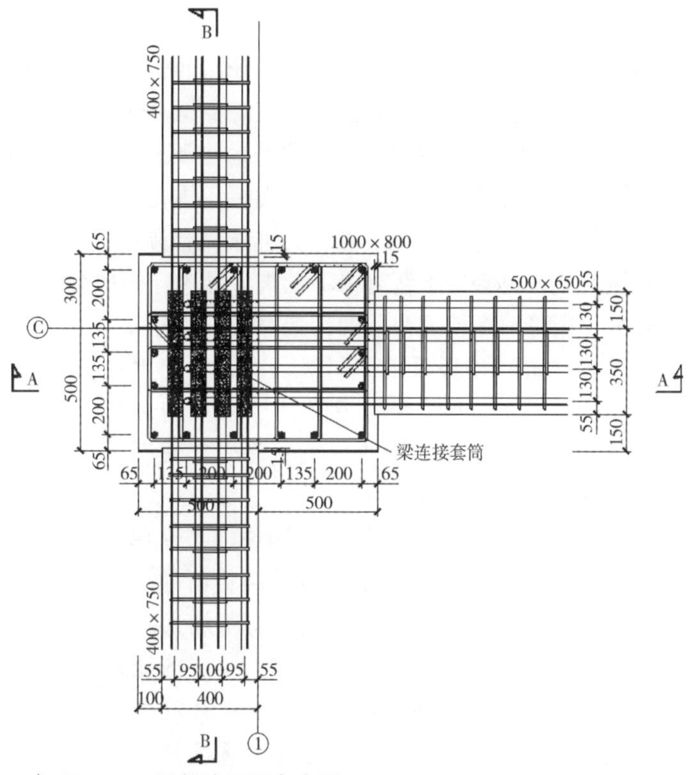


▲ 图 8-10　梁柱边不平齐布置

效率低、成本高的主要原因之一。

混凝土结构中的现浇楼盖按楼板受力和支承条件的不同，可分为肋形楼盖和无梁楼盖。而肋形楼盖又可分为单向板肋形楼盖、双向板肋形楼盖和密肋楼盖。次梁布置方案在现浇结构设计中主要考虑梁的跨度、整体刚度、梁与板共同组合作用下的影响。当柱距在 *XY* 两个方向的距离相差不大，楼板的长短边尺寸也较为接近时，在跨内两方向都设置次梁，这样就会形成板的四边都有支撑，从而实现比较有利的双向作用，板也可以设计得比较薄，对两方向主梁的荷载分配就较为均衡，见图 8-11 和图 8-12。

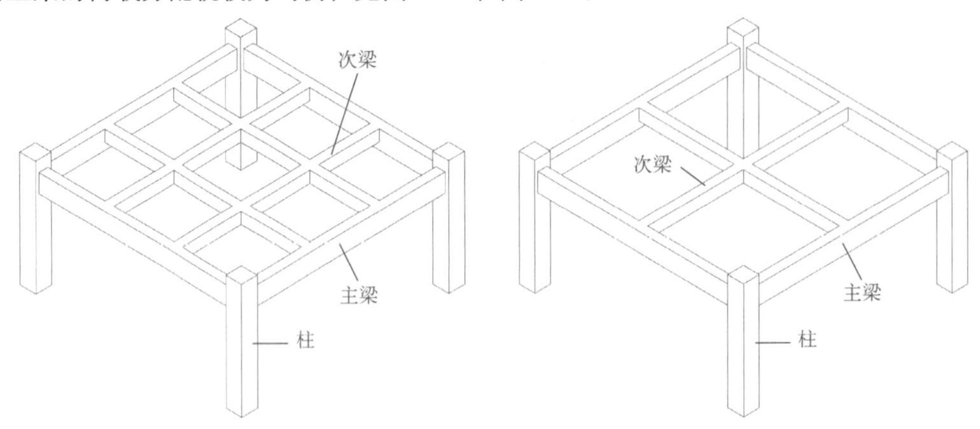


▲ 图 8-11　井字次梁

▲ 图 8-12　十字次梁

当进行装配式结构梁板方案设计时，若仍采用双向次梁的方案，尤其是当两个方向的次梁截面高度一样时，就会带来不少问题。由于预制梁都是单根生产，两个方向的预制次梁必然要在交叉点断开，若为混凝土断开、钢筋连通的双截梁，就必须考虑梁高高差或钢筋弯折上抬，还有腰筋先断开再接续的施工步骤，交叉处架设模板与支架较为费工费时，且交叉处是受力交汇处，从结构受力角度考虑也不宜在此设后浇带。若施工现场条件允许也可以进行就地大跨度整体预制，将次梁楼板一体化预制后吊装，但这种做法受客观条件限制而不具有广泛的适用性。另外，若一方向梁完整预制，另一方向分为两段预制，再采用钢筋连接的现浇方式，也会费工费时得不偿失，且这样处理会造成实际构造方式跟原来的计算假定发生偏差，很难清楚梳理荷载的传递路径。

结构布置时楼板采用单向板、次梁单向平行布置（图 8-13），在综合考虑经济性与预制装配的可实施性后，尽可能减少次梁数量，实践证明是比较可行的合理方案。

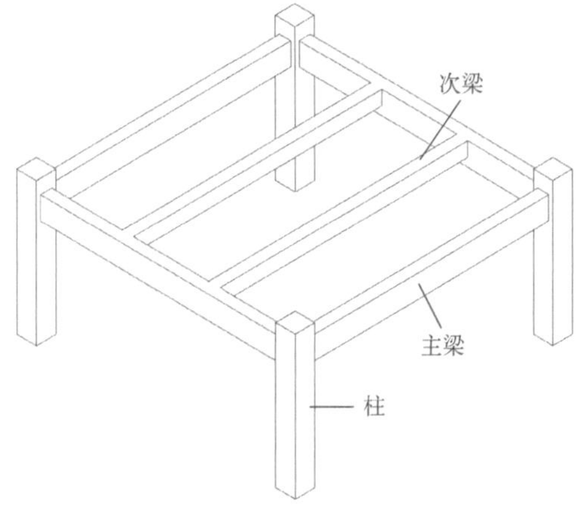


▲ 图 8-13　单向平行次梁

次梁单向布置的优点是预制构件加工简单，施工安装快捷，预制构件受力传递路径清晰；缺点是楼板厚度可能加厚，次梁截面有所加大。但随着人工费的不断上涨，材料费和人工费的比例关系在逐渐变化，材料消耗增加换来的效率提高、用工减少对装配式项目的好处会逐渐显现出来。有些项目采用单向预制预应力双 T 板，梁板整体预制吊装更凸显了优势。在结构设计中还有一点尚须注意，由于次梁单向平行布置，使得两个方向的主梁所受荷载分配不再均衡，将不利于抗侧刚度的整体均衡，对此情况可采用棋盘式隔跨换向的方法来获得平衡见图 8-14。

▲ 图 8-14　双 T 板棋盘式隔跨换向布置

人们对住宅的需求不断变化，使得结构设计也顺应形势随之而改变，“可变空间”“百年住宅”“全生命周期住宅”等概念渐为人知，其中很重要的信息之一是大跨度空间便于改造，如厅堂一分二、居室二合一等可根据需求通过轻松拆装非受力隔墙而实现。但若结构设计时楼盖有很多次梁，即使拆除了下部隔墙，上部仍然横着一道梁，将无法真正实现可变空间。因此结构变化是随着建筑需求在变，而只有装配式柱梁体系采用楼盖大跨度、无次梁才可以从根本上解决这个问题。

**3. 两方向主梁高差及主次梁高差问题**

框架梁高度首先需满足结构设计要求，此外还需考虑梁底标高对建筑使用功能的影响，以及吊顶设备安装后的净高。现浇结构对于 *XY* 两个方向的框架梁的梁高设计成一样高还是有高差，一般不做特殊要求。但采用预制装配时，应优先考虑梁有高差的设计方式。倘若柱梁交叉节点 *XY* 两个方向框架梁梁高一样，即梁底平齐，由于预制梁端外伸钢筋位置在工厂生产时已定型，而事先未考虑梁下部出筋互相避让的话，待到预制梁吊装时由于两方向梁底筋十字交叉且位于同一标高，会造成垂直重叠产生干涉冲突，而构件成型钢筋又难以随意弯折，将导致施工变得困难。

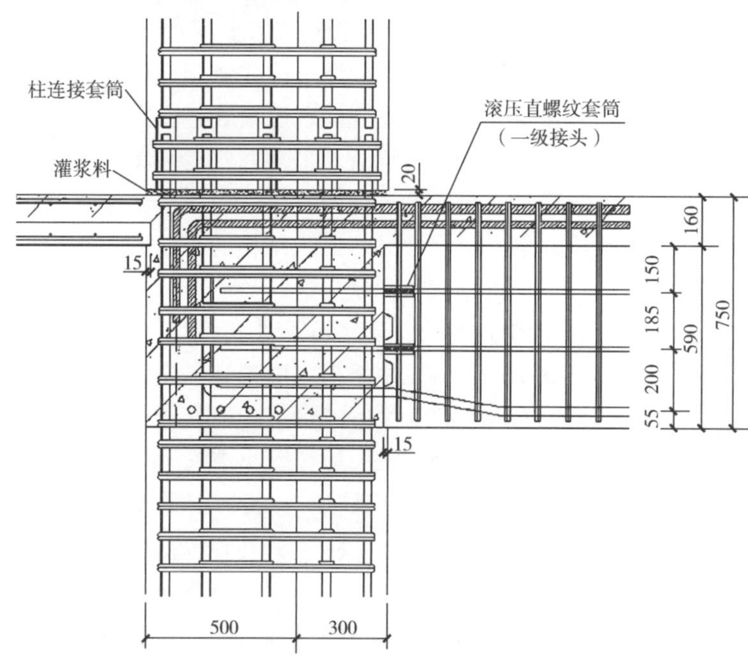


▲ 图 8-15　预制梁底同标高，一侧梁筋弯折

若采用梁底无高差设计时，需事先考虑 *XY* 两个方向预制梁的吊装顺序，将后吊装预制梁的下部钢筋按 1∶6 在预制构件内部进行竖向弯折后再伸出梁端（图 8-15），此时须注意以下三点：

（1）钢筋必须垂直伸出梁端面，不可在弯折斜段伸出梁端面。

（2）弯折抬升高度需满足两方向交叉钢筋之间净距≥10mm 的要求。

（3）钢筋弯折段范围内，梁箍筋角部空缺处需补充设置构造纵筋，且向内延伸与梁纵筋搭接长度满足绑扎搭接长度 $l_{lE}$ 的要求。

需进一步指出是，这样的处理方式也有其局限性。当两个方向的框架梁下部配筋较多，为双排甚至三排时，底筋弯折的办法将难以实现钢筋的重叠和干涉避让，此时需采用加高截面的设计方法，即将其中一个方向的梁加高 100mm 以上（图 8-16）。采用有高差的设计方式需注意以下三点：

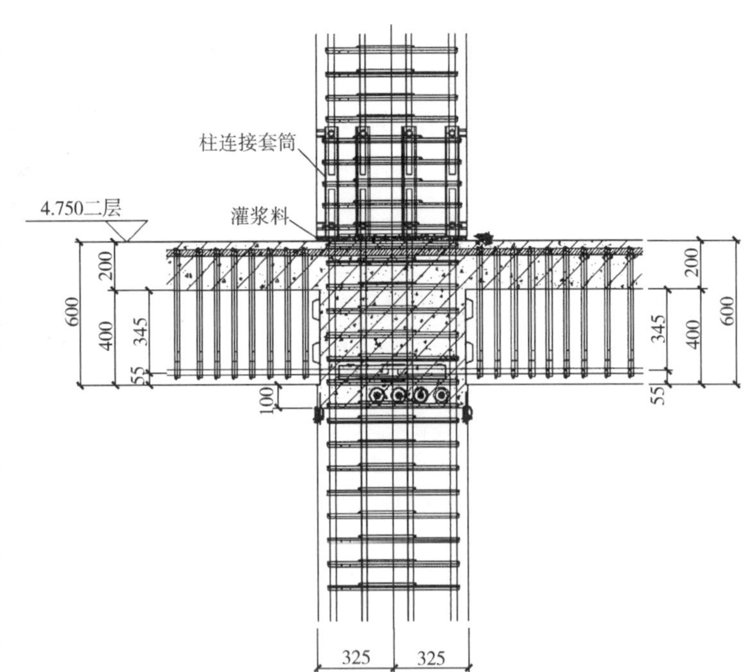


▲ 图 8-16　两预制梁底高差 100mm

（1）选择哪个方向的框架梁加高，应结合结构有利受力条件进行考虑。

（2）截面放大需重新复核配筋率。

（3）应考虑梁底下降对机电设备安装的影响，以及建筑层高净高的影响。

同样地，在预制主次梁相交时，若连接方式采用次梁钢筋锚固于主梁内的方式，设计时也需考虑主次梁高差（图 8-17），或是考虑次梁下部纵筋弯折避让和锚固。

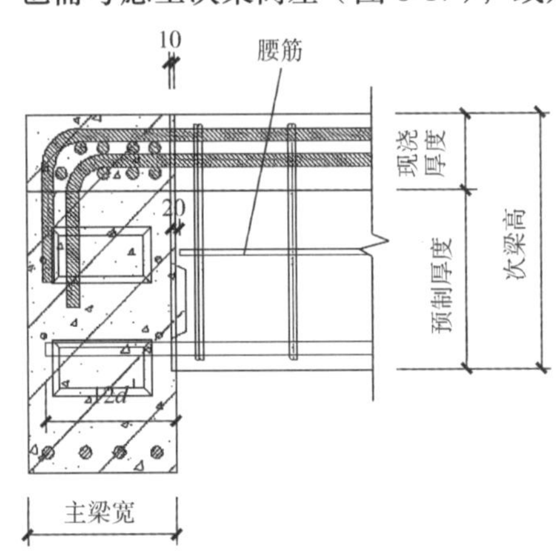


▲ 图 8-17　预制主次梁高差

这些问题看似简单却在很多工程项目中频繁出现，主要原因是在结构设计时往往忽视这个问题，待到后续深化设计时才发现问题已很难再优化调整。装配式建筑抗震性能等同现浇并非意味着简单地按等同现浇来设计，而是要求结构设计师在计算软件自动化生成配筋信息时，考虑装配式结构的“装配”特点，从而在设计阶段就将问题化解。

**4. 预制柱变截面及配筋问题**

某施工现场曾发生 2 根二层预制柱无法安装的问题，原因是一层预制柱纵筋为 20 根直径 32mm 的钢筋，到了二层预制柱截面边长缩小 100mm，且纵筋变为 16 根直径 32mm 的钢筋，安装二层预制柱时发现从一层伸上来的楼面预留出筋是 20 根，而二层预制柱的套筒是 16 个，数量、位置都无法一一对应，导致无法继续施工，见图 8-18。

这个问题产生的根本原因是装配式深化设计人员在根据结构施工图柱配筋表进行预制构件设计时，只是根据一层柱配筋表 20 根直径为 32mm 的钢筋即绘制一层柱构件，根据二层柱配筋表 16 根直径为 32mm 的钢筋即绘制二层柱构件，而没有考虑上下层柱筋的连接关系，且未绘制节点连接图，也未采用 BIM 三维软件建模验证。结构施工图设计人员未绘制相关节点详图或提示性说明，也未进行设计交底与工作交接，结果造成了问题的发生。

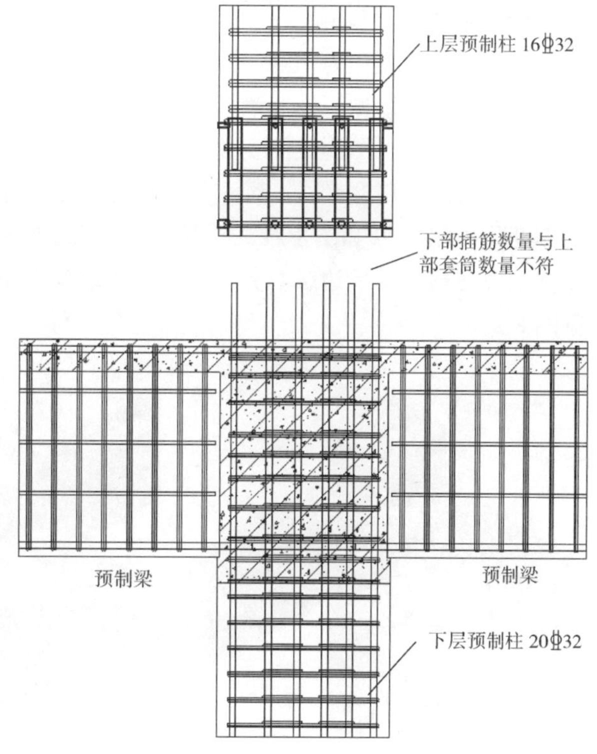


▲ 图 8-18　上部预制柱无法安装

框架柱作为柱梁结构体系中主要竖向受力构件，是结构整体抗侧移刚度的重要组成部分。在结构概念设计中要求：结构的竖向和水平布置宜使结构具有合理的刚度和承载力分布，避免因刚度和承载力局部突变或结构扭转效应而形成薄弱部位，结构的侧向刚度宜下大上小，逐渐均匀变化。因此一般会根据荷载的大小和刚度分布对柱进行变截面设计。

柱变截面设计对于现浇施工没有太大影响，只需按照构造要求进行下层柱纵筋收头或弯折，上层柱纵筋插筋锚固长度大于 $1.2l_{aE}$即可（图 8-19）。但是考虑到预制构件的生产和装配特点，截面变化过多不仅会使得生产模具规格和数量增多，造成构件的生产成本升高，还会使现场施工的难度增加。

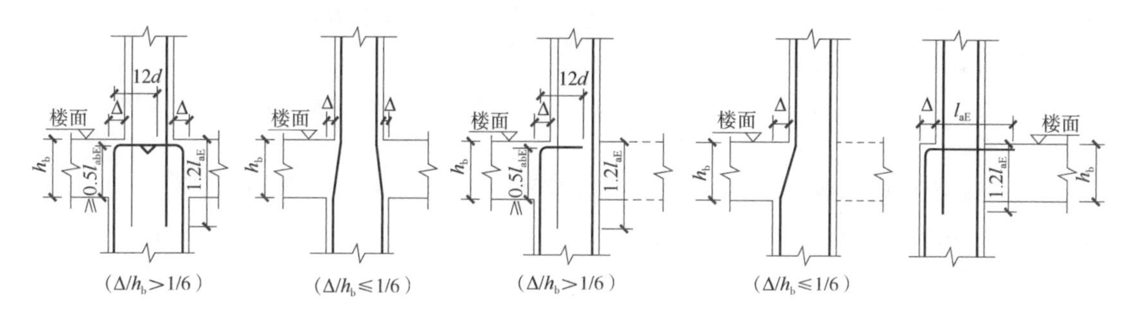


▲ 图 8-19　现浇柱变截面纵筋构造

结构设计考虑受力合理性和经济性，柱截面变化是需要的，但是要在截面尺寸变化的数量和方式上做一些适应装配式结构特点的调整。装配式预制柱变截面设计主要应遵循以下原则：

（1）柱的截面尺寸变化要求单侧变化不小于 100mm，如 900mm×900mm 截面收成 800mm×800mm 截面时，不是四侧各收 50mm，而是相邻两侧单边各收 100mm。提出这个要求的理由是，倘若单侧截面收 50mm，尤其是当相邻两侧都收 50mm 时，预制柱角筋弯折并不是单向弯折而是空间斜向弯折，在预制时钢筋将很难做到如此精准定位。而且由于弯折段在现浇节点核心区，对于柱箍筋绑扎等都会造成困难，一旦角筋定位出现偏差就可能导致上部预制柱无法安装就位。

当单侧截面变化为100mm时，可采用下部预制柱边筋上端用锚固板收头，上部预制柱边筋的插筋与下部预制柱一起形成，此时会出现两排钢筋并列的情况，因此也需要有一定的空间，所以才要求单侧截面变化不小于100mm。

（2）从建筑角度来看，对于角柱和边柱基本能满足单侧收边的要求，可采取外侧对齐，内侧变化（图8-20和图8-21）。而对于中柱需要在建筑设计内部布局时就予以考虑，比如采取柱侧边与核心筒墙边缘对齐；内部布置墙体时不是中分设置，而是采取柱边平齐设置等，见图8-22。

▲ 图8-20　角柱外侧对齐内侧变化

▲ 图8-21　边柱外侧对齐内侧变化

▲ 图8-22　中柱边与核心筒墙边缘对齐

（3）截面变化的次数尽量少，尽管这样做混凝土材料以及用钢量有所增加，但可避免因柱规格过多导致模具类型和数量过多、标准化程度不高及总成本增加的问题。

考虑柱截面变化的同时，还需要注意预制柱纵筋变化的问题，若柱截面不变，而钢筋面积减少，则不宜变化钢筋根数，而是尽量采用上下根数不变，直径变化的方式。钢筋变化应遵循以下原则：

（1）当截面变化，钢筋面积也变化时，尽量保持相同投影截面内的钢筋根数与对位关系不变化。如700mm×700mm截面柱，配筋22根，到上一层变化为700mm×600mm，单侧收100mm，配筋20根，这20根钢筋分布的位置应与下层柱钢筋位置保持上下一致，这就要求在进行预制柱详图设计时不能分层，而应当从下至上贯通，才能保证预制柱钢筋的合理设置。

（2）钢筋缩减面积除了对根数提出要求外，也对直径的渐变有要求。由于纵筋连接主要采用灌浆套筒，常规套筒两端对接钢筋直径不应跳级，比如下端直径25mm接上端直径22mm，不应出现下端直径25mm上端直径20mm的跳跃情况，这是设计时尤需注意的一个重要问题，《钢筋套筒灌浆连接应用技术规程》JGJ 355—2015第4.0.5-2条规定：接头连接钢筋的直径规格不应大于灌浆套筒规定的连接钢筋直径规格，且不宜小于灌浆套筒规定的连接钢筋直径规格一级以上。也就是说当钢筋变直径时，设计上层预制柱套筒规格时应采用下层柱钢筋规格的套筒，比如下25mm接上22mm，设计上层预制柱加工详图时切忌不能仅看到当前层钢筋直径22mm就把套筒规格也设计成22mm的，应当是设计成25mm的套筒，否则会造成预制柱安装施工困难和结构安全隐患。

（3）顶层的柱子也会因为承受弯矩变大而比中间层柱子配筋增大，尤其顶层边节点框架柱，由于偏心受压更为明显，此时预制柱配筋设计需注意顶层柱纵筋应从下一层柱子开始配置。

综合上述分析，预制柱的设计应上下层贯通考虑，不建议分层设计出图，因为往往设计到上层预制构件时会修改下层预制构件设计，并还需要进行整体结构设计优化。结构设计人员应了解装配式结构建造特点，在开展预制构件深化设计之前就应通盘梳理结构信息，并进行事前系统优化调整，而不是设计到哪里等发现问题了再调整。

## 8.4　连接节点问题

**1. 预制梁柱连接及锚固问题**

装配式柱梁结构体系从预制构件应用的类型来看种类并不多，主要是柱、主梁、次梁、楼板、楼梯，构件的外形比较规整，柱梁构件基本都是长方体，钢筋和模具加工也较为简单，生产效率较高。但构件外形简单并不意味着建造简单，装配式柱梁结构应当重点关注的是柱梁核心区，装配式结构之所以可以达到等同现浇的抗震性能，同样也遵循着强节点、弱构件的设计原则，尤其核心区为现浇节点时更应当重视。很多时候施工中发生的问题不能单纯地归咎于野蛮施工，把责任推给施工方，而有可能存在设计上的先天不足，尤其是柱梁核心区，问题最为突出（图 8-1）。预制柱和预制梁往往体积大、重量大、钢筋直径大，现场很难临时调整，设计时若考虑不周就会导致无法施工甚至部分预制构件不得不报废。

柱梁节点按平面部位划分，可分为 L 形角部节点（图 8-23）、T 形边侧节点（图 8-24）、十字形中间节点（图 8-25），其中十字形中间节点由于 *XY* 两方向都有预制梁，因此最为复杂。

▲ 图 8-23　L 形角部节点

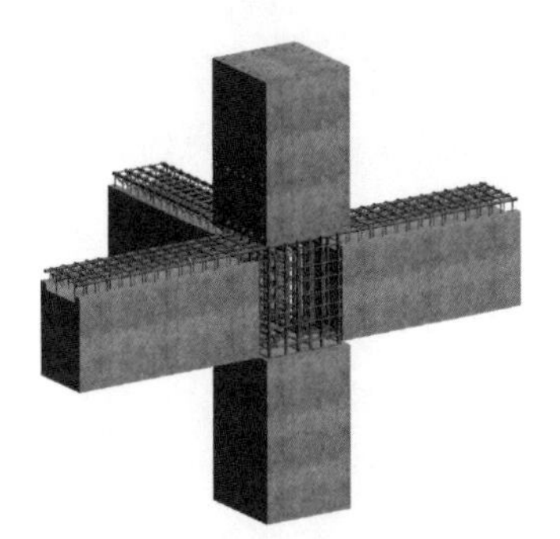

▲ 图 8-24　T 形边侧节点

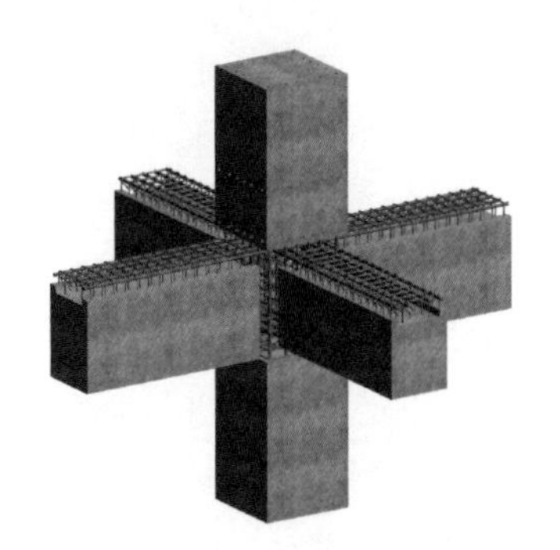

▲ 图 8-25　十字形中间节点

（1）梁筋弯锚问题

现浇施工时十字形节点处理起来并不难，这是因为柱的两侧梁底部钢筋在支座处通常是通长排布，基本不会出现钢筋锚固困难或操作空间不足的问题。而预制装配施工时，柱两侧梁的底部钢筋随着预制梁一体化生产且伸出，两侧梁筋都需要在支座内分别锚固，并满足水平锚固长度过支座中心至对面柱纵筋内侧向上弯折。由于梁筋有弯起，只能采用水平并排错开的方式互相避让，按钢筋排布构造要求尚需满足钢筋之间净距不小于25mm，且不小于钢筋直径的要求。此时，若梁宽度较小而钢筋较多，就很难满足作业要求。如：两侧梁宽300mm，底层配筋4⌀20，并排错开后是8⌀20，已经无法满足钢筋之间净距的要求，而此时还未考虑避让已经存在的预制柱伸上来的纵筋的影响。

所以采用梁筋弯锚（图8-26）做法的前提条件是梁柱最小截面须达到相关要求，相关技术规程要求柱截面宽度不宜小于同方向梁宽的1.5倍。另外，由于梁筋弯起，若*XY*两方向伸进支座的梁筋都采用梁筋弯锚时，会使得空间拥挤而影响柱箍筋的安装，尤其当梁底纵筋为双排时，这个问题将更为突出。

▲ 图8-26 梁筋端部弯锚

（2）梁筋锚固板问题

为了简化施工，使核心区有更大的操作空间，从而保证施工质量，可使用钢筋端部锚固板来替代钢筋弯起段（图8-27）。目前经常采用的预制梁筋水平锚固长度+端部锚固板的方式从受力性能上称为部分锚固板，即通过锚固钢筋与混凝土粘结作用和锚固板承压作用来共同承担钢筋锚固力。当两侧梁筋水平并列交错空间不足时，可以采用梁筋竖向上下交错，采用钢筋端部锚固板的方式来实现锚固。钢筋端部锚固板方式在设计时需要注意以下几点：

1）锚固板一般采用圆形、正方形，且宜采用螺纹连接。

2）《钢筋锚固板应用技术规程》（JGJ 256—2011）规定，部分锚固板的承压面不应小于锚固钢筋公称直径的4.5倍，因此锚固板的外形尺寸比较大，在安装时容易发生与预制柱的纵筋发生干涉的情况。在设计时应当明确标注梁筋水平外伸长度，控制锚固板端面距对面柱纵筋内侧≤50mm，以避免与柱筋产生冲突。

3）当并列钢筋较多时，为防止集中群锚的不利影响，相邻钢筋锚固板应前后交错布置。

▲ 图8-27 梁筋端部锚固板

（3）梁筋套筒问题

梁底纵筋不论是水平并列交错还是竖向上下交错，当采用锚固板也难以满足梁筋互相避让时，尤其当*XY*两个方向的四根梁分别都有梁筋伸进支座锚固时，设计中梁筋横向连接可以考虑使用灌浆套筒的方式。这种套筒是专用于预制梁筋横向连接的，套筒内壁中间没有限位隔挡，套筒可沿梁筋左右横移，两侧梁筋无须考虑交错相互避让而居中对接，施工时将套筒套住两侧钢筋，且都满足伸入长度8*d*后再进行灌浆。这个做法等同于将钢筋拉通，且可以在同一截面连接，大大简化了设计工作量，但在实际应用中需要注意和提前考虑以下几点：

1）钢筋中心距控制。由于灌浆套筒外径比较粗，如直径 20mm 钢筋的套筒外径达到 45mm，为了保证套筒之间有足够的混凝土握裹，要求套筒净距不小于 25mm，这就相当于要求钢筋中心间距为 70～100mm。

2）留设 20mm 误差调整空隙。因套筒可沿梁筋左右横移无限位，为保证梁筋伸入套筒长度不小于 $8d$，设计时两侧预制梁筋对接中间需留设 20mm 空隙作为可调误差，施工时在梁筋 $8d$ 处做明显标记，用于套筒定位使用，再用套筒自带的支头小螺栓临时固定位置，同时还要注意将套筒灌浆孔朝上，以方便灌浆。

3）分体式灌浆套筒的应用。当柱截面较小而梁筋较粗时，可能会遇到梁筋套筒长度超长而无法安装的问题。梁筋套筒安装顺序是吊装前先将套筒临时固定在一侧预制梁筋的根部，待两根梁都吊装到位，且钢筋对齐后，再将套筒横移至标记位置，如果套筒过长将无法满足吊装要求。此时可用分体式梁筋套筒（图 8-28），将套筒两端事先拧开，分别临时固定在两侧梁筋根部，待两根梁都吊装就位后，再通过螺纹外环将两端套筒拧紧。分体式套筒适用于操作空间较小的场合。

▲ 图 8-28　梁筋用横向分体式套筒

4）双向多排底筋时梁高差控制。若两侧梁底部都配有双层筋，如都为$\frac{2(\text{上层})}{4(\text{下层})}$，下层 4 根钢筋可采用梁筋套筒对接，上层 2 根钢筋可以用套筒，也可以用交错直锚+锚固板的方式。若 $XY$ 两个方向都有双层筋时，建议梁高相差至少在 100mm 以上。设计时应充分考虑钢筋竖向叠加的空间距离是否满足要求。

（4）连跨梁

为了减少梁筋在核心区的锚固干涉，有时也采用连跨梁。连跨梁是双截梁的一种形式，只是中间的混凝土断开而钢筋贯通，断开部位设在柱子支座处。这样做的好处是钢筋排布同现浇一样可在支座处通长设置，设计时考虑避让梁筋与柱筋的位置，吊装时相邻两根预制梁一并安装，施工效率高且质量好。需要注意的是由于连跨梁重量偏大，需选用起重量较大的起重设备，所以应对吊装机械措施费的性价比进行分析比较。吊装使用的吊具也需要进行专项设计，因为连跨梁仅中间钢筋连续贯通，吊装时在两侧梁上应各有两根吊索，以保证四根吊索同时受力，预制梁的吊点排布应通过计算设计在受力合理位置，见图 8-29。

（5）梁柱节点域箍筋设置问题

强柱弱梁的设计原则特别强调框架柱的结构安全性，在预制柱梁核心区更应关注这一点，但在实际施工中常常发现核心区柱箍筋（图 8-30）绑扎不到位或缺筋少筋的现象。经分析后发现，出现这个问题的原因是设计未给出安装顺序，梁柱节点域箍筋深化设计不足，导致箍筋安装顺序出现错误，以及不同工种之间没有按照作业顺序进行穿插作业。

▲ 图 8-29 吊装连跨梁

▲ 图 8-30 核心区柱箍筋

以 L 形角部的角柱为例，若施工顺序是：吊装预制柱→吊装一方向预制梁→吊装另一方向预制梁→绑扎柱箍筋→绑扎梁上部筋，就会发现由于外伸梁筋的阻挡，待两方向预制梁吊装结束后再绑扎柱箍筋，无法满足结构设计要求的箍筋间距，所以施工顺序是错误的。从工种交接流程来看，先是预制构件吊装工作业，再是钢筋工作业，又似乎很合理，比较符合现浇施工工种的作业流程划分习惯，但针对装配式施工就是一种错误的做法。

正确的施工顺序是：吊装预制柱→布置贴底一道箍筋→吊装一方向预制梁→布置一道箍筋→吊装另一方向预制梁→布置其余核心区箍筋→布置两方向上部梁筋→布置最上一道箍筋→拧入腰筋”，按此顺序才能保证核心区的施工质量，但是这样的施工顺序需要吊装工和钢筋工穿插配合，所以应要求结构设计师绘制出每个核心区的钢筋关系图，有条件的施工单位应制作三维模型，以动画顺序来进行现场施工技术交底，更为直观有效。

分析造成上述这些问题的原因，基本都是因设计考虑不周或设计经验不足而导致的。通过对这些问题的详细剖析，掌握容易出错的地方，才达到预防问题发生的目的。由于梁柱节点多样化，且节点之间关联性很强，因此设计时不可按区域或按楼层分开设计，应各个节点同步设计，宜按照先节点、后构件的顺序进行设计，有条件的可采用三维建模来进行细部设计或校核。

**2. 预制梁腰筋及接缝抗剪问题**

结构设计对于梁的腰筋规定：梁高度超过 450mm 时应设置腰筋，腰筋间距不大于 200mm，两侧腰筋之间须间隔布置拉筋，这是为了使钢筋骨架形成良好的整体性，从而更有利于结构受力。当框架梁承受扭矩时，腰筋应伸入后浇节点区，锚固形式同梁底部纵筋，按受拉要求进行锚固。

抗扭腰筋伸出预制梁端面，就带来了施工安装干涉的问题，如 *X* 向的预制梁带着外伸底筋与腰筋吊装就位后，垂直相交的 *Y* 向预制梁吊装下落时会碰撞 *X* 向预制梁的外伸腰筋，即使将阻挡腰筋略做弯斜避让后勉强吊装就位，但后浇节点区的柱箍筋也会因腰筋的阻挡，而难以用常规套落的方式安装到位。因此由于外伸腰筋的阻碍，会影响吊装进度，造成节点区钢筋绑扎不到位，埋下结构安全隐患。

这个问题可采用直螺纹机械连接方式来解决，在预制梁端部预埋直螺纹套管，在预制构件吊装时先拧下外伸腰筋，待吊装就位及柱箍筋绑扎到位后再拧入腰筋。但需注意以下两点：

（1）*XY* 两侧梁高相同且均外伸腰筋时，腰筋应设计为高低错开（图 8-31）。

（2）当腰筋直锚长度不足时，不应采用 90° 弯锚，否则在拧入时弯锚钢筋旋转会发生干涉，可采用端部短钢筋贴焊的形式解决弯锚问题。

当框架梁不承受扭矩时，腰筋仅起构造作用，按《装标》第 5.6.5 条：腰筋不受扭矩时可不伸入梁柱节点核心区。即构造腰筋在预制构件内不外伸，这样就简化了节点区钢筋，明显提高了施工效率和质量。但同时须注意按《装规》第 7.2.1 条：对一、二、三级抗震等级的装配整体式框架应进行梁柱节点核心区抗震受剪承载力验算；第 7.2.2 条：给出了预制叠合梁端竖向接缝受剪承载力计算公式，其计算结果须满足第 6.5.1 条的规定。

▲ 图 8-31　*XY* 两方向梁腰筋伸入支座

装配式结构接缝是影响结构受力性能的关键部位，必须要实现接缝的强连接，保证接缝处不发生破坏，即要求接缝的承载设计值大于设计内力，且同时大于被连接构件的承载力设计值。接缝受剪承载力计算公式中主要变量为钢筋强度、混凝土强度、键槽面积、钢筋面积等，其中钢筋强度和混凝土强度因受市场因素大多选用常规等级，键槽面积受制于构件截面也无法大幅提高，可调变量较大的就是钢筋面积。按等同现浇整体结构计算出的梁端配筋有时不能满足接缝受剪承载力要求。当此类情况发生时，目前常见的解决方法是在预制梁叠合面现场排布附加抗剪短筋（图 8-32），钢筋长度沿接缝面两侧各自延长 $15d$ 以上。这个做法从设计绘图来说没有问题，但在实际施工中会遇到以下问题：

（1）附加短钢筋的固定，不能因混凝土浇筑冲击以及振捣时的振动而脱落偏位，因此需人工绑扎或焊接定位。

（2）若附加钢筋较粗长，而柱截面较小时，两边梁各自伸出的附加短钢筋端部距离很小，这会影响混凝土浇筑时骨料的下落与振捣作业。

（3）有时附加抗剪短钢筋计算所需面积相当大，就会出现钢筋又粗又多，拥挤在狭小空间的叠合面层上。

所以构造腰筋可采用直螺纹套管伸出接缝面以便承担部分抗剪作用，或者采用接缝截面预埋若干末端伞柄带弯钩的直螺纹套管，待核心区钢筋都绑扎完成后再拧入抗剪连接螺杆的办法。在满足强节点弱构件的同时，使核心区钢筋作业和混凝土浇筑作业更为方便。

**3. 主次梁连接问题**

柱梁结构体系中主梁与次梁的连接关系一般有刚接和铰接两种，结构设计中对于次梁的中间支座和端支座的不同情况下是否设铰，目前还存在争议。通常来说，现浇结构设计连续次梁的中间支座会选用刚接，而端支座既可选用刚接，也可选用铰接。钢筋混凝土结构

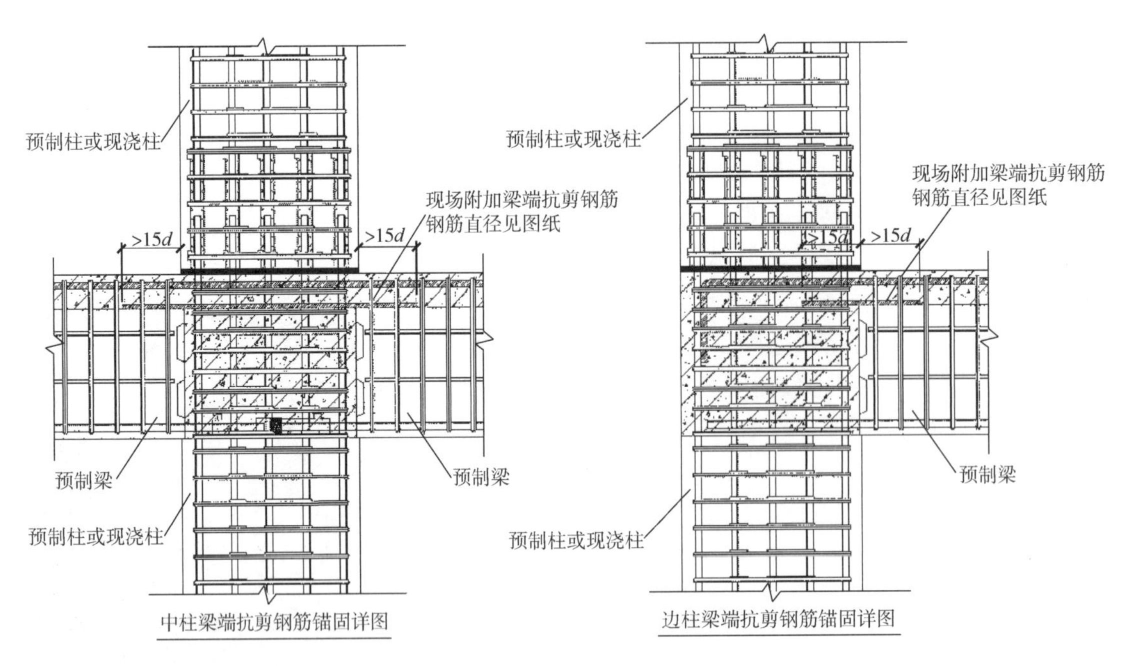


▲ 图 8-32　叠合面附加短钢筋

中刚接和铰接都是理想概念，梁的实际连接方式通常是介于两者之间。即使在计算软件中设铰了，由于结构设计规范中的构造配筋规定，以及全截面整体浇筑的截面抵抗矩等因素，都不会是理想中的纯铰。反过来，即使设计成刚接，也会在地震作用下允许适当开裂而形成塑性铰。不论是哪种连接形式，其配筋要求在混凝土结构设计规范以及 G901-1 图集、G101-1 图集中都有明确的规定（图 8-33）。

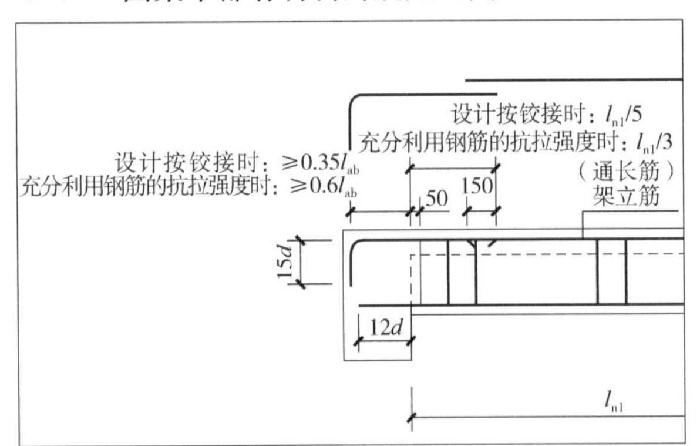


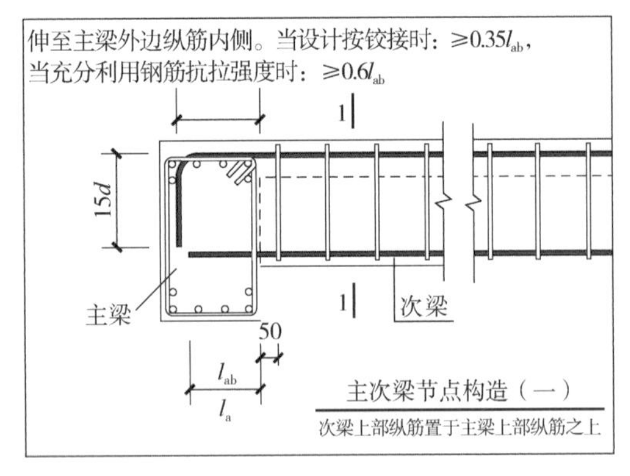


▲ 图 8-33　G901-1 和 G101-1 图集对主次梁连接配筋的规定

当主梁与次梁均为预制构件时，就会出现主次梁连接的问题。某一项目次梁支座结构设计为刚接，预制连接做法采用次梁与主梁交接处在次梁上预留 0.8m 长的现浇段，主梁为完整预制，主梁在交接处预留次梁连接钢筋，次梁跨长 4.2m，两端去掉 1.6m 的现浇段之后，中间仅剩 2.6m 预制段。这样的做法无法体现装配式建筑提升质量与工期的初衷。因为两端的现浇段需分别搭设模板与支撑排架，从效率上来说还不如整根次梁现浇，且为了缩减现浇段长度，次梁纵筋又采用横向套筒灌浆连接（图 8-34），套筒采购成本较高，再加上灌浆料与人工费用，成本很高，而这样的连接节点一根次梁就有两处，如果该项目次梁数量非常多，那么将导致极大的成本上升和工期延长。也有些项目不使用梁筋套筒，而是通过加大现浇段长度以满足钢筋搭接的长度要求，钢筋用量会大幅增加，施工效率也很低，并没有从根本上解决问题。

▲ 图 8-34　次梁横筋套筒连接

如果在装配式框架项目中，预制主次梁设计为刚接，但在交接处把主梁混凝土断开留出现浇段，钢筋连续贯通，即主梁做成“鱼骨式”双截梁（图 8-35）。次梁为完整预制，次梁钢筋锚进主梁现浇段内。这个做法也存在一定问题，主梁混凝土现浇段的宽度仅为次梁梁宽，会造成主梁断开的构造腰筋后期焊接作业空间不足，且次梁吊下时底筋会正交碰撞主梁外伸腰筋。产生这个问题的原因主要是设计人员未充分考虑装配式建筑的特点和要求，仅参考 G310-1 图集，照搬图集节点做法所导致的。若采用此方法，设计时须注意以下几点：

▲ 图 8-35　“鱼骨式”双截梁

（1）主梁现浇段宽度建议为 200mm+次梁宽+200mm，且主梁腰筋若为构造腰筋，则可先行断开，后期再采用单面 10$d$ 焊接的方式进行搭接。若为抗扭腰筋则不建议断开，为不妨碍次梁吊装落下，次梁底筋可采用直螺纹连接，待吊装就位后再拧入连接底筋。

（2）次梁吊装前，主梁现浇段内箍筋应预先套好并间隔排布，设计图中应予以明确。

（3）当主梁设计有吊筋时，可能会出现吊筋斜向穿出接缝面，导致工厂很难生产，应采用附加箍筋等替换措施。

（4）主梁接缝面须设置抗剪键且经接缝抗剪验算，接缝部位应避开受拉易开裂区域，且同一根梁的现浇段数量不宜超过 2 处。

（5）由于预制主梁呈混凝土断开而钢筋连通状，故须合理设置各段的吊点位置，必要时可在预留的现浇处两侧设置临时补强角钢。

从装配式施工效率以及便利性来说，主次梁连接可优先采用铰接。G310-1 图集提供了几种做法，有钢牛腿（图 8-36）、混凝土牛腿（图 8-37）及钢企口（图 8-38），次梁底筋与腰筋都不伸出，仅上部叠合层整体浇筑。装配式结构的铰接虽也不是纯铰，但更接近于铰接，施工时不用留设现浇段，在一定跨度范围内能做到次梁免支撑。但这样较适合装配式结构的连接节点在实际应用中却应用很少，主要是传统结构设计人员的“不习惯与不安心”。习惯了连续次梁支座设计成刚接，习惯了上下钢筋全锚入且全截面整浇的铰接，即使在被动和纠结中设计成铰接了，由于现浇结构中铰接的构造做法与装配式结构中的铰接做法差别很大，尤其当软件计算结果显示次梁受扭，以及考虑底部钢筋在支座处受拉时，结构设计人员一般都会坚持采用预制梁留设现浇段的做法。当然，针对不同情况，也可采用一些其他设计方法，比如当有扭矩时，可设计侧面焊接 L 形钢板来承担。

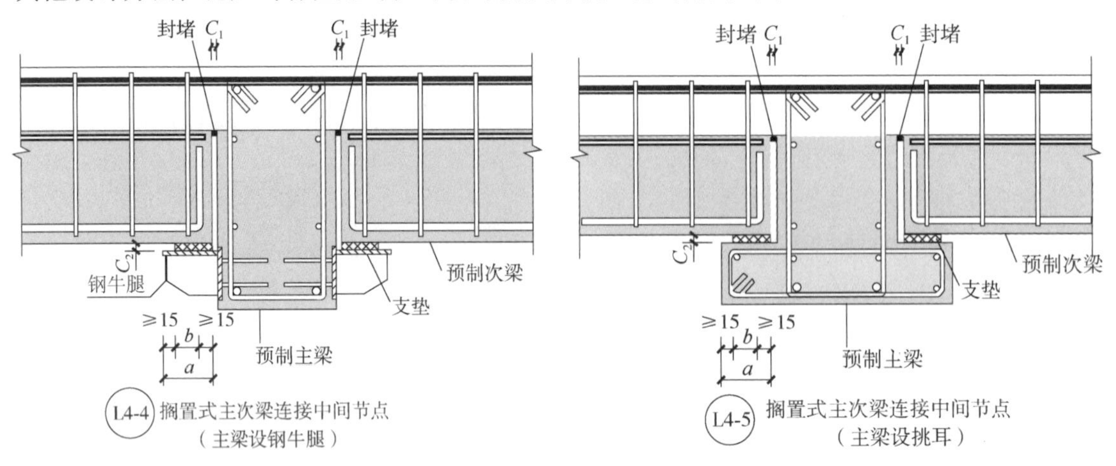


▲ 图 8-36 钢牛腿

▲ 图 8-37 混凝土牛腿

日本装配式结构主次梁的基本结构设计概念和中国不太一样，日本结构设计中以尽可能减少次梁为原则，首选方案是做成大厚板。所以经常见到日本设计中楼板厚度达 250mm，但并不是实心混凝土，而是在预制叠合楼板中填充 EPS 泡沫块，250mm 厚的楼板实际自重荷载相当于实心 160mm 厚的楼板，不但实现了大跨度空间自由分隔的目的，也具有良好的隔声隔振效果。在必须设计次梁的情况下，预制次梁与主梁多采用主梁做牛腿、次梁做缺口梁的搁置形式。但是明确对此节点的使用前提是次梁不参与抗震计算，且次梁底筋因不伸入支座而不考虑支座处拉应力状态，次梁支座只计算抗剪承载力。

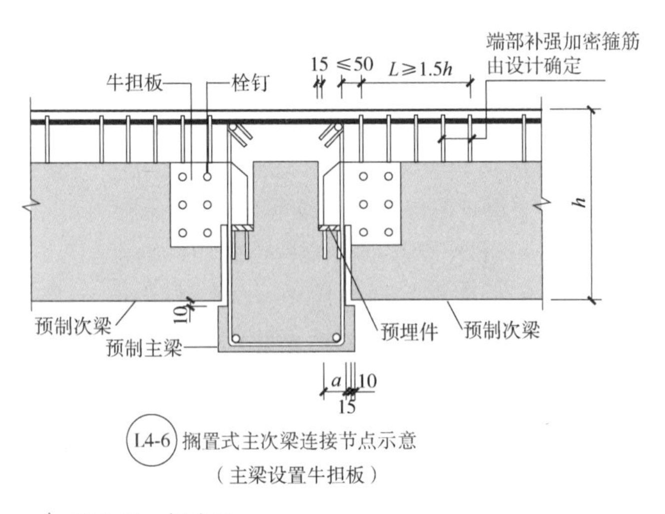


▲ 图 8-38 钢企口

## 8.5 预制构造设计问题

### 1. 预制柱底键槽问题

钢筋套筒灌浆连接是预制构件竖向受力连接的主要方式之一，预制框架柱大多采用钢筋套筒灌浆连接，灌浆作业时采用连通腔连续灌浆，因此预制柱吊装时底部要求留设 20mm 的水平缝，缝内用灌浆料拌合物（简称浆料）充填密实。这是保证预制柱底受力的基本要求，同时构造措施上还要求预制柱底与浆料的结合面应设置键槽且宜设置粗糙面（图 8-39）。预制构件底面设置键槽可以增强接缝抗剪能力，但由于是在底面，设计的键槽形式必须让浆料能填实键槽，才能起到增强抗剪的作用，所以键槽形式是否合理是预制柱构造设计中的重要问题。

某项目预制柱在灌浆作业中遇到一个问题：预制柱采用钢筋套筒连接，灌浆采用连通腔灌浆且设计有高位出浆孔，灌浆施工时套筒上端出浆孔逐个出浆后即用塞子塞紧，持续灌浆直至高位出浆孔也出浆，灌浆过程均显示正常。在灌浆结束并判断浆料达到硬化强度后拔出塞子，观测套筒上端出浆孔口是实的，但发现高位出浆孔并无浆料，于是用钢丝向内捅进测深，钢丝几乎一直捅到柱底，即高位出浆孔道是全空的，而孔口表面下方存有当时溢浆留下的挂浆痕迹，说明灌浆施工时高位出浆孔的确是出浆了，之后出现了退浆回落现象。经全数检查发现类似情况达到 90%左右，于是建设方提出以下疑问：

▲ 图 8-39　柱底键槽和粗糙面

（1）高位出浆孔退浆严重，几乎是空的，可否判定未灌满？

（2）套筒的出浆孔是有浆的，且是实的，可否判定已灌满？

（3）出现这样矛盾的现象，如何处理？

（4）出现这种现象的原因是什么？如何避免？

初步分析造成这个现象的因素主要有以下两点：

（1）与柱底键槽形式有较大关系，键槽内凹较深，而键槽侧面有无坡度却难以判断。

（2）与灌浆速度有关，可尝试减慢浆料的推进流速，再观察该情况是否有改善。

分析造成问题的原因是因为浆料在水平缝里推进过程中前端浆料会有水分流失、裹挟尘渣的情况而一直处于漫延受阻状态，越到后面推进越缓，所需压力也越大，当浆料流至四方形键槽下部时突然没有了压顶限制，若此时灌浆速度较快的话，前端浆料短时会形成向上小坡堆积状，浆料坡堆的顶点上涨触及高位孔底后就在四方形键槽内形成了密闭空间，键槽四角空气无法排出，由于持续压力灌浆该情况会持续至灌浆停止即高位出浆孔溢浆封堵，灌浆停止后高位孔底密闭状态解除，孔内浆料才开始回落流平，置换出键槽内的空气。这就解释了为何明明灌浆过程均正常，但高位孔里却无浆的情况。因此判断钢筋套筒内应该是满的，水平缝也应该是满的，可用细软管接口的手持筒式注浆器从高位孔向内补浆直至填实，再请专业检测机构进行套筒灌浆饱满度检测。

目前见到的柱底键槽形式较多，见图 8-40。相关规范、规程与标准也未明确具体做法，而键槽形式设计不当会使空气窝在底部难以排出，造成柱底面与浆料不能充分结合，若隔离面积超过一定比例又势必会影响结构安全。装配式建筑每一种新型式的出现一定是以大量的实验验证为前提，而非单纯的凭靠想象。套筒灌浆是一项技术专业性很强的施工作业，由于缺乏事后有效补救措施，使得灌浆过程控制尤为重要。灌浆失败的原因多种多样，当然并非全是施工单方面问题，但能保证灌浆成功的，一定是设计、生产和施工共同协作的结果。

▲ 图 8-40 柱底各种形式的键槽——井字形、十字形、回字形和米字形

**2. 脱模吊点设置及构造设计问题**

预制构件采用平躺式生产时达到脱模强度后须从模台上吊起，对于异形构件、薄板构件、细长构件是构件成型后的第一次受力考验，此时构件强度最弱，构件脱模吊点及吊点处构造设计不合理，都会产生出现裂缝甚至发生断裂的情况。

图 8-41 即是某项目预制叠合梁脱模时发生断裂的情况，断裂位置在吊点处，导致预制构件报废。

分析造成该问题的主要原因有三个：

（1）吊点位置设置不合理。

（2）脱模时混凝土强度不足。

（3）未配置构造腰筋或附加加强筋。

按经验，脱模吊点位置一般取吊点至端部距离为总长 1/4~1/5 处，在吊点布置时，除了按经验设置外，还需要进行补充验算，尤其对于细长形的预制构件和吊点处未配置纵筋的构件，更应引起重视。对预制叠合构件吊点处的强度、裂缝，以及跨中弯矩、挠度、裂缝等进行脱模工况的补充验算，是确保预制构件不出现问题的必要手段。

▲ 图 8-41 预制叠合梁断裂报废

在起吊工况时，叠合梁的受力简图可以简化为以吊点为支点的两端悬臂单跨梁，见图 8-42。吊点尺寸 L1、L3 越大，悬臂端也就越长，会使得叠合梁脱模时在自重荷载、模板吸附力荷载、瞬时动力荷载等共同作用下叠合梁吊点处上部出现负弯矩受拉情况。

从图 8-41 来看，该预制梁中未配置腰筋，对于梁腹板高度小于 450mm 的现浇梁，从结构设计角度是可不配置腰筋的，但对于预制叠合梁必须考虑生产工艺的特殊性，宜在叠合梁面下部两侧配置构造纵筋且间隔配置拉筋以形成整体性。 此时的构造纵筋相当于吊点处的受拉附加加强筋，可以有效弥补叠合面混凝土的抗拉不足。

还需注意的是，在我国华东华南地区由于气候温暖，一年中气温很少低于零度。因此很多预制构件工厂在自然养护的情况下以平均 24h 翻用一次模台的频率生产预制构件，一般前一日下午浇筑混凝土至第二日上午脱模，此时经自然养护的混凝土强度普遍未达到 75% 的

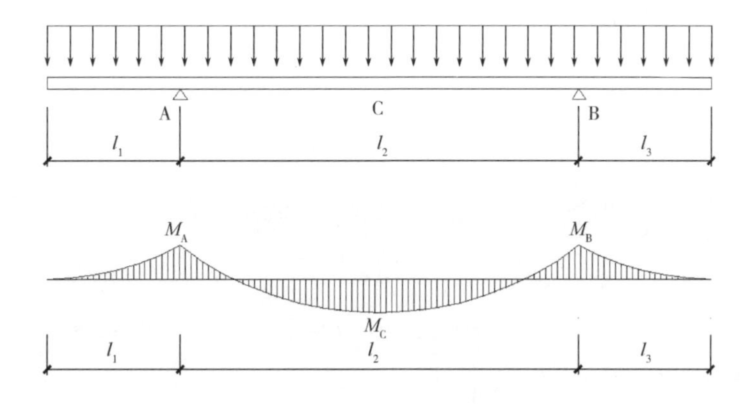


▲ 图 8-42　预制叠合梁起吊工况受力简图

起吊要求，大多都在 50%左右，因此在计算时应考虑实际情况，对混凝土强度计算取值进行折减。

通过上述分析，叠合梁脱模时吊点的位置应通过验算合理调整悬臂端长度，且宜在叠合面下部两侧适当配置构造纵筋，验算时混凝土强度取值应根据当地生产特点进行折减。

**3. 顶层预制中柱、边柱和角柱的构造做法**

框架结构中，顶层框架柱的钢筋锚固方式根据柱的分布位置不同，其构造做法也有所不同，主要分为中柱、边柱和角柱。

顶层预制中柱的纵筋锚固方式分为：当梁高高度满足柱纵筋直锚长度时，可采用钢筋直锚至柱顶；当梁高高度不满足直锚长度时，可采用内外弯折锚固，或者采用锚固板（头）等措施，见图 8-43。

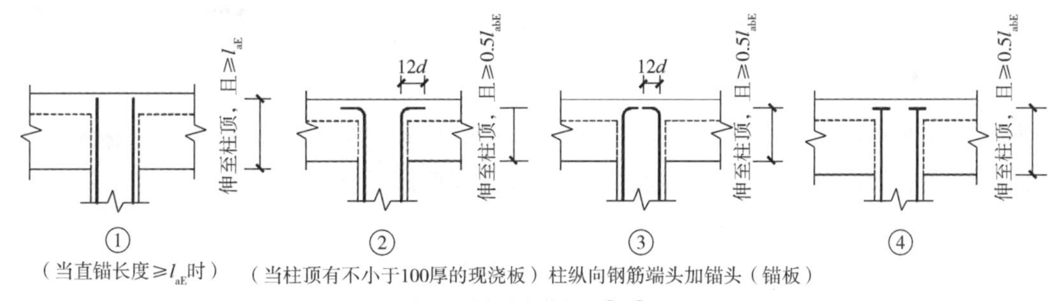


▲ 图 8-43　顶层中柱钢筋构造

下面根据预制装配的特点结合图 8-43 进行适用性分析：做法①，由于柱纵筋较粗，直锚长度较长，一般情况下梁高不能满足锚固长度，所以较少采用。做法②，若柱纵筋向外弯锚又会影响预制梁的吊装下落，所以也较少采用。做法③，若柱纵筋向内弯锚，柱相邻两边纵筋就会有空间交叉干涉，给预制构件生产加工钢筋带来麻烦，所以也不太采用。综合考虑，建议采用柱纵筋端头加锚固板的形式，即做法④，既不会影响预制梁吊装，构件生产时钢筋也容易加工和控制定位。

顶层预制边柱、角柱的纵筋锚固方式分为平齐屋面和伸出屋面两种做法。

平齐屋面做法的柱筋与梁筋主要为满足搭接长度互相锚固，一种是柱外侧纵筋弯折锚入梁内，另一种是梁上部纵筋弯折锚入柱内（图 8-44）。这两种做法对于预制柱生产和顶层预制梁的安装施工都有较大影响，主要体现在如下两个方面：

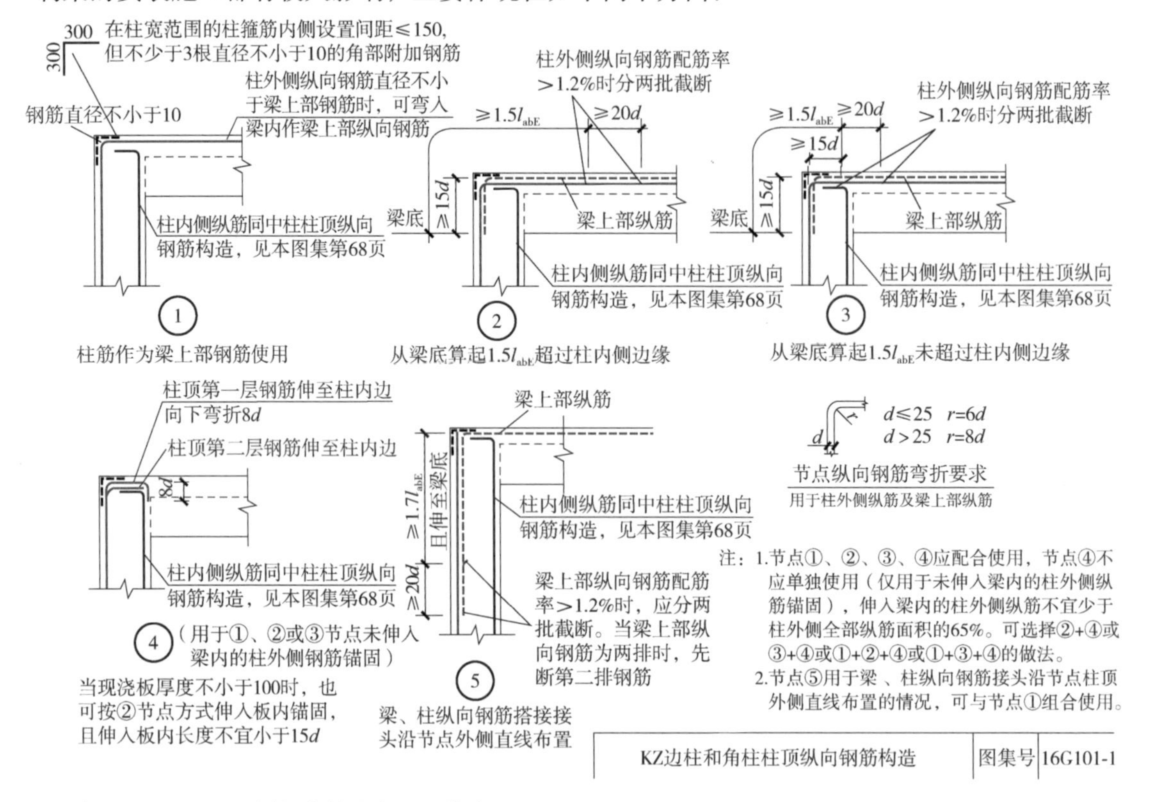


▲ 图 8-44 顶层边柱、角柱平齐屋面做法

（1）若采用柱筋弯锚入梁内的做法，则预制柱纵筋必然要弯折甩出钢筋，由于钢筋过长超出柱边，使得预制柱不易生产和运输，且在预制梁安装时柱横向甩出钢筋很容易阻挡梁就位。

（2）若采用梁筋向下弯锚入柱内的做法，由于锚固长度很长，超出梁高，需降低预制柱叠合面来满足梁筋的弯锚长度，使得现场的柱身现浇段支设模板较为麻烦，且由于梁的上部钢筋弯折段过长对现场钢筋绑扎作业也会造成困难。

伸出屋面做法是将柱顶伸高至屋面以上以满足柱纵筋锚固长度，见图 8-45。对装配式来说这样做的优点是预制柱叠合面可设在梁底，与标准层做法一致，统一模板与排架等施工措施、简化了现场施工难度，且柱筋直伸也便于工厂生产和运输。屋面预制梁做法也同标准层，无须特别处理，吊装就位也相对容易。但有一点需特别注意：由于边柱角柱伸出屋面，对屋面女儿墙的造型及做法是否有影响是需要建筑专业提前考虑的。若女儿墙做法是与柱外侧平齐，则女儿墙内侧由于柱内凸不是平齐的，会对沿女儿墙根设置排水沟带来不便，这同时需要排水专业提前考虑。

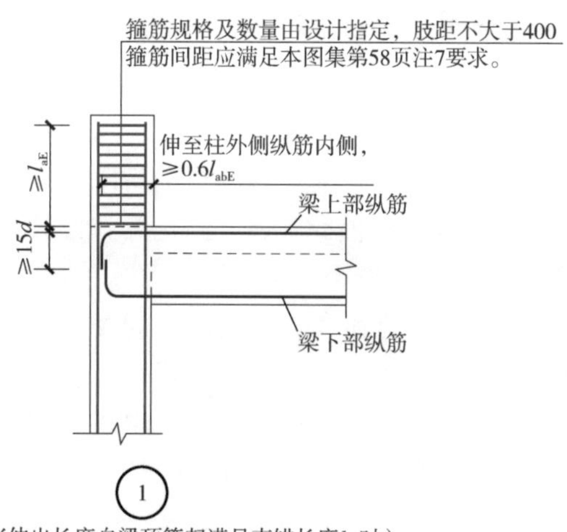


（当伸出长度自梁顶算起满足直锚长度$l_{aE}$时）

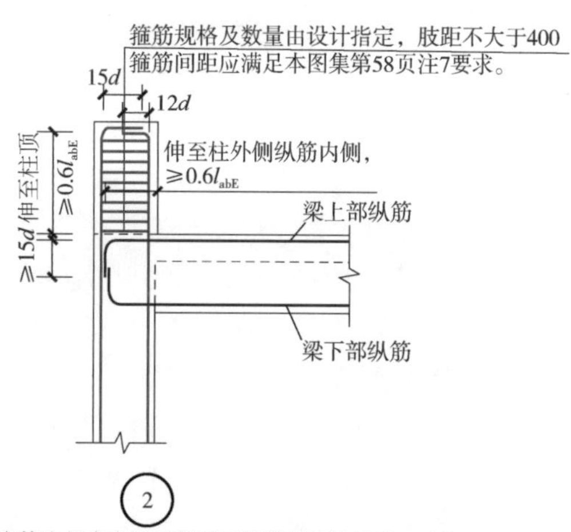


（当伸出长度自梁顶算起不能满足直锚长度$l_{aE}$时）

注：1. 本图所示为顶层边柱、角柱伸出屋面时的柱纵筋做法，设计时应根据具体伸出长度采取相应节点做法。
2. 当柱顶伸出屋面的截面发生变化时应另行设计。
3. 图中梁下部纵筋构造见本图集第85页。

| KZ边柱、角柱柱顶等截面伸出时纵向钢筋构造 | 图集号 | 16G101-1 |
| --- | --- | --- |

▲ 图 8-45　顶层边柱、角柱伸出屋面做法

## 8.6　其他设计问题

本节所列的几种预制构件并非常见类型，仅在少数工程项目中有过应用，由于案例较少，反映出的问题并不多，但仍有一些技术要点需要关注并重视。

**1. 预制连层节段柱**

装配整体式框架结构中，预制柱多采用单层预制的形式，也有低多层框架结构采用预制连层节段柱，见图 8-46。目前有过这样工程案例的多为两层框架结构，即两层柱子一体化预制与吊装，这样可以大幅提高施工效率。

▲ 图 8-46　连层节段柱

（1）预制连层节段柱的特征

1）上下相邻的柱一次预制成型。

2）上下相邻层的节段柱通过纵向主筋和增设的交叉钢筋进行连接。

（2）采用预制连层节段柱设计时须注意以下几点：

1）一次预制成型的柱高度不宜超过 14m 或 4 层层高的较小值。

2）交叉钢筋每侧应设置一片并与纵筋焊接。

3）交叉钢筋强度等级不宜小于 HRB335，直径不应小于 12mm。

4）临时施工阶段现浇节段区钢筋须进行拉压屈服强度计算。

（3）采用预制连层节段柱施工时须注意以下几点：

1）下层节段柱可用刚性斜撑进行两个方向定位控制。上层节段柱由于高度太高不宜使用刚性斜撑，一般使用拉索进行偏斜控制。在吊装二层楼面预制梁时须提前拆除拉索，此时，上层节段柱仅依靠层间预留现浇节段区的钢筋进行支撑，因此节段区的钢筋在设计中应按生产、运输、施工阶段工况的承载力和变形要求进行计算。

2）柱梁节点核心区的混凝土浇筑时，由于上层节段柱的存在而可能影响混凝土浇筑的密实性，应分层浇筑、振捣密实，必要时采取排气措施。

3）连层柱最下一层预制节段柱与基础的连接可采用钢筋套筒灌浆连接，也可采用预留孔插筋灌浆连接。柱层间现浇节段区的预留高度一般同梁高，上层节段柱的柱底接缝可设在楼面标高-15mm 处，见图 8-47。

连层柱的形式改变了传统意义上的逐层施工工序，减少了框架柱套筒灌浆连接数量，节省材料成本、减少人工费用，特别是在缩短施工工期方面有较大的优势。

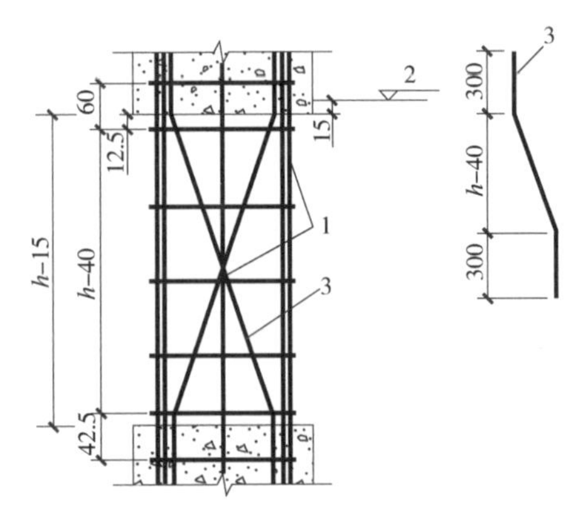


▲ 图 8-47 交叉钢筋、现浇区段高度节点构造图
$h$—梁高 1—焊接 2—楼面板标高 3—交叉钢筋

**2. 预制莲藕梁**

装配式柱梁体系中预制柱梁的连接大多采用构件预制、核心区现浇的方式，这样的连接方式设计工作量大、任务重；在设计时要求设计人员经验丰富、思维缜密；在生产时要求伸出钢筋的根部定位准确、钢筋垂直度与长度精确；在施工时由于核心区钢筋排布密集，容易造成钢筋干涉碰撞，对操作工人的技术水平以及责任心都有比较高的要求，任何一个环节出问题都会导致柱梁连接核心区强度不足，而达不到“强节点、弱构件”的结构抗震要求。

装配式建筑设计中需要遵循的重要思路是：把操作简单、易施工、人工少的工作留给现场施工做，把连接复杂、不易操作、费工费时的工作让预制构件工厂来做。对于预制柱梁连接来说，可以将复杂的核心区连接节点做成预制的，将现浇连接位置设在节点区以外，核心区可采用预制莲藕梁的形式。关于莲藕梁，郭学明先生在《混凝土世界》杂志专栏中发表过《莲藕梁的启发》一文，其中对莲藕梁的形式以及生产制作注意要点等都有详细介绍。预制莲藕梁是柱与梁的复合构件，柱头留有穿钢筋的贯通孔，因为形似莲藕，所以称之为莲藕梁。

莲藕梁分为单莲藕梁（图 8-48）、双莲藕梁（图 8-49）和十字莲藕梁（图 8-50）。莲藕梁的底部一般设计与相接最高的梁底平齐，顶部比结构楼面标高高出 50mm 左右。柱头箍筋按结构设计要求配置，只是柱的纵筋不配，替代的是贯通孔，待下节预制柱上伸钢筋穿过孔洞后在孔内灌浆密实。若为十字中间节点，则可以在四个方向伸出预制叠合梁。若考虑运输方便，也可以在一侧方向伸出预制叠合梁，另一侧方向仅伸出梁筋。

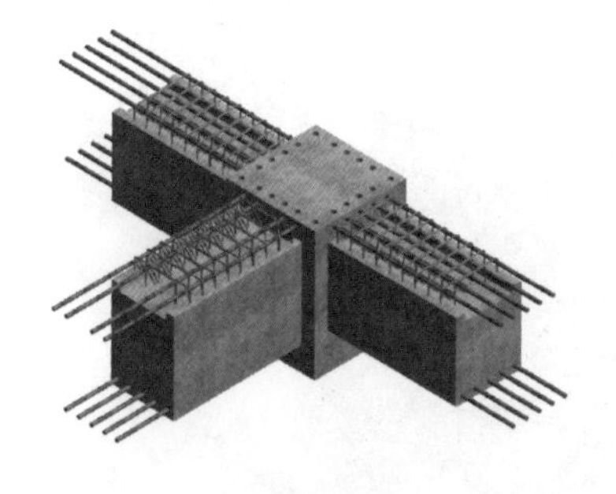

▲ 图 8-48　单莲藕梁

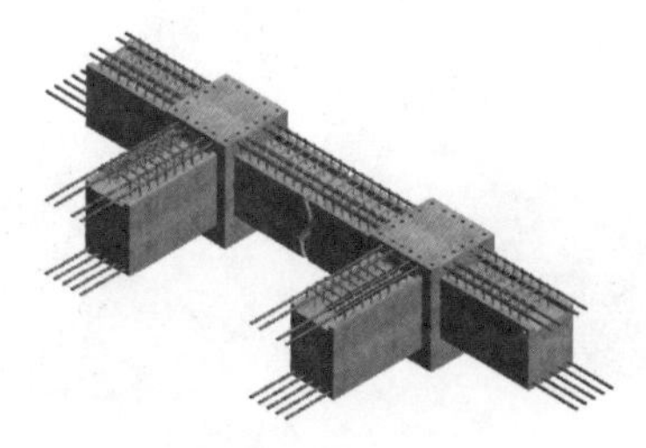

▲ 图 8-49　双莲藕梁

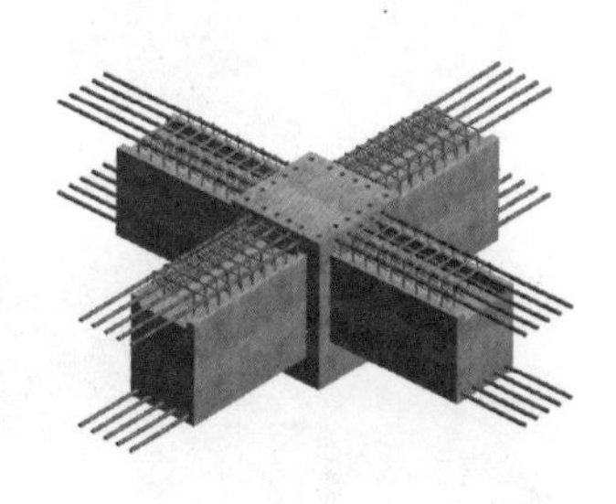

▲ 图 8-50　十字莲藕梁

需注意的是，莲藕梁的做法源自日本，众所周知日本是个多地震国家，能在日本应用相信也是经过严密计算与实验论证的。我国对预制莲藕梁的研究开展得较少，目前装配式相关建筑标准与结构规程都未纳入相关内容。

此外，日本柱梁连接形式还有通高全预制柱做法（图 8-51），柱头横向伸出梁与板的搭接钢筋，柱头侧面与梁板的结合面上设置粗糙面及键槽。或者是核心区的柱与梁预制一体（图 8-52），柱身分两段，分别都由钢筋套筒灌浆连接。这些做法都是为了将核心区复杂的柱梁钢筋工作在工厂完成，从而简化现场施工。

**3. 预制梁端 U 形槽**

装配式框架结构的柱梁核心区钢筋干涉问题发生频率很高，也较难处理，如果预制梁没有梁筋伸出，就可以彻底解决这个问题。当建筑类型符合《预制预应力混凝土装配整体式框架结构技术规程》JGJ224 相应条件时，采用端部设有 U 形键槽的预制梁可以很好地避免核心区钢筋干涉问题（图 8-53）。2012 年江苏省某高层装配式项目采用了这样的方式，取得了较好的效果。

▲ 图 8-51　通高全预制柱

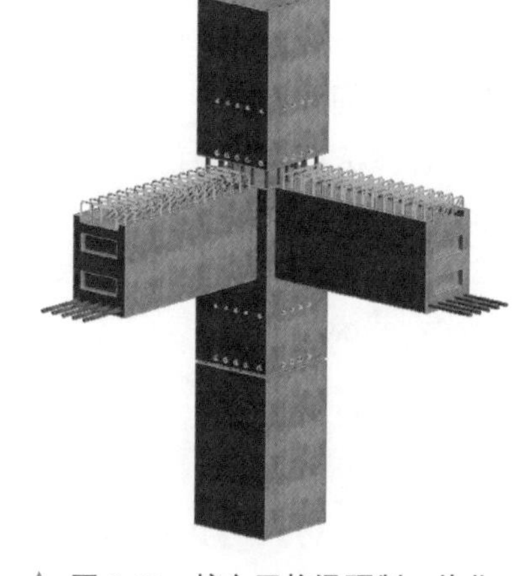

▲ 图 8-52　核心区柱梁预制一体化

采用预制柱和先张法预制预应力叠合梁，梁端预留内凹 U 形长键槽，梁底部预应力钢绞线在 U 形槽内弯锚并与施工现场后置贯穿核心区的 U 形钢筋在键槽内搭接，先用强度高一级且不低于 C45 的无收缩或微膨胀细石混凝土浇筑填平凹槽，再整体浇筑楼面叠合层混凝土。由于梁端没有伸出钢筋，吊装时没有任何干涉，可以快速就位，就位后先排布根据结构设计的 U 形钢筋，再绑扎柱箍筋。

采用该形式在设计时应注意以下几点：

（1）键槽壁厚宜取 40mm，键槽长度可根据抗震要求以及 U 形钢筋搭接长度留设。

（2）由于后置 U 形钢筋可以根据柱筋间距空档左右挪移调节，预制柱筋在设计时无须特

▲ 图 8-53 端部设有 U 形键槽的预制梁

别考虑，大大简化了设计工作。

（3）预制梁构造腰筋收于键槽壁内不伸出，边梁抗扭腰筋采用现场后置搭接腰筋，在键槽内紧贴壁内侧布置。

（4）预制梁箍筋在 U 形键槽范围内正常配置，从键槽壁内伸出。

（5）钢绞线距梁底有一段空距，可在箍筋下角配置构造纵筋。

（6）键槽内壁设计为露骨料粗糙面。

（7）预应力筋宜采用预应力螺旋肋钢丝、钢绞线，且强度标准值不宜低于 1570MPa。

以下两个问题也应特别注意：

（1）此做法适宜预制预应力梁，非预应力预制梁如需采用此方法时必须根据实际情况进行技术论证。

（2）键槽壁比较薄，在生产及施工过程中若开裂较大或缺损时，可将破损部位凿除与键槽混凝土一起浇筑。

## 8.7 预防问题的具体措施

从设计环节来说，发生问题的根本原因在于人，每个设计人员的专业水平不一，对装配式技术的理解也不尽同，但只有从技术层面入手，才能预防问题的发生。装配式框架结构的预制构件以柱、梁、板为主，构件外形并不复杂，出问题的重点在于连接节点，对此提出以下几条预防措施：

（1）针对不同连接部位逐个绘制节点详图，内容应符合实际情况，图示深度应满足指导构件的预制和施工安装的要求。

（2）每种连接方式都应具有实操性，充分考虑预制构件生产与施工的容错误差。

（3）发挥 BIM 三维软件优势，通过三维建模和动态模拟，在设计阶段就消除碰撞的可能。

（4）设计人员应熟悉相关规范、规程、标准及图集，做到知其然，并知其所以然。

# 第9章
# 结构设计常见问题Ⅳ——楼盖设计

本章提要

对楼盖设计问题进行了举例分析，梳理汇总了楼盖设计问题清单，对楼盖设计的一些主要问题产生的原因及危害进行了分析，包括：楼盖选型问题、拆分设计问题、设计计算问题、连接设计问题、普通叠合楼盖设计问题、预应力楼盖设计问题，同时给出了预防问题的措施。

## 9.1 楼盖设计问题举例

例1 叠合板应用问题

国内的叠合楼板问题较多，例如预制底板需要伸出钢筋进入支座锚固，不利于生产安装，双向板后浇带多，仍需支设模板，现场施工的支撑体系还是采用现浇的满堂红方式（图9-1），也无法免抹灰。无论是叠合板的成本还是施工工期不但没有减少反而有增加。存在生产效率低、安装复杂、互相干涉等各种问题，并没有体现装配式建筑的优势。

但叠合楼板在日本、欧洲、澳洲等装配式建筑中应用非常普遍，是技术成熟，市场接受度非常高的预制构件。在框架结构、钢结构建筑中较多采用跨度较大的单向叠合楼板（图9-2），板边不伸出钢筋，预制板之间没有后浇带，生产制作、安装都非常便利，机械化程度高。

▲ 图9-1 国内满堂红支撑叠合楼板安装

▲ 图9-2 日本叠合楼板安装

在叠合板的设计使用上，设计者应进行更深入的思考，采用合理的优化方案来推动装配式建筑的发展，充分发挥装配式建筑应有的优势。

**例 2** 叠合板桁架筋设计问题

叠合板设计时，如果只知照搬图集、规范的叠合板桁架筋规格型号，就有可能产生以下两方面的问题：

（1）桁架筋下弦筋和上弦筋未根据叠合板在各工况下的受力进行设计，导致配筋不足，或配置过多而产生浪费。

（2）桁架筋高度设计未考虑机电管线穿管需要，机电管线无法从桁架筋空腔内穿过，现场只能违规切断桁架筋，或将机电管线从桁架筋上弦跨过（图 9-3），导致不得不增加现浇叠合层厚度，不满足原结构设计要求。

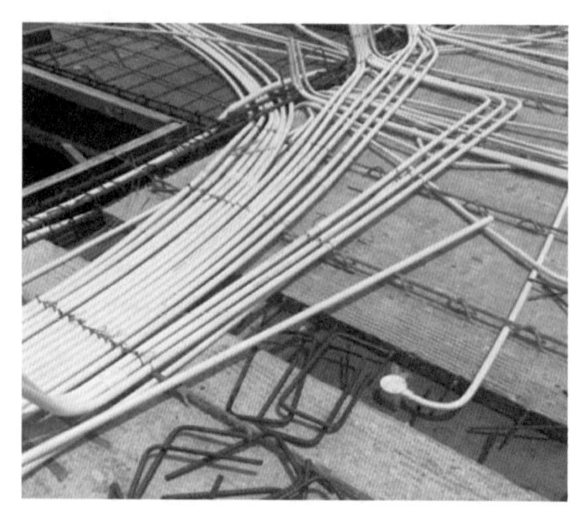

▲ 图 9-3 机电管线从桁架筋上面跨过

有的叠合板设计时，未考虑桁架筋布置方向与板底筋的关系，导致桁架筋高度设计出现问题。桁架筋布置按与板底筋的位置关系分为桁架筋搁置在板底筋之上（图 9-4）和板底筋穿过桁架筋两种方式（图 9-5）。这两种布置方式桁架筋露出叠合面的高度不同，相差一根板底受力钢筋直径的高度。如果是按搁置在板底筋之上的布置方式确定的桁架筋高度，而实际采用穿筋布置，就会造成机电管线穿管困难；如果按穿筋布置方式确定的桁架筋高度，而实际采用搁置在板底筋之上的方式，就会导致上层钢筋保护层厚度不够或楼板增厚。

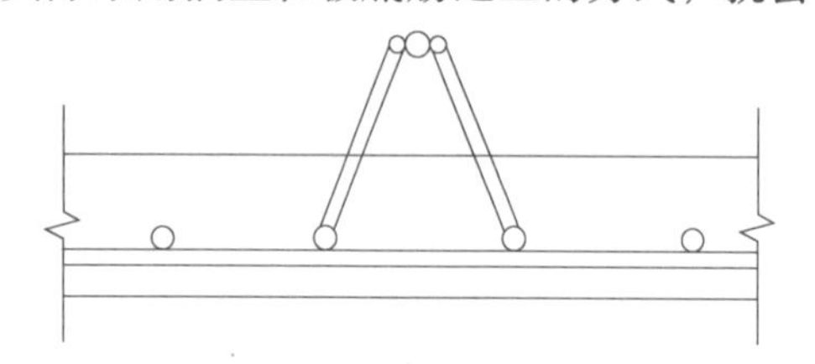

▲ 图 9-4 桁架筋搁置布置方式(有利于提高生产效率)

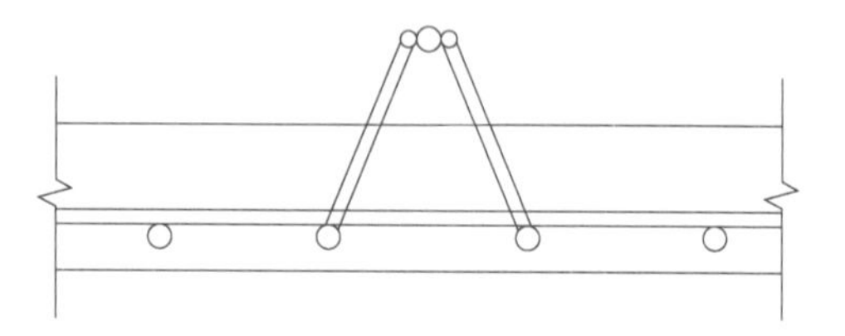

▲ 图 9-5 穿筋布置方式(桁架筋受力较为合理)

**例 3** 叠合板吊点、存放、运输设计问题

叠合板设计时应根据脱模、存放、运输、吊装等各工况进行强度、裂缝等验算；根据受力要求，给出吊点位置、存放支点位置、施工安装支撑位置等具体要求。否则，就有可能导致生产制作及施工安装过程中出现质量及安全问题。

例如：设计如果没有给出叠合板存放的支点位置、支垫方式等具体要求，就可能导致存放或运输过程中支垫错误，从而造成叠合楼板出现裂缝（图 9-6）、变形（图 9-7）等质量问题，影响工期、浪费成本。

▲ 图 9-6 叠合板存放错误出现裂缝

▲ 图 9-7 叠合板存放错误出现变形

## 9.2 楼盖设计常见问题汇总

楼盖设计常见问题及其危害和预防处理措施可参见表 9-1。

**表 9-1 楼盖设计常见问题及其危害和预防处理措施**

| 类型 | 序号 | 问题 | 危害 | 预防处理措施 |
| --- | --- | --- | --- | --- |
| 楼盖选型 | 1 | 单向板与双向板选择考虑不周 | 两个侧边伸出钢筋的双向板生产、安装效率较低 | 宜优先选用单向板 |
| | 2 | 叠合板尺寸过小、过多 | 效率降低、成本增加 | 减少板型 |
| | 3 | 叠合板管线暗埋 | 穿线管困难，板厚增加、成本增加 | 实行管线分离 |
| | 4 | 桁架钢筋布置方向错误 | 叠合板存在开裂风险 | 桁架筋按板长方向布置 |
| 拆分设计 | 1 | 拆分预制范围不合理 | 影响结构抗震性能和建筑使用功能 | 避开不适合预制的范围 |
| | 2 | 未遵循拆分原则 | 受力不合理，影响制作、运输，产生干涉等问题 | 充分考虑拆分约束条件 |
| | 3 | 拆分不合理 | 制作安装难度增加，成本增加 | 减少叠合板规格 |
| | 4 | 叠合板过长 | 存在开裂风险 | 控制长宽比，或采取相应措施 |
| | 5 | 设有拼缝或后浇带 | 影响施工效率和使用功能 | 采用整间板 |
| 设计计算 | 1 | 未进行脱模、存放、运输、吊装、施工等各个阶段的工况验算 | 强度、裂缝验算不满足 | 按规定进行验算 |
| | 2 | 未进行叠合面抗剪验算 | 抗剪验算不满足 | |
| | 3 | 未进行叠合板在支撑条件下的二次验算 | 强度、裂缝验算不满足，影响安装安全 | |

（续）

| 类型 | 序号 | 问题 | 危害 | 预防处理措施 |
|---|---|---|---|---|
| 连接设计 | 1 | 单向板密拼存在拼缝 | 影响美观和使用 | 采用吊顶或精装修 |
| | 2 | 双向板后浇带内纵筋设置遗漏或上下层关系错误 | 影响结构承载力 | 设计给出节点详图，加强设计技术交底 |
| | 3 | 双向叠合板四边出筋，后浇带多 | 影响工期，增加成本 | 采用单向板，研究不出筋的叠合板 |
| | 4 | 双向板后浇带钢筋连接构造方式不合理 | 增加施工难度 | 选择合理的连接构造方式 |
| | 5 | 不伸出钢筋的叠合板支座连接构造设计遗漏叠合层附加短筋 | 影响结构安全 | 设计给出节点详图，加强设计技术交底 |
| 普通叠合楼盖设计 | 1 | 叠合板钢筋上下层关系错误 | 影响安全 | 注意钢筋剖面关系 |
| | 2 | 叠合层管线布置不合理 | 管线施工困难或导致板的保护层厚度不足 | 减少管线交叉或采取叠合层设计高度加高等措施 |
| | 3 | 切断桁架筋 | 影响板承载力 | 避免干涉，不得切断桁架筋，确需切断的须设补强钢筋 |
| | 4 | 叠合板设计未考虑装修需求 | 预埋点位遗漏或错位，影响装修 | 进行一体化集成设计 |
| | 5 | 预埋线盒型号不正确，外露高度不足 | 线管与线盒无法连通 | 采用正确的型号，合适高度的线盒 |
| | 6 | 叠合板孔洞现场开凿，切断钢筋 | 影响板承载力 | 做好孔洞预留 |
| | 7 | 叠合板存放不符合要求 | 导致出现裂缝、变形等质量问题 | 给出正确的存放方式 |
| | 8 | 吊点不足或吊点未给出标识要求 | 导致叠合板出现裂缝等质量问题 | 吊点数量根据计算确定，吊点位置给出标识要求 |
| | 9 | 埋件未预埋 | 采用后植方式，可能会出现切断钢筋等问题 | 进行一体化集成预埋 |
| 预应力楼盖设计 | 1 | 预应力楼盖，包括预应力叠合板、预应力双 T 板、预应力带肋板，目前应用较少 | 影响装配式建筑优势的体现 | 进行合理设计和选用 |

# 9.3　楼盖选型问题

### 1. 单向板与双向板选择问题

叠合板设计分为单向板和双向板两种，具体选用哪种根据接缝构造、支座构造和长宽比确定。当预制板之间采用分离式接缝时，按单向板进行设计，楼板受力传导方式按单向板对边导荷；对长宽比不大于 3 的四边支承叠合板，当采用整体式接缝或整间板设计时，按双向板进行设计，受力传导方式按双向板四边导荷。叠合板的拆分方式如图 9-8 所示。

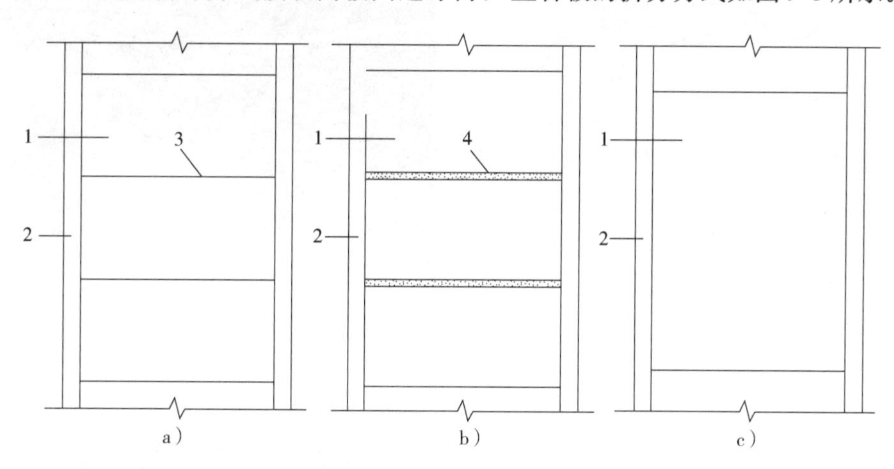


▲ 图 9-8　叠合板拆分方式

a)单向叠合板　b)带接缝的双向叠合板　c)整间板的双向叠合板

1—叠合板　2—梁或墙　3—板侧分离式接缝　4—板侧整体式接缝

对拼缝不敏感的公建项目或有装修吊顶的住宅项目，宜优先选用单向板拆分设计方案，可大大提高叠合板的制作和安装效率，单向板双向板优化设计内容详见本书第 6 章 6.4 节第 1 条。

单向板拼缝处的裂缝大多是由相邻板挠度差产生，可以采取防裂构造措施加以解决（图 9-9）。为了避免拼缝处出现裂缝问题，人为地将单向板设计成双向板，再采用后浇带的连接方式，笔者认为是既不合算也不可靠的。

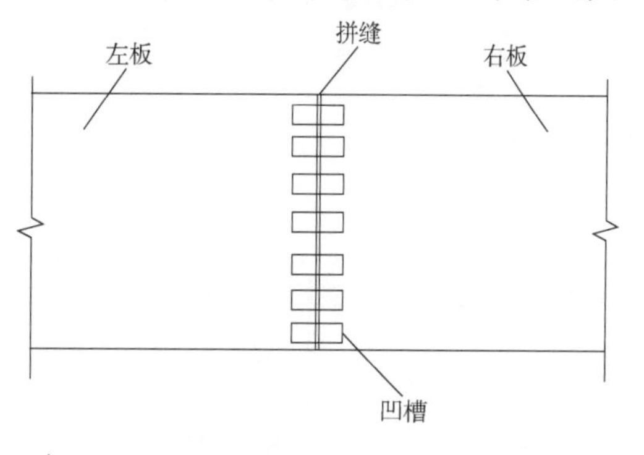


▲ 图 9-9　防裂构造措施(凹槽内附加配筋)

### 2. 叠合板尺寸选择问题

叠合板尺寸应根据叠合板的平面尺寸、分缝原则、工厂生产模台尺寸、运输宽度限制的要求确定。

有的设计单位简单地按照 1200mm、1500mm、1800mm 等模数尺寸来确定叠合板的规格，反而会造成叠合板模具种类过多，生产和安装效率降低，增加制作成本。

其实，可通过适当增加叠合板宽度或采用标准宽度加上调整宽度的方法来减少板类型的数量，见图 9-10。

### 3. 叠合板管线暗埋问题

根据《装规》和《装标》的规定，叠合板最小厚度需要 120mm（60mm 预制底板+60mm 后浇叠合层）。在住宅项目上，大多数叠合板预制底板上需要预埋电气线盒、消防线盒等埋件，考虑管线的铺设高度需要，一般叠合板厚度最薄需要 130mm（60mm 预制底板+70mm 后浇叠合层）。叠合板比现浇结构楼板厚，会导致土建成本有所增加。

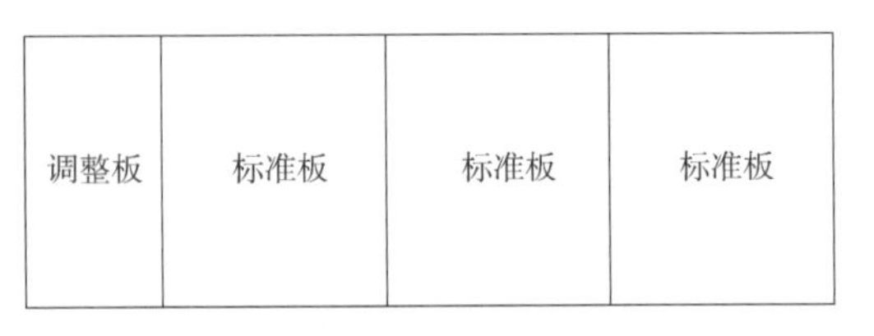


▲ 图 9-10　标准板加调整板的拆分方式

如果实现管线分离或者采用大跨度的叠合楼板，就可以解决因管线穿管需要而导致叠合板厚度增加的问题。日本的装配式建筑一般都采用天棚吊顶、地面架空的方式，所有管线、线盒、管道均不埋设在混凝土中，如图 9-11 所示，维修、更换都非常方便，值得借鉴。

▲ 图 9-11　管线分离(日本)

### 4. 桁架钢筋布置方向问题

对于叠合板的桁架筋布置方向，15G310-1 图集规定叠合板桁架筋应沿主受力方向布置，《装规》第 6.6.7 条也作了同样的规定。“主受力方向”按常规理解是形成整体的叠合板（正常使用阶段）的主要受力方向，无论是单向板还是双向板，对于整块板来说，短跨方向刚度大于长跨方向，沿着短跨方向即为主要受力方向，照此理解，桁架筋应沿着短跨方向布置。

某高层酒店项目（装配整体式框架—现浇剪力墙结构）的内走廊桁架筋叠合板，板跨为 7.47m×2.12m，板在正常使用阶段的主要受力方向为短跨方向，板的设计也是按此进行设计的。按前文理解，桁架筋应沿短跨方向布置（图 9-12），如此布置的话，在脱模、存放、运输、吊装过程中，由于吊点之间及垫木之间跨距沿板长方向更大，桁架筋本身的刚度和强度在板的长度方向基本无法发挥作用，而叠合板的受力控制工况一般是在脱模起吊的时候，另外在运输、存放过程中的颠簸或垫木不平引起板悬空后开裂的概率就会大大增加，跨距影响效应明显。

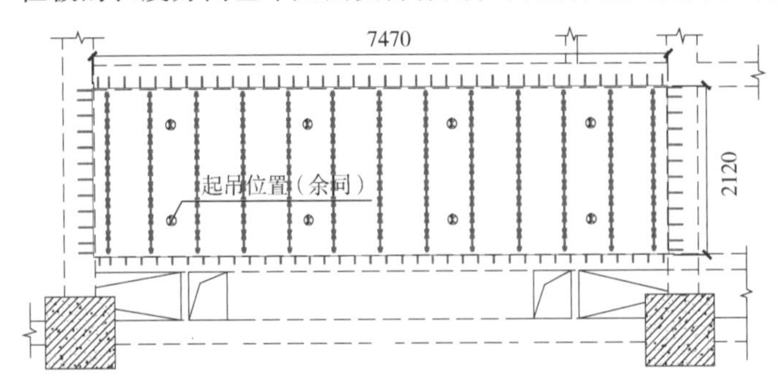


▲ 图 9-12　桁架筋按主受力方向布置

笔者建议桁架筋的布置方向应按脱模、存放、运输、吊装工况中的主要受力方向布置，即按照拆分后的叠合板尺寸大的方向布置，让桁架筋的刚度和强度在这些工况下充分发挥作用，以减少由于措施不到位而引起开裂的风险。

## 9.4　拆分设计问题

叠合楼板的拆分设计应和建筑、结构各专业设计协同配合，同步进行。避免因先进行施工图设计再进行拆分设计，会由于各专业协同不够，而导致后续各种问题的出现。

**1. 拆分范围问题**

有的项目为了满足预制率要求，将不适合预制的部位也进行了拆分预制，这是不可取的。拆分范围在前期设计阶段就需要予以明确。叠合板的预制拆分范围，应尽可能避开卫生间、屋面板等部位；对于抗震需要加强的部位也不应进行拆分预制，如：结构转换层、大底盘多塔结构的底盘顶层、平面复杂或开洞过大的楼层、结构竖向收进和外挑时需要加强的楼层等。

**2. 拆分原则问题**

叠合板拆分须遵循相关约束条件，如果不按照原则进行拆分，就会给后续的制作、安装等带来问题，叠合板拆分主要约束条件如下：

（1）沿板的次要受力方向进行拆分，也就是板缝应当垂直于板的长边，如图 9-13 所示。

（2）在板受力较小的部位进行分缝，如图 9-14 所示。

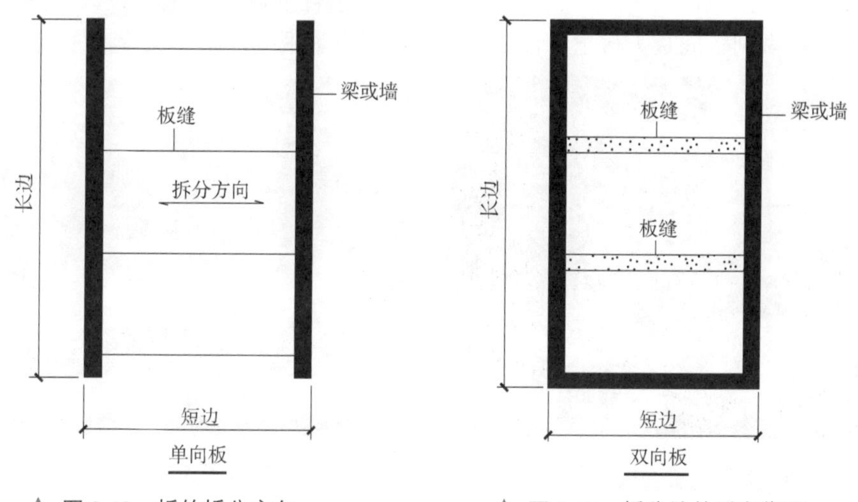


▲ 图 9-13　板的拆分方向　　▲ 图 9-14　板分缝的适宜位置

（3）拆分的板宽度应考虑生产模台和运输车宽度的尺寸约束条件，避免超宽超长导致无法生产或运输。

（4）尽可能统一或减少板的规格，宜取相同宽度。

（5）有管线垂直穿过的楼板，拆分时须考虑避免与桁架筋位置发生冲突。

（6）天棚无吊顶时，板缝应避开灯具、接线盒位置。

**3. 拆分合理性问题**

（1）叠合板选型不合理

有些公建项目梁板布置基本都是单向板，或可以按单向板进行拆分设计的双向板，但设计时均按双向板进行设计，四边伸出钢筋并采用后浇带连接，这不仅增加了叠合板制作和施工安装的难度，而且增加了土建成本。

（2）叠合板尺寸模数问题

叠合板尺寸对模数要求不高，宜拆分成整间板或拆分成尺寸相同的板型，以减少叠合板的规格和数量。

**4. 叠合板过长的问题**

叠合板拆分时，应注意控制长边方向的尺寸，从一些项目实际反馈的情况来看，过长的叠合楼板产生裂缝的概率较高，不利于脱模、运输和吊装。

长边过长的叠合楼板产生裂缝的原因很多，解决的措施主要有：

（1）调整混凝土配合比或增加养护时间，确保预制构件脱模强度。

（2）沿长方向布置桁架钢筋，增加叠合楼板的刚度和强度。

（3）增设吊点减少计算跨度，确保各方向各工况验算满足要求。

通过以上措施，可以有效地防止叠合板开裂，节约修补及返工费用，降低成本，提高质量。

**5. 拼缝或后浇带问题**

单向密拼叠合板存在永久拼缝问题，双向叠合板存在后浇带的问题，两种拆分方式都会给项目带来一些不利影响。如果项目现场具备预制条件，采用整间板预制的方式，可以提高项目施工安装效率，解决拼缝或后浇带带来的影响。如日本某项目，叠合板是在施工现场现浇平整的混凝土地坪上生产的，不受模台和运输条件的限制，宽度较大（图 9-15）。这样的叠合板可以做到整间板无接缝（图 9-16），既解决了板缝问题，又提高了施工效率。

▲ 图 9-15　工地现场预制叠合板

▲ 图 9-16　整间无接缝叠合板

## 9.5　设计计算问题

叠合板设计时要考虑脱模、存放、运输、吊装、施工等各个阶段的工况计算，有的设计人员忽略了叠合板在各阶段的结构验算问题，只知照搬国家标准图集进行设计，导致设计出现错误。叠合板设计时应包括以下验算内容：

**1. 叠合板各阶段验算**

（1）脱模阶段

动力系数不宜小于 1.2。脱模吸附力应根据预制构件和模具的实际状况取用，且不宜小于 1.5kN/m²。

（2）运输、吊装阶段

预制构件运输、吊运时，动力系数宜取 1.5；构件安装过程中就位、临时固定时，动力系数可取 1.2。

**2. 叠合板脱模、存放工况下的计算内容**

计算内容包括叠合板脱模时配筋验算、脱模时桁架筋方向的裂缝验算、脱模时桁架筋屈曲、失稳验算，叠合板存放时支点验算等。

**3. 叠合板叠合面抗剪验算**

叠合板抗剪、抗拉和抗弯设计验算可按常规现浇楼板进行，叠合板叠合面的抗剪验算可按《混凝土结构设计规范》GB 50010—2010 附录 H 第 H.0.4 条规定进行。

**4. 叠合板按支撑条件进行二次验算**

叠合板安装时需要布置支撑，应当根据支撑布置图对叠合板进行二次验算，施工人员及施工设备产生的荷载标准值可按实际情况计算，且不小于 2.5kN/m²。

## 9.6 连接设计问题

**1. 单向板拼缝问题**

单向叠合板之间采取分离式密拼连接方式，接缝处容易出现裂缝，故接缝处须采取加强构造措施，如图 9-17 所示。

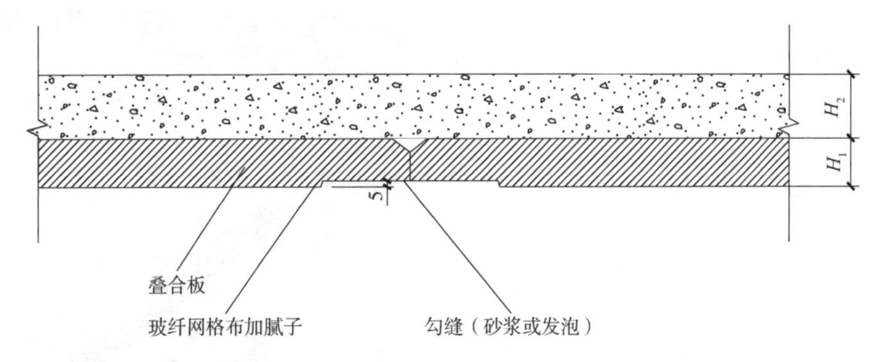


▲ 图 9-17　分离密拼接缝加强构造

单向密拼叠合板之间拼缝不可避免，采用吊顶可解决板间拼缝裸露问题。

**2. 双向叠合板四边出筋问题**

《装规》和《装标》规定双向板须四边伸出钢筋，板与板之间采用后浇带整体式连接接缝，在支座处伸出钢筋进行锚固。

预制底板伸出钢筋进入支座锚固的规定要求是否过高、必要，需要进一步的研究。目前有的地方标准，已经放松了对叠合板伸出钢筋进入支座锚固的规定，如：辽宁省地方标准《装配式混凝土设计规程》(DB21/T 2572—2019)(以下简称《辽装规》)第6.6.5条规定：现浇叠合层厚度不小于70mm时，叠合楼板即可以不伸出钢筋进入支座锚固。这有利于提高叠合板的制作和施工效率，降低成本。

双向板四边都要出筋，还要支设模板进行后浇带混凝土浇筑，增加了工厂制作和现场施工安装的难度。欧洲和日本的叠合板均为单向板，板边都不出筋，即使满足双向板条件的叠合板也同样做成单向板，给工业化和自动化生产带来了很大的便利，提高了生产和安装效率。

**3. 双向板后浇带板底纵筋设置问题**

双向板之间采用整体式接缝连接，采用图9-18方式连接的较为普遍，但现场可能会出现两种问题，一是将板底纵筋遗漏或少设置了，这是应严格避免的；二是板底钢筋上下层位置关系搞混了，误将主受力方向钢筋放在了上侧。需要加强设计技术交底，以避免这些问题的发生。

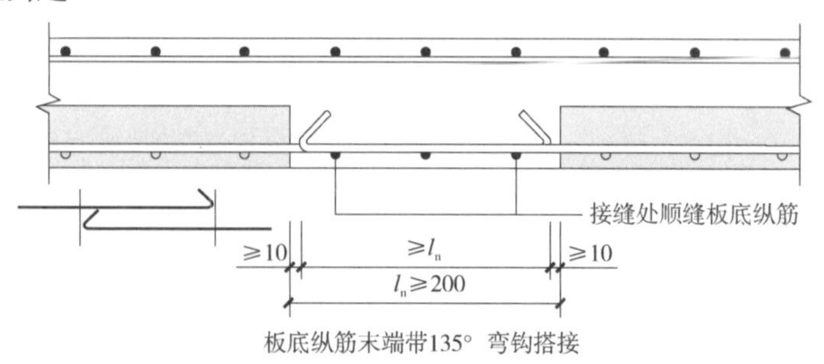


▲ 图9-18 双向叠合板整体式接缝连接

**4. 双向叠合板后浇带钢筋连接方式的选择**

标准图集提供了图9-19的连接方式，也是《装规》推荐的连接方式中的一种。这种出筋连接锚固效果似乎比图9-18所示要好些，但是，这种出筋连接锚固方式会导致现场安装困难。因为两块预制板的出筋除了在水平方向需要错位避让外，还需要在竖向进行避让。安装时需要将先吊装的一块叠合板的钢筋向上弯折(图9-20)，待后吊装的一块叠合板就位后，再将弯折的钢筋复位，耗费人工，降低效率。后浇段钢筋连接应选择更合理的构造方式。

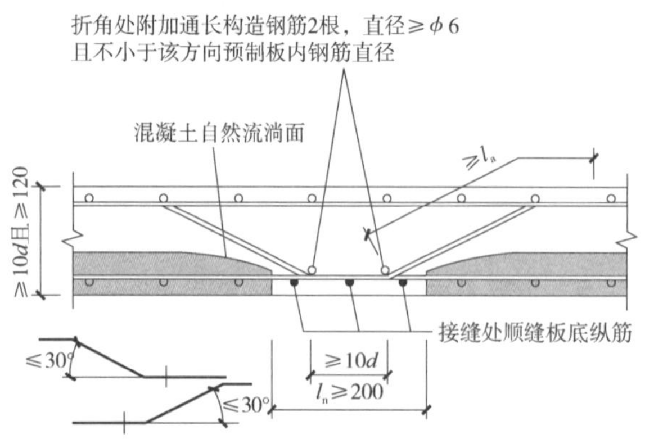


▲ 图9-19 双向叠合板后浇带钢筋锚固构造

▲ 图9-20 安装时需要将先吊装的叠合板底筋弯起再恢复

### 5. 不出筋预制叠合板与支座连接问题

当预制板内的纵向受力钢筋在板端（支座处）不伸出时，应在后浇叠合层内设置附加钢筋，如图 9-21 和图 9-22 所示。这种布置方式有时现场会出现附加筋遗漏或少设置的情况，需要重视设计技术交底，以避免此类问题的发生。

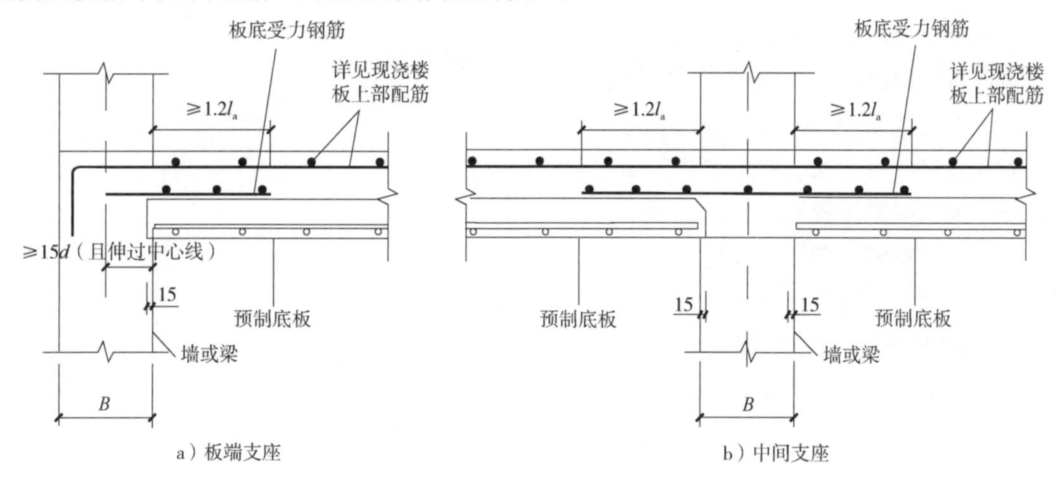


▲ 图 9-21 设置桁架筋叠合板支座构造示意

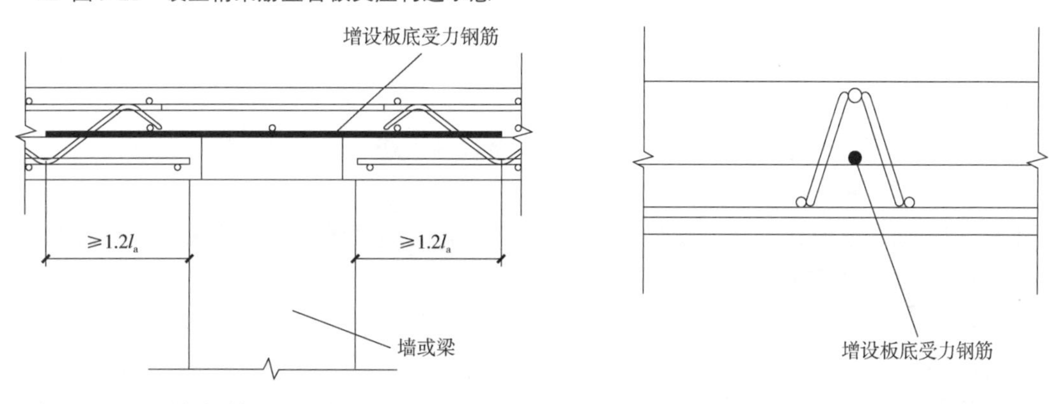


▲ 图 9-22 附加钢筋设置示意

## 9.7 普通叠合楼盖设计问题

### 1. 单向板与双向板成本问题

从模具、底板钢筋、接缝处模板、接缝处附加钢筋、人工费及施工周期等成本要素对单向板和双向板成本进行比较。

（1）模具成本比较

双向板四面出筋和单向板两面出筋相比，在模具制作成本上单向板较省。

（2）底板钢筋成本比较

双向板用钢量不一定就比单向板节省，具体分析见第 6 章第 6.4 节“单向密拼板、双向叠合板含钢量对比”。

（3）接缝处模板成本比较

双向板采用整体式接缝，后浇带处需设置模板，而单向板采用密拼连接不需要后浇带，模板成本上单向板较省。

（4）接缝处附加钢筋成本比较

双向板接缝处附加钢筋较多，单向板较省。

（5）人工费比较

双向板接缝处模板工程需要人工费，单向板较省。

（6）施工周期比较

双向板有接缝，施工周期比单向板长。

综上所述，单向板比双向板在效率和成本上具有优势。

**2. 叠合板钢筋上下层关系问题**

叠合板短跨方向为主受力方向，钢筋应放在下层，深化设计时应注意钢筋的布置。

**3. 叠合板叠合层内管线布置问题**

目前，较多项目都存在管线布置困难和板面钢筋保护层不足的问题，究其原因，主要有以下几个方面：

（1）机电点位设置过于集中，导致楼板现浇层内管线局部汇集，发生管线两层甚至三层交叉的情况。

（2）预制桁架钢筋叠合板阳角附加筋仍按现浇设计思路采用放射状的布置方式，导致钢筋重叠，板面钢筋保护层不足。

（3）桁架筋高度设计有误，或设计未明确桁架钢筋与板底钢筋的交织关系，导致桁架筋净距不足，管线无法穿过。

（4）深化设计未考虑现场施工实际情况，即未对现场钢筋布置顺序提出要求，导致出现现场板面钢筋保护层不足或现浇层偏厚的情况。

针对以上原因，建议在设计过程中采取如下措施：

（1）机电设计时，点位应分散布置，减少管线交叉。当管线两层交叉时，现浇层厚度不宜小于80mm。公共部位等管线较集中区域楼板宜采用现浇。

（2）预制桁架钢筋叠合板现浇层内阳角附加筋宜采用正交方式，且与负筋同向同层布置。

（3）预制桁架钢筋叠合板现浇层厚度，应考虑现场钢筋的布置顺序，以桁架筋作为楼板下层面筋的马凳筋时，现浇层厚度不宜小于80mm。

（4）有条件的情况下建议采用管线与主体结构分离的技术。

（5）施工单位应认真考虑钢筋排布、管线敷设的顺序，管线布置应事先绘制排布图，避免现场随意敷设。

**4. 切断桁架钢筋问题**

应尽可能避免叠合板内孔洞、电气线盒与桁架钢筋碰撞，避免切断桁架钢筋。如确实避让困难，切断桁架钢筋后应有补强措施。

笔者曾在某项目施工现场看见施工人员随意切断桁架钢筋而没有增设补强（图 9-23），为楼板承载力埋下了安全隐患。

**5. 叠合板与装修结合问题**

叠合板设计时最好与装修设计相结合。对于没有吊顶的楼板，楼板须预埋灯具吊点与线盒等，预埋点位应避开板缝与钢筋；对于有吊顶的楼板，须预埋内埋式金属螺母。

▲ 图 9-23　切断桁架钢筋没有增设补强钢筋

预埋点位的遗漏问题尤须引起注意，比如天棚上的照明点位底盒、红外幕帘底盒等，需要根据精装修设计要求进行预埋，一体化集成设计在叠合板上，避免遗漏导致现场凿洞埋入底盒（图 9-24）。还应特别注意的是，当叠合板上有砌筑内隔墙时，隔墙上连接开关的线管需要向上穿过叠合板，叠合板上需要预埋套管或预留洞口，有的隔墙上还可能设有强弱电箱，由于线管较多，需要预留洞口用于线管铺设。叠合板上内隔墙的电箱所需的线管孔洞出现遗漏（实例见第 5 章图 5-9），现场安装时不得不采取后开洞的方式处理，这很容易切断隔墙下布置的板底加强筋和板底筋，对楼板承载力造成影响。

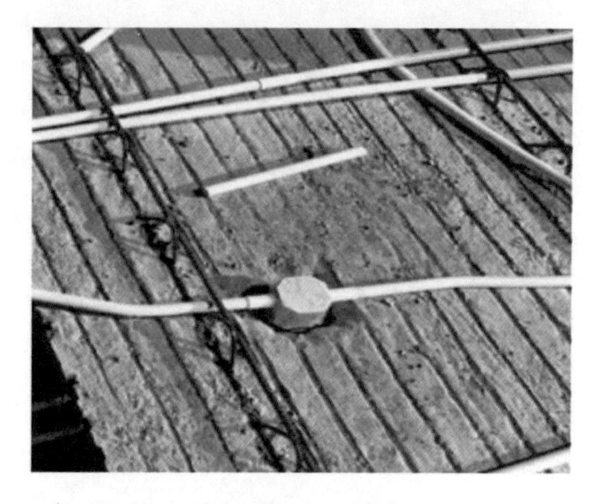

▲ 图 9-24　现场凿洞埋入线盒

**6. 叠合板中预留线盒外露高度不足的问题**

▲ 图 9-25　叠合板预留接线盒高度不足

▲ 图 9-26　线盒四周预留锁母

叠合板中经常需要预埋接线盒。叠合板就位后，应连接线管与接线盒，之后浇筑现浇层，实现电气管线预埋。但在实际工程中，经常遇到如图 9-25 所示的情况，由于深化设计未明确线盒的高度，预制板厚度和选用线盒不匹配，导致预埋线盒出线孔未完全露出，线管无法安装。

根据工程经验，当叠合板预制底板厚度为 60mm 时，可采用 $H$=100mm 的高脚线盒。当叠合板预制底板厚度大于 60mm，且无匹配线盒时，可采用局部垫高的方式，确保线盒出线孔完全外露，同时，线盒四周应预留锁母，如图 9-26 所示。

**7. 叠合板预留孔洞问题**

叠合板需要预留洞口，包括根据水暖专业的条件预留套管洞口，根据施工单位提供的条件预留放线孔、混凝土泵管洞口等，这些预留洞口必须在设计时确定位置，制作时预留出来。严禁在施工现场再打孔切断钢筋，如叠合板内钢筋网片和桁架筋与孔洞互相干扰，则须移动孔洞位置，或调整板的拆分，实在无法避开再去调整钢筋布置。当洞口边长不大于 300mm 时，根据国家标准图集《桁架钢筋混凝土叠合板》15G366-1 给出的局部放大钢筋网大样图（图 9-27）放样；当洞口边长大于 300mm 时，需要切断钢筋，此时应当采取钢筋补强措施（图 9-28）。

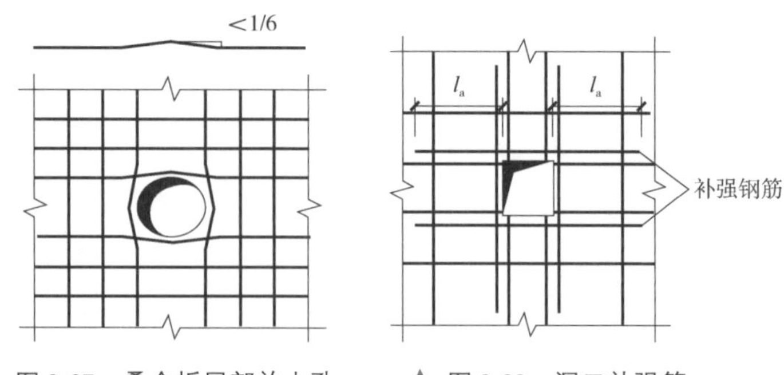


▲ 图 9-27 叠合板局部放大孔眼的钢筋网构造

▲ 图 9-28 洞口补强筋

### 8. 叠合板存放问题

设计须给出叠合板存放的相关要求，存放场地必须平整，存放宜采用四点支撑（垫块高度大于桁架筋高度），垫块上下必须对齐，位置在叠合板长度和宽度方向的 1/4 处（图 9-29），长期存放不应超过 6 层等。避免因为存放不符合要求而造成叠合板产生裂缝，导致不必要的浪费。

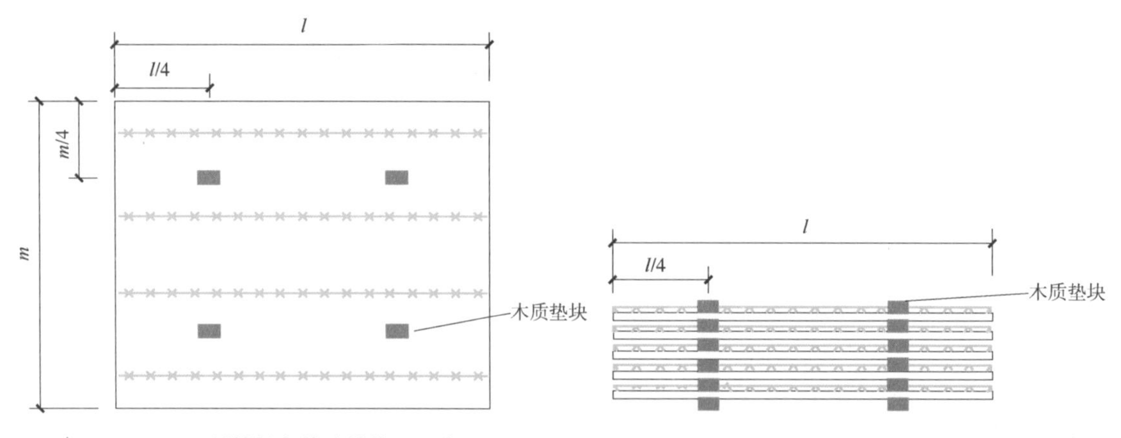


▲ 图 9-29 预制楼板存放垫块位置示意

### 9. 叠合板吊点问题

（1）叠合板脱模、吊装时一般采用 4 点或 8 点吊装并应采用专用吊具，日本的叠合板也有采用 10 点吊装（图 9-30）的，吊点布置需要通过验算复核确定。

（2）当采用桁架筋的架立筋作为吊点时，桁架筋采用搁置在板底筋之上的情况下宜设置吊点加强钢筋，设计时不要遗漏并对吊点位置加以标

▲ 图 9-30 带桁架筋叠合板以桁架筋为吊点吊装

识，例如用油漆标识等方式，以防吊装时随意选取吊点，发生吊装事故。

**10. 预埋件埋设问题**

装配式建筑提倡精装修，吊顶或吊架的点位需要预埋内置螺母，设计时要与各个专业协同，列出清单不要遗漏，不建议采取现场后植入的方式施工。

日本的装配式建筑中大多都有设备夹层、装修吊顶，所有管线、线盒、管道均不用在混凝土结构中预留而实现管线分离，只需在板底预埋螺母即可（图 9-11）。

## 9.8　预应力楼盖设计问题

**1. 预应力叠合板设计问题**

（1）应用范围

预应力叠合板与普通叠合板的不同之处是预制底板为先张法预应力板。预应力板按底板的断面形状分为带肋板、空心板、双 T 形板和双槽形板等。

预应力叠合板的跨度比普通叠合板大，普通叠合板只能做到 6m（日本是 9m）；而带肋预应力叠合板可做到 12m（日本 16m）；空心预应力叠合板可做到 18m；双 T 型预应力叠合板可做到 24m。

预应力叠合板多用于大柱网的柱梁结构体系，剪力墙结构楼盖跨度较小，故较少使用预应力叠合板。

（2）构造设计

当预应力叠合板未设置桁架筋时，在下列情况下，叠合板的预制板与后浇混凝土叠合层之间应设置抗剪构造钢筋：

1）单向叠合板跨度大于 4.0m 时，距支座 1/4 跨范围内。

2）双向叠合板短向跨度大于 4.0m 时，距四边支座 1/4 短跨范围内。

3）悬挑叠合板。

悬挑叠合板的上部纵向受力钢筋在相邻叠合板的后浇混凝土锚固范围内。

《辽装规》给出了叠合板设置构造钢筋示意图，见图 9-31。

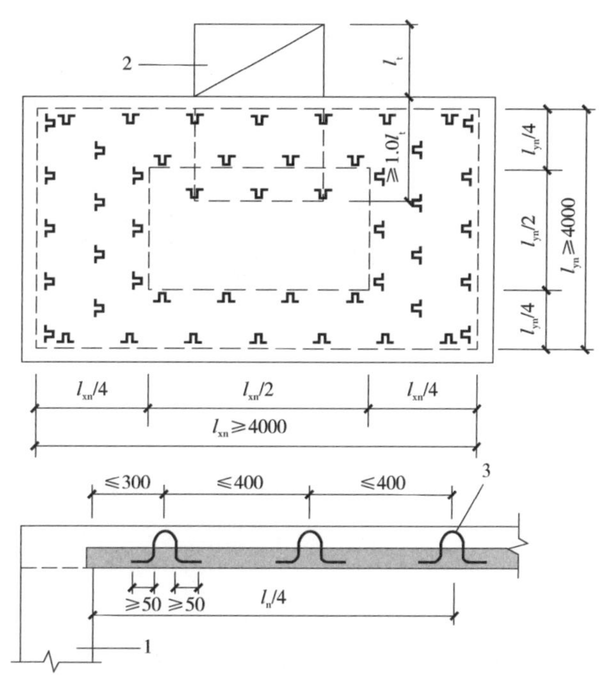


▲ 图 9-31　叠合板设置构造钢筋示意图(《辽装规》图 6.6.9)

1—梁或墙　2—悬挑板　3—抗剪构造钢筋

**2. 预应力双 T 板合理应用范围的问题**

楼、屋面采用预应力混凝土双 T 板时，应符合下列规定：

（1）根据房屋的实际情况，选用适宜的结构体系，并符合现行国家标准《建筑抗震设计规范》GB 50011 的有关规定。

（2）双 T 板应支承在钢筋混凝土框架梁上，板跨小于 24m 时支承长度不宜小于 200mm；板跨不小于 24m 时支承长度不宜小于 250mm。

（3）当楼层结构高度较小时，可采用倒 T 形梁及双 T 板端部肋局部切角；切角高度不宜大于双 T 板板端高度的 1/3，并应计算支座处的抗弯承载力，配置普通抗弯构造钢筋。

（4）当支承双 T 板的框架梁采用倒 T 形梁时，支承双 T 板的框架梁挑耳厚度不应小于 200mm；双 T 板端面与框架梁的净距不宜小于 10mm；框架梁挑耳部位应有可靠的补强措施。

（5）双 T 板预制楼盖体系宜采用设置后浇混凝土层的湿式体系，也可采用干式体系；后浇混凝土层厚度不宜小于 50mm，并应双向配置直径不小于 6mm、间距不大于 150mm 的钢筋网片，钢筋宜锚固在梁或墙内。

**3. 带肋预应力叠合板合理应用范围的问题**

预应力叠合板由预制预应力带肋底板与现浇叠合层叠合而成。

在日本，装配式建筑 9m 以上大跨度楼盖多用倒 T 形预应力叠合板，板长最多可做到 16m。带肋预应力叠合板的预制底板为标准化板（图 9-32），板宽 2000mm，板厚 150mm，肋净距 330mm，肋顶宽 170mm，预应力张拉平台、设备和肋的固定架都是标准化的。肋高（从板上面到肋顶面高度）有 3 种规格：75mm、95mm 和 115mm；后浇筑叠合层的高度依据设计确定。

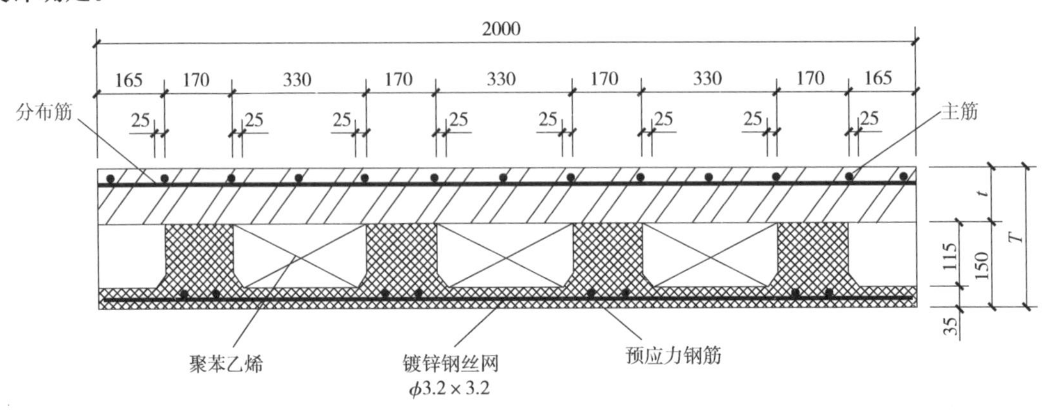


▲ 图 9-32 带肋预应力叠合板

# 第 10 章 结构设计常见问题Ⅴ——外挂墙板与夹芯保温剪力墙板设计

本章提要

列举了外挂墙板（包括夹芯保温墙板）和夹芯保温剪力墙板设计存在的问题；汇总了各类问题清单，对一些具体问题进行了分析，并给出了预防问题的具体措施。

## 10.1 从几个案例说起

例 1　外挂墙板安装节点螺栓全都拧紧

某工地外挂墙板安装时，工人把节点螺栓拧得很紧，甚至认为拧得越紧越好。引起误解的原因是设计未给出螺栓扭矩及预紧力的具体要求。外挂墙板是非结构构件，与主体结构连接有两种节点：一种是固定节点，螺栓应该拧紧；另一种是活动节点，在发生地震作用时，墙板不跟随主体结构扭动，应能够活动变形，保证了墙板自身不会损坏，也不会因为外挂墙板受到约束产生的反作用力对主体结构造成附加的损害。所以外挂墙板的连接节点很重要的一个特点就是：有的需要固定牢靠，有的则需要有活动空间。

例 2　外叶板脱落和设计的关系

某工厂在夹芯保温板生产过程中，脱模起吊时出现了外叶板脱落的现象，一般认为，外叶板脱落是由制作方面原因造成的，与设计没有关系，其实不然。在外叶板结构设计中，设计师没有给工厂提出清晰、明确的锚固要求，在选择拉结件时没有给出判断分析，特别是没有对锚固的可靠性进行判断分析，选择的拉结件锚固不够，或者对制作工艺没有提出明确要求，混凝土初凝后对拉结件造成了扰动，拉结件与混凝土之间出现缝隙，都会埋下重大的安全隐患。如果在工厂发现了锚固不可靠的现象，还可以对有问题的构件进行报废处理，对拉结件锚固工艺进行改进；但如果锚固不牢靠的夹芯保温板安装后，在风荷载作用、地震作用下导致外叶板脱落，造成的后果将不堪设想。

例 3　夹芯保温剪力墙翼板损坏

夹芯保温剪力墙板的翼板（悬臂伸出的外叶板），作为现浇边缘构件的模板，混凝土浇筑时导致外叶板胀模损坏现象时有发生，这是设计时没有考虑混凝土浇筑和振捣产生的作用力造成的，外叶板损坏会影响安全和外观效果。

## 10.2 常见问题清单

外挂墙板（包括外挂夹芯保温墙板）、夹芯保温剪力墙板结构设计方面常见问题及其危害和避免措施见表 10-1。

表 10-1 外挂墙板、夹芯保温剪力墙板结构设计常见问题及其危害和避免措施

<table>
<tr><th>类型</th><th>问题</th><th>危害</th><th>避免措施</th></tr>
<tr><td rowspan="4">外挂墙板间接缝设计</td><td>外挂墙板留缝没有进行缝宽计算，没有考虑如何避免附加作用</td><td>导致埋下外挂墙板存在相互挤压破坏的隐患</td><td>结构专业与建筑专业协同进行缝宽计算</td></tr>
<tr><td>没有提出外挂墙板制作和安装误差的要求</td><td>影响接缝宽度及外立面装饰的效果</td><td>设计时应按规范要求给出制作和安装误差</td></tr>
<tr><td>没有协同考虑接缝防火、防水问题</td><td>导致渗水及火灾时漫延至其他防火分区</td><td>结构专业与建筑专业协同进行防火、防水构造设计</td></tr>
<tr><td>没有考虑密封胶和胶条压缩性问题</td><td>导致埋下外挂墙板存在相互挤压破坏的隐患</td><td>选用压缩比符合要求的密封胶及胶条</td></tr>
<tr><td rowspan="7">外挂墙板装饰一体化设计</td><td>装饰面砖背部燕尾槽深度未做出要求</td><td>导致装饰面砖与混凝土基层连接不牢固，面砖易脱落</td><td>给出装饰面砖背部燕尾槽宽度、深度等要求</td></tr>
<tr><td>没有给出装饰面砖的物理、化学性能要求</td><td>导致面砖耐久性等达不到要求</td><td>给出装饰面砖耐久性等物理、化学性能要求</td></tr>
<tr><td>对装饰面砖填缝材料收缩性能考虑不周</td><td>面砖砖缝开裂</td><td>给出选用符合收缩性能的填缝材料的要求</td></tr>
<tr><td>没有对带饰面砖的外挂墙板给出正确的脱模强度要求</td><td>脱模过程中装饰面砖破损、脱落</td><td>要按照带装饰面材预制构件的特性给出正确的脱模强度</td></tr>
<tr><td>没有对石材卡钩选型提出要求</td><td rowspan="2">导致石材与混凝土基层连接不牢固，石材易脱落</td><td>对石材卡钩材质、形状、相关性能提出要求</td></tr>
<tr><td>没有给出石材卡钩布置方案</td><td>根据预制构件形状等给出卡钩的布置方案</td></tr>
<tr><td>没有对石材反打墙板、石材背涂隔离剂提出要求</td><td>石材表面反碱，石材与混凝土温度变形不一致产生温度应力</td><td>提出隔离剂的技术指标要求，并给出涂刷方法</td></tr>
</table>

（续）

| 类型 | 问题 | 危害 | 避免措施 |
|---|---|---|---|
| 外挂墙板连接设计问题 | 外挂墙板没有区分固定节点和活动节点 | 若均按固定节点考虑，主体结构出现层间位移时，会导致墙板在平面内受到较大约束，产生破坏 | 根据板块划分严格区分固定节点和活动节点 |
| | 活动节点没有预留活动空间 | 主体结构出现层间位移时，会导致墙板沿板平面方向扭曲，产生较大内力，墙板拉裂破坏 | 对活动节点连接件应设计预留活动空间 |
| | 没有对预留活动空间的节点给出螺栓扭矩及预紧力的要求，或技术交底不够清晰 | 如果活动支座的螺栓也拧紧的话，就会影响节点的活动，形成刚性约束，容易造成墙板被动变形 | 给出活动节点螺栓扭矩及预紧力的具体要求，技术交底清晰准确 |
| | 外挂墙板伸出钢筋与柱梁形成强连接 | 与实际的荷载传力体系、结构刚度严重不符，导致地震作用下结构整体破坏 | 应严格避免 |
| | 外挂墙板连接件防锈蚀可靠度无法保证 50 年寿命 | 存在结构安全隐患 | 给出镀锌层厚度及做法要求，或适当加厚连接件厚度 |
| 外挂墙板集成设计 | 没有考虑外挂墙板附属部件的集成设计 | 附属部件无法固定安装 | 外挂墙板设计时应与机电、建筑等专业协同考虑附属部件的设计 |
| 夹芯保温板拉结件选型和布置 | 拉结件材料选用不合适 | 选用不当，耐久性得不到保障，无法达到与结构同寿命，就会埋下重大的安全隐患 | 了解各种拉结件的材质和材料性能，合理选用拉结件 |
| | 对拉结件锚固没有提出具体要求 | 容易出现拉结件在混凝土中锚固不足或失效的现象，导致外叶板存在脱落的安全隐患 | 给出拉结件的锚固长度，另外需要给出制作及试验验证要求，也可采用不锈钢拉结件和 FRP 拉结件组合布置的方式 |
| | 对拉结件耐久性和防腐蚀性没有考虑 | | 审核材料性能试验数据，并对拉结件的防腐性能提出具体要求 |
| | 拉结件布置不合理 | | 给出拉结件设计作用组合值 |
| 外叶板、内叶板构造和配筋设计 | 外叶板配筋未经过受力分析计算 | 导致外叶板配筋不足，产生开裂 | 考虑相关荷载与作用，进行内力计算后对外叶板进行配筋设计 |
| | 内叶板受力模型未根据实际受力加以区分 | 存在配筋不足，导致墙板在外力作用下损坏的风险 | 按实际受力模型进行配筋验算和构造设计 |
| | 夹芯保温板门窗洞口及端部混凝土封边存在冷桥问题 | 对建筑保温造成影响 | 合理选用保温材料并适当增加保温板厚度 |
| 夹芯保温剪力墙板设计 | 预制夹芯保温剪力墙翼板薄弱问题 | 现浇混凝土侧压力作用下，产生翼板断裂 | 加强翼板配筋构造，增设加强连接角钢，加密模板对拉螺杆设置等 |
| | 单面叠合夹芯保温板（PCF）保温拉结件与钢筋干涉被损坏问题 | 存在人为割断、折弯连接件导致连接件失效的情况，造成安全隐患 | 拉结件布置时应考虑与后浇剪力墙内钢筋的避让，给出碰撞后避让的措施方法 |
| | 单面叠合夹芯保温板桁架筋部位（PCF）存在冷桥的问题 | 导致保温性能和效果大大降低 | 保温板块之间采用聚氨酯类保温材料填充密实，可有效避免冷桥问题 |
| | 预制夹芯保温剪力墙上挑架开洞问题 | 削弱剪力墙套筒连接区承载力和整体性 | 挑架开洞位置避开套筒连接，或采用其他非开洞的脚手架方案 |

# 10.3 外挂墙板设计存在的问题

预制混凝土外挂墙板是装配式建筑主要的非承重外围护构件，既可用于装配式混凝土建筑，也可用于装配式钢结构建筑，主要适用于柱梁结构体系。目前我国玻璃、金属、石材幕墙的设计使用年限均低于主体结构的设计使用年限，预制混凝土外挂墙板与主体结构的设计使用年限相同。外挂墙板作为装配式建筑的主要组成部分，其整体质量、技术工艺以及构造方法都直接影响着建筑的质量、功能和节能效果。本节主要对外挂墙板的设计方面存在的问题进行分析。

## 10.3.1 外挂墙板间接缝设计问题

**1. 接缝宽度计算问题**

有些外挂墙板设计板缝宽度仅考虑了建筑要求，未考虑外挂墙板适应主体结构变形的能力，导致板缝宽度不够，或者虽然板缝宽度够了，但选择的密封胶压缩比过低，导致实际板缝宽度不够，造成外挂墙板因为主体结构在地震作用下产生过大的变形而发生墙板之间的碰撞挤压破坏。

主体结构变形引起的墙板间位移是确定板缝宽度的主要考虑因素，另外还包括温度变化、接缝密封胶或胶条的压缩比率和安装误差等因素，墙板间接缝宽度和密封胶厚度可按《预制混凝土外挂墙板应用技术标准》JGJ 458—2018 附录 A 进行设计计算。

密封胶压缩后的比率是指固化后的压缩比率，密封胶厂家提供的试验数据一般在 25%～50%之间。如果拼缝里密封胶与胶条同时使用，应按二者压缩后比率较小者计算。只打密封胶不用胶条时，只需计算密封胶的压缩后比率。对于不打胶的敞开缝，此项无须考虑。

如果以上计算的缝宽小于 20mm，应按 20mm 设定缝宽。

**2. 外挂墙板制作及安装误差**

外挂墙板制作和安装误差过大不仅影响外立面的效果，还会对板缝宽度造成影响，尤其是尺寸较大的墙板，制作和安装时更容易出现较大的误差，所以设计时应考虑合理误差对板缝的影响，并给出制作和安装的误差要求。

**3. 防水、防火结构协同设计问题**

外挂墙板与主体结构间一般留有 5～8cm 的缝隙，若是防火分区间的缝隙未进行封堵，或选用封堵材料不当或封堵方式错误，未考虑防火防烟要求，就会埋下安全隐患。

外挂墙板结构设计时应与防水、防火设计协同，给出防水、防火设计的详细节点详图。

**4. 密封胶选用问题**

密封胶及止水胶条选用时，如果没有统筹考虑其密封性能、耐久性能、弹性及压缩率等，就会导致外挂墙板存在相互挤压破坏的安全隐患。

外挂墙板板缝中的密封胶及止水胶条处于复杂的受力状态，选用时不仅要考虑防水效果，还应兼顾由于温度变形、风荷载和地震作用下结构变形的要求，避免由于压缩率低、弹性差导致外挂墙板相互挤压破坏。

防水构造所用密封胶和止水橡胶条应严格按照规范要求选用，特别要注意以下几点：

（1）密封胶必须是适于混凝土的。

（2）止水橡胶条必须是空心的。

（3）密封胶和止水橡胶条除了密封性能和耐久性满足要求外，还应当有较好的弹性，压缩率要高。

## 10.3.2　外挂墙板装饰一体化的设计问题

**1. 外挂墙板装饰面砖反打设计问题**

（1）装饰面砖技术指标要求

设计时应考虑装饰面砖与混凝土基层连接牢固，避免脱落，所以应采用背面带有燕尾槽的装饰面砖（图 10-1），设计应给出燕尾槽深度和宽度等相关要求。

▲ 图 10-1　背面带燕尾槽的装饰面砖

（2）装饰面砖的物理性能

装饰面砖根据材质（瓷化砖、玻化砖、陶土砖等）不同，设计者应给出吸水率、耐碱性、耐久性等物理性能指标要求。

（3）砖缝填缝材料

装饰面砖的填缝材料应符合设计要求，填缝应连续、平直、光滑、无裂纹、无空鼓，收缩性应满足设计要求。

（4）脱模要求

由于装饰面砖与混凝土的密度、吸水率、耐温变性能等均存在差异，为了保证装饰面砖与混凝土的整体性，避免脱模过程中出现装饰面砖破损、脱落，应对早期强度进行控制，带装饰面砖的外挂墙板脱模强度要求高于普通预制墙板，根据不同装饰面砖材料，应进行试生产以确定脱模强度。对反打的面砖需要进行抗拉拔试验。根据日本鹿岛建设的技术资料，面砖反打的预制墙板脱模强度一般不宜低于 30MPa。

▲ 图 10-2　石材反铺到模具上，石材背部设有不锈钢卡钩

**2. 预制夹芯保温板的外叶板采用干挂石材**

目前在一些高端住宅项目上，有在预制夹芯保温墙板外干挂石材的需求，由于预制夹芯保温外墙板的受力较为复杂，且石材较重，石材及龙骨金属附件直接作用在只有 50~60mm 厚的外叶板上，再通过保温拉结件传递给内叶板，需要定量计算，详细设计，尤其是高层住宅中，更应慎重设计。

**3. 石材反打连接构造**

采用石材反打工艺，石材平整度及接缝质量容易得到保证，连接安全可靠（图 10-2）。

当采用石材饰面时，石材厚度不应小于 25mm，背面应涂刷环氧类树脂胶，可以防止石材与混凝土直接接触造成石材表面反碱，还可以削弱石材与混凝土温度变形不一致产生温度应力的不利影响。

石材背面需设置不锈钢卡钩，钢筋穿过卡钩以确保石材与外叶板连接牢靠。不锈钢卡钩直径不宜小于 4mm，卡钩在石材内的缝隙用环氧类树脂胶灌实，卡钩宜采用竖向梅花形布置，卡钩的规格、位置、数量应根据计算确定。计算时应考虑预制构件脱模吊装动力系数，水平向也宜设置一定数量的卡钩，每块石材至少设置 4 个卡钩。如果石材宽度小于 350mm，卡钩可单排布置。

## 10.3.3 外挂墙板与主体结构连接设计问题

外挂墙板与主体结构的连接节点采用柔性连接时，按《装标》规定，主要有两种连接方式：点支承连接和线支承连接。

**1. 点支承连接**

外挂墙板与主体结构采用点支承连接时，可分为平移式外挂墙板和旋转式外挂墙板两种形式（图 10-3）。一般情况下，外挂墙板与主体结构的连接设置为 4 个支承点：当下部两个为承重节点时，上部两个为非承重节点；相反，当上部两个为承重节点时，下部两个为非承重节点。

外挂墙板连接节点不仅要有足够的强度和刚度，保证墙板与主体结构可靠连接，还要避免主体结构位移受到墙板约束，形成反作用力作用于墙板。

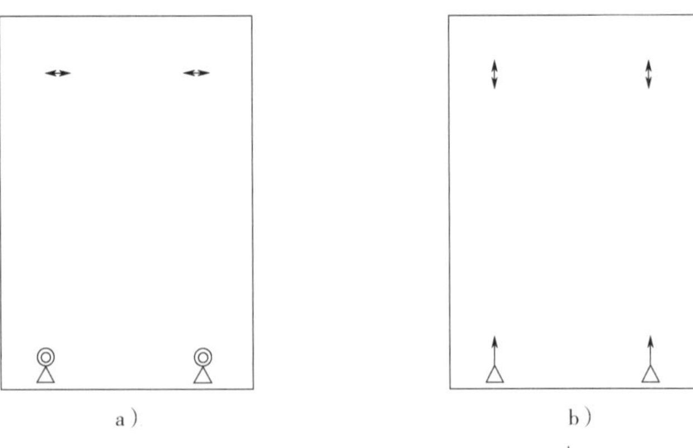


▲ 图 10-3　外挂墙板连接节点示意图

a）平移式外挂墙板　b）旋转式外挂墙板

主体结构在侧向力作用下会发生层间位移，或由于温度作用产生变形，如果墙板的每个连接节点都固接在主体结构上，主体结构出现层间位移时，墙板就会随之沿板平面内扭曲，产生较大内力。为了避免这种情况，连接节点应当具有相对于主体结构的可“移动”性，即能够自由地平动和转动。由此避免了主体结构变形作用施加给墙板的作用力，也避免了墙板对主体结构的反向约束作用，见图 10-4。

外挂墙板的连接节点分为固定支座和活动支座，固定支座的螺栓需要拧紧，但如果活动支座的螺栓也拧紧的话，就会影响节点的活动，形成刚性约束，所以设计中应给出活动节点螺栓扭矩及预紧力的具体要求。

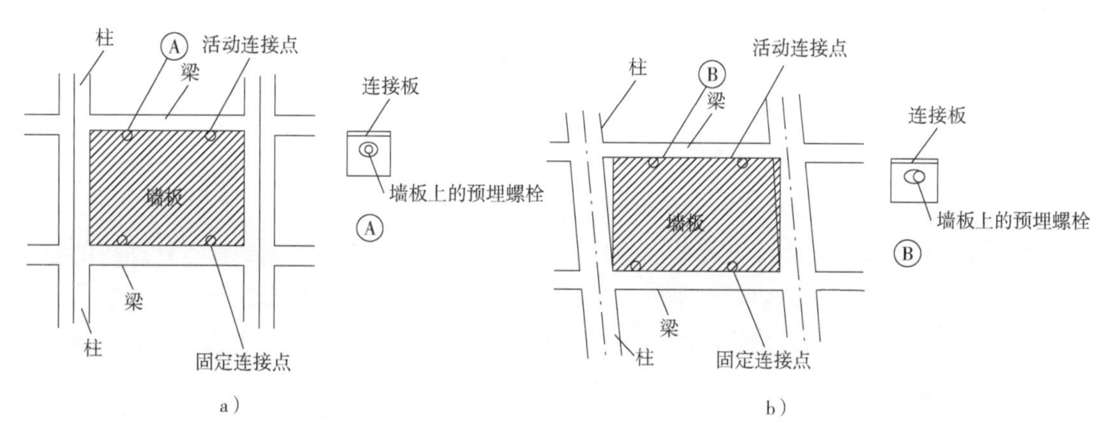


▲ 图 10-4　墙板与主体结构位移的关系

a）正常状态　b）发生层间位移

## 2. 线支承连接

外挂墙板与主体结构采用线支承连接时（图 10-5），连接节点的设计须注意以下问题：

（1）连接节点的抗震性能。连接节点的抗震性能应满足以下要求：

1）多遇地震和设防地震作用下连接节点应保持弹性。

2）罕遇地震作用下外挂墙板顶部剪力键不破坏，连接钢筋不屈服。

（2）连接节点的构造设计。连接节点的构造应满足以下要求：

1）外挂墙板上端与楼面梁连接时，连接区段应避开楼面梁塑性铰区域。

2）外挂墙板与梁的结合面应做成粗糙面并宜设置键槽，外挂墙板应预留连接钢筋，连

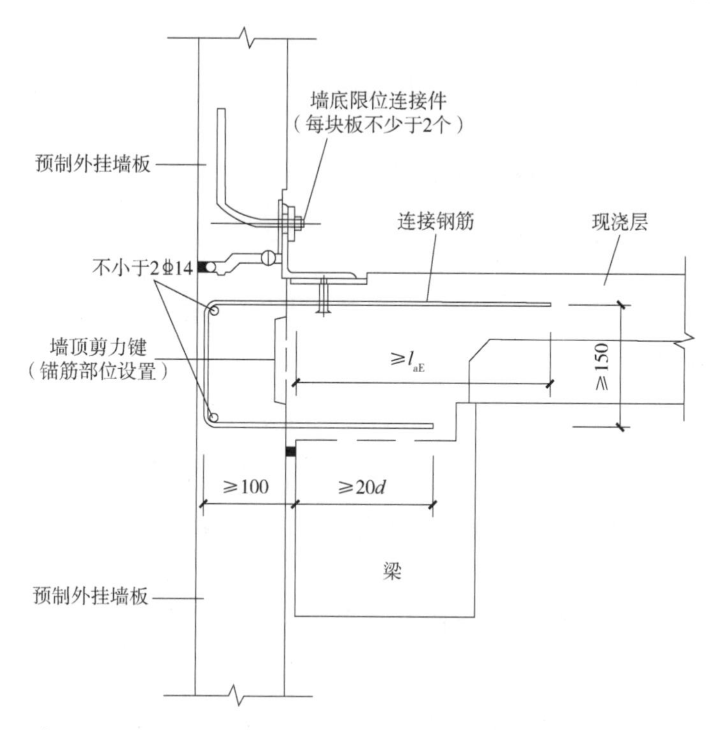


▲ 图 10-5　外挂墙板与主体结构线支承连接示意图

接钢筋的另一端锚固在楼面梁（或板）后浇混凝土中。

3）外挂墙板下端应设置 2 个非承重节点，此节点仅承受平面外水平荷载，其构造应能保证外挂墙板在平面内具有不小于主体结构在设防地震作用下弹性层间位移角 3 倍的变形能力，以适应主体结构的变形。

4）外挂墙板不应跨主体结构变形缝进行布置和连接。

设计时容易忽视规范中特别强调的柔性连接问题，外挂墙板与主体结构柔性连接的目的是释放外挂墙板对主体结构的约束刚度，保证主体结构的计算假定与实际相符。

某框架结构项目，在装配式结构方案策划时，选择了错误的预制外挂墙板设计方案，墙板嵌入到框架中，且与框架结构梁采用了刚性线性连接。该连接节点方案结构设计采取的计算假定与实际的荷载传力体系、结构刚度严重不符，从而埋下结构的安全隐患。

## 10.3.4 外挂墙板结构计算问题

**外挂墙板连接节点计算未考虑罕遇地震作用**

为防止或减轻地震危害，首先要保证外挂墙板本身具有足够的承载力，在多遇和设防地震作用下，连接节点应满足弹性设计要求，不应发生损坏。

在预估罕遇地震作用下，外挂墙板自身可能产生比较严重的破坏，但不应整体脱落、倒塌。设计时，应计算罕遇地震作用组合的效应值（$S$），计算公式如下：

$$S=\gamma_{G}S_{GK}+\gamma_{Eh}S_{Ehk}+0.4\times\gamma_{Ev}S_{Evk} \tag{10-1}$$

式中 $\gamma_{G}$——恒荷载分项系数；

$\gamma_{Eh}$——水平地震作用分项系数；

$\gamma_{Ev}$——竖向地震作用分项系数；

$S_{Ehk}$——水平地震作用标准值，$S_{Ehk}=\alpha_{max}\beta G_{k}$，$\alpha_{max}$为水平地震作用影响系数（罕遇），水平地震作用放大系数$\beta=5.0$；

$S_{Evk}$——竖向地震作用标准值，$S_{Evk}=0.65\times S_{Evh}$。

## 10.3.5 外挂墙板集成设计问题

（1）外挂墙板可能有泛光照明、旗杆座等建筑附加功能的设计要求，设计时要考虑其荷载、预埋件对结构的影响。

（2）外挂墙板上附属金属部件，如栏杆、门窗、百叶等，在结构设计时要考虑相应的荷载、结构构造以及与防雷接地等要求。

（3）外挂墙板的内墙面有机电管线、线盒等预埋要求时，会增加外墙渗漏风险、削弱外墙的保温性能，所以一般尽量避免设置。确需设置时，各专业应协同设计，避免预埋件预埋物遗漏，造成后期凿改。

（4）外挂墙板采用内保温时，保温板不能连续性铺贴，否则会对外挂墙板变形能力产生干扰。

# 10.4　夹芯保温墙板设计存在的问题

## 10.4.1　夹芯保温墙板的内外叶板间受力分析

夹芯保温墙板内外叶板之间的连接方式包括桁架筋连接、连续混凝土肋连接、金属或树脂拉结件连接等，其内外叶板间受力分析应根据内、外叶混凝土板间所采用的连接方式不同而加以区分。

**1. 复合式夹芯保温墙板**

复合式夹芯保温墙板一般是通过桁架筋或连续混凝土肋穿过保温板实现内外叶板的整体连接。桁架筋或混凝土肋能够提供较大的抗剪能力，通过其对内外叶板相对位移的限制，使得内外叶板形成一个整体，内外叶板之间的应变能够在全长范围内均布，内外叶板共同发挥抵抗外力的作用，能够承担较大的侧向力作用，如图 10-6 所示。

**2. 独立式夹芯保温墙板**

独立式夹芯保温墙板是指内外叶混凝土板间使用柔性连接件，内叶板与主体结构形成可靠连接，外叶板通过拉结件悬挂在内叶板上，内外叶板受力相互独立的夹芯保温墙板。设置的柔性连接件应允许外叶板在外力作用（温差、风、地震作用等）下自由变形，避免外叶板在外力作用下由于变形受到约束而开裂（图 10-7）。

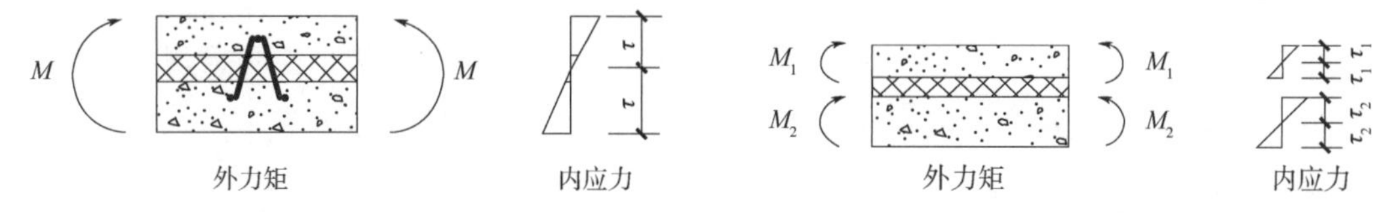


▲ 图 10-6　复合式夹芯保温墙板内应力分布　　▲ 图 10-7　独立式夹芯保温墙板的内应力分布

## 10.4.2　夹芯保温墙板拉结件的选型问题

**1. 拉结件材料性能差异问题**

夹芯保温墙板的内外叶板主要靠拉结件连接，而目前实际工程中在拉结件材料选择上还存在许多问题。例如：采用未经过防锈处理的钢筋作为拉结件，在保温层位置会由于水气结露而导致钢筋锈蚀，耐久性得不到保障，无法达到与结构同寿命；还有采用普通非耐碱塑料钢筋制作拉结件，而混凝土本身属于碱性材料，所以非耐碱塑料拉结件耐久性能得不到保障。无论选用哪种拉结件，若是出现问题都无法维修更换，因此拉结件选用不当就会埋下重大的安全隐患。

保证夹芯保温墙板内外叶板拉结件的性能十分重要，在夹芯保温墙板设计中应明确拉结件的材料及材料性能要求。

**2. 拉结件与混凝土之间的握裹力问题**

我国对夹芯保温墙板的研究和应用刚刚开始，还处于起步阶段，目前尚缺乏相应的设计依据和产品标准，且国内有些厂家夹芯保温墙板制作时拉结件作业方法也存在问题，容易出现拉结件在混凝土中锚固不足或失效，导致外叶板存在脱落的安全隐患。

设计师需要在夹芯保温墙板的图纸中给出制作及试验验证要求，拉结件一定要满足锚固要求，要有可靠的技术支持。预制构件工厂在进行锚固试验时，混凝土强度应当是构件脱模时的强度，这时拉结件锚固能力最弱。

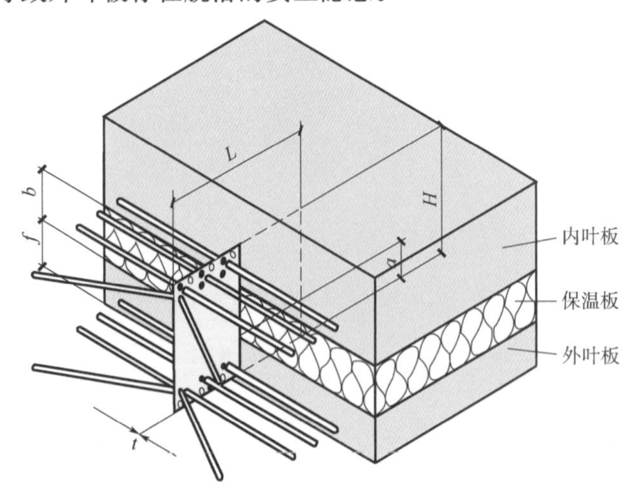

▲ 图 10-8 夹芯保温墙板采用不锈钢拉结件示意图

预制夹芯保温墙板制作工艺有一次作业法和两次作业法，一般采用先浇筑外叶板、后浇筑内叶板的反打成型工艺。一次作业法就是浇筑外叶板混凝土，并铺装好保温板后，随即进行内叶板的混凝土浇筑；两次作业法是外叶板混凝土蒸汽养护后，拉结件与外叶板混凝土已经连接牢固，再浇筑内叶板混凝土。如果使用不锈钢拉结件，由于拉结件固定在内外叶板钢筋骨架上，采用一次作业法对拉结件的锚固影响不大（图 10-8）；但如果使用 FRP 拉结件（图 10-9），采用一次作业法时就应严格控制外叶板与内叶板浇筑的间隔时间，同时应控制混凝土浇筑前的坍落度，并应根据气温、成型时间等因素，调节混凝土初凝时间，保证混凝土在整个制作过程中具有一定的流动性，防止内叶板钢筋骨架及预埋件入模及浇筑混凝土时，外叶板混凝土已初凝，导致拉结件被扰动，拉结件与混凝土相互分离，锚固失效。

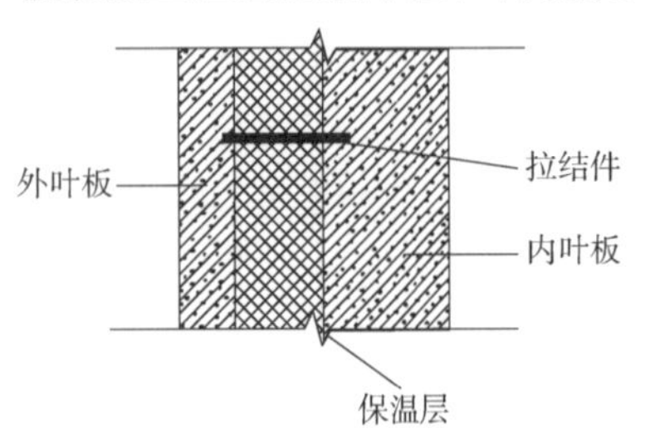

▲ 图 10-9 夹芯保温墙板采用 FRP 拉结件示意图

保温板铺设前应按图纸放样裁剪，并进行预拼装，同时还应在保温板上提前开好拉结件孔洞（图 10-10），设计人员应给出保温板铺设及拉结件孔洞开设的相关技术要求。如果拉结件直接穿透没有开孔的保温板，会将保温板碎屑带入混凝土中，削弱混凝土对拉结件的握裹力，见图 10-11。

▲ 图 10-10 保温板剪裁及预拼装

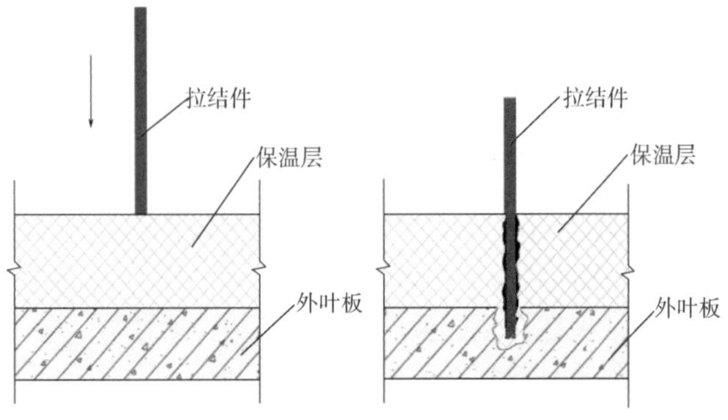

▲ 图 10-11 拉结件错误安装方式

当预制夹芯保温墙板对外表面要求及质量标准较低时，也可采用先浇筑内叶板、后浇筑外叶板的正打成型工艺，外表面可通过压模等装饰混凝土方式来实现饰面效果。

### 10.4.3　夹芯保温墙板拉结件的布置和设计问题

预制夹芯保温墙板用拉结件作为连接内、外叶板的连接件，对墙板的力学性能和热工性能影响较大。拉结件锚固的可靠与否直接决定了外叶板是否存在脱落的风险，一旦出现外叶板的脱落事故，后果不堪设想。目前预制夹芯保温墙板使用拉结件在混凝土中的锚固设计没有规范可循，锚固方式与构造主要依据拉结件厂家的试验结果确定。由于拉结件厂没有设计资质，拉结件布置是由结构工程师确定的，所以出现事故时结构工程师难脱其责。因此，结构工程师必须对此予以足够的重视，并采取确保拉结件锚固可靠的相应措施。

（1）结构设计师应提供给厂家拉结件设计作用的组合值，由厂家进行拉结件相关的设计。结构设计师应审核厂家提供的试验数据和结构计算书、拉结件的材料性能和拉结件的数量及布置，并审核厂家提供的拉结件锚固试验验证报告，还应在设计说明中要求预制构件工厂进行试验验证。

（2）给出拉结件计算模型，并根据计算模型进行手算复核。

（3）拉结件还可以采取组合的布置方式，承受竖向荷载的采用不锈钢拉结件，其他采用 FRP 拉结件。这与全部采用不锈钢拉结件相比，在成本和减少冷桥方面具有一定的优势。

### 10.4.4　外叶板构造配筋设计问题

（1）如果外叶板仅按照最小配筋率进行构造配筋，将导致外叶板在温度作用下发生翘曲变形。

（2）外叶板受力计算时应注意以下几点：

1）荷载与作用。外叶板的荷载与作用包括自重、风荷载、地震作用及温度作用。

①外叶板自重荷载：外叶板自重荷载平行于板面，在设计拉结件时需要考虑，在设计计算外叶板时不用考虑。

②外叶板温度应力：外叶板及内叶板自身与其他预制构件的热膨胀系数一样，但由于内外叶板中间有保温层隔离，存在温差，导致温度变形不一样，由此会形成温度应力。

③风荷载：风荷载垂直于板面，是外叶板结构计算的主要荷载。

④地震作用：垂直于板面的地震作用，外叶板设计时需要考虑；平行于板面的地震作用，外叶板设计时不用考虑，拉结件结构设计时需要考虑。

⑤作用组合：计算外叶板和拉结件时，需进行不同的作用组合。

2）内力计算。外叶板按无梁板计算，计算方法采用“等代梁经验系数法”，该方法以板系理论和试验结果为依据，把无梁板简化为连续梁进行计算，即按照多跨连续梁公式计算内力。

“等代梁经验系数法”将支点支座视为在一个方向上连续的支座，这与实际并不符，所以需进行调整。调整的方法是将板分为支座板带和跨中板带，支座板带负担的内力多一些（图 10-12）。

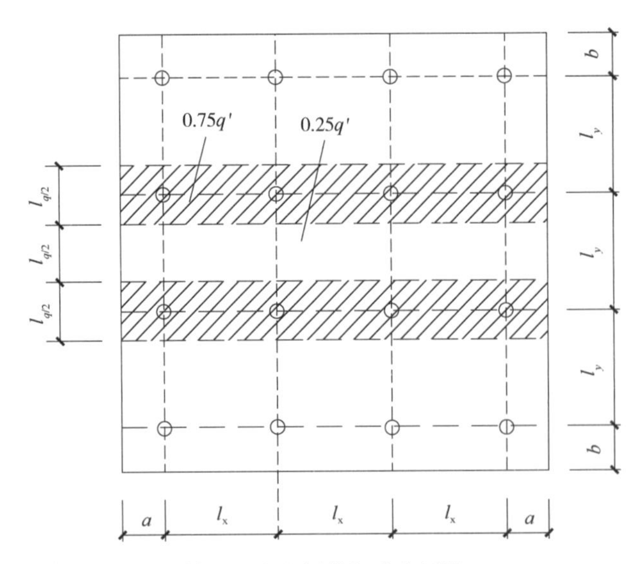


▲ 图 10-12　等代梁支座板带与跨中板带

3）配筋复核。计算外叶板内力后，可以对外叶板进行配筋设计及复核。

### 10.4.5　内叶板的设计问题

外挂墙板结构计算分析及构造均按无窗洞板型设计，而有洞口和无洞口板型的实际受力模型和构造设计是有差异的。无洞口板最小板厚为 130mm，有洞口板构造厚度最小为 150mm，见图 10-13。

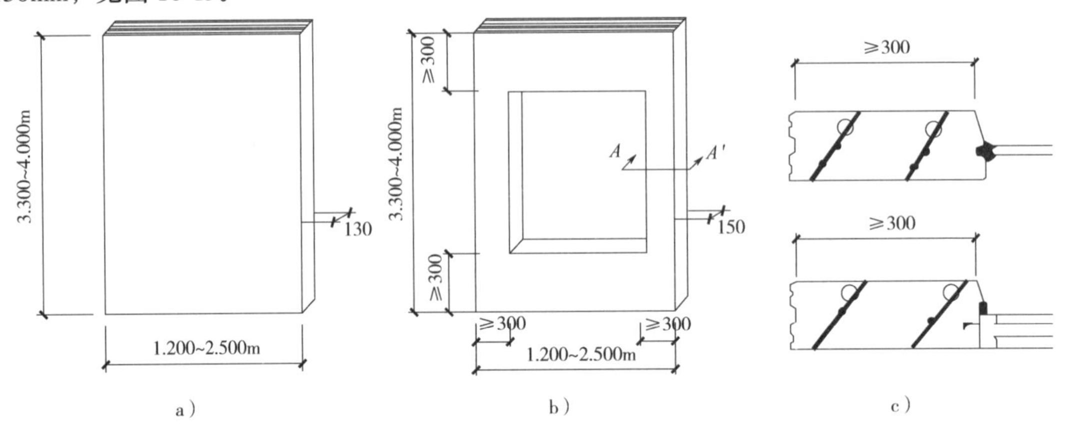


▲ 图 10-13　外挂墙板标准尺寸示意图

a）无开口板　b）开口板　c）A—A'断面

#### 1. 无洞口墙板

外挂墙板的结构计算内容主要包括墙板自身的承载力验算、与主体结构连接的承载力验算、构件自身的变形验算和节点连接的变形验算。

外挂墙板是以连接节点为支承的板式构件，即 4 点支承板。计算简图如图 10-14 所示。

**2. 有洞口墙板的荷载调整**

有窗户洞口的墙板，窗户所承受的风荷载应当被窗边墙板所分担，计算简图如图 10-15 所示。

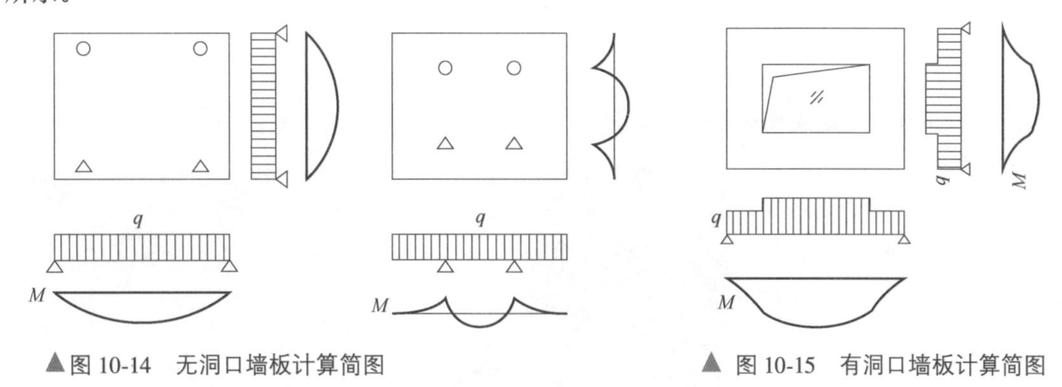


▲图 10-14 无洞口墙板计算简图

▲ 图 10-15 有洞口墙板计算简图

## 10.4.6 夹芯保温外挂墙板构造设计问题

**1. 门窗洞口四周及板端构造设计问题**

预制夹芯保温墙板边缘采用混凝土封边构造时，需要避免出现以下问题：

（1）混凝土封边构造开裂问题

为了防止混凝土封边构造出现开裂现象，封边混凝土强度等级应同墙板混凝土强度等级一致，封边宽度不应小于 30mm，并采取必要的加强措施（例如钢筋网片），防止封边混凝土开裂。

（2）冷桥问题

混凝土封边导致预制夹芯保温墙板产生一定的冷桥，应通过增加保温板的厚度来解决混凝土封边产生的冷桥问题。

（3）内部冷凝问题

有机保温板夹芯墙体内部不存在冷凝现象，无机保温板夹芯墙体内部可能产生冷凝现象，所以应注意保温板材质的选用。

**2. 夹芯保温板外叶板企口**

某项目夹芯保温板外叶板企口部位未考虑脱模、吸附力因素，因此未进行构造加强措施，脱模时企口位置破损严重，后期修补困难，即使修补后也极易再次脱落，结构自防水构造失效，埋下了漏水隐患见图 10-16。

建议在外叶板企口部位增加钢丝网片，增大抗拉能力，防止该部位混凝土开裂剥落。

▲ 图 10-16 夹芯保温板外叶板企口损坏

## 10.5 夹芯保温剪力墙板设计存在的问题

### 1. 夹芯保温剪力墙翼板加强设计问题

剪力墙结构边缘构件一般采用现浇，在现浇边缘构件处，预制夹芯保温剪力墙板通常设计为翼板，伸出的翼板兼作现浇边缘构件的外模使用，外叶板的厚度只有50~60mm，现浇边缘构件混凝土浇筑振捣时会对翼板形成较大的侧压力，容易导致翼板在悬挑根部断裂（图10-17和图10-18）。因此在设计时，外叶板的悬挑长度、厚度、配筋计算应充分考虑制作脱模吸附力、浇筑混凝土侧压力等因素，并对现浇边缘构件的翼板采取加密对拉螺杆的加强措施，在转角部位的翼板内还可采用增设转角角钢拉结件的加强措施见图10-19。

▲ 图10-17 翼板被挤出(侧面)

▲ 图10-18 翼板被挤出产生断裂(正面)

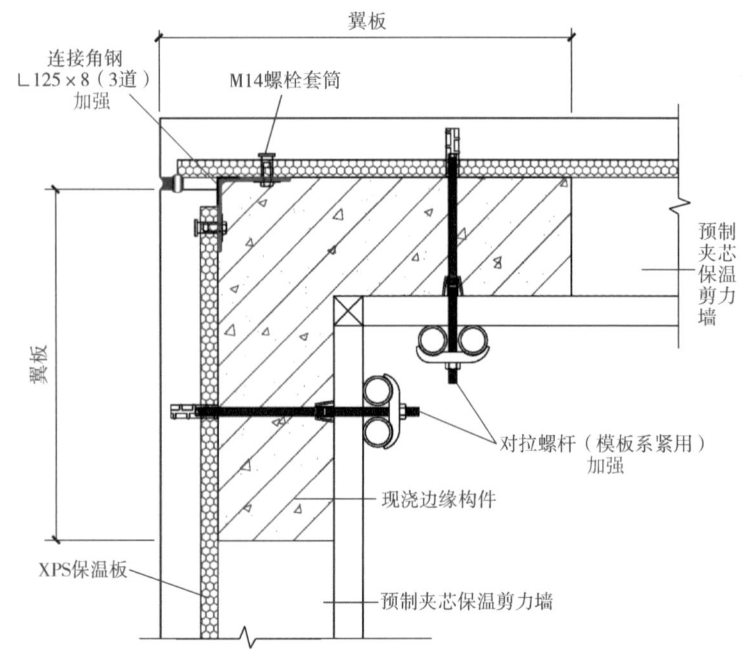


▲ 图10-19 翼板对拉螺杆加强及设置转角加强拉结件

### 2. 单面叠合夹芯保温板（PCF）设计问题

（1）剪力墙结构底部加强区，外挂式飘窗常采用单面叠合夹芯保温板（PCF）即外叶板和保温板一体预制、内叶板现浇，在PCF板留设保温连接件与现浇内墙连接，在现场内叶墙板的钢筋安装和绑扎作业中，钢筋与保温连接件发生干涉时，存在人为割断、折弯连接件，导致连接件失效的情况（图10-20），造成安全隐患。

（2）单面叠合夹芯保温板（PCF）的桁架筋间距一般不大于 600mm，桁架筋的热传导率较高，容易形成冷桥。另外，制作过程中，保温板很难贯穿桁架筋，工人为了制作方便有时会将保温板切块，在桁架筋处连续浇筑混凝土（图 10-21），造成大量冷桥。正确的做法是保温板块之间应采用聚氨酯类保温材料填充密实，使保温材料连续，避免出现冷桥。

▲ 图 10-20　拉结件被人为损坏

▲ 图 10-21　PCF 保温板制作错误

（3）单面叠合夹芯保温板（PCF）当作外模板使用，在混凝土浇筑振捣的侧压力作用下，可能存在漏浆、胀模等情况，因此需要对模板用对拉螺杆进行加固。

**3. 夹芯保温剪力墙板上开洞问题**

采用夹芯剪力墙板的装配式结构，外围护架可采用悬挑架、外挂架及爬架等形式。当外围护架的安装与固定需要在夹芯剪力墙板上开洞时，洞口与剪力墙套筒连接区容易产生干涉，削弱套筒连接区的承载力和整体性。而且洞口也是后期防水渗漏的薄弱点，因此需制定洞口修补方案，考虑修补后的防水、保温等问题。

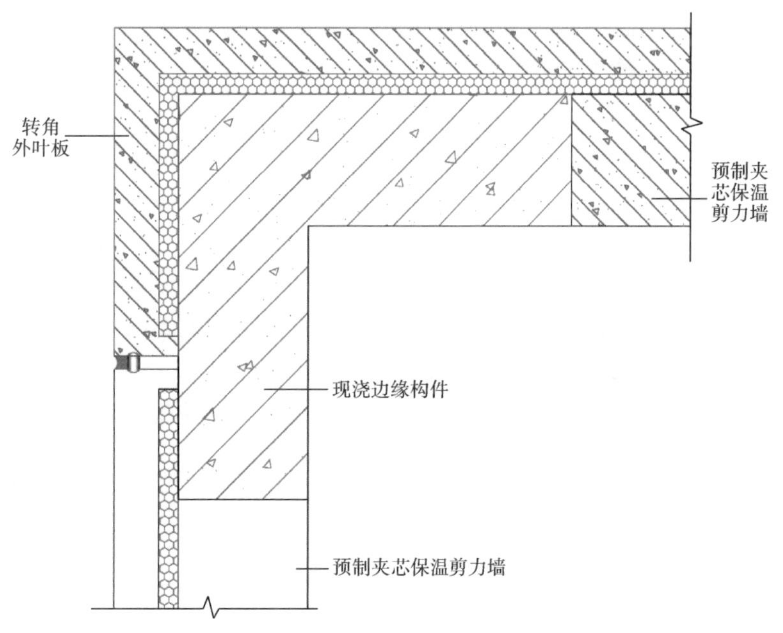


▲ 图 10-22　带转角的外叶板

**4. 带转角的外叶板容易开裂问题**

带转角的外叶板（图 10-22）厚度较薄，运输、吊装过程中容易开裂。一些微小的裂缝不易发现，安装后会产生安全和外观问题，难以处理。因此设计时最好进行配筋和构造加强设计，对施工安装也要提出加密对拉螺杆设置的要求。

## 10.6 预防问题的具体措施

外挂墙板、夹芯保温剪力墙板预防设计问题的技术措施本章前几节已经给出。外挂墙板、夹芯保温剪力墙板是一种集成式预制构件，设计时涉及不同专业，需要建筑、结构、机电、内装等专业协同完成，所以除各专业各自采取的技术预防措施外，还应在管理方面采取以下预防措施：

**1. 列出问题负面清单**

由于外挂墙板是非结构构件，夹芯保温墙板外叶板也是非结构附加的部分，结构工程师往往在计算上忽略了这部分的结构要求；同时外挂墙板、夹芯保温剪力墙板都是集成构件，对其他专业的要求要通过结构设计和构件设计来实现，其他专业误以为与本专业无关，或对相关原理不了解，容易造成不参与协同，或协同不到位的现象。因此设计单位应将外挂墙板、夹芯保温剪力墙板设计问题列出负面清单，以便在设计过程中起到预警提示作用，并根据设计负面清单的危害性，逐项制定预防措施。

**2. 精细化、精准化设计**

深化设计阶段应给出预埋件布置图、所有外挂墙板不同部位的连接节点图、连接件预埋件详图，图纸设计深度应能满足指导制作、施工安装的要求。

**3. 全面掌握各专业、各环节关键信息**

在熟悉各个相关专业和制作、施工环节的规范标准基础上，还需了解外挂墙板的制作、安装工艺特点，掌握各专业、各环节需在外挂墙板上的预埋预留等，避免遗漏、碰缺。

**4. 了解主要配套件的相关信息**

设计人员应了解拉结件、预埋件等主要配套件的材质、规格尺寸、性能、使用要求等，以便选用性能可靠、性价比高的配套件。

**5. 增强各专业、各环节之间的协同设计**

在设计过程中各专业要强化协同、资料共享，并与制作、运输和安装各个环节有经验的专业人员随时协调沟通，提高设计效率，保证设计质量。

# 第 11 章
# 结构设计常见问题Ⅵ——非结构构件设计

本章提要

对非结构构件设计的问题进行了分析，包括：预制楼梯设计问题、预制阳台设计问题、预制空调板和预制遮阳板设计问题、预制飘窗设计问题、预制女儿墙设计问题，并给出了解决问题的办法及预防措施。

## 11.1 非结构构件种类

装配式建筑的非结构构件是指主体结构柱、梁、剪力墙板、楼板以外的预制构件，包括楼梯、阳台、空调板、遮阳板、飘窗、女儿墙、混凝土装饰构件等预制构件。

非结构构件不仅用于装配式混凝土建筑，也常常用于现浇混凝土建筑，有些还可以用于钢结构建筑，如楼梯、外墙挂板等。

**1. 预制楼梯**

预制楼梯有不带平台板的直板式楼梯（即板式楼梯，见图 11-1）和带平台板的折板式楼梯（图 11-2）。板式楼梯又分为双跑楼梯和剪刀楼梯。

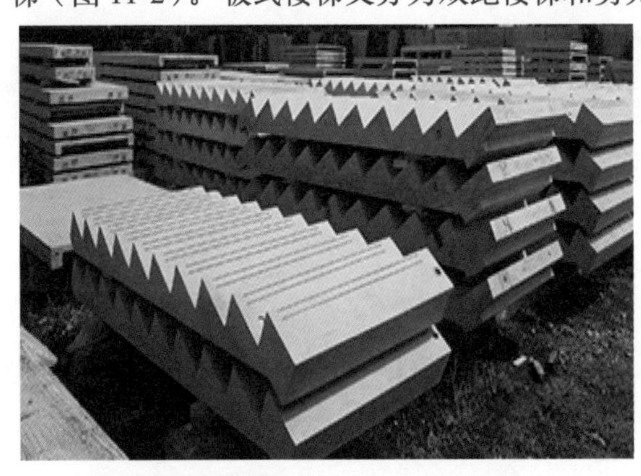

▲ 图 11-1　板式楼梯

▲ 图 11-2　折板式楼梯

**2. 预制阳台**

预制阳台分为板式阳台和梁板式阳台，也可分为叠合式阳台（图 11-3）和全预制阳台（图 11-4）。

▲ 图 11-3 叠合式阳台

▲ 图 11-4 全预制阳台

**3. 预制空调板、预制遮阳板**

预制空调板可参见图 11-5，预制遮阳板可参见图 11-6。

▲ 图 11-5 预制空调板

▲ 图 11-6 预制遮阳板

**4. 预制飘窗**

预制飘窗是指凸出墙面的窗户，一种是外挂式（图 11-7），一种是内嵌式（图 11-8）。

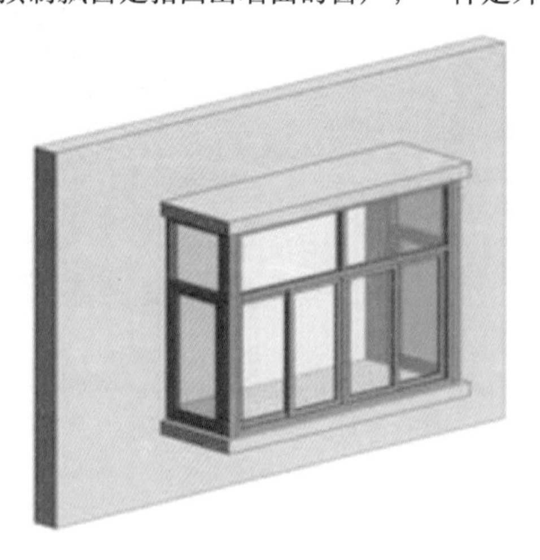

▲ 图 11-7 外挂式预制飘窗

▲ 图 11-8 内嵌式预制飘窗

### 5. 预制女儿墙

预制女儿墙有压顶与墙身一体式和墙身与压顶分离式两种，如图 11-9 所示。

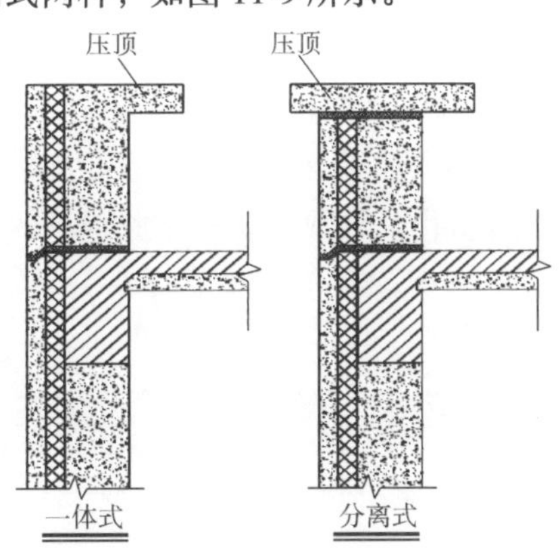


▲ 图 11-9　女儿墙类型

## 11.2　预制楼梯设计问题

### 1. 固定铰支座和滑动支座的设计问题

国内的预制楼梯深化设计通常依据国标图集 15G367-1，上下端均设置安装孔（图 11-10）。为了地震时能随位移滑动，不影响楼梯结构安全，设计时应注明滑动支座处的安装孔不得采用刚性材料封堵，而且需要预留出足够的滑动空间。

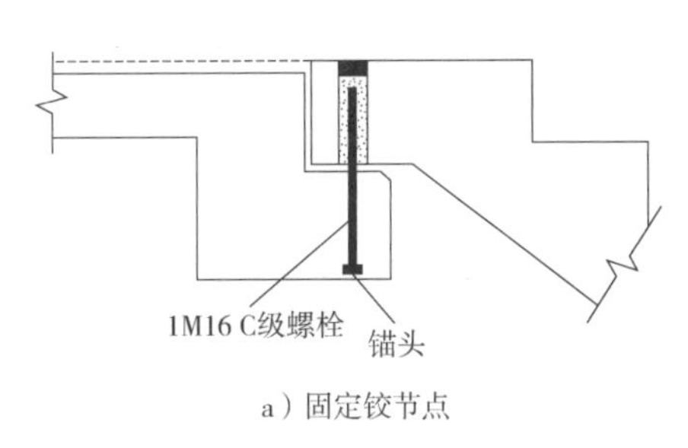


▲ 图 11-10　固定铰节点和滑动铰接点构造图

楼梯是地震时的安全通道、生命通道，应严格按照抗震要求进行设计。日本的预制楼梯非常注意抗震的相关细节构造，他们采用一端铰接一端滑动式设计，地震时楼梯不对主体结构产生刚性约束，不与主体结构发生相互作用和碰撞，预制楼梯铰接端设置安装孔（图 11-11）而滑动端不设安装孔（图 11-12），滑动端的缝隙也不封堵。

▲ 图 11-11　铰接端设安装孔

▲ 图 11-12　滑动端无安装孔

### 2. 预制楼梯滑动端位移问题

预制楼梯滑动支座的位移空间不得简单地套用图集的 30mm 宽度，应留有足够的滑动空间。滑动端与主体结构预留缝宽须按主体结构层间位移大小来确定，笔者建议按预制楼梯段高度乘以弹塑性层间位移角来确定缝宽，由于公建项目层高较高，绝对位移值较大，更应引起重视，预留缝宽需要经过计算复核。

### 3. 预制楼梯预埋件施工安全系数问题

预制楼梯预埋件设计时容易忽略了施工安全系数，造成安全冗余度不足。预制楼梯脱模和安装吊点计算除了考虑脱模系数和动力系数外，还应按照《混凝土结构工程施工规范》GB 50666—2011 的要求考虑施工安全系数，见表 11-1。

表 11-1 预埋吊件及临时支撑的施工安全系数

| 项目 | 施工安全系数（$K_c$） |
|---|---|
| 临时支撑 | 2 |
| 临时支撑的连接件<br>预制构件中用于连接临时支撑的预埋件 | 3 |
| 普通预埋吊点 | 4 |
| 多用途的预埋吊点 | 5 |

注：对采用 HPB300 钢筋吊环形式的预埋吊件，应符合现行国家标准《混凝土结构设计规范》GB50010 的有关规定。

### 4. 预制楼梯安装间隙控制问题

预制楼梯脱模吊点和翻转吊点通常设置在预制楼梯的侧面（图 11-13）；吊运吊点和安装吊点通常设置在预制楼梯的表面（图 11-14）。当安装吊点设置在侧面，板面没有预埋吊点时，由于吊装的吊钩尺寸较大，预制楼梯侧面与楼梯间的侧墙之间没有足够空间（一般为 20mm），楼梯就无法吊装就位，因此设计时需要结合项目实际条件避免出现这样的情况。

▲ 图 11-13 预制楼梯侧面的脱模和翻转吊点

▲ 图 11-14 预制楼梯表面的吊运和安装吊点

### 5. 预制楼梯预埋件和构造设计问题

预制楼梯要考虑的预埋件一般有吊点预埋件和栏杆立柱预埋件。预制楼梯采用的生产方式不同（平模生产方式或立模生产方式），所需吊点预埋件的设置也不同，深化设计时需要提前了解楼梯所采用的生产方式，防止脱模或翻转吊点的预埋件在设计时遗漏。

预制楼梯还要根据项目要求，考虑踏面防滑条的构造设计和梯板底面的滴水线设置，避免设计遗漏，造成二次凿改。

### 6. 预制楼梯重量是否满足吊装的问题

目前国内装配式建筑的施工现场塔式起重机选型仍沿用现浇结构，起重量较小，而国外的吊装设备起重量较大，预制构件可以拆分得较大、较重，以减少吊装次数、缩短工期。

预制楼梯拆分设计应考虑楼梯重量是否满足吊装的要求，应与甲方或总包单位沟通协调塔式起重机的布置位置及型号。剪刀梯跨度较大，吨位较重，有时难以满足吊装要求，当塔式起重机吊装能力不足时，通常将剪刀梯拆分成两个构件，一般有两种拆分方式：一种是在楼梯板跨中增设梯梁将剪刀梯拆分成 2 跨（图 11-15），设计时需要考虑中间梯梁（有挑耳）凸出楼梯底面是否会影响楼梯的净高，若净高不足，中间支座可以设计成暗梁（无挑耳），不影响楼梯净高，但梯段板需要伸出钢筋与跨中暗梁一起现浇锚固，施工安装时需要设临时支撑，施工安装较困难；另一种是将剪刀梯在宽度方向一分为二（图 11-16），预制和施工安装简单，但预制楼梯中间拼缝处要预留凹槽，安装完毕后进行填缝处理。

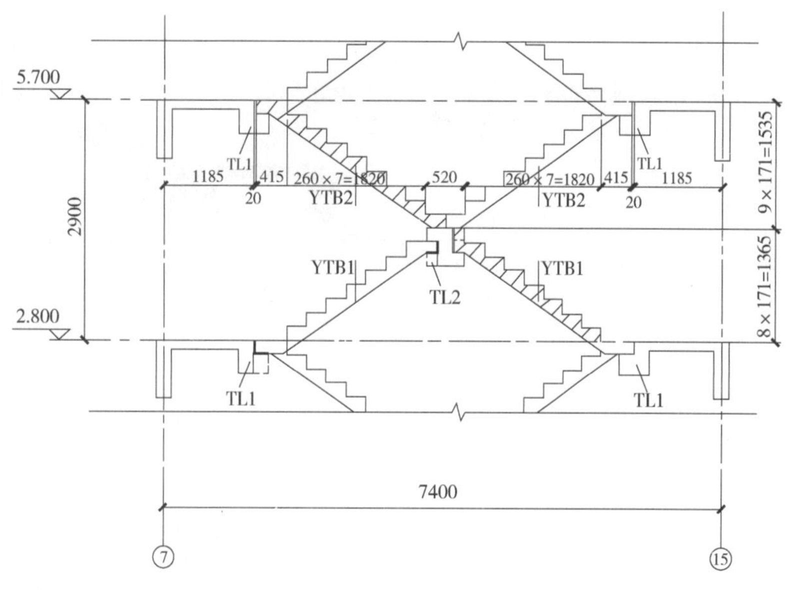


▲ 图 11-15　预制剪刀梯拆分方式一

▲ 图 11-16　预制剪刀梯拆分方式二

### 7. 预制楼梯镜像问题

传统现浇建筑相同单元的楼梯间设计，一般会采用镜像布置方式。但镜像的预制楼梯扶手预埋件和滴水线等位置不同，楼梯模具并不能共用，从成本考虑，采用预制楼梯的楼梯间不宜采用镜像布置。楼梯间的布置，在建筑方案阶段就要提前考虑，通过对梯段起跑位置和对室内外交通流线进行合理性调整，尽可能采用平移拷贝布置。

### 8. 楼梯位置表达问题

现场本层施工结束后才吊装下层至本层的预制楼梯，按楼层号的形式表达楼梯位置会引起歧义，不清楚是本层至上一层的楼梯，还是下层至本层的楼梯。因此预制楼梯在深化图纸中建议以标高的形式表达（表 11-2），并给出详细的预制楼梯剖面图，标注相应的起始标高和楼层。

**表 11-2 楼梯结构标高表**

| 楼号 | 楼梯编号 | 预制层数结构标高 |
|---|---|---|
| 8 号、9 号、10 号楼梯 | YTB1 | 6. 280~72. 980 |
| 11 号楼梯 | YTB1 | 2. 880~75. 380 |

### 9. 预制楼梯饰面层是否预制的问题

预制楼梯饰面层一般有清水混凝土和贴面砖两种，当预制楼梯采用清水混凝土饰面时，梯段板通常将抹灰找平层一起预制，吊装完成后不需要进行二次抹灰找平。此时，深化设计应考虑楼梯面层与休息平台的标高差异，休息平台处要预留抹灰面层（图 11-17）；当预制楼梯采用贴砖饰面时，同休息平台面层一样，需要预留面层构造厚度，待楼梯安装就位后，在预制楼梯面上进行二次贴面砖装饰。

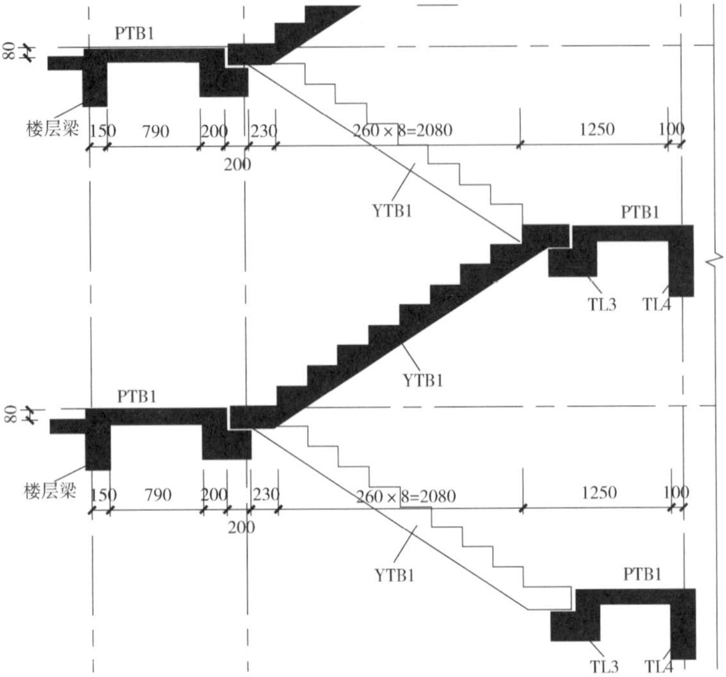

▲ 图 11-17 预制楼梯面层与休息平台高差

### 10. 预制楼梯安装预留孔处问题

预制楼梯安装预留孔距离板边 100mm 左右，在脱模时容易破坏。因此，安装孔处应采取钢筋加强措施，如图 11-18 所示。

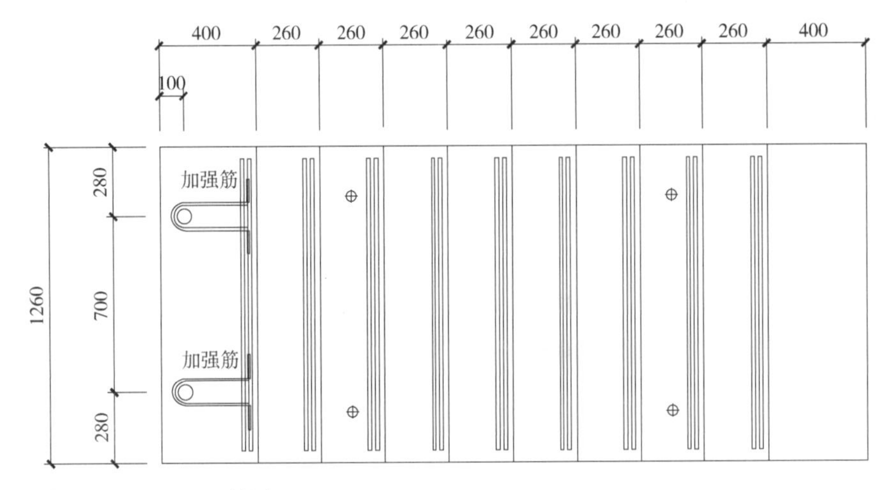


▲ 图 11-18 预制楼梯平面图

## 11.3　预制阳台设计问题

### 1. 预制阳台支撑问题

有的设计图没有对预制阳台在施工阶段的支撑位置和支撑拆除条件给出具体要求，容易造成安全隐患。对于预制悬挑构件，应注明现浇锚固部位混凝土强度达到设计强度的 100%后方可拆除支撑。

### 2. 预制阳台预留滴水线问题

现浇阳台滴水线一般都通过后抹灰实现，而预制阳台是免抹灰的，设计时须考虑滴水线一体预制，避免二次凿改。

### 3. 预制阳台构造设计问题

预制阳台的构造设计也是设计时容易忽略的问题，内容包括：

（1）预制阳台与后浇混凝土结合面应做成粗糙面。

（2）预制阳台设计通常预留安装阳台栏杆的孔洞或设置预埋件，并给出节点详图。

（3）预制阳台的金属栏杆应考虑设置防雷引下线的连通预埋。

### 4. 预制阳台的锚固连接构造问题

预制阳台结构布置的原则是锚固端必须有现浇混凝土层，且伸出钢筋的长度必须满足锚固要求。考虑到现场施工影响因素，一般要留有一定的安全系数，建议采取 1.2~1.5 倍的 $l_a$。

### 5. 全预制板式及梁式阳台固定端构造设计问题

设计时应考虑预制悬挑阳台固定端加强抗剪和整体性的措施，增强固定端接缝的抗剪性能和防水性能，建议可在全预制板式或梁式阳台固定端预留 300mm 宽的现浇叠合层见图 11-19。

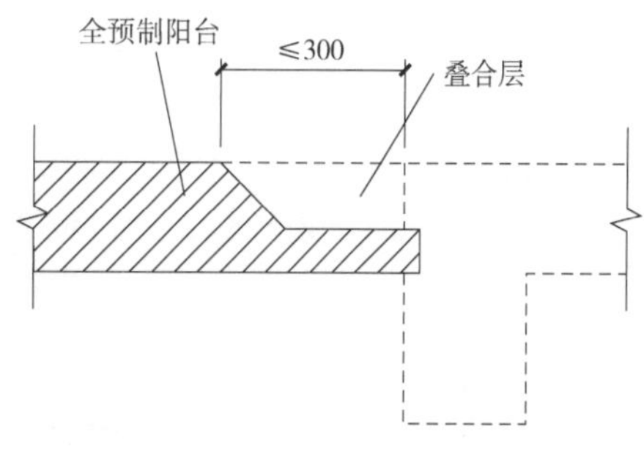


▲ 图 11-19　全预制板式及梁式阳台固定端构造

### 6. 预制阳台设备管线预埋预留问题

预制阳台一般需要预留照明线盒、地漏、落水管等，设计时应考虑预埋套管或预留洞口距墙边的距离和相邻套管或洞口的中心距，避免距离过小，影响后期的管道安装。

## 11.4　预制空调板、遮阳板设计问题

### 1. 预制空调板、遮阳板采用捆带吊装的设计问题

一般预制空调板、遮阳板由于重量较小，多采用软带捆绑的方式吊装，不再另外设置吊点预埋件，保证了其外观表面不受影响，吊装也很便利。但由于工人吊装时，无法判断在什

么位置进行捆绑，当捆绑位置受力不合理，不满足设计要求时，有可能会导致构件开裂或断裂，因此，当采用捆带方式吊装时，设计图中要给出软带捆绑的明确位置和要求，并做好相应的标识。

**2. 预制空调板、预制遮阳板连接节点问题**

预制空调板、预制遮阳板连接构造要求与预制阳台相同，详见 11.3 节。

**3. 预制空调板高差问题**

考虑到预制空调板的防水问题，通常要把预制空调板设计得比结构标高略低一些。

## 11.5 预制飘窗设计问题

**1. 预制飘窗对结构刚度的影响**

飘窗在结构计算时采用填充墙的方式输入荷载。预制飘窗虽然整体性好，但刚度较大，容易形成短柱效应或者对主体结构刚度产生影响。设计时应对飘窗的刚度影响进行评估，并采取构造措施，减少其对主体结构刚度产生的干扰影响。

**2. 预制飘窗的吊点**

预制飘窗为极不规则的三维空间预制构件（图 11-8），要考虑存放和吊装吊点的重心平衡问题，避免现场存放时倾覆、吊装倾斜及难以就位等问题的出现。

**3. 预制飘窗的拆分方案**

预制飘窗多采用组合式，深化设计时应注意预制飘窗和主体结构连接及安装斜支撑便利性等问题。有的飘窗较长、开口较大，制作、运输、安装过程中需要设置槽钢等临时加固措施保证其刚度和稳定性，避免安装时产生倾覆。

**4. 预制飘窗设计未充分考虑施工安装条件**

飘窗作为异形构件，其现浇施工难度大、效率低，通常采用预制方案。但如果设计时未能充分考虑施工因素，将会导致预制构件进场后无法安装，或安装难度很大。图 11-20 所示预制飘窗施工难点在于：飘窗施工完成后，内部空腔内支撑架体及模板无法拆除；连接节点位置的板板连接件、接缝封堵、灌浆等操作的空间有限，工人很难保证施工质量。飘窗应结合现场施工条件进行设计，给现场的施工及安装提供便利。

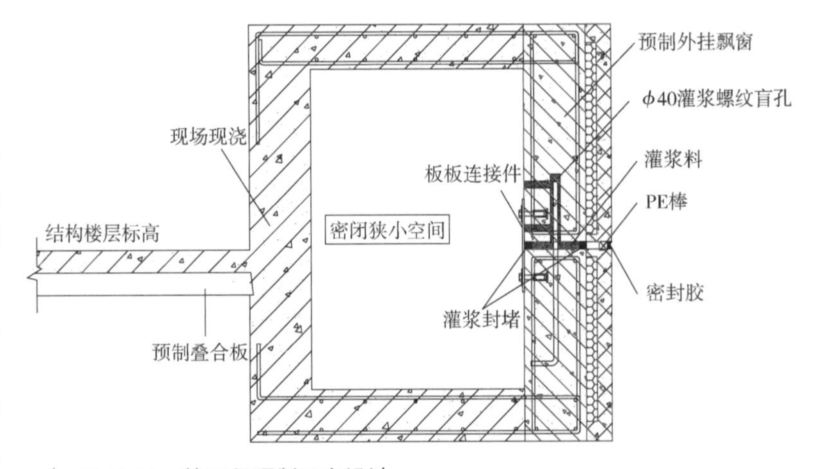


▲ 图 11-20 某工程预制飘窗设计

## 11.6　预制女儿墙设计问题

预制女儿墙实际工程中应用较少，问题暴露不多，主要注意如下几点：

**1. 预制女儿墙的连接节点**

预制女儿墙墙身与屋盖现浇带的连接须采用套筒连接或浆锚搭接，竖缝连接通过预留钢筋与后浇混凝土连接。

**2. 预制女儿墙的构造设计**

预制女儿墙压顶按照构造配筋，当采取墙身与压顶分离式时，压顶与女儿墙身须预留螺栓进行连接，可参见国标图集 15G368-1。

## 11.7　预防问题的具体措施

非结构构件虽然不是结构主体构件，但对结构安全的重要性并不低。例如，外墙板脱落问题、预制楼梯滑动端位移空间不够等，设计时亦应引起足够的重视，避免问题的出现。

**1. 加强方案设计阶段把控**

装配式混凝土建筑方案设计时应尽可能地减少预制构件的类型，增加模具周转次数，降低预制构件的成本。

**2. 了解预制构件生产工艺**

设计师对预制构件模具制作、钢筋绑扎、混凝土浇筑、脱模、倒运、存放、运输等各个环节都应了解，以便设计出方便生产、质量容易实现的预制构件，从而提高构件的生产效率，降低构件的生产成本。

**3. 了解预制构件安装工艺**

设计师应了解预制构件的支撑体系、安装顺序、吊装设备等，在设计图纸中给出符合安装条件的具体要求，以便提高构件的安装效率，保证构件的安装质量。

# 第 12 章
# 结构设计常见问题Ⅶ——连接件、预埋件、预埋物设计

**本章提要**

介绍了预制构件中连接件、预埋件和预埋物的种类，分析了主要的设计问题，包括灌浆套筒连接、浆锚搭接、机械套筒连接等常见问题。连接件、预埋件、预埋物设计常见问题，并给出了预防问题的措施。

## 12.1 连接件、预埋件和预埋物的种类

（1）连接件种类包括：灌浆套筒、金属波纹管、预制夹芯墙板拉结件、外挂墙板连接件及机械套筒等。

（2）预埋件种类包括：脱模预埋件、翻转预埋件、吊运预埋件、安装预埋件、安装微调预埋件、后浇混凝土模板固定预埋件、临时支撑预埋件、异形薄弱构件加固预埋件、脚手架或塔式起重机固定预埋件、安全设施预埋件、设备固定预埋件、灯具固定预埋件、通风管道固定预埋件、机电管线固定预埋件及给水排水管道固定预埋件等。

（3）预埋物种类包括：防雷引下线、套筒灌浆出浆 PVC 管、机电 PVC 线盒、PVC 或钢制套管、消防镀锌线盒、电气箱柜、运输安装时的临时支撑钢梁、钢筋间隔件、门窗、止水套管、金属阳台护栏等。

## 12.2 连接件设计常见问题

### 12.2.1 灌浆套筒连接常见问题

**1. 灌浆套筒连接接头试验问题**

《装规》中强制条文规定：应在预制构件生产前进行钢筋套筒灌浆连接接头的抗拉强度试验，每种规格的连接接头试件不应少于 3 个。但仍有预制构件工厂、施工单位、监理单位忽视此项规定，没有按要求严格进行验证试验，导致留下安全隐患。设计时需要将规范的

要求细化在设计文件中，明确给出套筒性能检验的方法和要求，并对试验验证结果进行判断，是否可以用在工程项目中。

**2. 采用套筒连接时钢筋保护层厚度问题**

采用套筒连接时钢筋保护层厚度应当从套筒的箍筋算起，套筒直径相比受力钢筋直径大，如此导致套筒区域与主筋区域的保护层差异较大，如果还是按受力钢筋来考虑保护层的厚度，就会造成套筒处的钢筋保护层过小、甚至套筒外露，不满足构造及耐久性的要求，埋下安全隐患，尤其是按照现浇结构设计后才进行深化设计的装配式项目出现这个问题的可能性较大。一个项目如果决定采用装配式，就应当从方案阶段植入装配式设计思维，而不能仍按现浇设计思路，再改造成装配式设计。

**3. 半灌浆套筒的钢筋连接问题**

半灌浆套筒连接接头是一端采用灌浆方式连接，另一端采用螺纹连接。连接钢筋与套筒的连接部位需要加工直螺纹，一般有两种方式，一种是将钢筋端头镦粗后加工直螺纹，另一种是在钢筋端头直接滚轧直螺纹（套丝），由于第一种方式工艺比较麻烦，所以现在通常采用第二种方式。但第二种方式削减了钢筋有效直径，如果不严格按要求进行作业，会存在一定的安全隐患。所以，设计时应明确给出套丝的长度，以及作业时应当旋拧牢固的要求，必要时应进行受力复核验算。

▲ 图 12-1　预制柱一侧钢筋过密

**4. 套筒连接钢筋间距过密的问题**

装配式框架结构中的柱主筋较多、间距较小见图 12-1。当采用套筒连接时可能会出现不满足套筒净距 25mm 的要求，设计时宜采用适当增加柱截面，或采用大直径钢筋来减少连接钢筋数量的方式，以满足套筒净距的要求。

**5. 套筒连接过度使用的问题**

套筒连接是可靠的连接方式，但也不能过度使用。例如某装配式项目的围墙设计也采用套筒连接，这就增加了不必要的土建成本。

**6. 套筒灌浆连接设计时需注意和明确的问题**

（1）在地震情况下全截面受拉的构件不宜采用钢筋套筒连接，建议采用现浇的方式。

（2）结构设计时需要知道对应各种直径的钢筋的灌浆套筒的外径，以确定受力钢筋在构件断面中的位置、计算和配筋等。结构计算时要考虑受力钢筋保护层加厚的问题，如图 12-2 所示。

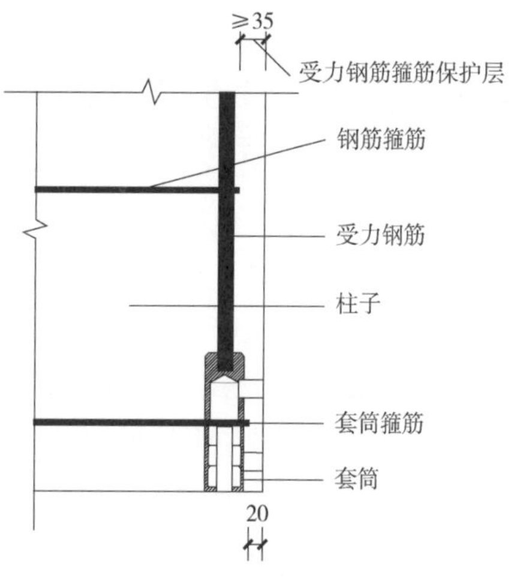


▲ 图 12-2　受力钢筋与套筒保护层厚度不同

（3）灌浆套筒灌浆端钢筋锚固深度，应满足灌浆套筒的参数要求，不应小于 $8d$。当采用大一级的套筒进行连接时，应按套筒规格计算锚固长度。

（4）套筒灌浆料应当与套筒相匹配，具有微膨胀性，按照产品说明要求的水料比进行配置和搅拌；灌浆料使用温度不宜低于5℃，低于0℃时不得施工；当环境温度高于30℃时，应采取降低灌浆料拌合物温度的措施。

（5）灌浆作业时灌浆机停止运行后，灌浆料拌合物会有回落现象，导致套筒灌浆不饱满，埋下安全隐患。设计时应提出灌浆作业须保证灌浆饱满，避免灌浆料拌合物回落的要求。

（6）应在预制构件生产前对灌浆套筒连接接头做抗拉强度试验，每种规格的试件数量不应少于3个。在灌浆套筒选用上尤其应注意对连接筋与套筒内壁间净距的控制，套筒灌浆段内径与连接筋的直径差值应符合规范最小差值的要求，避免灌浆料拌合物对连接钢筋握裹不充分。

（7）应采用与连接钢筋牌号、直径配套的灌浆套筒。连接钢筋的强度等级不应大于套筒规定的连接钢筋强度等级；连接钢筋规格和套筒规格应匹配，不允许套筒规格小于连接钢筋规格，但允许套筒规格比连接钢筋规格大一级使用。

（8）水平预制梁的梁梁连接在设计时，现浇连接区应留有足够的套筒滑移空间，至少保证套筒能够滑移到与一侧的出筋长度齐平。

综合以上问题，设计师应对装配式应用到的材料、材质、性能及施工方法有很深入的了解。

### 12.2.2 浆锚搭接的适用范围问题

浆锚搭接当采用内膜成孔的方式，内模脱模时可能会对预制构件损坏比较严重，实际应用的项目较少。规范中规定直径大于20mm的连接筋不宜采用浆锚搭接连接；对于直接承受动力荷载构件的纵向钢筋不应采用浆锚搭接连接。

### 12.2.3 机械套筒连接常见问题

**1. 适用范围**

在装配式混凝土结构里，螺纹套筒连接一般用于预制构件与现浇混凝土结构之间的纵向钢筋连接；预制构件之间的连接主要采用挤压套筒连接。

**2. 机械套筒连接设计时需注意和明确的问题**

（1）连接框架柱、框架梁、剪力墙边缘构件纵向钢筋的挤压套筒接头应满足Ⅰ级接头的要求。

（2）预制构件之间后浇段应留有足够的施工操作空间，常用规格连接筋的挤压套筒连接，压接钳连接操作空间一般需要100mm（含挤压套筒）左右。某装配式项目在设计时没有预留机械套筒连接的操作空间，造成连梁钢筋无法进行连接作业，见图12-3，导

▲ 图12-3 没有预留钢筋连接作业空间

致后续不得不付出很大的人力和时间成本来解决。

### 12.2.4　外挂墙板连接件设计问题

外挂墙板连接件设计属于钢结构节点设计，深化设计时一般按照规范公式进行计算即可，但仍存在以下问题需要引起设计人员的重视：

**1. 刚度问题**

外挂墙板的连接件设计时应保证有足够的刚度。

**2. 安装便利性问题**

外挂墙板安装有时是比较困难的，设计时应当考虑安装的便利性，以确保安装质量。日本的外挂墙板连接件设计时就充分考虑了安装的便利性，如图 12-4 所示。

**3. 耐久性问题**

为保证外挂墙板和主体结构同寿命，设计师就必须要考虑的连接件的防腐问题，设计时应给出具体的镀锌措施来满足其使用年限的要求。

▲ 图 12-4　日本外挂墙板的连接件

## 12.3　预埋件设计常见问题

**1. 预埋件遗漏问题**

设计时预埋件如果发生遗漏，就会造成预制构件无法安装，而在现场施工中通过后凿混凝土切断钢筋、采用植筋方式却无法满足锚固要求等问题，既造成成本浪费又耽误工期。有的甚至切断钢筋后没有补强措施，导致埋下结构的安全隐患。所以设计时必须采取措施，避免预埋件遗漏，应采取的主要措施有：

（1）设计时各专业、各环节（设计、生产、安装）之间应进行有效协同，设计师应熟悉预埋件在每个环节的用途，这是保证预埋件设计正确的关键。

（2）装修设计一定要前置，例如装修过程中需要预埋的各种管线、线盒等都需要在预制构件详图中体现出来，而且位置要准确，避免后期现场凿改。

（3）设计时将预制构件中应用的各种预埋件列出清单，可以有效地解决遗漏问题。表 12-1列出了装配式建筑主要预埋件一览表，可供读者参考，设计时应根据具体情况进行增减调整。

**表 12-1　装配式建筑主要预埋件一览表**（不限于此表内容）

| 阶段 | 预埋件用途 | 可能需埋置的构件 | 可选用预埋件类型 | | | | | | | | 备注 | 容易遗忘的预埋件 |
|---|---|---|---|---|---|---|---|---|---|---|---|---|
| | | | 预埋钢板 | 内埋式金属螺母 | 内埋式塑料螺母、螺栓 | 钢筋吊环 | 埋入式钢丝绳吊环 | 吊钉 | 木砖 | 专用 | | |
| 使用阶段（与建筑物同寿命） | 固定构件连接 | 外挂墙板、楼梯板 | ◎ | ◎ | | | | | | | | |
| | 门窗安装 | 外墙板、内墙板 | | ◎ | | | | | ◎ | ◎ | | √ |
| | 金属阳台护栏 | 外墙板、柱、梁 | ◎ | ◎ | ◎ | | | | | | | √ |
| | 窗帘杆或窗帘盒 | 外墙板、梁 | | ◎ | ◎ | | | | | | | √ |
| | 固定外墙雨水管等 | 外墙板、柱 | | ◎ | ◎ | | | | | | | √ |
| | 装修用 | 楼板、梁、柱、墙板 | | ◎ | ◎ | | | | | | | √ |
| | 固定较重的设备 | 楼板、梁、柱、墙板 | ◎ | ◎ | | | | | | | | |
| | 固定较轻的设备、灯具 | 楼板 | | ◎ | ◎ | | | | | | | |
| | 固定通风管道 | 楼板、梁、柱、墙板 | ◎ | ◎ | ◎ | | | | | | | √ |
| | 固定强电、弱电管线及桥架 | 楼板、梁、柱、墙板 | | ◎ | ◎ | | | | | | | √ |
| 制作、运输、施工（过程用，没有耐久性要求） | 脱模 | 预应力楼板、梁、柱、墙板 | | ◎ | | ◎ | ◎ | | | | | |
| | 翻转 | 墙板 | | ◎ | | | | | | | | |
| | 吊运 | 预应力楼板、梁、柱、墙板 | | ◎ | | ◎ | | ◎ | | | | |
| | 安装微调 | 柱 | | ◎ | ◎ | | | | | ◎ | | √ |
| | 临时侧支撑 | 柱、墙板 | | ◎ | | | | | | | | √ |
| | 固定后浇筑混凝土模板 | 墙板、柱、梁 | | ◎ | | | | | | | 无装饰的构件 | √ |
| | 加固异形薄弱构件的埋件 | 墙板、柱、梁 | | ◎ | | | | | | | | √ |
| | 固定脚手架或塔式起重机 | 墙板、柱、梁 | ◎ | ◎ | | | | | | | 无装饰的构件 | √ |
| | 固定施工安全护栏 | 墙板、柱、梁 | | ◎ | | | | | | | 无装饰的构件 | |

**2. 预埋件设计错误问题**

预埋件设计错误，会导致预制构件安装困难或无法安装，主要包括以下方面：

（1）预埋件没有预留安装空间，造成安装困难，影响工期。例如，外挂墙板的安装预埋件距离框架梁柱较近、与门窗的位置发生干涉，影响安装等。

（2）预埋件定位尺寸错误，造成预制构件无法安装，设计时要仔细核对。

（3）预埋件尺寸规格选择错误，未经计算复核，导致发生吊装安全问题。

**3. 预埋件干涉问题**

重量较大预制构件中的预埋件锚固长度一般较长，与钢筋互相干涉会导致预制构件制作和安装困难，因此进行必要的碰撞检查也是设计的主要内容。

**4. 预埋件选型问题**

有些临时安装的预埋件选型很重要，例如预制梁柱的吊装埋件、薄弱部位加固埋件、带桁架钢筋又另外设置吊钩的叠合楼板等，只供在吊装、运输或脱模过程中使用，使用过后有些埋件还要切割。因此设计时在保证结构安全的前提下需要了解埋件的适用范围，避免过度设计造成浪费。

**5. 预埋件锚固问题**

预埋件的锚固不满足要求会影响预制构件的安全性，设计时要注意以下问题：

（1）脱模工况中预埋件的锚固计算要按照预制构件脱模时混凝土的强度（通常为 15kN/m$^2$）进行验算，以保证脱模时预埋件不会因承载力不足而破坏。

（2）当选用定型产品如内置螺母等预埋件，设计师须要求厂家提供预埋件的锚固检测报告并进行复核验算。

（3）当选用加工预埋件时，设计中要给出预埋件的加工详图、材质和防腐等要求，并根据使用环节的工况，提出需要做锚固性能检测的要求。

**6. 预埋件处裂缝问题**

预埋件或预留孔洞部位在蒸汽养护时由于应力集中容易产生裂缝，设计时可采取局部加强措施，例如采用加强钢筋、钢筋网片（图 12-5）等进行局部加强。

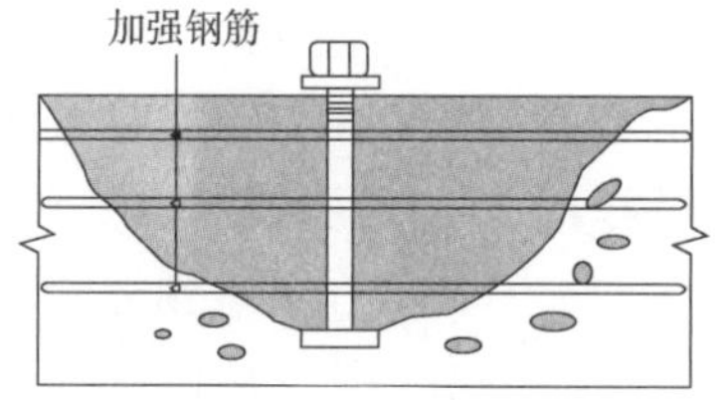


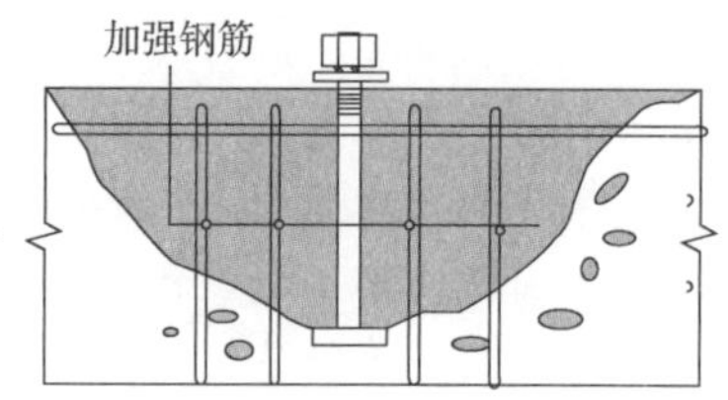


▲ 图 12-5　预埋件补强方案

## 12.4　预埋物设计常见问题

**1. 防雷引下线设计问题**

（1）材料选择的问题

防雷引下线一般采用尺寸不小于 25mm×4mm 的镀锌扁钢，应防止预制构件暴露室外时间过长而使防雷引下线受到腐蚀。

（2）上下连接的问题

由于不能保证装配式混凝土建筑预制竖向构件的钢筋完全是连通的，因此无法利用钢筋做防雷引下线，须在预制构件中单独埋设防雷引下线，构件安装后焊接连接，如图 12-6 所示。

▲ 图 12-6　防雷引下线

（3）防雷引下线防锈蚀设计

预埋在预制构件中的防雷引下线和连接接头的可靠性与耐久性涉及人身和建筑安全，所以，防雷设计必须给出防锈蚀的具体要求，包括：

1）镀锌扁钢防锈蚀年限应当按照建筑物的使用寿命设计，且热镀锌厚度不宜小于 70μm。

2）焊接处的防锈蚀必须按照建筑物使用寿命给出详细的要求：包括防锈漆种类、涂刷范围和涂刷层数。

**2. 预制阳台预埋套管距墙面过近的问题**

▲ 图 12-7　预制阳台预埋套筒距离墙面过近

在预制阳台中需要埋设雨水管、地漏等套管，预埋套管需要结合外墙面建筑构造做法厚度确定套管的预埋位置，并进行准确定位。如外墙采用外保温或夹芯保温外墙时，往往会由于预埋套管位置距离外墙完成面过小（图 12-7），后续立管安装时，安装距离不足而无法进行立管的安装，不得不重新在预制阳台上开洞，导致埋下渗漏隐患。

**3. 预制外墙板预埋套管（预留洞口）倾斜角度的问题**

在预制外墙板上需要排风、排烟时，常需要在其上预埋套管或预留洞口。设计时，应注明套管（洞口）向室外倾斜的角度。一般建议由室内向室外倾斜角度为 5~10°，避免工厂埋设错误，导致外墙雨水倒流入室内见图 12-8。

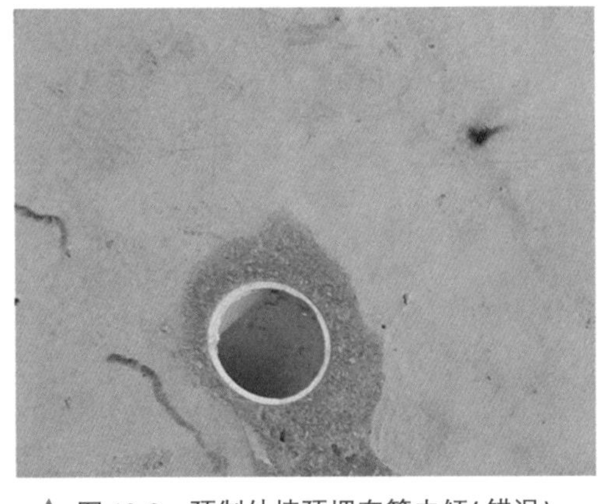

▲ 图 12-8　预制外墙预埋套管内倾(错误)

**4. 预埋减重块问题**

在预制非受力墙板中，常采用埋设填充轻质减重块（如聚乙烯泡沫等）的方式来减轻构件重量和削弱墙板对主体结构刚度的影响，如图 12-9 所示。设计时，需要给出选用的轻质材料名称，对尺寸大小进行控制，并在设计图中给出减重块的准确尺寸定位，确保减重块与钢筋网之间有足够的混凝土厚度，建议以不小于 30mm 为宜，从而保证钢筋能被混凝土有效握裹和混凝土浇筑的密实性。在设计图中还需注明对减重块采取的有效固定措施，以免混凝土浇筑时，减重块浮起与钢筋紧贴，出现浇筑不密实、钢筋没有被混凝土有效握裹等质量问题。

**5. 预埋 PVC 线管干涉问题**

如图 12-10 中，预制剪力墙板中预埋的机电 PVC 线管伸出时，与预制叠合板伸出的钢筋产生干涉，只能现场人为将叠合板钢筋折弯以避让 PVC 线管，费时费力，还影响工程质量。在设计时，除了需要对构件自身的预埋物进行碰撞干涉检查外，还须注意与相邻预制构件之间应进行碰撞干涉检查。

▲ 图 12-9　埋设减重块

▲ 图 12-10　预埋 PVC 线管与钢筋干涉

# 第 13 章
# 结构设计常见问题Ⅷ——深化设计

本章提要

列举了深化设计常见问题，详述了深化设计包含的内容，并举例说明了预制构件加工图、预制构件连接节点详图的设计内容和表达深度。

## 13.1 深化设计常见问题

深化设计是一项专项设计工作，介于施工图设计与生产、施工之间，是承上启下的一个很重要环节。设计内容汇集了建筑、结构、水、暖、电等各专业信息，包含了预制构件生产、现场施工安装等信息。目前，各地对深化设计的工作界面、表现形式、设计深度、制图要素等的理解并不相同，相关标准规定亦不齐全。在大力推广装配式建筑发展的当下，统一装配式深化设计标准已成为一个紧迫的问题。

### 13.1.1 预制构件加工图（即构件图）常见问题

**1. 构件图以偏概全**

建筑平面布置图经常会有镜像关系的布置，左右对称的两个户型编为一个代号。但对于预制构件来说，镜像后一样的构件在生产制作时并不一样，须使用两套模具来制作，只有复制平移后仍一样的构件才能共用一套模具。

有些设计人员不明白其中的道理，仅设计绘制了镜像对称轴单侧的预制构件加工图，另一侧构件加工图则用文字进行描述。技术能力强的预制构件生产企业也需花费额外时间来完善这部分技术工作，技术能力不强的企业只能凭经验直接镜像加工模具和构件，稍有疏忽就可能造成模具、配筋、预埋件等错误。因此从设计环节来说，为保证后续生产加工的质量与工期，预制构件加工图应尽可能以图代文、尽量完善并细化设计内容。

**2. 构件图信息不完整**

预制构件加工图是预制构件生产企业制作构件的最主要依据，通常需要根据构件加工图进行工程量统计、钢模具设计翻样和深加工、原材料与预埋件的采购和深加工、指导一线人员生产制作，以及作为质量检查的依据。构件加工图的表达应以反映实际状况，指导实际工作为基本原则，图纸内容应尽量详细。

预制构件加工图的内容除了图形绘制，还有一些数据统计工作，为了方便构件生产制作，会将这些统计表格以及对应的大样图例等放在构件加工图中，如预埋件表、钢筋翻样明细表，但有些设计单位仅从自身方便和利益角度考虑，简化构件加工图的内容，省略了上述表格及位置索引图等，这种现象往往还会伴随绘制深度不足、信息表达不清、内容互相矛盾等情况，使得构件生产企业与设计单位之间需要花费大量时间和精力进行沟通，生产出的构件仍时常出错，构件质量不佳，人员忙碌疲惫，效率低下。

**3. 构件图表达深度不足**

在预制构件生产过程中，经常遇到内部预埋件、预埋物在空间位置上互相干涉的情况，如机电线盒与连接套筒干涉、拉结件与预埋钢板干涉、吊钩与钢筋干涉、钢筋与内螺纹套管干涉等（图 13-1）。主要原因就是构件图表达深度不足，设计制图时未充分考虑这些预埋件、预埋物在空间位置上的碰撞而导致的。

又如，预制夹芯保温墙板的拉结件布置于内、外叶板之间，起到承担外叶板荷载的重要作用，其间距排布要求经过严格的计算，由于生产工序一般是在同一套模具内先制作外叶板再制作内叶板，构件图中为了更清晰地表达拉结件的布置位置，应将外叶板与内叶板的内视图分别绘制。而很多项目的构件图是把内、外叶板的内视图合并在一起表达，这样容易混淆内、外叶板上的预埋件、拉结件的安装位置，给预制构件生产带来很大的麻烦。

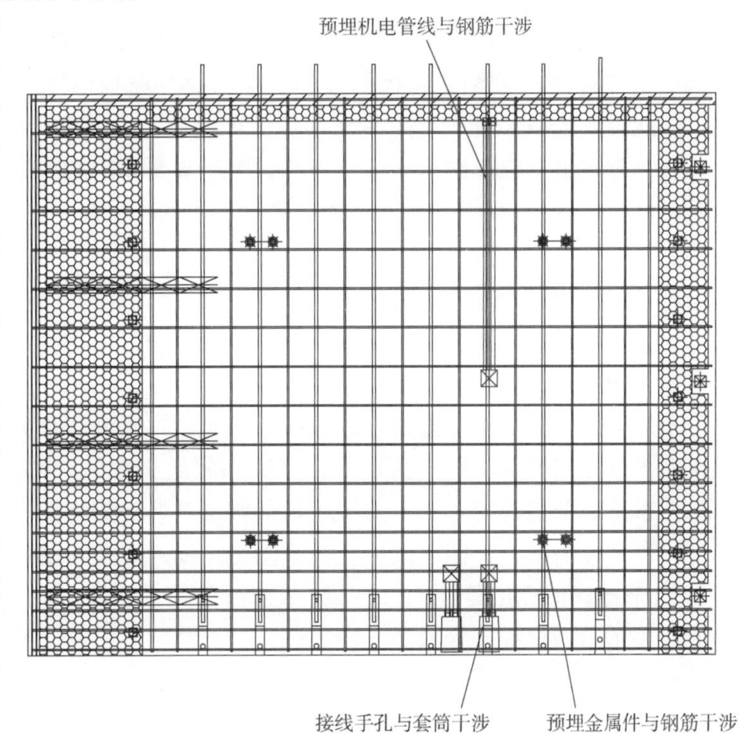


▲ 图 13-1　预埋件、预埋物位置冲突示意图

预制构件表面经常有粗糙面的设计部位，根据不同结构连接要求，粗糙面也有不同的做法：有些是人工铁耙拉毛，有些是人工刮糙，有些是缓凝剂冲洗露骨料。哪些部位需要实施什么样的粗糙面，仅仅是在图纸备注栏注写“预制和现浇混凝土接触范围粗糙面处理”的字样是不足以明确的，这会给构件生产企业造成困惑，一旦理解不正确，就会造成生产错误，从而导致返工返修。为避免类似问题，在构件图中应将不同粗糙面以不同的填充样式加以区分表达，并明确注明各类粗糙面应达到的技术要求。

**4. 构件图信息错漏碰缺**

绘制预制构件加工图是一项烦琐的设计工作。建筑、结构、给水排水、机电管线、设备留洞、精装设施、生产加工、施工吊装等需要在构件中预留预埋的物件都必须在构件图中清晰地表示出来，并且还要协调其互相之间的碰撞。如果楼栋类型多、前期设计条件不成熟而经常需要设计变更的话，要在规定时间内高质量完成预制构件加工图设计是非常困难的，也容易造成构件图中的错漏碰缺等现象。一旦图纸出现这样的问题又未能及时发现的话，就会导致大量生产出来的构件返修甚至报废。这个问题是目前装配式建筑推广发展较快的地区中经常出现的，除了在设计时要求设计人员认真仔细，在生产前要求技术人员查图校核以外，推广使用三维设计软件参数化制图应是未来预制构件深化设计的发展方向。

### 13.1.2 连接节点详图常见问题

**1. 节点详图缺失**

节点详图是对设计图中需加以特殊说明的部位以及需重点详细表达的部位进行放大比例绘制的局部大样图。哪些部位应当绘制节点详图并无明确规定，是依设计者的判断而定的。一般而言，为了读图者能清晰掌握工程情况，对于容易理解错误或关系复杂的部位都应绘制节点详图。装配式建筑的设计更应如此，预制构件连接方式众多，还关系到安装顺序，因此需要绘制大量节点详图来指导生产制作和施工安装。而目前很多装配式项目在设计时往往忽视了节点详图这一重要内容，由于节点详图的缺失，作业人员对构件之间的连接关系不清楚，就使得构件安装出错、钢筋连接不到位、节点施工质量不达标等问题时有发生。

**2. 节点详图无针对性**

有些装配式项目在设计时虽然绘制了节点详图，但是套用图集中的标准通用节点详图，以典型示例的形式表达，如框架柱梁核心区连接节点采用通用详图的表示方法。而实际上，不同部位的柱梁相对位置、截面尺寸、配筋数值等是完全不一样的，这样的通用节点详图仅有示意作用而无法指导实际的生产制作和施工安装。应当有针对性地根据各个部位的实际情况绘制节点详图，反映内容应包括建筑信息、结构信息、材料信息、位置关系等，必要时特殊部位的节点详图还须以三面视图（正视、俯视、侧视）来表达。

**3. 节点详图无指导性**

有些预制构件的连接构造比较复杂，尽管绘制了该部位的节点详图，施工安装时仍然容易搞错顺序步骤。如外挂墙板的连接节点，涉及很多金属配件组合使用，作业人员需通过读图深入了解连接构造，而同一个项目的外挂墙板随着连接部位不同，连接的方式也会不同，这就需要设计者能站在作业人员的角度思考，详细绘制出连接节点的安装步骤图，作业人员只需根据安装步骤图进行操作就能保证连接质量，会大大方便作业人员，提高施工效率。

## 13.2 深化设计包含的内容

**1. 封面标识**

成套设计文件的首页封面应主要明确设计文件的基本信息，包括：项目名称、设计单位名称、项目的设计编号、设计阶段、编制单位授权盖章和设计日期（即设计文件交付日期）。

**2. 图纸目录**

图纸目录主要包括：序号排列、图纸名称、图纸编码、图幅规格、版本类别及备注说明。

**3. 装配式建筑深化设计说明**

装配式建筑深化设计文件的设计说明应结合项目特点和要点进行编制，对工程实施起到说明性、指导性作用，应从设计、生产、施工等几个方面分别加以说明，内容应包括：

（1）深化设计要求

1）预制构件应用及工程概况。

2）装配式建筑设计依据。

3）图纸分类及功能说明。

4）主要构造及主要材料说明。

（2）预制构件生产要求

1）预制构件生产用模具基本要求。

2）预制构件预埋件技术要求。

3）预制构件钢筋基本要求。

4）预制构件混凝土材料要求。

5）预制构件生产控制技术要求。

6）预制构件存放与运输要求。

（3）预制构件施工要求

1）预制构件施工安装要求。

2）预制构件钢筋连接要求。

3）套筒灌浆操作要求。

4）接缝防水操作要求。

**4. 平面布置图**

在平面布置图中，应分楼层表示整栋建筑的预制构件范围、预制构件名称及详图索引号（图 13-2）。绘制平面布置图时需满足下列要求：

（1）应以不同图例明确区分预制构件与现浇混凝土的范围，清晰表达预制构件平面形状、建筑物轴线、轴线记号及轴线间距、各功能区名称、预制构件名称及详图索引号等。

（2）为便于生产管理、运输存放及施工管理，预制构件名称宜包含构件的类别信息、位置信息、结构信息及序列编号。

（3）详图索引号的标注应完整、准确，满足制图规范的要求，索引号应便于查找。

（4）当既有竖向预制构件又有水平预制构件，且构件类型较多时，为使图纸表达清晰，可将竖向构件与水平构件分开绘制平面布置图。

**5. 立面布置图**

当建筑外立面大量使用预制外墙时，应绘制立面布置图（图 13-3），并符合下列要求：

（1）根据预制外墙布置方位，立面布置图通常包含东、西、南、北四个面，在各立面图

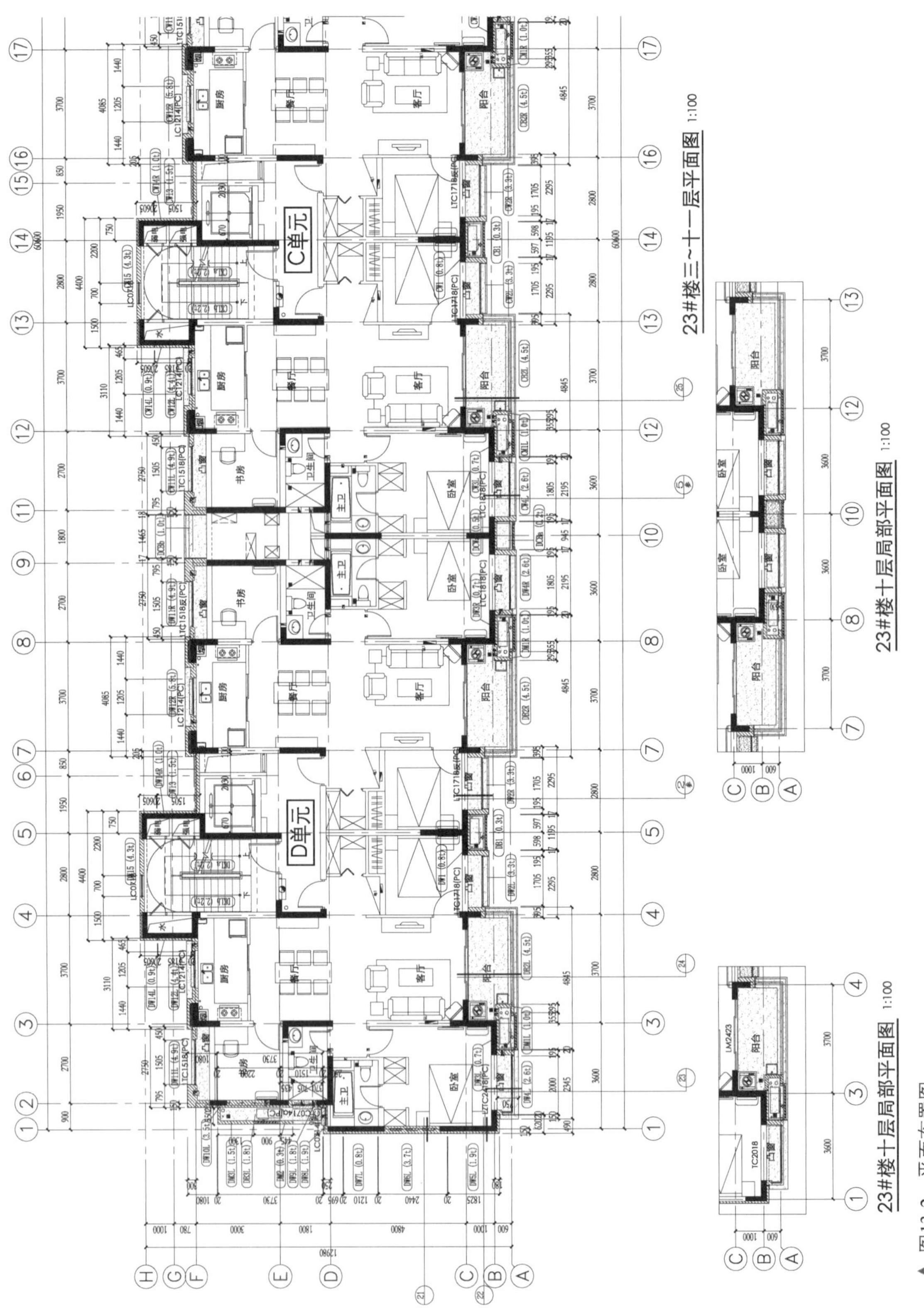
23#楼三~十一层平面图 1:100
23#楼十层局部平面图 1:100
23#楼十层局部平面图 1:100
C单元
D单元
厨房
餐厅
客厅
阳台
书房
卫生间
主卫
卧室
凸窗

▲ 图13-2 平面布置图

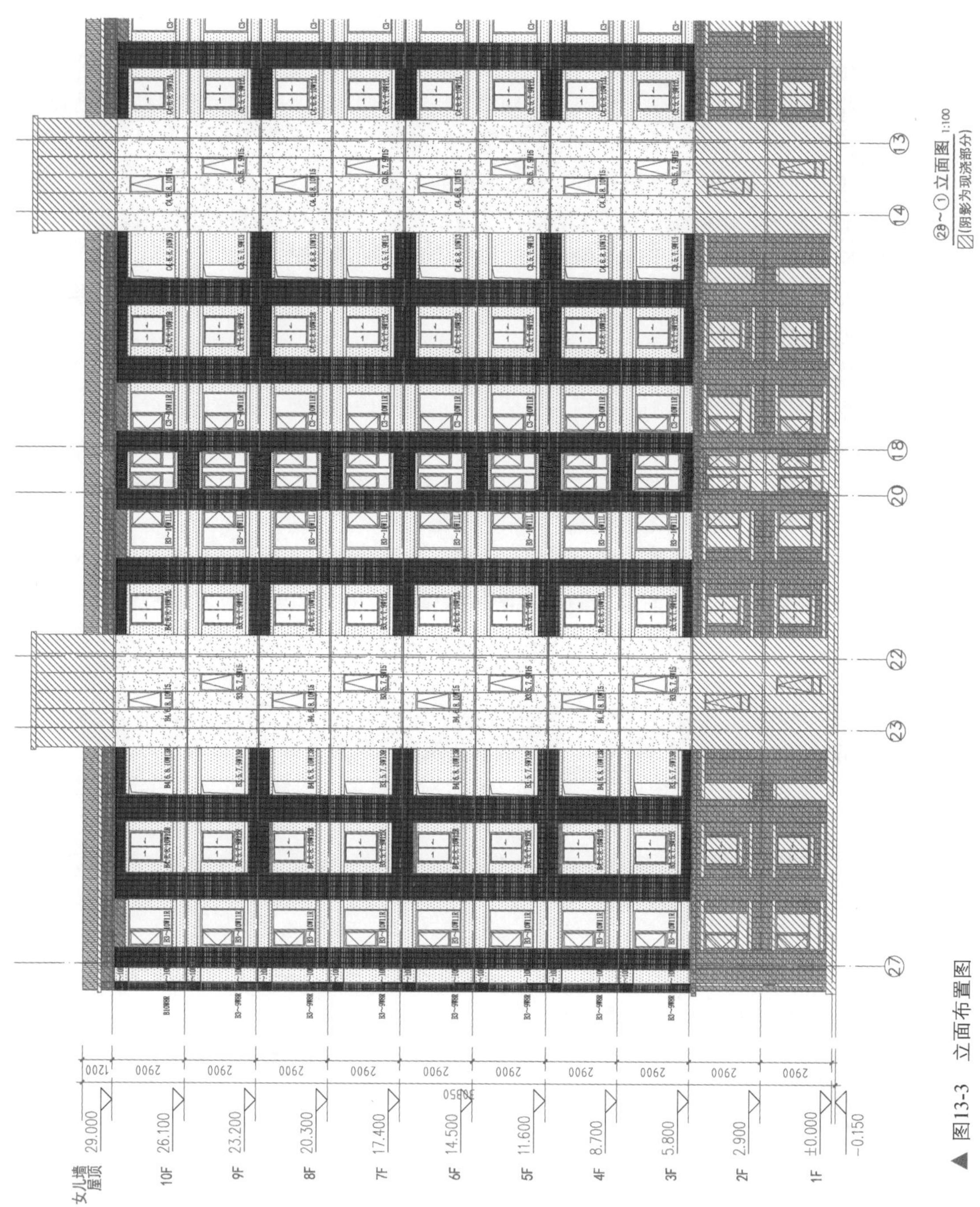

㉘~① 立面图 1:100
(阴影为现浇部分)
女儿墙
屋顶 29.000
10F 26.100
9F 23.200
8F 20.300
7F 17.400
6F 14.500
5F 11.600
4F 8.700
3F 5.800
2F 2.900
1F ±0.000
-0.150
1200
2900
30850


▲ 图13-3　立面布置图

中准确绘出各层预制构件的外轮廓线，并反映门窗洞口及外装饰线条等信息。

（2）立面图中应清晰区分现浇与预制的图例，正确标注各预制构件的名称。

（3）绘出建筑物主要轴线及编号。

（4）绘出建筑物各层层高与标高。

**6. 墙身剖面图**

墙身剖面图应能直观、清晰地反映预制构件与预制构件之间，以及预制构件与现浇结构之间的相对位置关系（图 13-4），绘制时应符合下列要求：

（1）选择剖面位置时应优先选择有普遍代表性的预制构件位置。

（2）对于较复杂的建筑需绘制多个剖面，以详细反映各类构件内外特征及连接方式。

（3）清晰表达预制构件与主体结构之间的位置关系及标高信息。

（4）对于在墙身剖面图上无法清晰表达的一些细部构造节点，尚需引出详图索引号。

（5）绘出建筑物各层层高与标高。

**7. 施工装配图**

施工装配图是用于指导预制构件现场安装施工的重要依据，是从建筑内部以施工人员的站立视角，为指导施工人员将每块构件按其相互位置进行拼装而绘制的图纸。装配图绘制过程中能检验每块构件及预埋件的连接关系，判断施工安装的可行性和预埋件位置的合理性，不仅能查漏补缺，还能优化构件加工图中的不足。

由于预制构件种类不同，装配图也不同，主要有楼板装配图、墙板装配图及楼梯装配图等，复杂的框架或框剪结构还需要绘制主体结构装配图。装配图中以剪力墙结构的预制墙板装配图较为复杂，可分别绘制平面装配图（图 13-5）与立面装配图（图 13-6），绘制时应注意以下方面：

（1）平面装配图

1）装配图比例一般为 1：30 或 1：50，选取建筑复杂部位，分层分段表示。

2）反映预制构件在平面内的位置关系，包括构件编号、构件尺寸、构件与轴线相对关系。

3）反映预制构件安装施工措施，包括斜撑杆布置定位、金属件连接部位、模板拉结螺杆排布尺寸等。

（2）立面装配图

1）选取部位一般与平面装配图相对应，反映内容包含预制首层、中间标准层和顶层。

2）标出各层结构标高线及轴线关系。

3）反映上下插筋与套筒定位关系、水平外伸钢筋与现浇结构关系。

4）反映预埋机电管线走向与衔接关系。

**8. 预制构件加工图**

预制构件加工图又称构件详图，是指导预制构件生产制作所用的设计文件，同时也是计算相应工程量的主要依据。表达内容不仅要包含构件生产的工艺要求，同时需要对生产所涉及的材料清单给予明确。

预制构件加工图设计需考虑的因素包括：设计阶段的建筑、结构、机电、装修等各专业的相关信息；生产阶段的模具加工、构件制作、脱模起吊、存放运输等技术要求；施工阶段

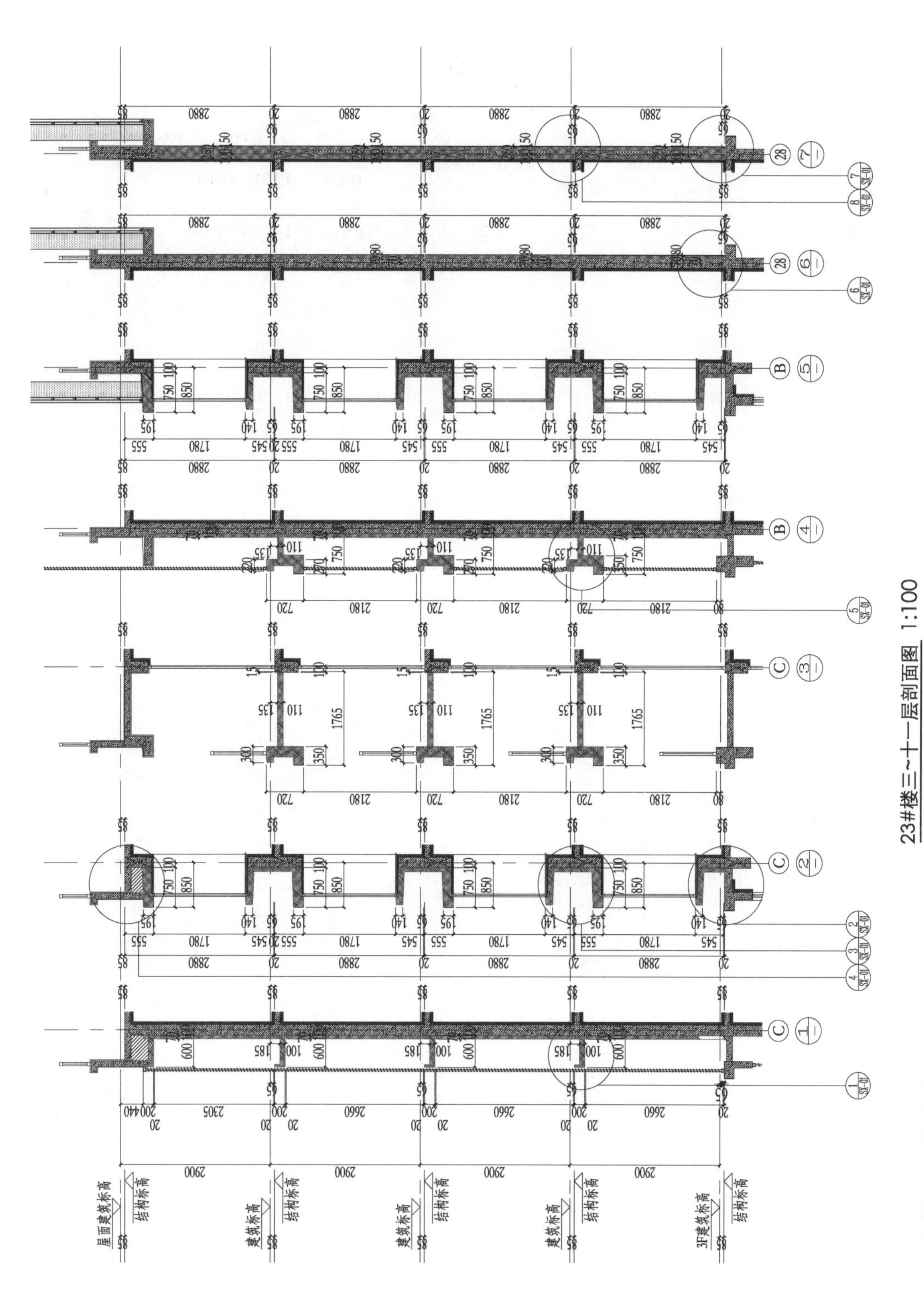


▲图13-4　墙身剖面图

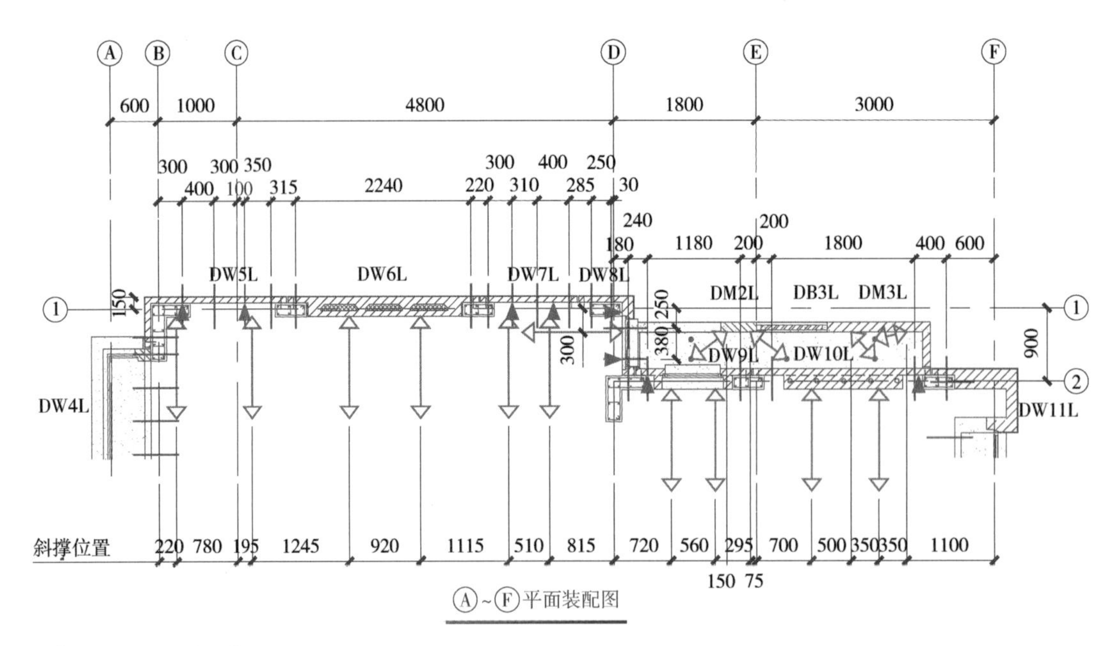


▲ 图 13-5 平面装配图

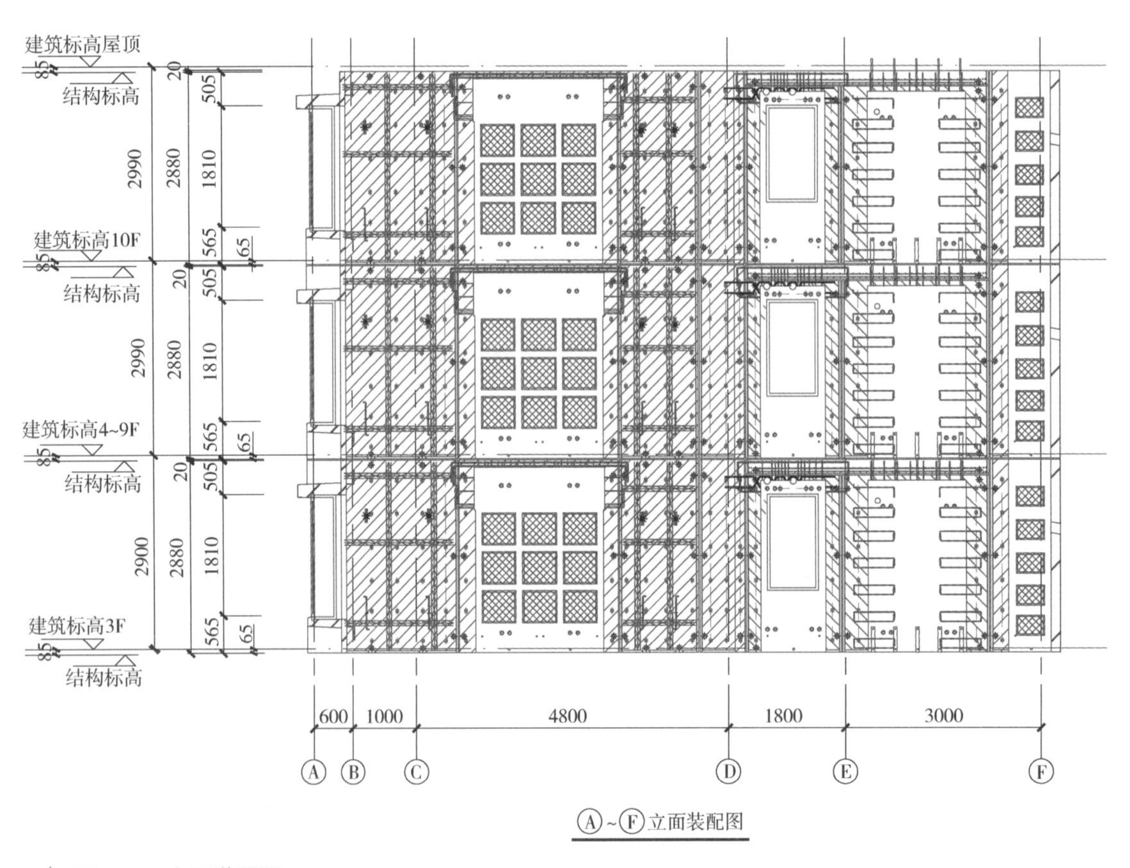


▲ 图 13-6 立面装配图

的构件吊装、临时固定、钢筋连接等技术要求。

预制构件加工图根据预制构件的类型主要分为：剪力墙墙板、填充墙墙板、凸窗墙板、平窗墙板、叠合楼板、阳台板、设备平台、空调板、楼梯、叠合梁、女儿墙、装饰构件等加工图。绘制构件加工图应符合下列要求：

（1）绘制预制构件六面视图（外视图、内视图、左视图、右视图、俯视图、仰视图），及不同部位的横纵剖面。

（2）标明预制构件与结构层高线或轴线间的距离。

（3）标注预制构件的轮廓尺寸、洞口尺寸、预埋件的定位尺寸。

（4）标注预制构件表面的处理工艺要求，如模板面、粗糙面。有特殊要求的应标明饰面做法，如清水混凝土、面砖、石材等。有面砖或石材饰面的构件应绘制排版图。

（5）绘制预制构件配筋的主视图和剖面图。

（6）标注钢筋与预制构件外边线的定位尺寸、钢筋间距及钢筋外露长度，并按类别分别编号引出标注。

（7）预制构件信息表应包括构件编号、混凝土体积、构件重量、混凝土强度等信息。

（8）配筋信息表应标明编号、直径、级别、加工尺寸、钢筋重量。

（9）预埋件（物）信息表应包括预埋件编号、名称、规格、单个构件上的数量。各类预埋件（物）应用不同的图例来表达。

**9. 连接节点通用详图**

预制构件连接节点详图的表达一般不区分专业，往往同时包括建筑功能、预制构件、现浇结构、施工工艺及材料要求等。

其中，通用详图主要表达该项目中具有通用性的节点做法与施工工艺，一般采用 1∶5 的放大比例把有通用意义的细部构造绘制出来见图 13-7。装配整体式混凝土剪力墙住宅常用的通用详图有：外墙接缝详图、檐口滴水槽详图、栏杆留孔详图、窗节点详图及配筋基本构造要求等。

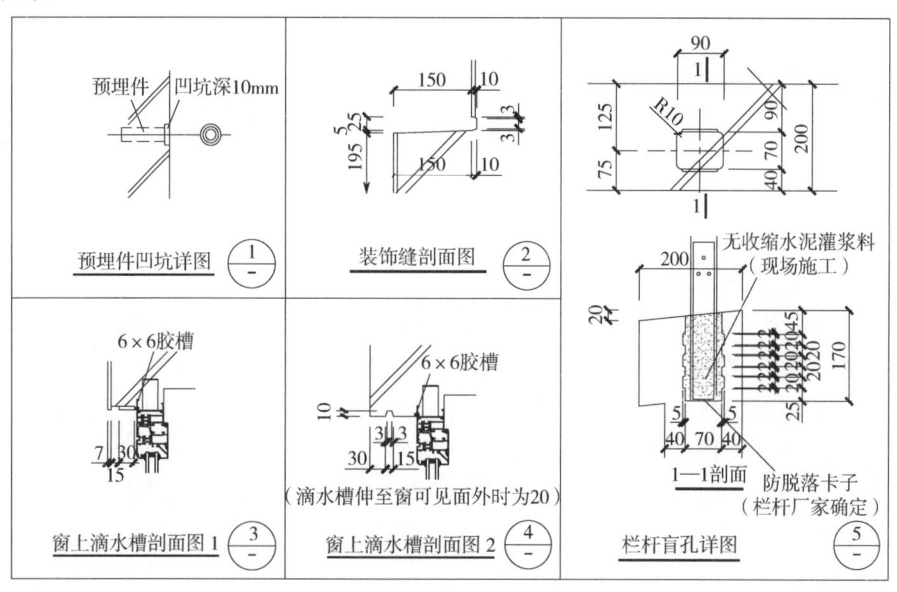


▲ 图 13-7　通用详图

绘制通用详图应考虑以下两点：

（1）了解装配式建筑相关国家及地方规范、规程、图集等标准，熟悉参照条件和前提。

（2）根据该项目建筑、结构、设备、装饰等各专业技术要求，提炼出与装配式建筑相关的内容作为绘制详图的基础。

**10. 连接节点索引详图**

索引详图是与平面图、立面图、剖面图等图纸中标记的索引号一一对应的节点详图，是针对该工程项目具体部位而绘制的节点详图见图 13-8，其表达的内容往往具有特殊性。索引详图也是用于指导施工现场进行预制构件连接安装的重要设计文件。

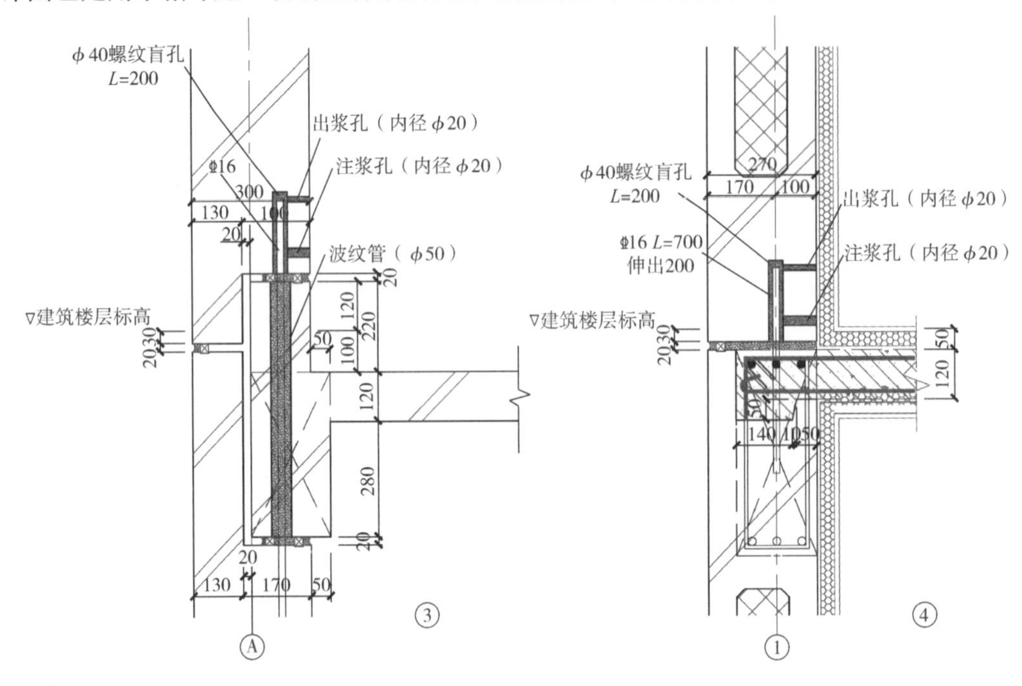


▲ 图 13-8 索引详图

绘制索引详图时应考虑以下两点：

（1）结合工程具体情况考虑材料特性、配件品种、生产工艺及施工措施等技术要求，要有针对性地绘制表达。

（2）索引详图除了反映完成后的状态，对于施工过程较为复杂，尤其涉及多工种穿插施工时还应绘制操作步骤详图。

**11. 金属件加工图**

装配式建筑中经常会用到很多金属件，其中一部分是国标品，而更多的是非标品，需要根据项目特点而定制加工，金属件加工图就是针对定制的金属加工品而绘制的图纸如图 13-9 所示。

金属件加工图通常分为工厂用和现场用两大类。工厂用金属件加工图主要是预制构件在生产过程中需预埋在构件中的金属件，根据用途可分为建筑用、结构用、设备用、脱模用、起吊用、斜撑用、连接用、模板用、调节用等。现场用金属件加工图主要是为预制构件在安装施工过程中使用到的金属件，常用的有斜撑杆连接件、板板连接件、临时固定件、调标高钢垫片及特殊吊具等。

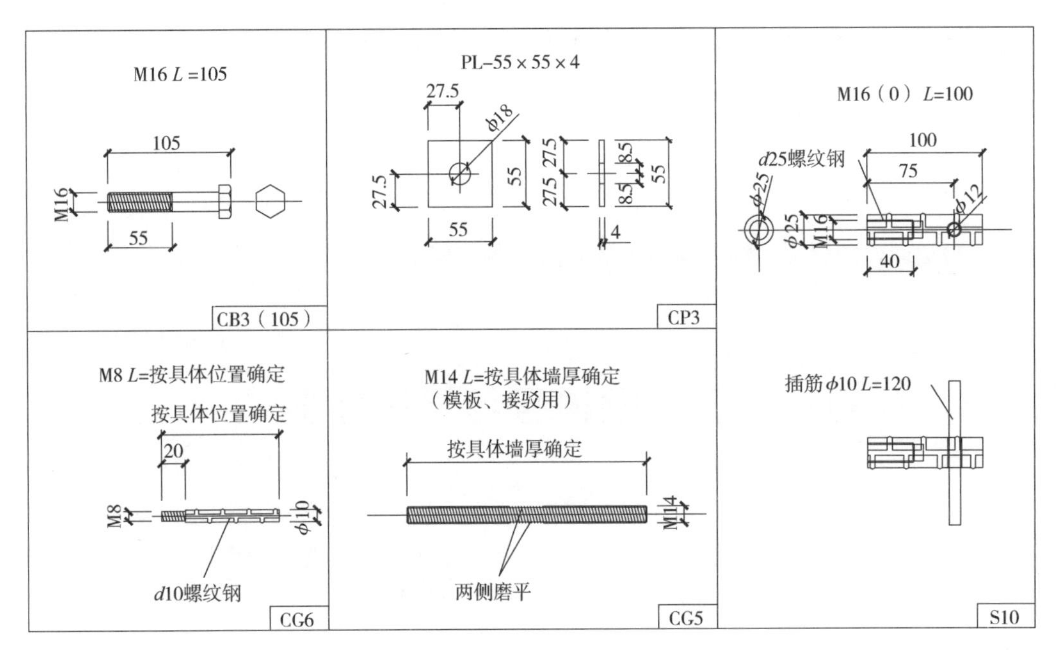


▲ 图 13-9　金属件加工图图样

金属件加工图表达内容应符合机械制图的基本原则，并满足金属加工制造要求，将每个单件的形状轮廓绘制成三面视图（正视、俯视、侧视），明确加工偏差范围、材质强度及表面处理要求，遇有焊接时应明确焊缝的处理要求。

**12. 预制构件计算书**

预制构件强度计算书不同于结构设计计算书，不是对预制装配整体式结构进行计算，而是仅对预制构件本身在短期荷载作用下以及长期稳定状态下的强度计算。

短期荷载作用包括工厂生产过程中的脱模、起吊、翻转、存放、运输等工况，以及在现场施工过程中的吊装、定位、连接、混凝土浇筑等工况，主要针对预制构件的预埋件、构造配筋、挠度及裂缝进行计算。

长期稳定状态包括满足恒荷载与活荷载、风荷载、地震作用荷载下的安全性，对预制构件的构造配筋、挠度、裂缝进行计算。

由于每个工程项目所使用的预制构件数量较多，在选择作为计算对象的预制构件时，一般在每一类预制构件中挑选该类中最不利的单个构件进行计算。例如某工程项目使用预制构件类别有墙板、楼板、阳台，则须分别在该类中挑选符合以下“最不利”条件的构件：

（1）面积最大

（2）重量最重

（3）楼层最高

（4）荷载最大

（5）生产最难

（6）施工最难

预制构件强度计算书一般包括以下内容：

（1）作为计算对象的该预制构件的名称、重量等基本信息。

（2）材料强度等级及边界条件、荷载组合、计算公式等相关信息。

（3）预制构件在持久设计工况作用下的承载力、变形及裂缝计算。

（4）预制构件在地震设计工况下的承载力计算。

（5）预制构件在生产、制作、运输、存放、吊装、施工等各类短期荷载下的安全性计算。

（6）对预埋件的埋深、预埋螺栓的选型进行各工况下的计算。

## 13.3 预制构件加工图内容与表达深度

预制构件加工图主要是为工厂生产使用而绘制的图纸，须完整表达构件的全部信息，内容包括：外形图、剖面图、配筋图、细部大样图、预埋件信息表、钢筋明细表、三维示意图、位置索引图。本节以预制墙板加工图为例进行详细说明。

**1. 构件外形图**

预制构件外形图是以第三象限法绘制的六面视图，包括：外视图、内视图、左视图、右视图、俯视图、仰视图。各视图表达以投影面所视内容为主，须反映外形轮廓并标注尺寸，预埋件种类及定位尺寸，外伸钢筋间距及长度，表面处理要求等。

（1）外视图

以建筑外观为视角，主要表达建筑外立面的饰面要求、外形尺寸及位置关系。设计时须注意下列要点：

1）外视图通常作为预制构件制作时的底模面，为便于加工和脱模，应尽量避免或减少在预制构件外视图中设置预埋件。若必须设置时，应考虑预埋件的防锈处理措施。

2）当外观有造型凹凸线条时，为防止脱模时造成缺棱掉角的缺陷，设计应考虑钢模脱模斜度的合理设置，见图 13-10。

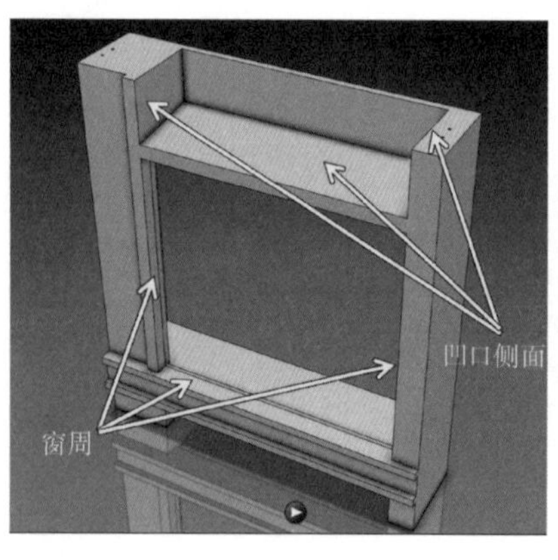


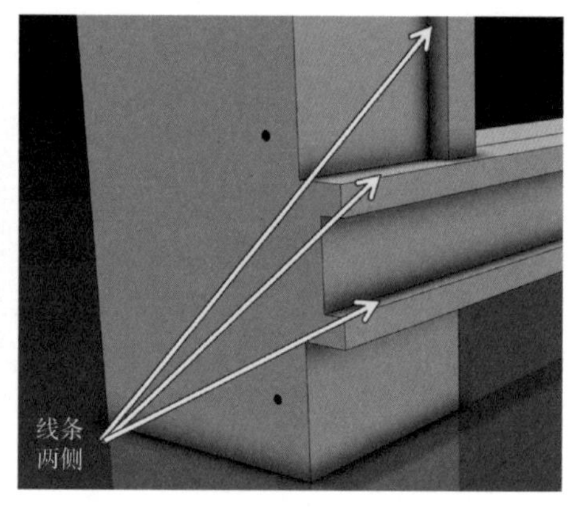


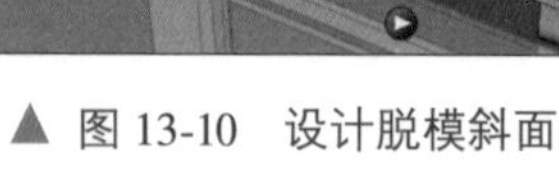
▲ 图 13-10 设计脱模斜面

3）若外饰面为面砖、石材时，应绘制排版图，并标注留缝尺寸。必要时须对石材进行逐块编号并另行绘制石材布置外视图，见图 13-11。

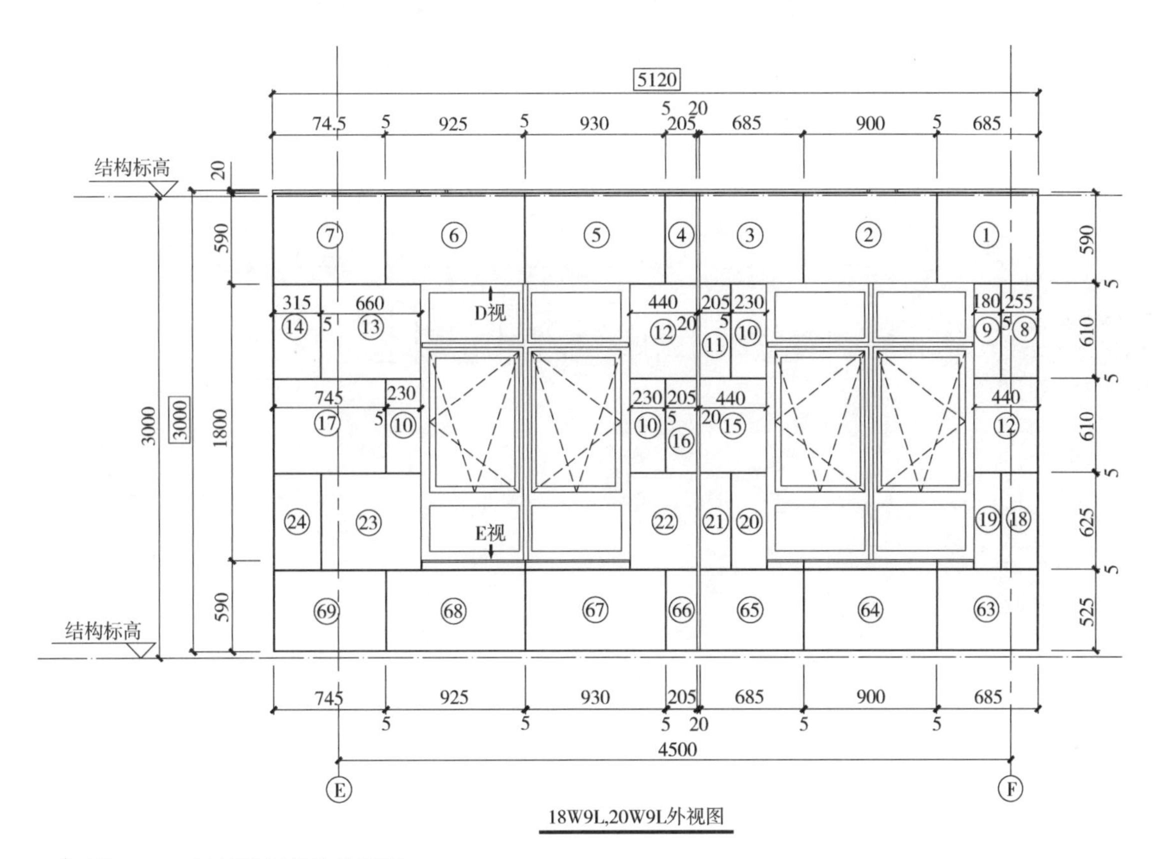


▲ 图 13-11　石材反打构件外视图

（2）内视图

以墙板内侧为视角，主要表达结构、机电、给水排水、内装修及各种预埋件的信息。设计时须注意下列要点：

1）墙板平躺制作时内视图通常作为混凝土浇筑收光面，比较而言容易设置预埋件，因此内视图中的预埋件比较多。临时措施用的预埋件主要考虑脱模用、装卸用、吊装用、固定用及模板拉结用。

2）采用灌浆套筒连接时，内视图须反映套筒规格与定位，灌浆孔和出浆孔应优先设置在内视图上。

3）明确标注机电设备用的预埋线盒规格与定位尺寸、预埋穿线管的规格及走向。

4）给水管一般不建议预埋，因为不便于检修更换，一旦发生渗漏将很麻烦。预制时可根据水管的走向预留凹槽。

5）当有外伸钢筋时，内视图与外视图都应明确表示出来。

6）预制夹芯保温墙板的外叶板和内叶板应分别绘制内视图，分别表达各自在内侧的预埋件。

（3）左视图、右视图、俯视图、仰视图

按各面的不同视角所见而绘制的视图称为 X 视图，主要反映：预制构件外形轮廓尺寸、与轴线定位关系，标注外伸钢筋间距与长度、各类预埋件定位及型号、键槽与粗糙面的设计要求，如图 13-12 所示。

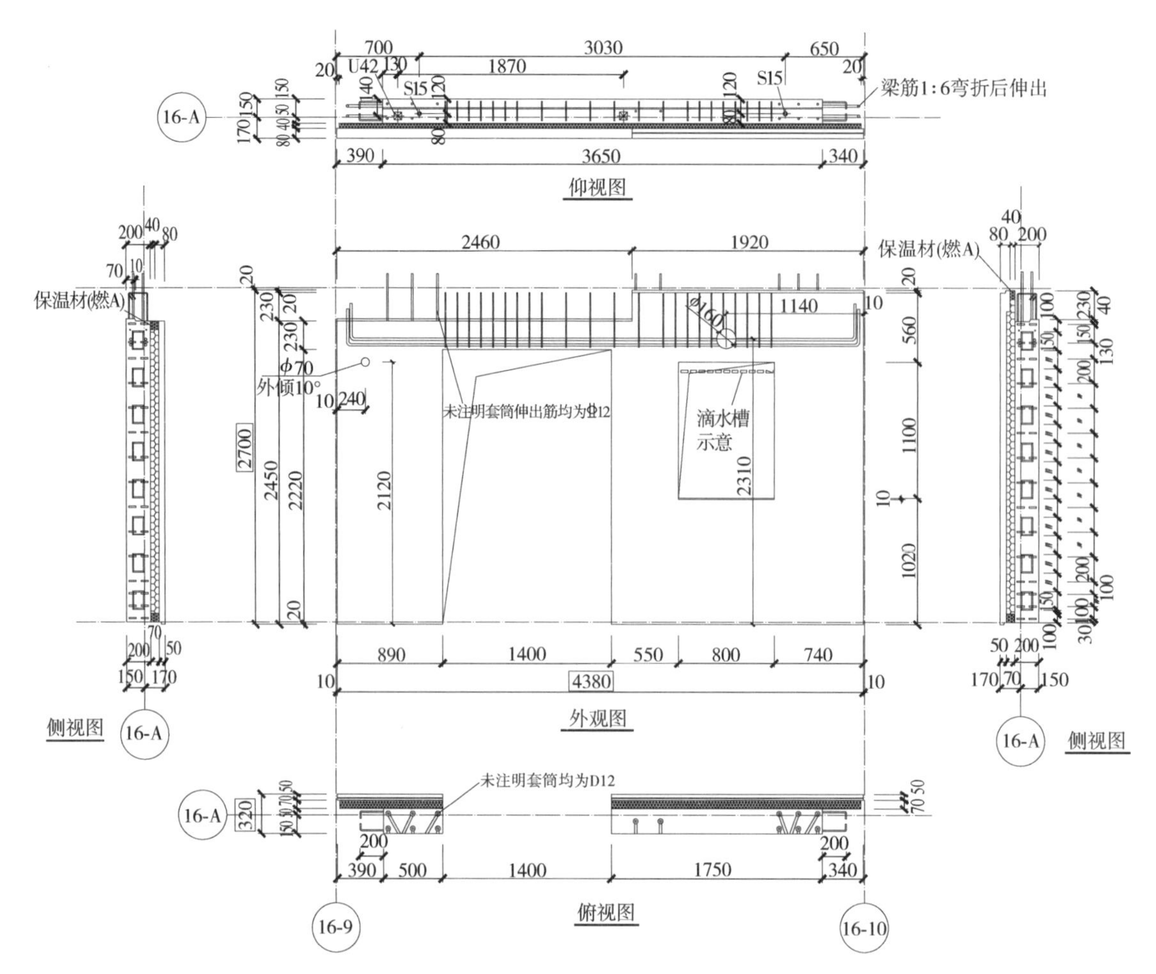


▲ 图 13-12 预制构件外观视图

## 2. 构件剖面图

预制构件剖面图是对六面视图的补充，是对构件需要进一步反映表达的部位以横向或纵向剖切进行观察绘制（图 13-13）的。设计时需要注意下列几点：

（1）剖切部位应具有特点，如门窗洞口、变截面形状等。

（2）剖切到的所有内容都应反映，如内部钢筋、套筒等。

（3）剖面图应明确视角方向，避免出现视角表达不清而造成构件生产出现错误。对于同一侧的剖面视角应采取统一的投射面。

## 3. 构件配筋图

预制构件配筋图是对构件的钢筋配置进行如实绘制，用于指导工人正确布设钢筋（图 13-14）的施工用图纸。配筋信息主要分为两类，一类是结构设计配筋，另一类是构造要求配筋。以预制夹芯保温剪力墙板配筋为例，设计时需要注意下列几点：

（1）根据工厂制作方式，一般以墙板内视方向绘制配筋主视图，横纵两个方向以墙板剖面分别绘制配筋剖面图。绘图以尽量真实体现为原则，钢筋直径以 PLINE 线或双线绘制表达。

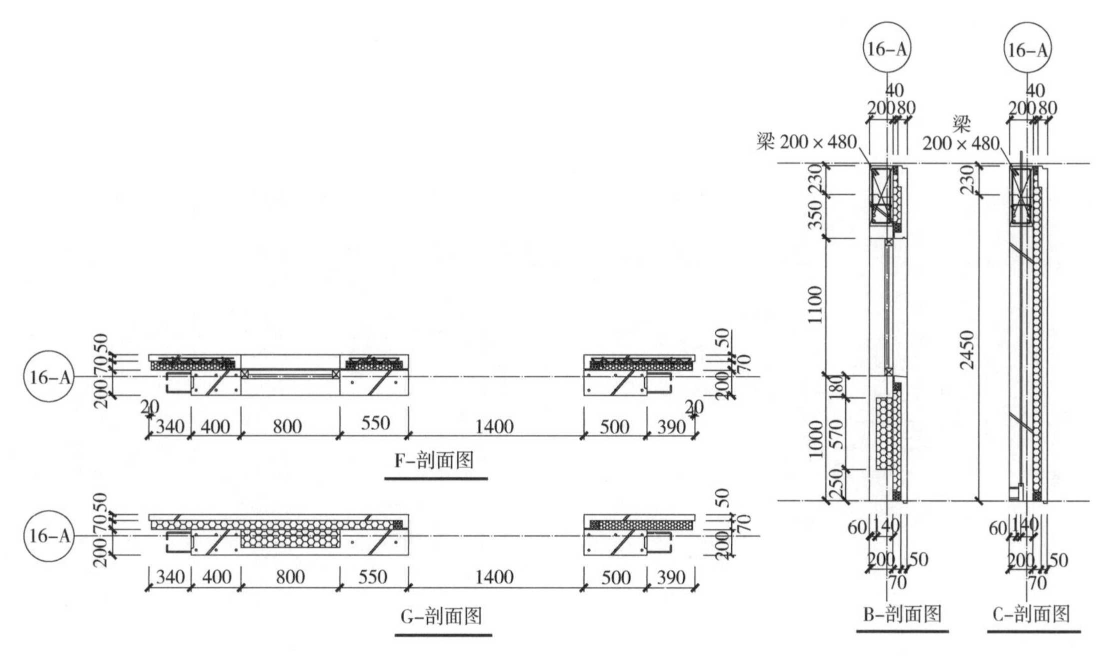


▲ 图 13-13　预制构件剖面图

（2）预制夹芯保温剪力墙板的外叶板与内叶板的厚度不同、外形轮廓不同，所以应分别绘制配筋图。一般外叶板为单层双向配筋，内叶板为双层双向配筋。

（3）结构配筋依据结构设计图及结构计算书进行，内叶板竖向连接钢筋可采用灌浆套筒，两排套筒采用梅花交错布置，套筒中心间距不大于 300mm。

（4）水平钢筋自套筒底部至套筒顶部向上延伸 300mm 范围内需按相关规程要求加密，且套筒上端第一道水平钢筋至套筒顶部距离不大于 50mm。

（5）构造配筋依据预制构件强度计算书，以满足脱模、翻转、存放、运输、吊装、固定、浇筑等工况下的构件受力要求。

（6）拉筋应采用统一规格，在图中以短斜线表示，拉筋布置间隔按相关规程要求。

（7）明确标注钢筋布置的间距尺寸、保护层厚度。配筋剖面图中应清晰反映钢筋的内外关系。

（8）为便于钢筋加工放样，需对每一类钢筋标注编号，当有下列情形之一时均需分别编号：钢筋级别不同、钢筋直径不同、钢筋长度不同、钢筋加工形状不同。

**4. 细部大样图**

预制构件细部大样图是对构件局部的说明，即更详细地表示某些特殊部位的细部形状和构造做法，如图 13-15 所示。根据不同功能可分为以下几类：

（1）板端接缝企口构造。

（2）门窗洞口周边企口构造。

（3）外凸或内凹装饰线条形状。

（4）抗剪槽或内凹埋件的做法。

（5）预埋机电线管操作手孔构造。

（6）预埋件处理措施。

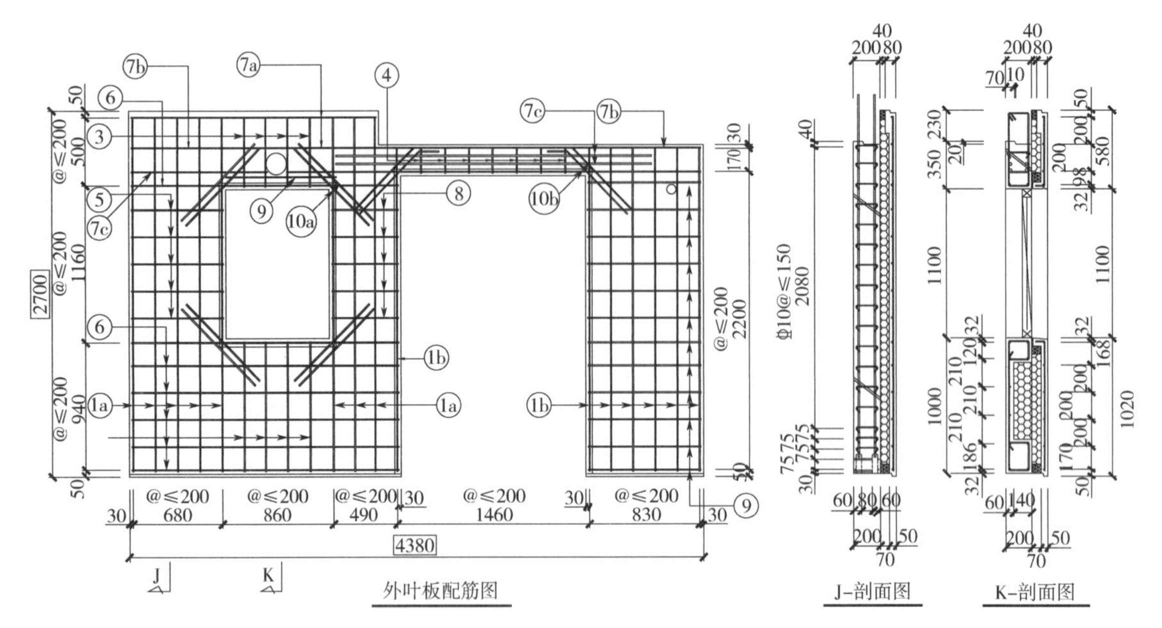


▲ 图 13-14 预制夹芯保温剪力墙板外叶板配筋主视图与剖面图

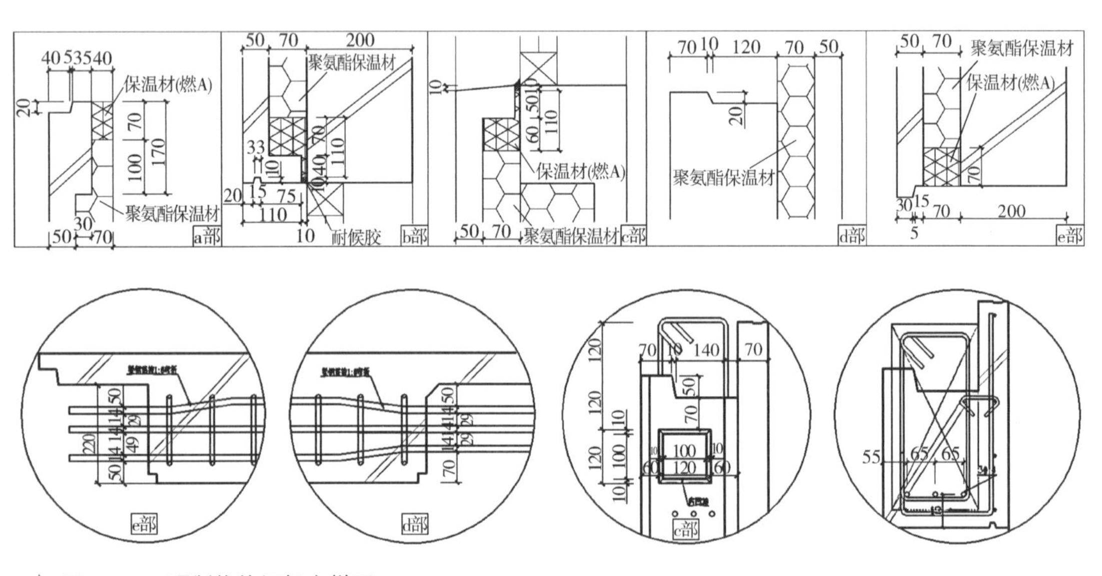


▲ 图 13-15 预制构件细部大样图

### 5. 预埋件（预埋物）信息表

预埋件（预埋物）信息表是预制构件加工过程中需要预埋的，或者由工厂预先预留连接的各类埋件的统计表。装配式混凝土构件有很多的预埋件（预埋物），包括土建、装饰、制作、运输、施工等过程中用到的预埋件，以及给水排水与机电暖通专业需要预留的预埋物，如 PVC 穿线管、电气暗盒、地漏底座等。这些预埋件（预埋物）需要在构件加工图中以不同的图例明确标注其位置与规格，在本图中通过一览表（图 13-16）的形式列出每种预埋件（预埋物）的规格和数量，以方便统计工程量和生产备料。设计时需要注意下列几点：

（1）编码：预埋件（预埋物）的各类产品名称及编号。

（2）功能：预埋件（预埋物）的使用功能。

（3）图例：区分各类预埋件（预埋物）使其便于识别。

（4）数量：统计预埋件（预埋物）的使用数量。

（5）规格：预埋件（预埋物）的规格信息。

（6）备注：对需特殊注明之处进行备注。如连接螺杆、连接钢筋等在生产过程中无须预埋，但出厂前需预先连接。

| 预埋件（物）一览表 | | | | | |
|---|---|---|---|---|---|
| 编号 | 功能 | 图例 | 数量 | 规格 | 备注 |
| U19 | 脱模用吊钩 | | 2 | Ø14 | |
| U42 | 板板连接件 | | 1 | M16（P）$L$=50 | 7F |
| S15 | 吊装用用INS | | 4 | M20（0）$L$=200 | |
| S19 | 模板用INS | | 24 | M14（0）$L$=50 | |
| S22 | 内外调节用INS | | 2 | M20（0）$L$=100 | |
| D60 | 叠合筋 | | 1 | $H$=60　$L$=900 | |
| D60 | 叠合筋 | | 2 | $H$=60　$L$=1100 | |
| | Ø80镀锌波纹管 | | 3 | | |
| | Ø50镀锌波纹管 | | 4 | | |
| X1 | 电气接线盒 | | 1 | 86型线盒深60 | |

▲ 图 13-16　预埋件(预埋物)信息一览表

## 6. 钢筋明细表

钢筋明细表是配合预制构件配筋图使用的钢筋加工信息表，根据配筋图中的编号，在表中反映钢筋的级别、长度、直径、数量及重量等，将各个钢筋的加工形状在表中绘制出示意图，如图 13-17 所示。设计时需要注意下列几点：

（1）编号：钢筋的编码序号。

（2）直径：钢筋的级别及直径。

（3）形状：绘制钢筋外形示意图并注明长度数值。

| 钢筋明细表 | | | | | |
|---|---|---|---|---|---|
| 编号 | 数量 | 规格 | 钢筋加工尺寸（mm） | 单根重量（kg） | 备注 |
| ① | 6 | Φ16 | 25　600 | 0.99 | |
| ② | 2 | Φ16 | 540　333 | 1.37 | |
| ③ | 4 | Φ16 | 100　225　333 | 1.04 | |
| ④ | 12 | Φ16 | 25　2326　333 | 4.24 | |
| ⑤ | 8 | Φ8 | 50　2460　50 | 1.01 | |
| ⑥ | 4 | Φ12 | 400　1200　280 | 1.67 | |
| ⑦ | 12 | Φ8 | 100　970　100 | 0.46 | |
| ⑧ | 10 | Φ8 | 40　200　2800　200　40 | 1.30 | |
| ⑨ | 12 | Φ8 | 40　200　620　40 | 0.36 | |

▲ 图 13-17　钢筋明细表

（4）数量：同样钢筋的使用数量。

（5）重量：单根钢筋的公称重量。

## 7. 三维示意图

目前预制构件加工图的设计、绘图、交付基本上都是基于二维表达的，工厂技术人员往往需要花费大量时间通过二维图纸读取相关信息再形成该构件的三维空间概念。在图中添加一个缩小版的构件立体图即三维示意图可在很大程度上提高识图效率，减少出错概率。由于三维图是静态示意（图 13-18），选择视角应尽量体现构件的特征。

## 8. 位置索引图

为了能让读图者快速了解预制构件加工图所绘构件在建筑平面中的位置，须在图面中以缩小比例绘制建筑平面轮廓图，并以框线阴影或黑三角符号等表达方式突出显示构件所在的位置，这样的图称为位置索引图，也叫 KEYPLAN 见图 13-19。绘制位置索引图并不是简单地把整个建筑平面图缩小比例，而是须经简化删减，反映出主要轴线和内外轮廓，使建筑信息简洁明了，能让人一目了然。

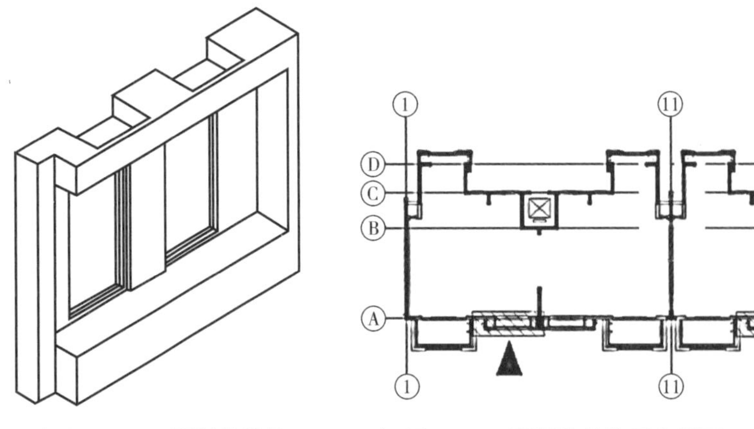


▲ 图 13-18 预制构件外形三维示意图

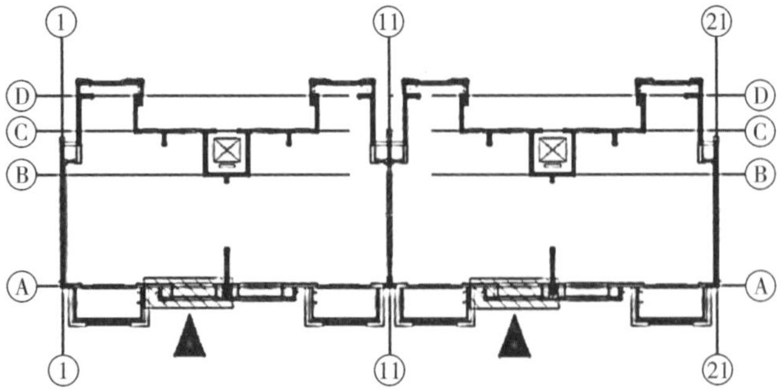

▲ 图 13-19 预制构件位置索引图(又称 KEY PLAN)

**9. 预制构件加工图举例**

图 13-20 是预制夹芯保温墙板加工图示例，可供读者参考。

## 13.4 预制构件连接节点详图内容与表达深度

预制构件连接节点详图应有针对性，符合实际情况，具有实际的操作指导意义。内容表达应详细具体，图形绘制反映实物特征，文字注解简明易懂。本节通过几个常见连接节点进行详细说明如下。

**1. 预制构件接缝防水节点详图**

预制外墙装配施工时构件之间需要留设缝隙，缝宽需考虑构件生产误差、安装误差、结构变形、温度变形等因素，一般为 20mm。且缝隙内不可填塞砂浆等硬质材料，须填塞柔性隔断材料同时起兼顾防水的作用。

预制外墙之间的水平缝为了满足防水要求，应优先设计外低内高的构造空腔加两道材料防水的做法。外侧为第一道材料防水，采用与混凝土相容的耐候密封胶，打胶厚度不小于 10mm，内衬圆形 PE 棒，PE 棒的直径选取宜大于缝宽 5 ~10mm。当外侧密封胶达到使用寿命期而发生龟裂或脱落情况时，如果没有内衬 PE 棒，雨水在风压下就会灌入水平缝积蓄在空腔内，当漫过高坎就会向室内渗漏；但如果内侧第二道防水材料采用单根或双根空心橡胶条，并挤压密实，由于第一道和第二道防水材料之间空腔内的积水没有压力，将很难突破防水橡胶条，这样就保证了水平缝的防水作用。

由于预制外墙形式多样，水平缝构造做法也有多种，如单面叠合墙、夹芯保温墙、外挂墙板等，除了考虑外侧防水功能还应考虑对保温构造的影响、对室内装修的影响，以及施工条件等因素，设计时应根据项目实际情况采用适宜的做法，参见图 13-21。

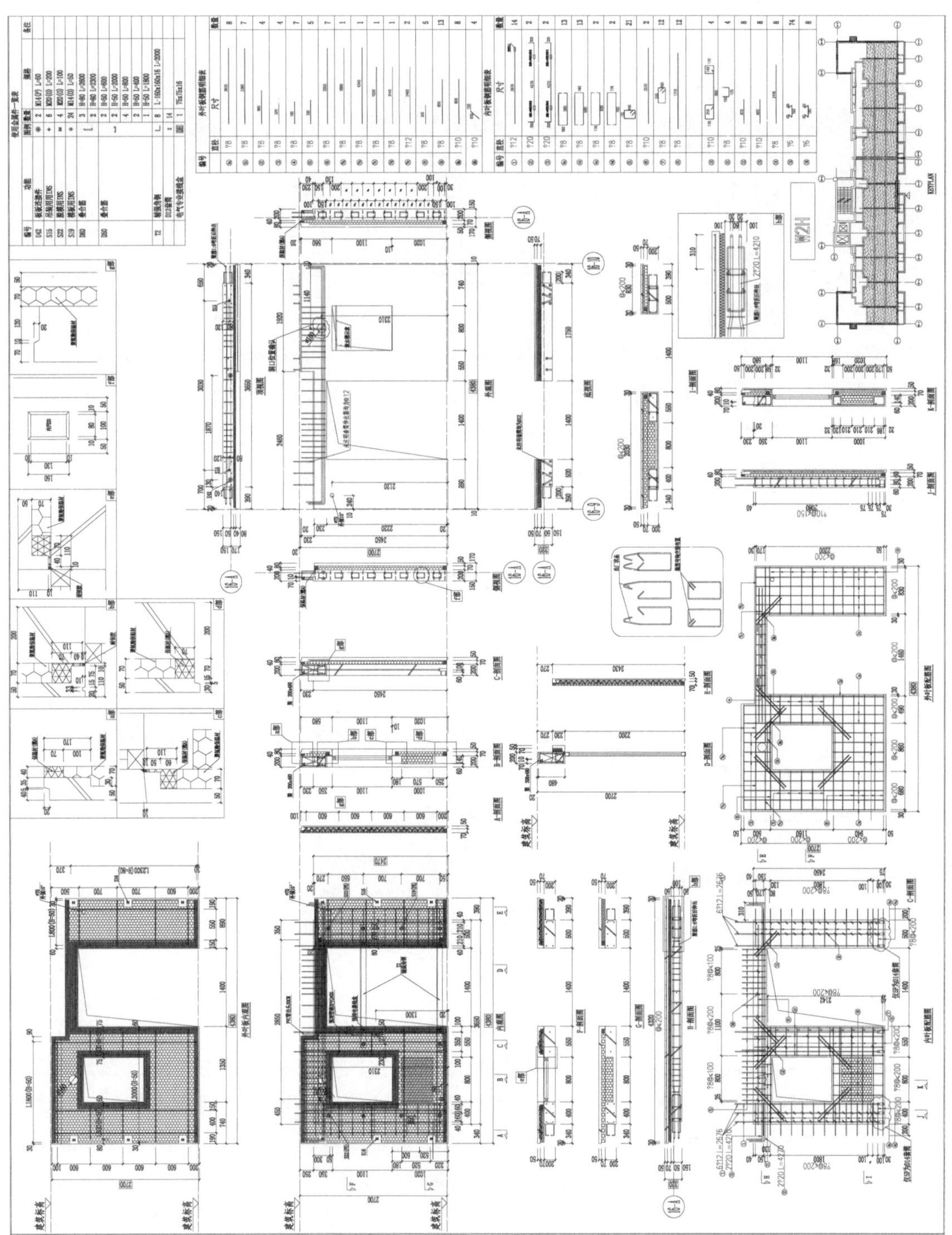

▲ 图13-20　预制夹芯保温墙板加工图示例

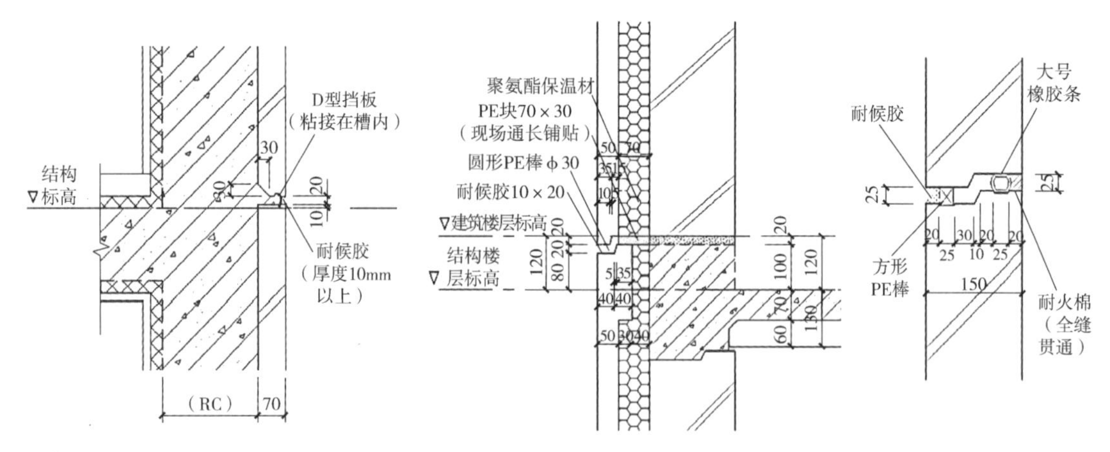


▲ 图 13-21　水平缝接缝防水节点详图

预制外墙竖向缝宽度应根据计算确定一般为20mm，外侧采用弹性好的耐候密封胶，中间留设疏水空腔且上下贯通，当缝内渗漏进水时，可通过竖向缝向下流出。为了将缝内积水导出，沿竖向每隔数米须设置斜向外的排水橡胶导管，导管内部有单向开启阀片，当水有积蓄时便冲开阀片排水，阀片同时可阻止外部水逆流或小虫的进入。竖向缝内侧也采用单根或双根空心橡胶条通过挤压密实构成第二道防水。应注意的是，当预制外墙为单面叠合墙时由于内部还需现浇，为防止混凝土浆料泄漏而堵塞竖向缝，须在内侧事先粘贴防漏胶皮，这层胶皮也能起到很好的防水效果，如图 13-22 所示。

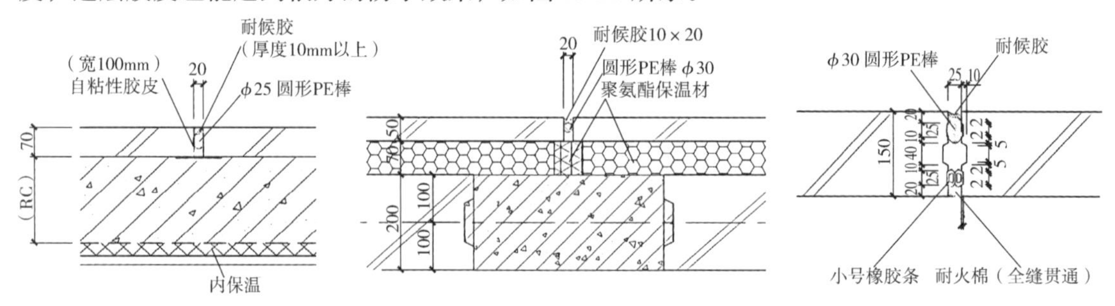


▲ 图 13-22　竖向缝接缝防水节点详图

设计接缝防水构造时需仔细考虑上述各种因素，绘制节点详图时应将实际情况尽可能详尽表达，明确标注各种材料的品名、规格，以及各细部尺寸。

**2. 预制构件结构连接节点详图**

装配整体式剪力墙结构中的主要受力构件剪力墙为预制时，上下连接的主要方式是采用竖向钢筋套筒灌浆连接。钢筋与套筒逐根连接且灌浆密实，才能保证结构安全。设计时须注明钢筋布置间距与中心定位，钢筋直径与套筒规格，水平分布筋加密间距等信息。套筒布置分为双侧交错与中心单排两种形式，详图中须明确适用范围与方式，尤其应重点说明套筒的类型如半灌浆或全灌浆套筒及竖向钢筋伸入套筒的锚固长度。

除了上下竖向连接，节点详图中还应清晰绘制水平外伸钢筋与现浇结构钢筋的连接关系。水平外伸钢筋分为封闭环箍型、45°弯钩型、平直型，各自的水平锚固长度并不同，需明确标注。同时，水平缝的浆料性能及强度要求、灌浆前的封堵方式以及灌浆孔和出浆孔的朝向等都必须在详图中予以明确说明，如图 13-23 所示。

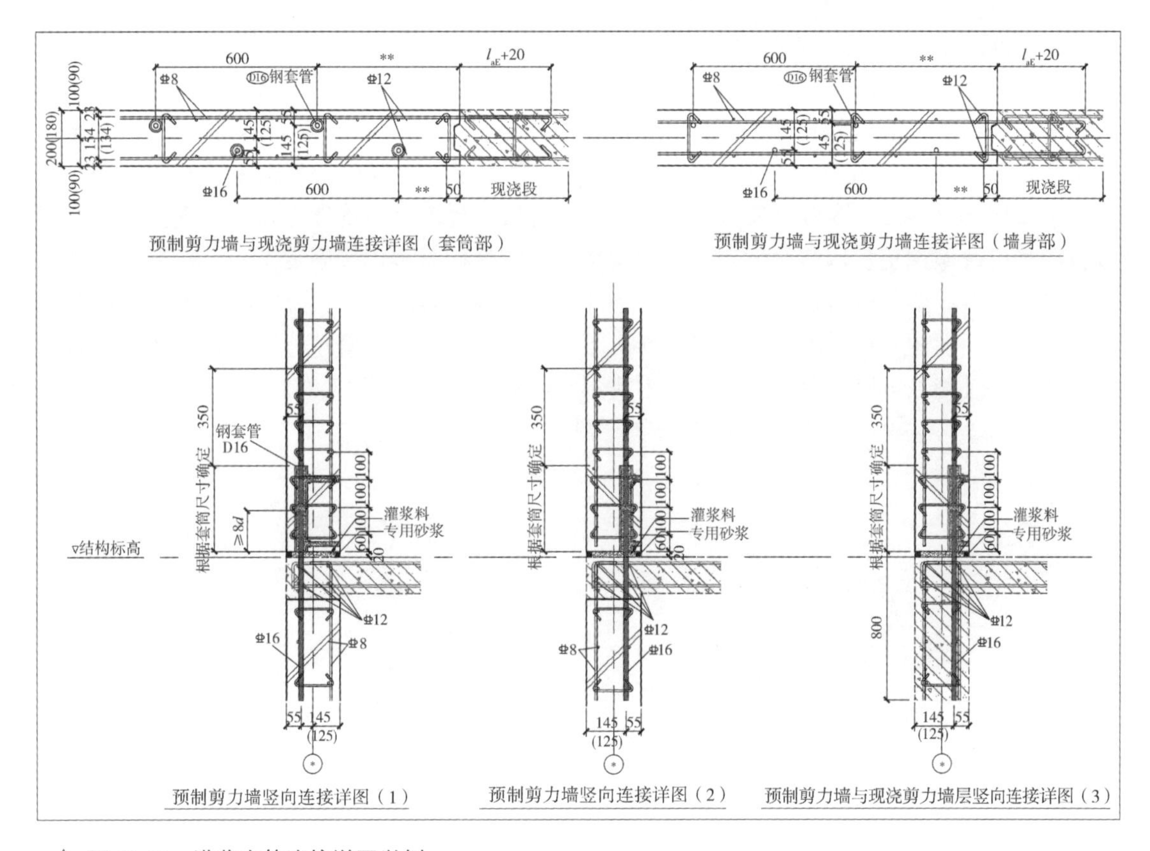


▲ 图 13-23 灌浆套筒连接详图举例

当梁预制、暗柱现浇时，预制梁纵筋需伸入现浇剪力墙暗柱内锚固，锚固长度与锚固方式应满足规范要求。梁的宽度与暗柱墙厚一样时，梁横向纵筋与暗柱竖向纵筋在空间上会发生碰撞干涉，且梁纵筋外露部分是从预制构件伸出的，已经定位，很难再有大幅弯折调整的可能。因此，在绘制该部位详图时，须考虑预制梁与现浇暗柱的施工顺序，同时考虑梁筋与柱筋的避让。一般将梁钢筋水平按 1∶6 比例弯折后伸出，暗柱纵筋按实际配筋根数和直径绘制，弯折后的梁筋应避开柱筋且空开 10mm 以上，若发现无法避让则应调整结构设计的配筋。所以，这样的节点详图中的构件尺寸及配筋信息都须按实际情况进行绘制，既可以指导施工也可以检验设计碰撞，参见图 13-24。

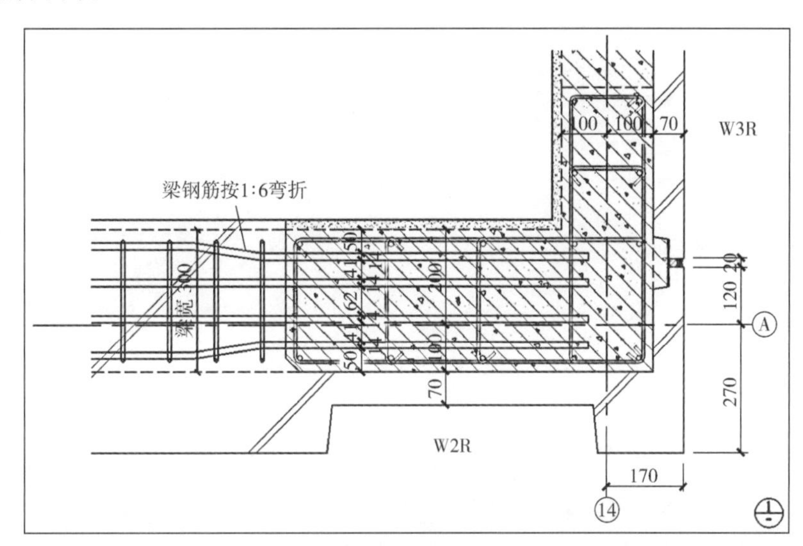


▲ 图 13-24 预制梁筋——现浇暗柱筋连接详图

### 3. 预制构件安装固定节点详图

预制墙板安装时需要进行临时固定，固定措施须满足自重荷载、风荷载、混凝土浇筑侧压、施工振动等。当两块预制墙板并列时，为了使墙板之间形成互相约束以保证协同变形，常常会使用钢板进行连接。钢板连接数量根据计算而定，一般经验判断在墙板的上部、中部、下部共三道连接，墙板上预留连接埋件，墙板吊装测量校正就位之后安装连接钢板，钢板背后可用薄型钢垫片调整厚度差，钢板调平后用螺杆拧紧再焊接固定。

绘制节点详图时应将连接所用钢板、垫片、螺杆等按实际应用工况绘制，为便于读图理解需绘制三面视图（正视图、仰视图、侧视图），将每个配件的编号、规格、尺寸等信息详细标注，通过编号可以在金属件加工图中找到对应的配件，见图 13-25。

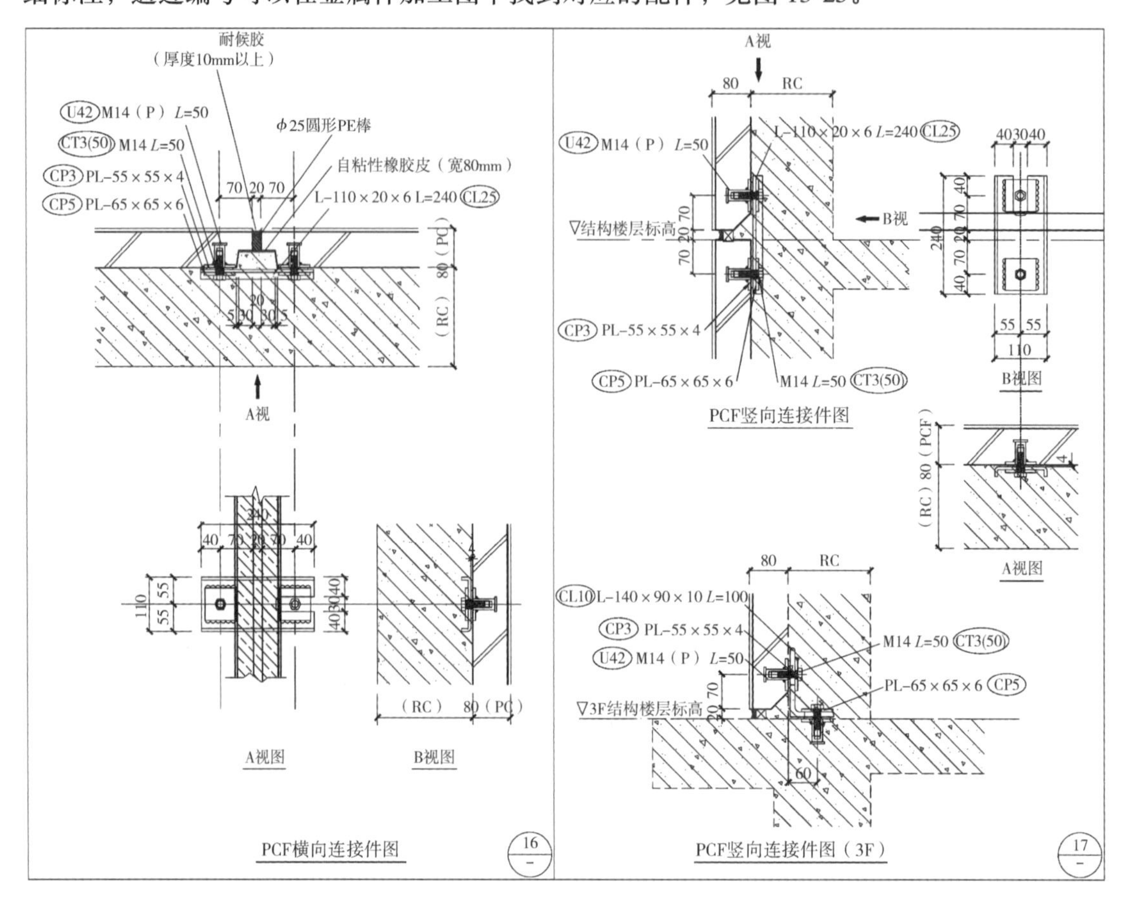


▲ 图 13-25 钢板连接详图

预制墙板安装时斜撑杆起到两个作用，一是固定墙板不倒，二是通过旋转斜撑螺杆来调整墙板的垂直度，斜撑杆直至当前层混凝土浇筑强度达到设计要求后方可拆除。斜撑的上端通过预制墙板内侧的连接预埋件连接固定，下端连接固定在楼面上。同一个项目中不同的墙板斜撑杆，连接方式也会有所不同，设计时须根据实际应用工况分别绘制，让作业人员有明确的参考。斜撑杆应用不同场所对应的金属配件不同，节点详图中应将配件的编号、规格等信息清晰表达，参见图 13-26。

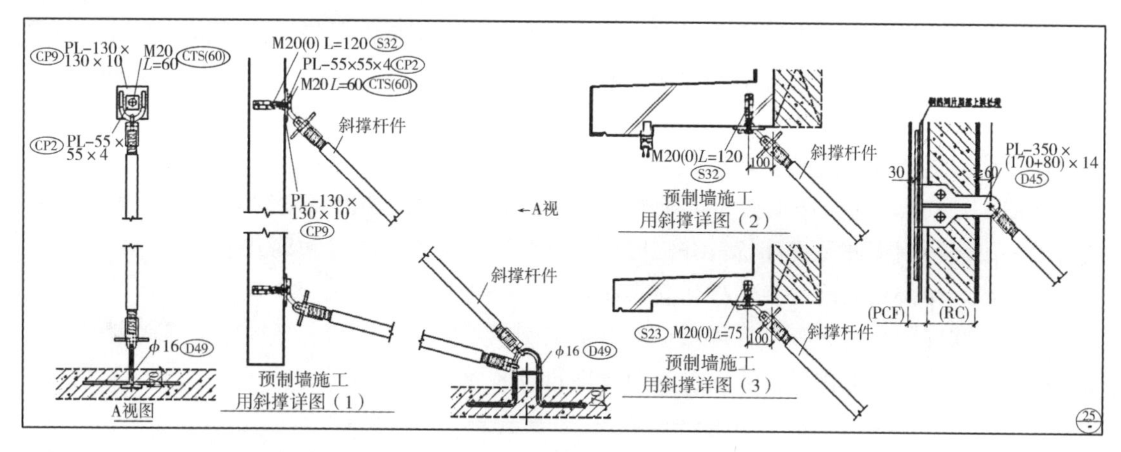


▲ 图 13-26　斜撑杆连接详图

### 4. 预制构件连接操作步骤详图

预制外挂墙板的连接节点比较复杂，根据设计要求，墙板会有旋转式、平移式、固定式等不同的运动形式，所对应的连接做法也不同。设计图中的各个连接节点有时看上去差不多，但仅仅是少许变化却会有不一样的作用。为了在施工时能让作业工人明白其中的原理、有效地组织不同工种之间的穿插施工、确保落实设计意图，以保证结构的安全，对于复杂节点应绘制安装步骤拆解图，以便指导作业人员按图施工，质量监督人员也可以按图查验，清晰明了。安装步骤拆解图应尽量分解细化，对于其中关键要领须文字注明，参见图 13-27。

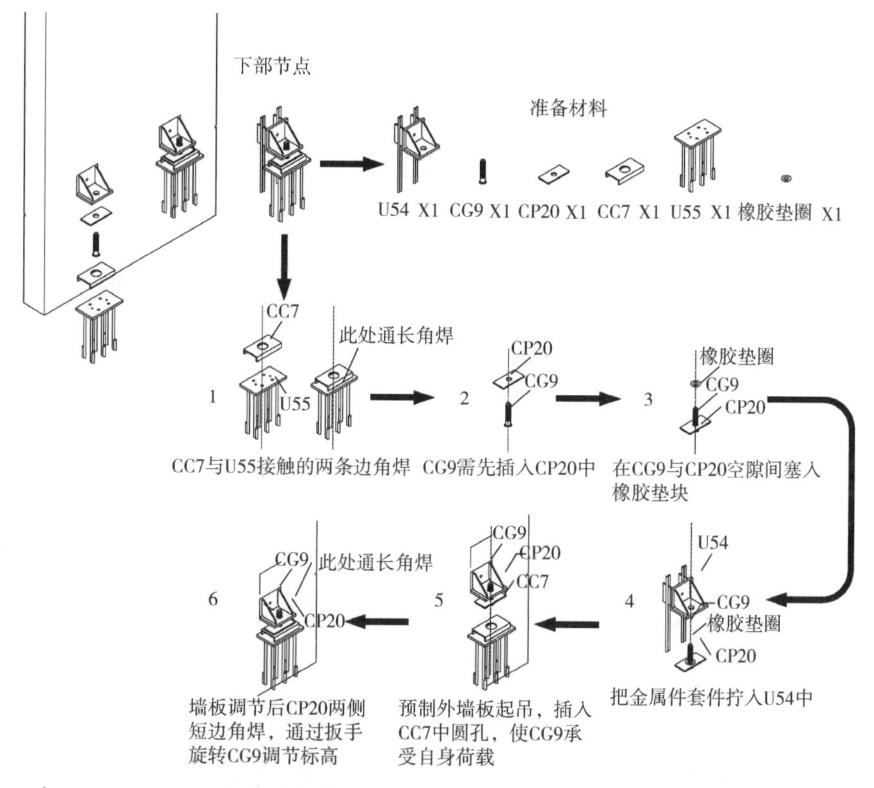


▲ 图 13-27　外挂墙板连接操作步骤详图

预制剪力墙板安装施工过程中，其外伸水平筋与现浇暗柱钢筋的连接是施工的难点，很多工程项目在这样的节点上常常要耗费大量的时间，耽误工期，原因往往是因为设计考虑不周或施工不熟悉又没有可参照的图纸。因此为了校核设计的正确性和有效指导施工，需要对这样复杂的连接部位绘制安装步骤拆解图。

如图 13-28 所示的操作步骤为：现浇暗柱，竖向纵筋留出楼面高度约 100mm 并拧紧直螺纹套筒→吊装预制构件至设计位置并临时固定就位→水平摆放暗柱箍筋并绑扎牢固→从上至下穿入暗柱竖向接续纵筋并旋转拧入直螺纹套管内→进行模板封模→浇筑混凝土。

根据步骤详图，现场施工管理人员就可提前制定不同工种之间的穿插施工界面划分和工序搭接，从而使不同工种的作业人员参照详图进行高效有序地施工。

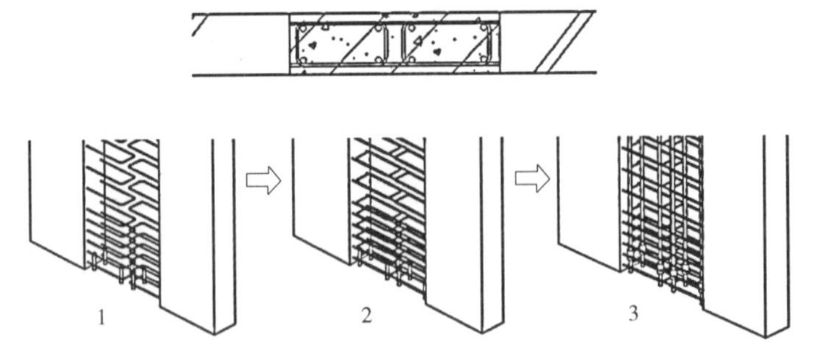


▲ 图 13-28　预制剪力墙水平筋与现浇暗柱钢筋连接步骤详图

### 5. 预制构件连接节点图举例

图 13-29 是预制构件连接节点详图示例，可供读者参考。

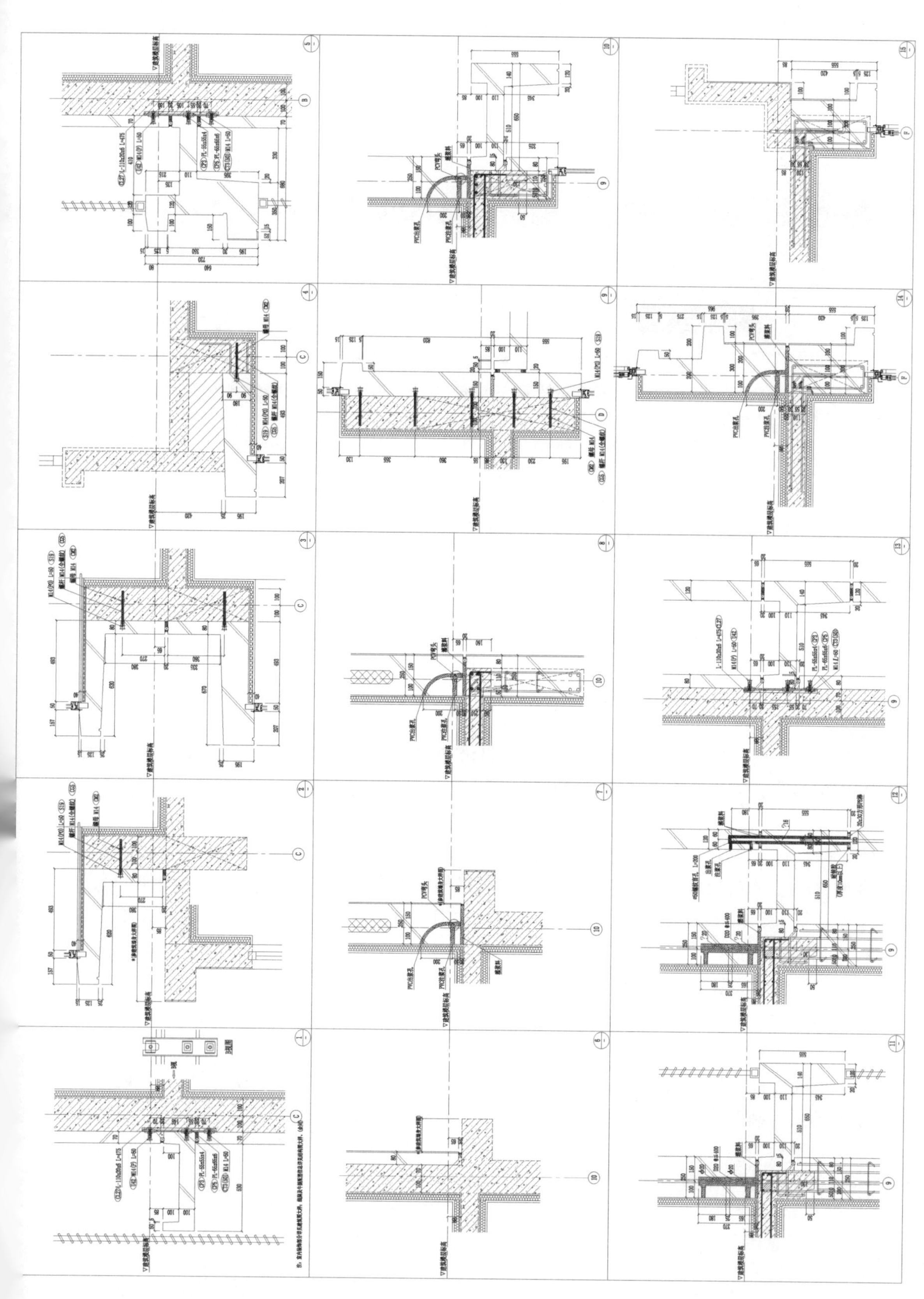

▲ 图13-29　预制构件连接节点详图示例

# 第 14 章 设备管线系统与内装系统设计

本章提要

对设备管线系统、内装系统设计常见问题进行了概括性汇总，给出了避免预留预埋遗漏或位置错误的具体措施，并对实施管线分离和内装的必要性与障碍进行了分析。

## 14.1 设备管线系统设计常见问题

### 14.1.1 落实装配式规范不够或没有落实

对装配式相关规范的要求落实不够或没有落实，是目前阶段设备管线系统设计方面存在的最大问题，主要表现为：

（1）管线分离：目前还是延续传统的设计思维和习惯，采用暗埋的方式，尤其是在住宅中没有落实管线分离，没有系统性地研究管线分离带来的影响，及认真研究管线分离的解决方案和实现路径。

（2）同层排水：《装规》规定宜同层排水，但实际项目中落实得远远不够，同层排水是装配式装修的一个基础条件，有的地方标准已经做出了同层排水的要求和规定，例如上海市《住宅设计标准》DGJ 08—20—2019 规定，厨房和卫生间的排水横管应设在本套内，不得穿越楼板进入下层住户。

（3）管线集中布置：设置管井、桥架，通过管线系统综合设计，实现机电设备管线集中布置，有利于实现装配式装修和管线分离。目前，集中布线、集中布管在装配式建筑中落实的还不够，缺乏系统性。

（4）集成设计：目前预制部品部件与设备管线接口集成设计不够。集成厨房、集成卫生间等虽然纳入了装配式建筑评价标准体系，但仍处于谈得多做得少的状态。

以上几项恰恰是装配式建筑提升建筑标准，提高建筑使用的便利性、舒适度的重要目标，可是实际上并没有得到很好地落实。

### 14.1.2 具体设计问题

如前所述，目前设备管线系统设计还多采用暗埋方式，仍存在很多具体的设计问题。

**1. 外墙管线的暗埋**

在外墙内暗敷接线盒、管线、留设接线手孔等易引发渗漏、保温问题（图 14-1），尤其是在住宅项目中，这种情况更为突出。因此，不宜在外墙结构构件中采用管线暗埋的方式。外墙管线暗埋导致很多问题，但均可以通过在外墙设置空腔层实现管线分离的方式加以解决，或者尽可能在非承重隔墙中埋设。

**2. 预制剪力墙构件中管线暗埋过于集中**

在预制剪力墙板中，设备管线敷设过于集中（图 14-2），会影响混凝土浇筑及振捣，容易造成该部位混凝土密实性差，削弱钢筋混凝土的有效截面，导致实际轴压比大于设计的轴压比，无法满足结构设计要求。电气专业应对此进行优化设计，以减少墙内管线布置的数量。

▲ 图 14-1　预制外墙板管线暗埋易引发渗漏、保温问题

▲ 图 14-2　剪力墙板中管线与线盒敷设过于集中

**3. 设备管线系统暗埋的维护更新**

（1）设备管线系统暗埋会增加后期运营维护成本并破坏结构。结构设计使用年限一般为 50 年，装修设计使用年限一般仅为 5 ~10 年。 因此在整个建筑的生命周期内，装修要多次更新和维修，再次装修时的凿墙开槽，不仅破坏了主体结构，而且大大增加了维修、更新的成本和难度。

（2）科技进步日新月异，住宅的通信、网络、智能化设备等功能很难预见，采用管线预埋方式也将无法适应建筑全生命周期内的变化与需求。

**4. 灌浆套筒连接区与接线手孔冲突**

预制剪力墙灌浆套筒连接区处于暗敷管线接线手孔内，脱模、运输环节易造成套筒偏移；或接线手孔与连接套筒之间距离过小，导致制作时手孔位置模具组装困难，不易脱模或脱模时混凝土剥落导致套筒裸露（图 14-3），套筒没有被混凝土有效握裹，影响连接性能。

▲ 图 14-3　剪力墙暗敷管线施工手孔未避开套筒连接区域

**5. 管线接线手孔影响吊点承载力**

接线手孔削弱了吊点承载力，吊装时易导致吊环侧面混凝土劈裂剥落，严重时会导致吊点锚固失效，吊环被拔出破坏（图 14-4），引发安全事故。

**6. 管线布置与模板对拉螺杆孔产生干涉**

预制墙板机电管线与后浇混凝土模板对拉螺杆孔产生干涉（图 14-5），墙板制作时，由于对拉螺栓孔成型模具一般采用工装架定位，难以进行调整，作业人员只能将机电管线弯曲，与对拉螺栓孔成型模具进行避让。混凝土浇筑振捣时，弯曲的电气管线会反向归位，挤压对拉螺栓孔成型模具，造成对拉螺栓孔的倾斜、偏位，导致施工现场后浇模板安装固定困难。

▲ 图 14-4　剪力墙安装吊点侧面混凝土剥落

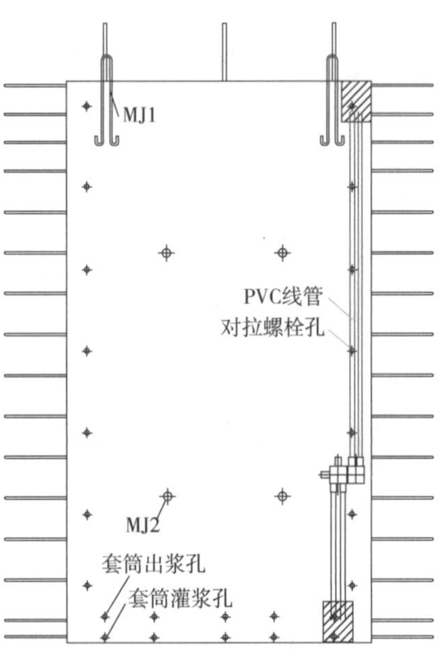


▲ 图 14-5　预制墙板中机电管线与对拉螺栓孔产生干涉

**7. 预制剪力墙钢筋与机电线盒线管产生干涉**

在预制承重剪力墙中，因使用灌浆套筒，竖向连接筋距墙板表面一般为 55mm 左右，水平分布筋在竖向纵筋外侧，因此距墙板表面 40～60mm 位置都有钢筋分布，钢筋间距较小，使用常规线盒（线盒深度为 50mm）时，线管位置经常会与钢筋产生干涉碰撞参见图 14-6a、b。

针对上述情况，当线盒与水平筋碰撞且距离钢筋很近时，可折弯水平筋或断开钢筋并作补强措施；当线管与纵筋碰撞时，可通过使用加高的线盒（如使用 100mm 高的线盒）避免碰撞（图 14-6c），也可调整接线手孔位置，让线管穿过。

**8. 设备管线系统其他预留预埋的遗漏和干涉问题**

（1）叠合板遗漏了隔墙开关管线的预留孔。

（2）水暖立管预留洞口遗漏。

（3）筒灯灯带线盒遗漏或错位。

（4）线盒锁母孔底边距盒底小于 60mm，一般叠合预制板厚度为 60mm，导致锁母孔被

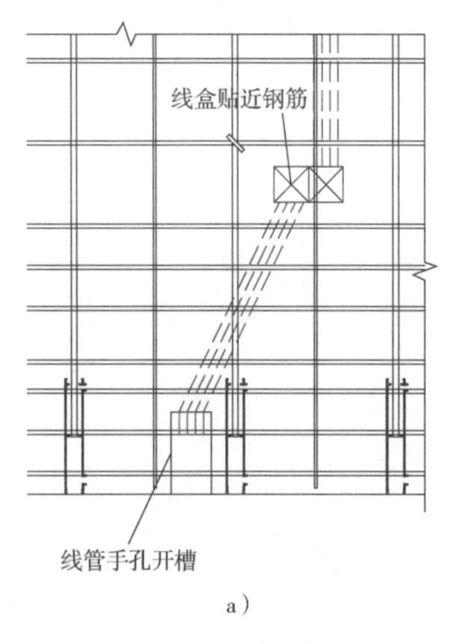


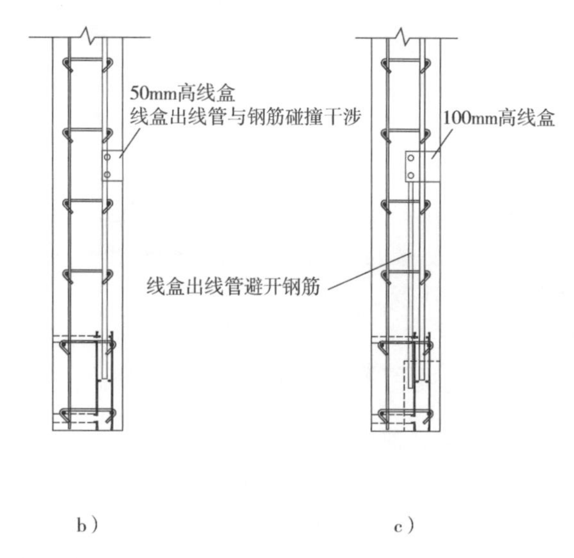


▲ 图 14-6　预制剪力墙预埋线管与钢筋产生干涉

混凝土堵塞，现场无法穿线管。

（5）预制剪力墙板管线接线手孔经常需要避让灌浆套筒，以避免干涉。但此时下面的现浇层管线敷设位置却未与预制层协同调整，导致错位，不在接线手孔范围内，无法安装。为避免此问题，接线手孔调整后，应协同修改现浇转换层的管线定位图。

（6）照明 PVC 线盒与消防烟感镀锌线盒在线管走向上通常成一条直线布置，由于消防烟感线管必须采用金属管，导致现场管线安装时难以弯折避让。因此线盒的预留须充分考虑线管走向和出线孔位置，建议 PVC 线盒与镀锌线盒错开预埋，或者将线盒旋转 45°，将两种线盒的锁母孔方位错开，以方便管线敷设连接。

（7）接线手孔尺寸未综合考虑线管数量、间距等因素，导致机电管线连接作业空间小，出现制作及施工穿线困难等问题，见图 14-7。

（8）预制墙板内配线箱预埋高度不满足规范要求。住宅内的弱电箱又称家居配线箱，《住宅建筑电气设计规范》JGJ 242—2011 第 11.7.2 条规定，箱底距地高度不应低于 0.5m，以方便施工穿线。在设计时，箱体高度是按照结构面标高进行定位的，实际使用中则是以建筑完成面为参考高度，因此箱体预留高度应为箱体使用高度加上建筑面层的厚度。换言之，地面的建筑完成面到箱体底边的距离应保证不低于规范的要求高度。

▲ 图 14-7　因制作困难导致预制墙板产生质量缺陷

（9）叠合板预留洞口过多，造成预制构件制作环节钢筋避让困难，对现场安装精度要求也高（图 14-8），因此建议卫生间、厨房等预留孔洞过多的位置采用现浇混凝土楼板。

（10）没有考虑等电位连接设计。虽然卫生间目前多采用铝塑管、PPR 等非金属管，但考虑到水的导电性，为保证人身安全，接地系统要求设有洗浴设备的卫生间、淋浴间采用局部等电位联结。当预制墙板上有相关设备时，要与等电位箱 LEB 进行等电位连接，不得遗漏。

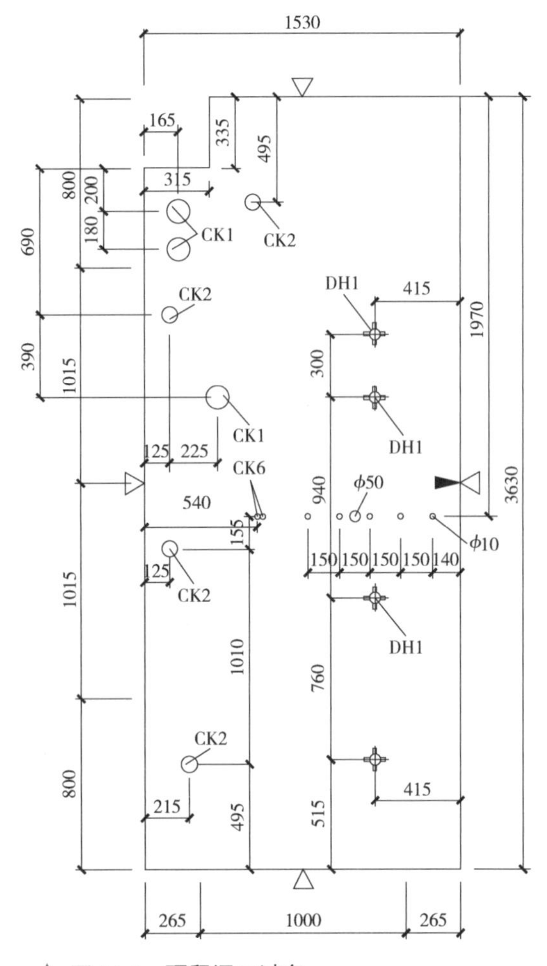

▲ 图 14-8 预留洞口过多

## 14. 1. 3 避免和解决问题的具体措施

### 1. 避免和解决规范不落实的措施

在落实规范方面，设计人员尤其是机电设备设计人员没有决策权，往往由甲方给出的方案确定，甲方起着关键性作用。笔者认为，设计人员虽然没有决策权，但有建议权，有提出合理建议和说服的责任，在方案阶段，建筑师及各专业设计人员就要提出专业性的建议，以便让甲方充分认识到问题的重要性。

设计过程中，设计人员有提出解决方案，或者是局部解决方案的责任。比如，布置强弱电箱时，不在剪力墙内敷设，可以布置在其他区域，然后横向连通引到箱体。

在目前无法实现全面管线分离的情况下，可以先考虑进行竖向管线的分离，水平管线分离也可以通过吊顶的方式解决。如果不设置吊顶，除了必须暗埋的点位（如照明点位）以外，其他点位尽可能不布置在叠合板位置。

### 2. 避免和解决具体设计问题的措施

本书在 14. 1. 2 节列举具体设计问题的同时，已经给出了一些预防问题出现的措施，为了更好地避免和解决设计中出现的各种问题，还应采取以下措施：

（1）要求各专业设计人员了解并掌握装配式建筑的特点。

（2）列出装配式建筑设备管线设计的正面和负面清单。正面清单是指管线分离的优势；负面清单是指不做管线分离会产生的问题。设计时，根据清单选择合理的设计方案，尽量避免设计问题的出现。

（3）各专业间应由不协同，到被动协同，再转变成主动和互动式协同。比如：剪力墙的布置位置、剪力墙的墙肢长度等设计方面，只是按照结构合理性来考虑就是一种没有协同的设计方法，而将剪力墙的墙肢长度结合管线布置综合加以考虑，同其他专业进行主动和互动式协同，则有利于提高各个系统经综合平衡后的设计合理性。

# 14.2　内装系统设计常见问题

## 14.2.1　内装系统设计常见问题

规范要求应进行全装修，全装修是装配式建筑评价标准的必选项。目前全装修的实施有以下两种情况：

（1）精装修：装修标准、档次、风格能够满足用户需求，用户购房后无须进行二次装修。

（2）粗装修：粗装修也就是所谓的简装，简装有两种情况，一种是低价房，用户不要求高档次的装修，不愿意付出因高档装修增加的过多购房款；另一种是装修无法满足业主需求，导致用户购房后进行二次装修，甚至将原装修拆除，重新进行装修。第一种情况可行，第二种情况应予以避免，因为会产生更多的成本和浪费。

虽然国家规范对装配式建筑内装提出了相应要求，但是实际项目中还存在重视不够的现象。有的项目在设计时没有考虑内装设计；有的项目没有认真考虑或只是被动应付；有的项目内装设计没有前置，主体结构设计完成，甚至是施工结束后，才进行内装设计和施工；有的项目内装没有进行各专业协同，或者虽然协同了，但没有协同到位；有的项目内装没有采用集成部品部件，如集成厨房、集成收纳等。由于对内装没有通盘考虑、没有前置、没有协同，就会导致后续内装还要凿墙开洞，进行后期埋设。虽然进行内装，但没有采用集成式，也算不上真正的装配式建筑，因为现浇建筑也做内装。只有采用集成式内装，才能真正显现装配式的特点，发挥装配式的优势。

## 14.2.2　避免和解决问题的措施

（1）由建筑师主导，把内装纳入整个设计系统。当甲方没有考虑将内装纳入一体化设计时，建筑师应以书面（备忘录）形式向甲方提出一体化设计要求，提示甲方如果内装设计不前置、不同步，就会导致后期的凿墙开洞，会对装配式建筑造成损害，甚至影响结构安全。以专业的建议推动甲方将内装纳入整个设计系统。

（2）必须要有集成的概念。设计师进行集成方案设计，确定应采用集成的内装部品部件，厂家进行集成部品部件设计后，由设计人员选取或批准集成方案。

（3）设置万能预埋件。为防止内装专业对吊点考虑不周，或为适应后续需求的变化，可以提前在预制构件上设计埋设能够承受较大负荷的通用埋件，这样内装吊点即使出现遗漏或变化，也可以利用该埋件引出、搭设布置新的吊点。

## 14.3 避免预留预埋遗漏或位置错误的措施

机电设计、内装设计应从本专业角度全面考虑如何避免预留预埋遗漏或位置错误，并应采取以下措施：

（1）做好设备管线、内装等各专业、各环节的协同设计，见图14-9。

（2）管线敷设设计应尽可能避开预制构件。

（3）实行管线分离设计，进行管线综合设计。

（4）采用BIM进行三维设计。

其他避免预留预埋遗漏或位置错误的措施可参见本书第12.3节。

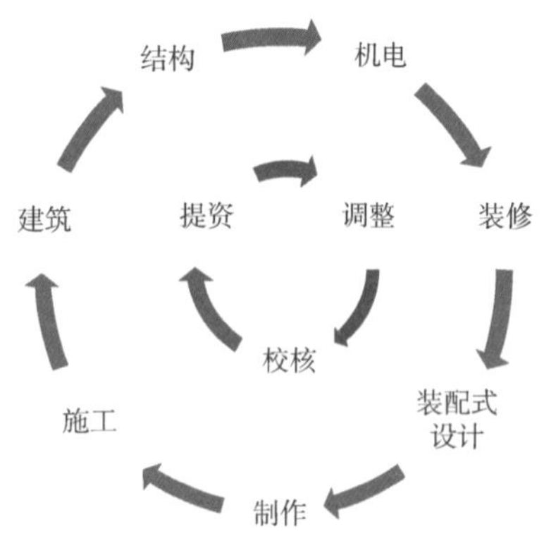


▲ 图14-9 各专业、各环节协同设计示意图

## 14.4 管线分离和内装的必要性与障碍分析

**1. 实施的必要性**

装配式建筑包括结构系统、外围护系统、内装系统和设备与管线系统共四个系统，本章主要讨论内装系统和设备与管线系统。国家对装配式建筑这两个系统的革命性的推动主要体现在规范中规定——“应全装修、宜管线分离、宜同层排水”。我国的建筑标准目前还普遍低于发达国家的水平，将这两个系统纳入装配式建筑评价体系，对提高建筑标准和水平、延长建筑使用寿命是非常必要的。

**2. 实施的障碍**

发达国家的建筑基本都实行了管线分离和全装修，我国国家规范也提倡管线分离和全装修，但目前在实施中还存在一些障碍。

管线分离需要增加层高，每一层增加100mm，一栋30层左右的建筑就要少建一层，造成了容积率的损失；采用剪力墙墙体外增设空腔层来实现管线分离，就会造成使用面积的损失；目前我国建设用地使用年限70年，建筑设计使用年限一般为50年，通过管线分离及全装修提高建筑耐久性，增加建筑使用寿命，虽然对国家有利、对环保有利、对用户有利，但目前还不会因为建筑寿命的增加，使开发商获得更高的溢价或得到相应的补偿，这从根本上导致了开发商缺少主动实施管线分离和全装修的动力。以上几点都是实施管线分离和全装修的障碍。

**3. 解决办法**

如果不想让我国建筑长期维持在低水平的状态，那么实行管线分离、同层排水、全装修则是发展的必然趋势，而且必须要尽快实施。

（1）建筑师在做装配式建筑设计时，应从专业角度提出建议，并对甲方进行说服。

（2）在政策引导上，可考虑对实施管线分离造成的容积率损失给予补偿，让延长建筑使用寿命产生的成本增量有所回报。

（3）在社会认知和消费引导上，通过科普及示范工程项目，让消费者逐步认识到，实行管线分离、同层排水、全装修的建筑，才是真正提升品质、减少浪费、便于维修更新的高端建筑，提升对管线分离和装配式内装的认知和获得感，从根本上推动我国建筑标准和建筑水平的提高。

# 第 15 章 其他部品部件设计

本章提要

对装配式混凝土建筑常用部品部件种类进行了介绍，指出除结构系统以外的其他一些部品部件选型、设计与连接中的常见设计问题。对门窗设计、节能保温设计、内外围护墙板设计、装饰饰面设计的相关问题进行了分析，并提出了设计中需要注意的问题。

## 15.1 常用部品部件种类

按《装标》定义，装配式混凝土建筑的部件是指在工厂或现场预先生产制作完成，构成建筑结构系统的结构构件及其他构件的统称；装配式混凝土建筑的部品是指由工厂生产，构成外围护系统、设备与管线系统、内装系统的建筑单一产品或复合产品组装而成的功能单元的统称。

（1）结构系统部件包括：预制柱、预制梁、预制剪力墙、叠合楼板、预应力板等。

（2）外围护系统部品部件包括：外挂墙板、预制阳台板、预制空调板、门窗部品部件、外墙装饰部品部件、保温隔热部品部件、栏杆部品部件等见图 15-1 和图 15-2。

▲ 图 15-1　带玻璃幕墙的外挂墙板

▲ 图 15-2　带折叠晾衣架的阳台护栏

（3）内装部品包括：轻质隔墙、集成厨房、集成卫生间、整体收纳、集成门窗等，见图 15-3 和图 15-4。

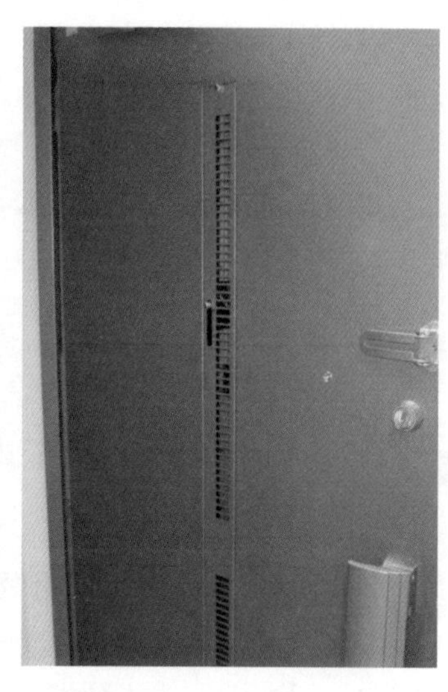

▲ 图 15-3　洗手盆与座便水箱集成　▲ 图 15-4　带换气通风通道的入户门

（4）设备部品包括：新能源部品部件、消防部品部件、暖通和空调部品部件、电气与照明部品部件等。

本章主要介绍除结构系统部件以外的其他一些部品部件在设计方面存在的问题。

## 15.2　其他部品部件选型、设计与连接设计常见问题

### 1. 选型、设计与连接设计滞后

目前，国内装配式混凝土建筑部品部件的选型、设计与连接存在滞后的问题，大多仍然按照传统现浇的设计思路，设计时未充分考虑预埋件、连接接口等设计，最后不得不采用后植入法，包括植入钢筋、植入膨胀螺栓等方式来作补救性处理。

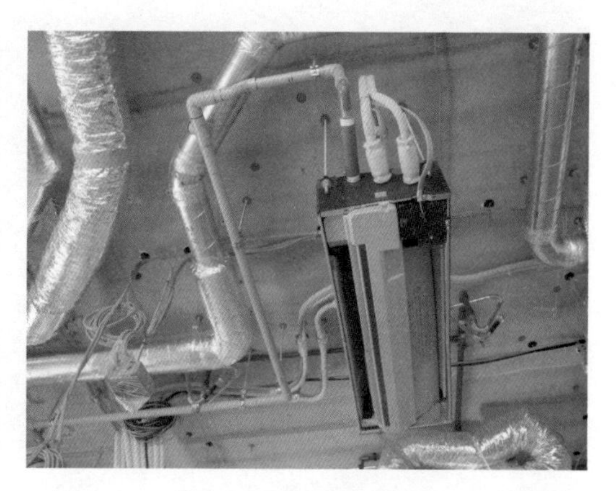

▲ 图 15-5　叠合楼板板底的部品安装用预埋件(日本)

部品部件的选型、设计与连接不应等建筑和结构设计完成后再考虑，而是应前置到设计各阶段同步进行，与各专业在各环节中进行集成一体化设计，以避免后期大量的后锚固、开凿和修补作业。日本装配式建筑叠合楼板上集成的部品所需的埋件，都是在工厂叠合楼板预制时预先埋置的，以用于后续各种管线和设备安装，如图 15-5 所示。

**2. 选型、设计与连接设计考虑不周**

（1）不符合装配式建筑规律

设计环节由于设计师对装配式建筑的特性和规律了解不够，导致部品部件的设计、选型及连接设计不符合装配式建筑的要求，存在标准化、模数化不够等问题。

（2）未进行协同设计

内装等部品部件设计时未及时提资，建筑和结构设计对内装等部品部件的安装要求不了解，又没有进行协同设计，最终导致设计不合理或造成设计遗漏。

## 15.3 门窗设计问题

**1. 装配式构件门窗常用做法**

装配式混凝土建筑预制构件门窗常用做法有以下三种：

（1）门窗框一体化预埋

门窗框一体化预埋是指门窗框在工厂生产预制构件时，将门窗框预埋到混凝土中，和构件一体化整体成型，构件在现场吊装后安装门窗扇即可，见图 15-6。该设计做法一体化集成度高，门窗洞口抗渗性能好，能充分体现装配式建造的优势。但该种做法在构件深化设计前必须完成门窗的招标工作，并完成门窗的二次设计，在构件生产前采购门窗框并提供给构件厂。预制构件模具制作后不能再调整门窗样式，并且在预制构件生产、运输和存放过程中，需要对预埋门窗框进行有效地保护。

一体化预埋的门窗一般采用铝合金材质，埋入混凝土深度需要大于 20mm，且框内侧需设置预埋锚固件，门窗框节点和锚固件做法需要参考门窗生产厂家提供的节点详图（通常窗框外侧四周设 6×6 胶槽）。

▲ 图 15-6　窗框一体化预埋实例

（2）预埋副框

预埋副框是指在预制构件门窗洞四周按设计要求埋设通长钢副框（图 15-7），或预埋分段式钢副框。构件在现场吊装后，门窗框通过后锚固固定在副框上，门窗框及门窗扇都在现场进行安装。预埋副框与门窗框一体化预埋相比，门窗的采购招标无须前置到构件深化设计之前，也免去了门窗框在构件生产、运输、安装过程中的成品保护问题。通过窗洞四周合理的构造设计，防水抗渗性能也能达到要求。

▲ 图 15-7　预埋副框

预埋副框通常为镀锌方钢管，并与墙体内拉结筋焊接固定，副框与门窗框之间的伸缩缝内腔采用闭孔泡沫塑料、发泡聚乙烯等弹性材料分层填塞，门窗洞口内外侧与副框之间缝隙应采用水泥砂浆、耐候密封胶等材料填实。

（3）门窗框后装（不预埋）

门窗框后装做法与传统现浇建造方式相同，门窗洞口不进行任何预埋，按建筑门窗洞设计要求留设洞口，预制构件现场吊装后，门窗框通过后锚固的方式固定在构件门窗洞口四周。这种方式对集成一体化设计要求较低，门窗的采购招标也无须前置，相对门窗框一体化预埋和预埋副框方式而言，这种方式因为是现场施工所以容易造成门窗洞口尺寸精确度不高、门窗渗漏等质量通病。

**2. 预埋副框与门窗框一体化预埋设计对比评价**

门窗节点的设计选用，对整个项目品质至关重要，相关规范中也提出了门窗框一体化的相关要求。《装规》第 5. 3. 5 条规定：“门窗应采用标准化部件，并宜采用缺口、预留副框或预埋件等方法与墙体可靠连接”，上海市《装配整体式混凝土居住建筑设计规程》DGTJ08—2071—2016 第 5. 3. 5 条规定：“门窗应采用标准化部件，门窗框宜采用预装法，当采用后装法安装门窗框时，宜采用预留副框的方法。”

装配式构件中门窗预埋副框与门窗框一体化预埋设计做法带来的差异影响，主要表现在以下几个方面：

（1）预制构件生产和安装的复杂性

副框预埋在预制构件工厂安装较为简单，施工现场安装也属于传统的门窗安装方式。

门窗框一体化预埋在预制构件厂生产时，门窗框固定和调整较为困难，混凝土浇筑时窗框四周混凝土的密实性不容易控制，在固定不良时窗框会在混凝土浇筑压力和高温养护温差作用下产生变形。在生产、运输、存放过程中需要做好成品保护，但节省了施工现场安装的工序。

（2）施工及运输成本

采用副框预埋方式时，门窗单位可以直接将外框、窗扇运至施工现场进行安装，只需要一次施工及运输。

采用门窗框一体化预埋方式时，门窗单位需要先将外框运至预制构件工厂进行预埋，然后将窗扇运至施工现场进行安装，需要二次施工与运输，且预制构件生产、运输、安装过程中，须做好成品保护。

（3）成品保护成本和责任

采用门窗框一体化预埋方式时，预制构件门窗框在生产、运输和吊装过程中会有破损风险，对门窗框须采用木材等进行捆包保护，导致材料成本增加和产生建筑垃圾。门窗框出现损坏时，无法进行更换，导致构件报废，材料和管理成本均会上升。门窗框一体预埋构件在生产、运输、安装过程中产生门窗损坏时，门窗厂家、预制构件工厂、运输单位、施工单位之间的质量责任不容易区分。

（4）预制构件膨胀开裂风险

采用副框预埋方式时，钢材和混凝土的线膨胀率几乎相同，预制构件无开裂风险，且门窗框和墙体柔性连接，不会对门窗边角造成影响。

采用门窗框一体化预埋方式时，由于铝合金型材与混凝土的线膨胀率不同，容易导致门窗边角出现裂缝，预制构件有开裂风险。

（5）对门窗框材质要求的限制

采用门窗框一体化预埋时，需要考虑蒸汽养护的高温对门窗框受热变形的影响，铝合金型材的门窗可以采用门窗框一体化预埋的方式进行生产和养护。但由于塑钢门窗受热变形温度低，在养护过程中会产生较大的变形，故不可实施门窗框一体化预埋。采用副框预埋方式时，对于门窗材质则没有限制。

综上所述，进行门窗部品设计时，需要综合考虑设计周期、门窗招标、门窗选型、成品保护、成本等各方面的影响因素，在副框预埋和门窗框一体化预埋两种设计做法上进行合理选择。

**3. 门窗常见设计问题**

（1）防水设计问题

门窗洞口的防水设计是外墙防渗漏设计的关键，尤其是窗洞下口窗框与混凝土构件之间的防水设计构造更是核心问题。预制外墙构件窗洞口防水构造设计考虑不周或不合理时，就会产生渗水隐患，图15-8为窗洞下口防水设计考虑不周，导致后期出现比较严重的渗漏问题。

▲ 图15-8　预制构件窗洞口防水设计考虑不周出现渗漏

一般预制外墙窗框建议采用预埋副框或窗框的方式，有利于提高外墙的防渗漏性能。无论是副框预埋还是窗框一体化预埋，两种设计做法均须考虑窗洞口四周保温层和装饰层构造厚度对防水构造设计的影响。采用外保温时，在窗洞下口外侧窗台上，由混凝土面或水泥砂浆抹灰层构成的保温基层直接向外找坡形成散水坡面，应采用外低内高的企口防水构造设计；采用内保温时，在窗口内侧须预留满足保温要求的企口，窗口外侧混凝土向外找坡形成散水坡面，则用“凸”字形企口防水构造设计比较有利。

（2）预制剪力墙外墙窗洞口转角处开裂

一般工程中，建筑南北立面的预制外墙，多为带窗洞口的预制墙体，且窗洞口尺寸较

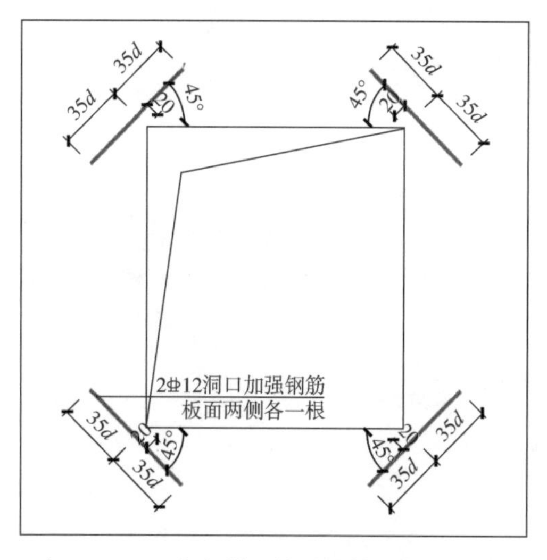


▲ 图 15-9　角部增设抗裂钢筋示意

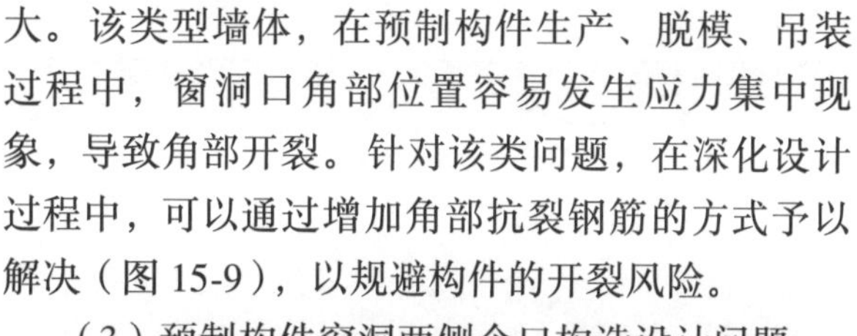

大。该类型墙体，在预制构件生产、脱模、吊装过程中，窗洞口角部位置容易发生应力集中现象，导致角部开裂。针对该类问题，在深化设计过程中，可以通过增加角部抗裂钢筋的方式予以解决（图 15-9），以规避构件的开裂风险。

（3）预制构件窗洞两侧企口构造设计问题

预制外墙窗洞两侧和窗洞下口均采用外低内高的企口设计时，需要注意预埋副框不可采用与企口外侧低端齐平的方式。当副框与企口内侧高端齐平时，需要同时考虑窗洞口四周保温层和装饰层构造厚度对窗洞净尺寸的影响，协调好窗框尺寸及窗洞净尺寸的关系，尤其对于高层建筑（7 层以上）非平开窗铰链活动范围所需尺寸更须综合考虑，避免窗框被建筑保温或者装饰面层遮挡，否则，有可能会影响窗扇的正常开启。

图 15-10 为副框埋设与企口外侧低端齐平，窗扇安装完成后，受到内侧凸出的构造遮挡，窗扇无法正常开启，不得不对墙体洞口侧面进行剔凿处理。

▲ 图 15-10　副框埋设位置不当影响窗扇开启

## 15.4　节能保温设计问题

外墙保温是建筑节能的一个重要体系，对降低建筑能耗具有重要作用。按照保温材料所处的位置不同，外墙保温可分为内保温、外保温和夹芯保温三种构造形式。

不同的保温构造形式有各自的优缺点（表 15-1），并会对建筑外墙厚度、室内建筑面积和房间使用功能产生影响，须结合实际项目选用合理的保温形式，保证工程质量，降低建筑能耗，延长建筑的使用年限，提升房屋的气密性和防水性。

**表 15-1　外墙保温构造形式对比**

| 保温形式 | 预制外墙内保温 | 预制外墙外保温 | 预制夹芯保温 |
|---|---|---|---|
| 特点 | 1. 可反映预制构件外观纹样，体现预制构件特质<br>2. 面砖或石材反打成型，粘接强度高不易脱落 | 外保温可预制反打，但不建议预制反打的原因有：<br>1. 对保温材料厂家的技术能力与供货工期要求较高<br>2. 保温易破损，施工现场成品保护要求高，且修复难度大 | 夹芯保温适用于平板预制构件。不适用于外形不规则的预制墙板（如凸窗等） |

（续）

| 保温形式 | 预制外墙内保温 | 预制外墙外保温 | 预制夹芯保温 |
|---|---|---|---|
| 优点 | 1. 现场室内铺贴保温，施工不用外脚手架，施工方便<br>2. 不受天气影响，施工速度快<br>3. 避免紫外线老化，保温材料耐久性好，使用寿命长<br>4. 有利于防火安全，不易造成蔓延性火灾 | 1. 基本消除冷桥影响，保温效果好<br>2. 不影响室内装修 | 1. 保温材料耐久性好，使用寿命长<br>2. 有利于防火安全<br>3. 省去现场铺贴的施工环节<br>4. 不影响室内装修改造 |
| 缺点 | 1. 一般结合精装修交付，不便于住户打钉吊挂重物<br>2. 局部可能出现冷桥结露，不宜在寒冷地区使用 | 1. 保温与预制构件之间采用铆钉连接，易成为外墙渗水源<br>2. 保温易开裂、易脱落、耐久性差<br>3. 对外墙装饰材料有限制（外墙贴砖时工艺要求高）<br>4. 保温板铺贴工艺要求高，多为满粘法，龙骨配件等用量多<br>5. 需用外脚手架，受天气影响，高层施工不便 | 1. 仍然存在局部冷桥<br>2. 保温材料无法二次更换<br>3. 预制构件生产成本高 |
| 常用保温材料 | 1. 保温砂浆<br>2. 聚氨酯<br>3. EPS 板 | 1. 保温砂浆<br>2. 陶粒保温板<br>3. 钢丝网水泥泡沫板<br>4. EPS 板<br>5. 硬泡聚氨酯保温板 | 1. XPS 板<br>2. YT 无机活性墙体保温隔热材料<br>3. 绝热泡沫玻璃<br>4. STP 保温板 |

## 15.5 装配式内外围护墙板

与混凝土相关的装配式内外围护墙板，除了第 10 章重点介绍的预制混凝土外挂墙板和夹芯保温剪力墙墙板外，还有 ALC 墙板、陶粒混凝土墙板、GRC 墙板、UHPC 墙板等，本节简要介绍如下：

**1. ALC 墙板**

ALC 板是蒸压加气混凝土板（Auto Caved Lightweight Concrete）的简称，它是由粉煤灰（或硅砂、工业尾砂、矿砂）为主料，与水泥、石灰、铝粉等原料混合，经搅拌、浇筑、切割及蒸压养护生产的一种轻质板材，具有保温隔热性能好、容重小、耐火性能好、安装便利及可干法作业等特点。目前，国内主要用作内隔墙，也可用作外围护隔墙。在设计选用上需要注意以下问题：

（1）使用高度问题

用作外围护墙板时，可以采取内嵌式或外挂（外包）形式，按现行国标图集 13J104 规定，适用于高度不大于 24m 的建筑外墙，如用于建筑高度超过 24m 的建筑外围护墙时，需要按工程实际情况进行专门设计。

（2）防水抗渗问题

ALC 墙板吸水率高，墙板自身防水抗渗效果不佳，当用作外墙时，墙板拼缝之间以及墙板与主体混凝土结构之间的接缝部位，需要进行防水加强构造设计。

在卫生间四周的墙板，以及外墙外侧有露台、空调板等处的外围护墙，其墙板底部需要设置不少于 200mm 高的混凝土防水反坎（图 15-11），并做泛水构造设计。

在国外，ALC 轻质墙板使用也比较普遍，笔者了解到，ALC 板在日本可以用于 6 层楼以下建筑外墙和高层建筑凹入式阳台的外墙，如图 15-12 所示。

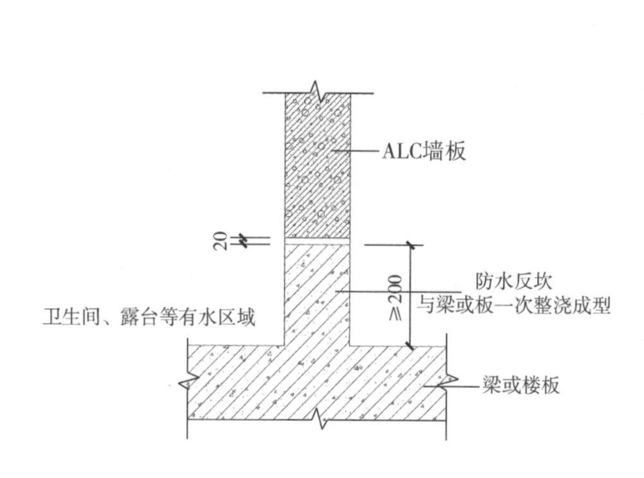


▲ 图 15-11 防水反坎示意图

▲ 图 15-12 凹入式阳台的 ALC 外墙

**2. 陶粒混凝土墙板**

陶粒混凝土墙板是以轻质高强陶粒、陶砂、水泥、砂、加气剂及水等配制的轻骨料混凝土为基料，内置钢筋（丝）网架，经浇筑成型、养护（蒸养、蒸压）而制成的一种轻质墙板。可分为实心墙板和空心墙板（图 15-13），生产制作有蒸压和挤压两种工艺。

▲ 图 15-13 空心陶粒混凝土墙板

陶粒混凝土墙板在设计选用上需要注意以下问题：

（1）空心墙板钉挂问题

空心陶粒混凝土板的孔壁较薄（约为 25mm 左右），墙板上的吊柜、挂钩、支（托）架的安装需要集成一体化设计，前置考虑安装固定点采用砂浆填实或埋设木砖等（图 15-14），避免后期随意打入膨胀螺栓，导致锚固不足而在吊挂承重时出现问题。因此空心墙板吊挂承重缺乏灵活性，在设计选用时需要综合考虑。

（2）防水反坎设计问题

有防水要求的陶粒混凝土墙板隔墙用于潮湿环境时，如在卫生间四周的墙板，其墙板下

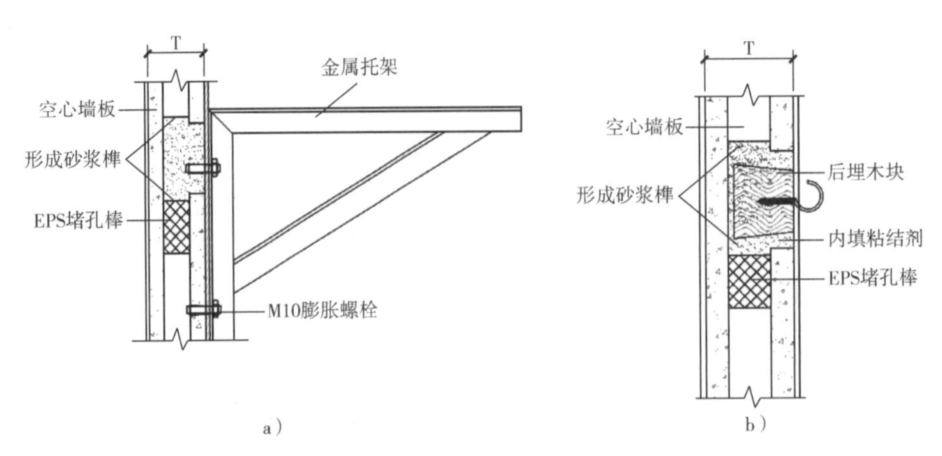


▲ 图 15-14　陶粒混凝土空心墙板吊挂点加强构造
a）空心墙板后埋钢挂件示意　b）空心墙板后埋木挂件示意

端需要设置不小于 200mm 左右高的混凝土防水反坎，并做泛水构造设计。

（3）墙板使用范围问题

陶粒混凝土墙板切割性能一般，易碎，尤其是空心墙板。由于墙板与主体结构的连接固定性能受此影响，以及考虑到外墙开裂风险和防水渗漏要求高等因素，陶粒混凝土板一般不用作外围护墙，在实际工程中，多作为内隔墙使用。

**3. GRC 墙板**

GRC 墙板即玻璃纤维增强混凝土墙板，适用于混凝土柱梁结构体系建筑、钢结构和木结构建筑。

由于有玻璃纤维增强，GRC 抗弯强度可达到 $18N/mm^2$，是普通混凝土的 3 倍，由此可做成薄壁构件，一般厚度为 15mm，板表面可以附着 5～10mm 的彩色砂浆面层。GRC 墙板具有壁薄体轻、造型随意、质感逼真的特点，一般用于公共建筑的外围护结构。图 15-15 为扎哈设计的长沙梅溪湖文化中心，外围护系统即用了 GRC 墙板。GRC 也可用于柱梁结构体系的住宅，图 15-16 是外围护系统采用 GRC 墙板的土耳其高层住宅。

▲ 图 15-15　扎哈设计的长沙梅溪湖文化中心 GRC 外围护系统（倍立达提供）

另外，GRC 墙板内附保温层比混凝土夹芯保温墙板重量大大降低，实现造型和装饰功能的优势突出，成本也有所降低。

#### 4. UHPC 墙板

超高性能混凝土（UHPC）也称作活性粉末混凝土，是最新的水泥基工程材料，主要材料有水泥、石英砂、硅灰和纤维（钢纤维或复合有机纤维）等。其强度比 GRC 高，抗弯强度可达 $20N/mm^2$ 以上，且抗弯强度不会像 GRC 那样随时间而衰减，壁厚 10~15mm。应用范围与 GRC 一样，耐久性比 GRC 好，但造价比 GRC 高。

a)

b)

▲ 图 15-16　高层住宅 GRC 外墙(土耳其)

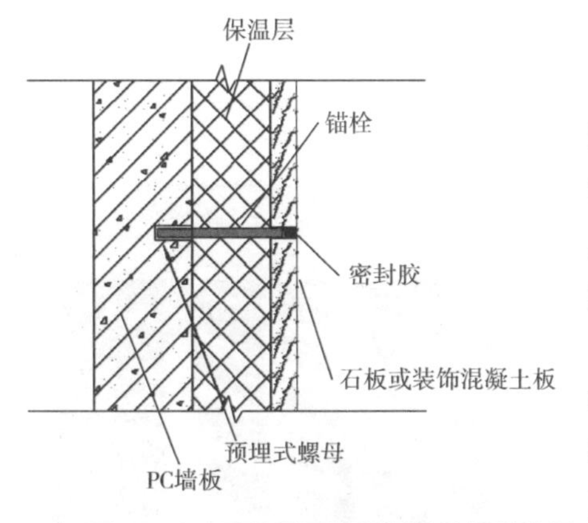


▲ 图 15-17　无龙骨干挂保温装饰板构造图

#### 5. 无龙骨干挂保温装饰板

无龙骨锚栓干挂保温装饰板是将保温层与水泥基装饰面层一体化制作，采用干挂的连接方式。由于预制混凝土墙板表面平整，具有比较高的精度，不需要用于找平的龙骨，可以在墙板制作时准确埋置内埋式螺母，连接示意见图 15-17。

无龙骨锚栓干挂保温装饰板与夹芯保温墙板比较，由于没有外叶板，减轻了重量。与传统的保温层薄壁抹灰方式比较，不会脱落，安全可靠。与有龙骨幕墙比较，节省了龙骨材料和安装费用。干挂方式保温材料可以用岩棉等 A 级保温材料。

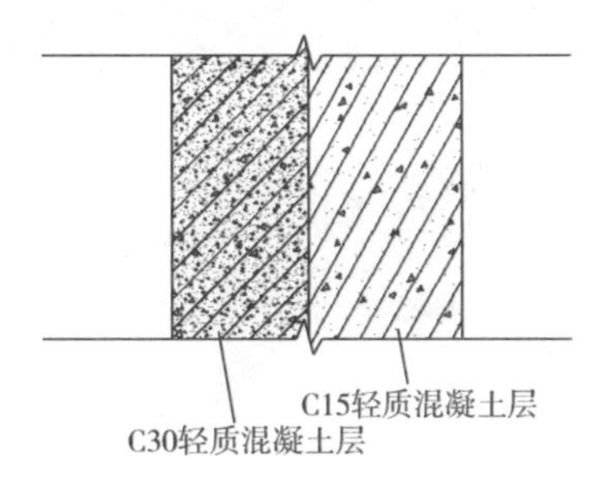


▲ 图 15-18　双层轻质保温外墙板构造

#### 6. 双层轻质保温外墙板

双层轻质保温外墙板是用低导热系数的轻质钢筋混凝土制成的墙板，分结构层和保温层两层。结构层混凝土强度等级 C30，重力密度 $1700kg/m^3$；导热系数 $\lambda$ 约为 0.2W/（m·K），比普通混凝土提高了隔热性能；保温层混凝土强度等级 C15，重力密度 $1300 \sim 1400kg/m^3$，导热系数 $\lambda$ 约为 0.12W/（m·K）。结构层与保温层钢筋网之间有拉结筋。保温层表面或直接涂漆，或做装饰混凝土面层，见图 15-18。

双层轻质保温外墙板的优点是制作工艺简单，成本低。双层轻质保温外墙板用憎水型轻骨料，可用在不很寒冷的地区。

**7. 蒸压加气轻质纤维水泥板**

蒸压加气轻质纤维水泥板以纤维和水泥为主要原材料制作，具有壁薄体轻、造型自由、质感逼真的特点。适用于低层混凝土结构、木结构和钢结构建筑的围护系统，其装饰功能非常强。图 15-19 是装配式钢结构别墅，外围护系统采用的就是蒸压加气轻质纤维水泥墙板。

▲ 图 15-19 采用蒸压加气轻质纤维水泥墙板的别墅

## 15.6 装饰饰面设计问题

装配式建筑饰面比较常见的材质包括清水混凝土、涂料、石材、面砖、装饰混凝土等，见表 15-2。在工程设计中，设计师须充分考虑建筑饰面材料的性能和工艺性能，还须考虑使用地区环境及气候，若装饰材料选择不当，会导致饰面材料脱落、耐久性不足等缺陷。

**表 15-2 常见饰面质感设计对比**

| 饰面材质 | 特点 | 注意事项 | 工程案例 |
|---|---|---|---|
| 清水混凝土 | 预制构件可以提供高品质的清水混凝土表面，既可以做出安藤忠雄那种绸缎般细腻的混凝土质感，也可以做出勒·柯布西耶粗野的清水混凝土风格 | 1. 建筑师在选择清水混凝土饰面质感时，应该了解因为水泥先后批次不同、混凝土干燥程度不同等存在一定的色差是其固有的特征，可以要求工厂打样，以作为制作依据和验收依据<br>2. 可以要求清水混凝土表面涂覆透明的保护剂，以保护面层不被雾霾、沙尘和雨雪污染 | |
| 涂漆 | 在混凝土表面涂漆是装配式混凝土建筑常见的做法，可以涂乳胶漆、氟碳漆或喷射真石漆。由于预制构件表面可以做得非常光洁，涂漆效果要比现浇混凝土抹灰后涂漆好很多 | 1. 为更好地保证质量和色彩均匀、建议涂漆作业在预制构件工厂进行<br>2. 做好产品在存放、运输、安装环节的成品保护 | |

（续）

| 饰面材质 | 特点 | 注意事项 | 工程案例 |
|---|---|---|---|
| 石材反打 | 石材是装配式混凝土建筑常用的建筑表皮，可用“反打”工艺实现。不仅装配式混凝土建筑，许多钢结构建筑的石材幕墙也有用石材反打的混凝土预制墙板 | 1. 建筑师应给出详细的石材拼图方案，如是否有缝；如果有缝，缝宽、缝深是多少等<br>2. 给出有效避免石材泛碱和增加石材与混凝土握裹力的具体措施<br>3. 当夹芯保温板石材反打时，对拉结件的结构计算和布置须考虑石材重量的影响 |  |
| 面砖反打 | 装饰面砖也是装配式混凝土建筑常用的建筑表皮，可用“反打”工艺实现，面砖还可以在弧面上反打 | 装饰面砖反打工艺原理与石材反打一样，建筑师须给出排砖的详细布置图。有些特殊规格的面砖，如转角砖，须给出特殊加工要求 |  |
| 装饰混凝土 | 装饰混凝土是指有装饰效果的水泥基材质，包括彩色混凝土、仿砂岩、仿石材、文化石、仿木、仿砖各种质感。装饰混凝土的造型与质感可通过模具、附加装饰混凝土质感层、无龙骨干挂装饰混凝土板等方式实现 | 当表面采用附着质感装饰层时，质感装饰层适宜的厚度为 10～20mm；过薄容易透色，即混凝土浆料的颜色透到装饰混凝土表面；过厚容易出现裂缝 |  |

# 第16章 设计展望

本章提要

对装配式混凝土建筑设计进行了展望，包括：对装配式设计软件研发应用的期望、装配式BIM应用情况分析及期望、对现行装配式设计标准的一些思考和修订建议。同时，提出了需要进一步开展的技术研发课题和装配式建筑延长设计使用年限的建议。

## 16.1 对设计软件的期望

### 16.1.1 装配式结构设计软件

装配式混凝土结构的设计，是目前装配式设计的主要内容，需要增加大量的设计工作，与现浇设计方法和设计流程有较大差异，需要进行革新。针对装配式结构的设计特点对软件进行研发和改进，提高设计效率和质量，降低设计人工成本。

**1. 装配式结构计算**

目前装配整体式结构，仍采用与现浇结构相同的设计方法，只是对规范规定的一些内力调整，通过对预制构件进行定义，再赋予相应的调整参数进行规范规定的补充验算。针对装配式结构设计的特点和需求，对装配式结构设计软件有以下几点期望，供相关人员参考。

（1）刚度模拟

内嵌式预制非承重围护墙对结构整体刚度的影响，还缺乏量化分析手段，目前采用周期折减系数的方法进行。这种方法存在地震力影响量化分析不足，地震力在竖向构件间分配会产生偏差的问题。对于仅个别填充墙采用预制的项目，选用较大的折减系数，会对结构整体的经济性影响较大；有的项目填充墙预制比例很高，又可能会存在周期折减系数考虑不足的情况，而对结构安全带来影响。因此需要对此类非主体结构构件的不同连接节点构造和刚度影响进行细分，并在结构整体计算中模拟，从而对整体结构的影响给出量化的分析手段。

（2）装配式结构方案预处理

除了对预制构件进行定义和计算参数设定外，根据预制装配方案的需要，对结构方案进行预处理。如：对装配整体式框架结构，按预制构件截面构造要求、偏心布置要求、标准化设计归并等进行预处理，并可以进行归并统计，给出归并统计表。

（3）计算结果预处理

根据整体结构分析计算结果，对预制构件进行结果数据的预处理，给出后续预制构件深化设计所需的归并统计数据，如：装配整体式框架结构，在构件标准化截面归并数据基础上再进行配筋归并，给出所有预制构件归并后的统计表。并可以通过对归并系数的干涉，或者构件重复使用最低次数要求的调整，反向调整预制方案和配筋方案。另外，根据截面归并和配筋归并带来的梁柱刚度及配筋变化，软件能够自动进行强柱弱梁和强剪弱弯的反向复核验算，并调整设计和输出调整结果。以此减少设计工作量，避免人工归并和复核产生的错误和遗漏。

**2. 装配式结构设计动态优化**

（1）结构整体计算动态优化

在完成整体结构计算分析后，通过对预制构件设定优化控制条件，可对受力不合理的预制部位，或不适合预制的范围进行判别，进行渐进动态调整结构预制方案，实现结构整体的动态优化设计。

（2）构造设计动态优化

完成结构计算分析后，在进行配筋设计时，可以根据设定的材料、连接件等初始设计信息和设计条件，对配筋设计结果进行动态优化，由程序自动完成连接、锚固等优化设计。使得输出的设计结果能够满足构造合理的装配式设计要求。

### 16.1.2 装配式深化设计软件

目前市面上的一些装配式深化设计软件，主要是以减轻人工深化绘图工作量为主，参数化完成构件三维模型的建立，但对数据的信息处理能力还不足。如：对前端结构、建筑、机电以及内装等设计信息的识别和自动获取的功能还远远不够。在深化设计过程中，对干涉碰撞校核检查等还缺乏预警及校正功能，缺乏对集成设计内容进行自动动态优化的能力；对整合后端生产、施工环节需求，也主要依赖于人工录入和集成设计。也就是说，从前端信息获取，到中间过程信息整合和处理，还没有形成一个完整的数据链。所有信息数据的获取、分析归类、集成检查等工作均由人工进行，深化设计的数据链的自动处理功能，有待研究完善。

### 16.1.3 设计软件接口

建筑、结构、机电等各专业采用的同一软件或不同软件，设计各专业之间的设计信息获取、转化以及协同，尚缺乏信息接口标准，数据信息接口系统尚未建立，通道还未打通。如：建筑专业的设计信息（材料、构造层次和厚度、功能布局等）转化为结构三维分析计算模型所需要的荷载信息，建筑设计信息的调整变动，还不能同步协同给结构、机电专业。结构三维分析软件所得到的结果，也还不能同步协同到建筑和机电专业的三维设计模型，完成一体化的动态协同设计。各专业设计软件接口及信息协同通道有待进一步打通。

# 16.2 BIM应用实践与展望

## 16.2.1 装配式建筑应用BIM的必要性和重要性

当然，非装配式建筑也非常有必要应用BIM，但装配式建筑要加上几个“更”字，这是因为：

**1. 装配式建筑集成性强**

不同系统、不同专业、不同功能和不同单元的集成非常容易出错、遗漏和重合。

**2. 装配式建筑精度要求高**

现浇混凝土建筑的精度一般是以厘米计的，但装配式建筑预制构件的尺寸误差和伸出钢筋、套筒等位置误差都是毫米级的。

**3. 装配式建筑连接点多**

结构构件之间的连接、其他各个系统部品部件的连接，点位多，预留预埋要求多，关联因素多。这些预留预埋都必须在预制构件制作时进行准确埋置。

**4. 容错性差**

现浇混凝土建筑设计如果出现“撞车”或“遗漏”问题，一般在现场浇筑混凝土前能够发现，并可以在现场解决。但装配式建筑构件是预制的，有问题到现场发现时已经很难补救了。例如，预制构件里忘记埋设管线，或者埋设管线不准，到现场就很难处理。而采用在构件上凿槽的办法，会把钢筋凿断或破坏保护层，造成结构安全隐患。

**5. 信息传递要求高**

在BIM一体化设计中，需要设计单位各个专业、设计与制作和施工的各个环节信息共享、全方位交流和密切协同，需要三维可视的检查手段，需要全过程三维信息的有效管理和无缝衔接。

在装配式建筑中，针对各个流程环节的管理要求会更加严格，更高度依赖信息化管理技术，BIM的信息管理云平台（或者叫项目管理门户）是通过建立一个云数据中心作为工程项目BIM设计、生产、装配信息的运算服务来支持的。通过该平台可以形成企业资源数据库，实现协同过程管理。

## 16.2.2 装配式建筑BIM应用的现实障碍

**1. 二维设计惯性障碍**

在CAD二维设计时代，设计院各专业的设计工作模式是各自为战的。完全靠各专业互相提资来完成信息的传递和解读，协同设计困难，信息更新不及时，一些设计院到目前为止连二维CAD的协同设计还未实现，专业之间错漏碰缺在所难免。

在这样的现状下，需要实现从各自为战向协同设计突破，二维设计向三维设计突破，就要求各个专业同时进步，任何一个专业没跟上，都会形成短板。 这就需要设计院制定强有力的管理目标，加大投入来完成技术升级。对于目前很多设计院来说，这是需要面对并解决的迫切问题。

**2. 从二维设计到三维设计各专业工作量变化差异较大**

建筑专业 BIM 建模过程中，与二维 CAD 相比，工作量有较大提高，但在建模完成后，生成剖面图及立面图以及在门窗表统计等工作上的工作量会大大节约。这也是在设计院中，建筑专业 Revit 的使用率相对其他专业较高的原因。

结构专业 BIM 建模只是一个方面，结构还要完成三维有限元分析计算的工作，而两套不同系列软件之间需要完成信息的传递，模型的转化和同步，目前还需要大量的工作要做，远未达到成熟应用的程度。目前，结构完成计算分析后，形成二维平法标准出图，需要再将二维设计成果人工翻成三维信息模型，而如果要求把结构梁、板、柱内均建立钢筋模型，那么工作量会比 CAD 两维画图大大增加。

设备专业三维设计与二维相比，BIM 设计工作量也会大大增加，这主要体现在管线综合方面。因为在现有的体系中，设备专业的分配比例是基于二维设计来确定的，这种情况下，室内管线综合的工作是不完全的，其实很大程度上，管线综合是由施工企业现场进行深化的。而在 BIM 设计中，管线综合工作需要在设计文件中就全部完成。

从上述情况可以看出，BIM 设计中，各专业的工作量均比二维有较大增加。相比现在的设计费取费而言，工作量更大，设计更难做了，这是一个方面。另一方面，对于目前各专业之间设计费分配制度来说，分配比例基本是稳定的，而采用 BIM 设计，各个专业的工作量提高的幅度并不相同，将二维设计的分配比例套用到使用 BIM 设计上去，会出现分配上的更大矛盾，影响采用 BIM 设计的动力。

**3. 三维设计二维表达的局限性**

目前各设计专业的施工图以及装配式深化设计图成果交付方式仍然以二维平面图纸成果交付为主。即使采用三维信息模型设计，还是要回到二维标准来出图。结构的三维分析模型转化为二维平面平法（截面、钢筋等信息都采用规则化的抽象的数字来表达）方式来表达，这就丢失了大量的直观、有效的信息，需要人工将二维设计信息转换成三维 BIM 模型，再将三维模型转为二维平面出图，这个过程中信息的传递，解读很容易出现错误或遗漏。

因此设计成果的交付，需要建立三维信息模型的成果交付标准，所有专业各阶段的设计成果均采用三维模型设计交付。只有都在一个平台上进行设计工作，才能打通 BIM 协同应用的平台障碍。

**4. BIM 设计模式和设计取费存在的误区**

目前很多设计院都设置了 BIM 设计中心，而 BIM 设计中心的“BIM 工程师”很多都是非专业的设计人员，此设计模式类似原来使用“算盘”工作的会计，因为“电子计算器”的出现，而另外设置一个“电子计算器操作助手”。“BIM 工程师”所做的工作就是将各专业的设计成果转换成 BIM 模型，进行结构、设备及预埋件（孔）的碰撞检查，这样的 BIM 设计，缺乏灵魂。正确的设计模式，笔者认为应该由原岗位人员，特别是负责技术岗位的人员通过培训，掌握 BIM 相关技能，来完成三维的 BIM 设计。

设计取费上，甲方采购 BIM 设计，通常是将 BIM 设计费单列，由 BIM 设计团队来完成，此种取费方式对原各设计专业采用 BIM 设计也带来了阻碍，使有设计能力的设计师没有动力去采用 BIM 设计，而由没有设计能力的“BIM 工程师”来完成二次转换工作，BIM 设计的优势将不能得到很好的发挥，对项目起不到有利的作用。

### 16. 2. 3 装配式建筑 BIM 应用期望

设计院内各专业（建筑、结构、设备）均在同一个模型上协同工作，由建筑专业创建建筑模型，其他各专业在建筑模型的基础上，对模型进行信息深化，进行各自的专业设计。设计结束后，向业主提供完整的、包含全专业设计内容的综合模型。这个模型里已经实现了可视化设计、协同设计、性能化分析以及管线综合等相关内容。业主根据设计院提供的 BIM 模型，向施工及运维方向继续延伸，从而实现建筑全生命周期的 BIM 管理及应用能力。

## 16. 3 标准修订建议

### 16. 3. 1 对现行装配式设计标准的几点思考

**1. 标准要求有的高于国外标准**

（1）叠合楼板底部纵筋伸入支座锚固的规定

不出筋的叠合楼板，能够极大地提高生产效率，还可以采用全自动生产线生产，效率提高更加显著；同时还可减少安装时的碰撞干涉，提高现场安装效率，在生产和安装环节都可以大大降低成本。国外基本上采用不出筋的叠合楼板见图 16-1。

现行《装规》对于叠合楼板支座处的纵筋锚固构造，基本沿用了《混凝土结构设计规范》GB50010 中对现浇楼板的规定：简支板或连续板下部纵向受力钢筋伸入支座的锚固长度不应小于钢筋直径的 5 倍，且宜伸“至”支座中心线。《装规》对叠合楼板板底纵筋伸入支座的规定更严格，要求宜“过”支座中心线。

▲ 图 16-1 日本不出筋的桁架筋叠合楼板

叠合楼板板底纵筋需要满足严格的条件才允许不伸入支座锚固。《装标》规定：桁架筋混凝土叠合楼板的后浇叠合层厚度不小于 100mm，且不小于预制层厚度的 1.5 倍时，叠合楼板支座处的纵筋可不伸入支座，采用在后浇叠合层内设置短筋间接搭接方式锚入支座。按预制层最小厚度 60mm 的要求，叠合楼板整体厚度至少要达到 160mm，才可以不出筋，并要满足相关构造要求。而绝大多数住宅及公建中主次梁结构布置的叠合楼板，均无须做到 160mm 的板厚。也就是说按常规设计，均达不到叠合楼板不出筋的要求，如果刻意加大板厚，牺牲结构经济指标，来满足不出筋的要求，既未必合理，也不一定经济。

笔者认为，桁架筋叠合楼板的整体性并不比现浇板差，跨度不大的楼板，由于叠合楼板厚度比现浇板有所增厚的原因，其整体刚度甚至要比现浇板还要大些，完全能符合平面内无限刚的计算假定。从叠合楼板受弯承载力看，板底支座处于受压区，并没有很高的受拉锚固要求；从叠合楼板板端受剪承载力看，通过在现浇叠合层内配置附加钢筋，完全可以满足抗剪的受力要求。

叠合楼板板底纵筋伸入支座锚固，对抵抗温度应力和混凝土收缩产生的应力有利，但叠合楼板安装时温度应力和混凝土收缩的可能性已大大降低，在室内环境下，一般不会引起较大的约束应力和开裂。

对于剪力墙结构来说，传递水平侧向力主要依靠楼板，在地震或风的水平力作用下，楼板有可能处于受拉状态，规范编制者是否基于这样的考虑，才规定叠合板底筋需要伸入支座锚固，笔者未找到相关说明资料。

对于叠合楼板是否必须严格按现浇结构出筋，不出筋要求是否过高，需要进一步研究确认。华建集团科创中心在研究不出筋的叠合楼板 U 形筋连接构造；同济大学等一些高校、研究机构和单位也在研究探索不出筋的叠合楼板，以便提高叠合楼板的生产及安装效率，降低成本。

因此，对于叠合楼板板底纵筋是否有必要伸入支座锚固，在什么样的条件下可以不伸入支座锚固，有待于进一步研究。

（2）现浇竖向构件内力放大的规定

装配整体式混凝土结构，采用符合规范规定的整体式接缝和连接构造，结构的整体性能与现浇结构类同，可以采用与现浇结构相同的方法进行结构分析。但《装规》第 6.3.1 条规定：同一层内既有预制又有现浇抗侧力构件时，宜对现浇抗侧力构件在地震作用下的弯矩和剪力进行适当放大；《装规》第 8.1.1 条规定：抗震设计时，对同一层内既有现浇墙肢也有预制墙肢的装配整体式剪力墙结构，现浇墙肢的水平地震作用弯矩、剪力宜乘以不小于 1.1 的增大系数；内力放大导致现浇墙肢用钢量加大，成本增加。

从严格意义上来说，《装规》内力放大的规定逻辑并不严密，目前我国在装配式结构设计中，竖向结构预制并不是首选，在预制率指标要求不高的情况下，一般首先考虑水平构件预制，指标不满足时，再适当挑选一些受力小、标准化程度高的竖向构件预制。因此，有的项目甚至会出现仅有个别竖向构件预制的情况，而全楼层其他现浇的竖向构件按规定均需要进行内力放大，就会出现一人得“病”，全员吃药的不合理现象。这样简单的内力放大的规定，究其原因，应该是由于对采用装配式不放心而导致的，做法是否妥当，值得进一步研究和商榷。笔者查阅了国外相关标准，尚未看到有类似内力放大的规定。

进一步说，假设全部竖向构件都预制，反而这一楼层没有任何竖向构件需要进行内力放大，又变得安全了，不需要用放大系数来提高安全储备了，逻辑上似乎也讲不通。

而且如此规定似乎也不全面，风荷载同样是水平荷载，同样是 50 年设计基准期，结构可靠度要有相同的概率保证，那么风作用下的相应现浇竖向构件的内力是否也应该进行内力放大呢？在我国沿海地区，如厦门、深圳、汕尾、湛江等地，高层建筑都是风荷载工况起控制作用，风作用产生的内力比地震力还要大，为何只对地震力不放心，对更大的风作用却很放心，笔者对此也不太能理解。

因此，对于装配式混凝土结构部分竖向构件预制时，其他同层现浇竖向构件是否进行内力放大，放大多少才合理，有待于进一步研究确认。

（3）多层装配剪力墙结构位移角限值 1/1200

结构层间位移角限值直接决定了结构刚度的大小，位移角限值越严，结构所需要提供的抗侧刚度的剪力墙就越多；结构质量越大，地震作用也越大。

我国对于装配整体式混凝土结构，除多层装配式剪力墙结构外，其余结构弹性层间位移角的限值和现浇结构相同，框架结构取 1/550，框—剪结构取 1/800，高层剪力墙结构取 1/1000，而多层装配式剪力墙结构弹性层间位移角比现浇却严很多，规范限值为 1/1200；日本、美国规范的层间位移角限值为 1/200，欧洲为 1/400，考虑 $P$-$\Delta$ 效应时，欧洲也可以取 1/200。与日本、美国和欧洲相比，我国的位移角限值偏严太多，这也是导致装配式混凝土建筑成本增量的一个因素。

根据《装规》规定，多层装配式剪力墙结构，其在风和多遇地震下的弹性层间位移角限值为 1/1200，相比高层装配整体式剪力结构更严。多层剪力墙结构，按《装规》的规定即为 6 层及以下的剪力墙结构。在《装规》“等同现浇”的连接及构造要求和规定下，为何对多层装配式剪力墙结构提出更高的要求，《装规》条文解释为：因未考虑墙板间接缝的影响，计算得到的层间位移角会偏小，因此加严其层间位移角限值。按此解释，容易让人误解为其整体性不如现浇结构，6 层以上的剪力墙结构也是采用规范规定的整体式连接和构造，为何多层需要加严控制，而高层就可以按“等同”对待呢？这种严上加严的规定也是笔者未能理解的地方。

对于多层装配式剪力墙结构采用更严的弹性层间位移角限值是否必要，限值如何确定，以及装配整体式混凝土结构采用与现浇相同的弹性和弹塑性层间位移角限值。是否妥当，笔者认为都有待于进一步研究确认。

**2. 标准偏重于强调结构系统的预制**

《装配式建筑评价标准》GB/T 51231—2016 中主体结构预制装配评价总分值达到 50 分（表 16-1），占了总评价分值的一半，结构系统预制是装配式建筑评价的核心内容。目前我国结构系统预制特别是竖向构件预制是导致装配式建筑成本增量的主要因素，从成本和结构安全角度来考虑结构系统构件预制的范围，应优先选择水平构件预制，水平构件预制不能满足结构系统预制最低得分要求时，再适当增加竖向构件的预制。

笔者认为，如果现有装配整体式结构体系及连接方式得不到突破，还是以装配整体式剪力墙结构体系为主，还是主次梁布置的框架或框剪（筒）进行预制装配，还是以湿法连接为主的连接方式，那么在这种情况下还过分强调结构系统的预制，而不是对四个系统进行综合平衡考虑，成本增量就很难降下来。

**3. 现浇湿法连接为主的连接方式**

装配式结构是以连接为核心内容的，目前的规范和标准图集均以现浇的湿法连接和锚固为基础，采用与现浇结构相同的“整体性”目标的连接和构造，希望能与现浇结构达到“等同”。因此，都需要采用后浇段的湿连接及锚固来实现预制构件与预制构件之间的连接，以及预制构件与现浇区段的连接。如剪力墙结构体系，一个预制墙段左右两侧均有现浇边缘构件，上侧有现浇圈梁，下侧有等同现浇的套筒灌浆接缝连接，将一个预制墙段在现场形成“绷带捆绑”式的作业，后浇区段的连接如果方便施工还好一些，关键是后浇段内钢筋连接和锚固时碰撞干涉都比较严重，连接安装比较困难，施工安装效率不高，连接质量也不易保障。

再如：框架结构的后浇节点域内，无论是连接还是锚固，节点域内的梁纵筋、柱纵筋、柱箍筋、梁箍筋等层层叠叠，纵横交错，碰撞干涉问题十分突出，一个节点的安装分解动作多达十几个（图 16-2），导致安装困难且低效。

笔者并不是否定等同现浇和湿法连接，等同现浇的装配式结构本身并没有问题，问题是在效率和成本上，无法发挥装配式建筑的优势。

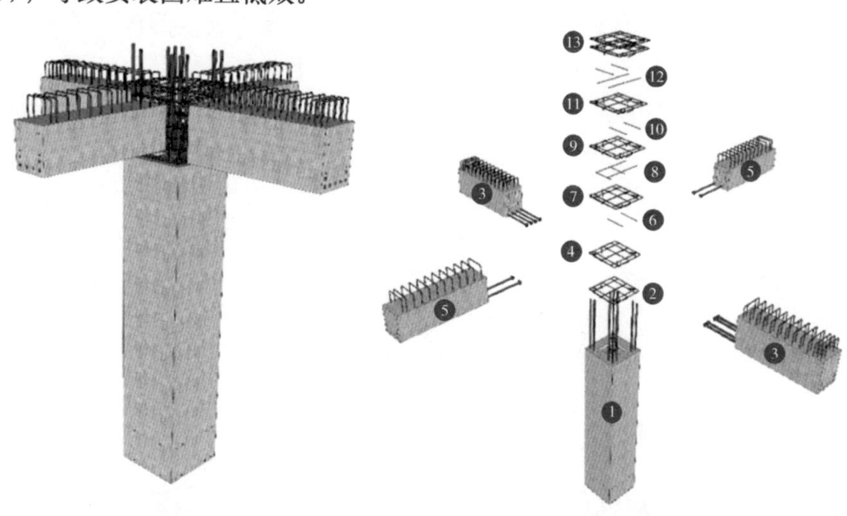

▲ 图 16-2　梁柱节点安装操作顺序

如果不进一步研发干式连接、高性能连接、高效的新型连接，装配式混凝土建筑的发展就会裹足不前，成本仍会居高不下，效率也很难提升。

## 16.3.2　标准宜强调和加强的内容

我国装配式建筑发展还处于初期阶段，现行装配式规范、标准、图集对近年来装配式建筑的发展发挥了很大的作用，做出了突出的贡献。但随着认识和技术水平的不断提高，有些标准内容也有必要进一步调整、加强或增补，下面择其一二举例说明。

**1. 对于结构系统评价项得分宜进一步细分**

评价标准中对于结构系统预制评价的得分，笔者建议将水平构件和竖向构件的得分比例适当作细分调整，尤其是竖向构件的起步得分比例，建议适当降低，并将得分区间拉大，这样当水平构件做不够 80% 的比例时，可以根据需要适当增加些受力小、标准化程度高的竖向构件预制，避免出现水平构件预制比例稍差一些，而不得不大幅提高竖向构件预制，导致成本增量过大的现象。

在区域发展还不平衡，产业链发展还不够完善的情况下，应循序渐进地推进结构系统预制装配的发展，以便有效控制成本增量，有利于推进装配式建筑的稳步发展。

结构系统评价要求细分建议见表 16-1。

表 16-1　结构系统评价要求细分建议

| 评价项 | | 评价要求 | 评价分值 | 最低分值 |
|---|---|---|---|---|
| 主体结构（50 分）Q1 | 竖向构件：柱、支撑、承重墙、延性墙板等 | 10%≤比例≤60% | 10~30 * | 20 |
| | 水平构件：梁、板、楼梯、阳台、空调板等 | 60%≤比例≤80% | 10~20 * | |

**2. 加强外围护系统一体化预制装配的应用**

外围护系统的集成化、工业化、装配化是装配式建筑的核心关键内容，意义十分显著，能大大提升施工建造的安全性，提高效率、提升外墙系统品质。

美国、日本的高层住宅，多采用框筒结构，外围框架无论是采用预制还是现浇，或是采用钢结构，外围护与装饰一体化预制装配都能得到很好的应用，如美国住宅采用彩色装饰混凝土（图 16-3）、薄砖反打技术（图 16-4）一体化预制的外挂墙板，代表的是高端和高品质。而采用现浇则很难达到这种效果。因此有必要加强外围护系统一体化预制装配的应用。

▲ 图 16-3　仿石材彩色装饰混凝土一体化的预制外挂墙板

我国住宅主要采用剪力墙结构体系，对于框架和剪力墙的外围护系统，发展路径有很大区别，对于框架来说容易些，剪力墙住宅则难些。在装配式建筑评价标准上若能做进一步的细分，则会显得更加有针对性。

**3. 干法连接的研究应用**

预制构件不伸出钢筋，连接采用干法连接，能够极大地提升生产制作和施工安装效率、提高机械化程度、节约人工、降低成本。

▲ 图 16-4　薄砖反打装饰一体化的预制外挂墙板

美国在多层以及不超过 18 层的高层建筑

中，采用干法连接的全预制结构显示出了很强的成本和效率优势，这样的高度也是履带式起重机或轮式起重机能够胜任的高度。全预制柱梁体系采用梁柱铰接的干法连接（图 16-5），楼盖一般采用无次梁的预应力 SP 板或双 T 板；在全预制剪力墙结构中也采用干法连接（图 16-6），楼盖一般采用预应力 SP 板。从美国全预制结构使用情况看，全预制干法连接的优势主要体现在以下几个方面：

▲ 图 16-5　干法连接的全预制框架结构

▲ 图 16-6　干法连接的预制剪力墙和 SP 板

（1）做到无外架、免支撑施工。

（2）适应冬期施工。

（3）适应市中心场地条件受限的施工安装，现场施工文明，不扰民。

（4）效率高，节约人工，施工作业安全，成本低于现浇 10%以上。

从本书 1.4.1 节介绍的全预制装配的美国凤凰城图书馆案例也可看出，美国建筑行业遵从实用主义，总是在装配式建筑比现浇有优势时才会采用，或者是用来解决现浇解决不了的问题，提供了另一种解决方案，能够发挥和体现装配式建筑的优势，而不是现浇建筑的替代。

**4. 宜加强评价标准中对其他建筑工业化内容的比例**

建筑工业化是一个系统工程，不应仅仅局限在装配式建筑的四大系统上，还应有更深更广的外延，对切实能够提高建筑工业化水平，或具有前瞻性、引导性的内容，建议也给出相应的评价项和得分，比如：标准化与一体化设计、集成技术应用、信息化技术应用、施工组织管理模式和施工安装技术等一系列有助于提升建筑工业化水平、提高效率和质量的内容，都应列入评价标准里。

围绕“两提两减”即提升质量，提升效率，减少对人工的依赖，减少环境污染的装配式建筑发展理念，一些省市根据各自的产业链发展水平，创新发展需要，在其地方装配式建筑评价标准里纳入了一些符合建筑工业化实施的内容，其中，《江苏省装配式建筑综合评定标准》DGJ32/TJ000—2019（征求意见稿）中的“装配式建筑综合评定打分表”，对装配式建筑给出了相对全面和系统的评价体系，对装配式建筑的工业化水平提升起到了一定的指导作用，读者可以参考阅读。

**5. 宜加强对多层装配式混凝土结构设计要求的细分**

多层建筑因为体量小，结构竖向自重小，地震和风作用小，在相同的结构可靠度和安全等级要求下，多层结构采用装配式，有更多的可能性和发挥空间。

对于多层和高层的界限规定，规范体系之间有些不协调。 现行《高规》规定 10 层及以上或高度大于 28m 的住宅及房屋高度大于 24m 的其他建筑为高层建筑;《装规》对多层剪力墙结构规定为 6 层及以下;《装标》对多层装配式墙板结构最大适用层数和高度规定为：6 度设防时为 9 层 28m，7 度设防时为 8 层 24m，8 度设防时为 7 层 21m。

目前《装规》和《装标》仅对多层剪力墙结构作了一些区分，但细分度还不够。笔者认为无论是剪力墙还是框架结构体系，对多层和高层应进一步细分，以便促进多层装配式混凝土结构的发展。

从结构体系上，量大面广的框架结构体系，也应有多层高层的进一步细分要求，以便发展更适合装配式的多层装配式框架体系。

从结构整体性上，除了目前等同现浇的装配整体式结构外，还应进一步发展全预制装配体系，以及介于装配整体式和全装配式之间的体系，形成结构整体分析方法和设计标准。

从连接方式上，进一步研究发展干式连接，以及便于施工安装、提高效率的新型湿法连接、新型连接件的连接等。

从楼盖体系上，除了普通整体式的预制叠合楼盖外，还须进一步研究应用施工安装更方便的预制装配式楼盖，无须布置次梁的预应力楼盖等，并对各种楼盖体系的面内面外刚度模拟分析方法、连接构造设计要求等，形成设计方法和设计标准。

**6. 预制装配结构体系的破坏机制和性能设计有待更针对性的研究**

以框架结构为例，对于常规现浇结构通过大量的试验验证和有限元分析证明，在水平地震作用下的主要屈服机制有：柱铰破坏机制、梁铰破坏机制和混合破坏机制。在设计中需要按照：“强柱弱梁、强剪弱弯和强节点、强锚固”的原则合理确定构件截面尺寸，以实现整体结构具有良好的延性，并可据此对成本增量进行有效地控制。

装配式结构由于新旧混凝土结合面的存在，使得上述的柱铰破坏机制、梁铰破坏机制和混合破坏机制与现浇结构存在一定的差别，对于结构整体的耗能机制和延性能力均有不同程度的影响，需要进一步研究确认。

目前，我国的抗震性能设计主要针对现浇结构，《装规》和《装标》对装配整体式混凝土结构性能设计规定参照《高规》的要求执行，但预制装配的连接构造与现浇结构必然存在着不同，需要专门针对不同的预制结构体系的结构性能设计进一步研究，明确哪些构件或部位需要保证足够的强度不出现塑性铰、哪些构件或部位需要保证足够的塑性变形能力，设定明确的性能设计目标，以便有针对性地提出设计要求，以此来确保结构具有良好的变形耗能能力，实现中震可修，大震不倒，同时也没必要对整个结构笼统地提出过高的要求，造成不必要的结构成本增量。

**7. 装配式装修**

装配式装修可以提升建筑品质，提高施工效率，避免因交付毛坯房进行二次装修带来的大量装修垃圾排放，减少装修对主体结构的破坏，延长建筑物使用寿命等。现行评价标准对装配式装修的一些定义和界定，还不是很明确，在实际项目评价过程中存在很多不同的理解，产生不同的意见，或出现难以量化测定的现象。比如：集成式厨卫，什么样的装修或部品可以界定为“集成”式厨卫，一个房间 6 个面（四个墙面，一个地面，一个顶棚面），哪些面需要计入、如何计入集成的面积，目前还存在定义不明确，比例难测定的情况。再如：干式墙面和地面装修做法，在构造做法和认定标准上，目前也不明确，需要进一步界定。

▲ 图 16-7　卫生间同层排水降板

**8. 管线分离**

目前，无论是现浇结构还是装配式结构，尤其是在住宅建筑里，在我国一般均将管线埋在结构体内，这种把耐久性和设计使用年限不同的结构体和管线设备混在一起建造的方式，给装配式建筑带来了极大的障碍，需要预先将大量管线埋设在结构体内（图 14-2），还要为不同结构构件内的管线连接留设接线手孔（图 6-11），带来了结构体和构件连接区域的连接承载力的削弱。埋设在结构体内的设备管线也会给后期装修和设备更新带来极大的障碍，后期装修凿改更会给结构安全带来隐患。

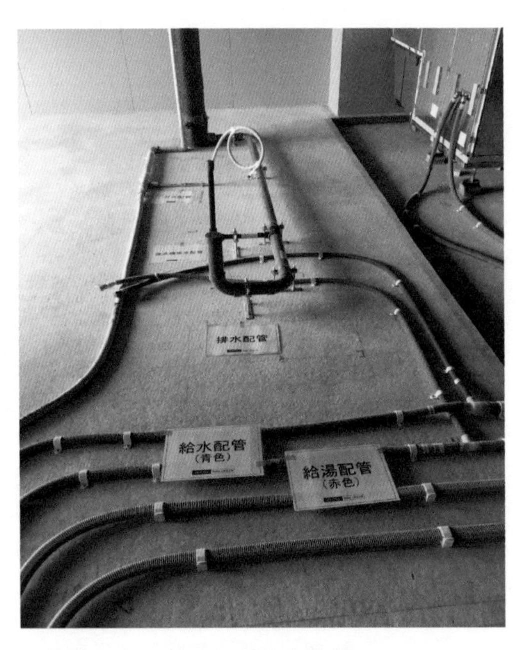


▲ 图 16-8　管线与结构体分离

国外一般不采用管线暗埋于结构体的方式，日本住宅的 SI 体系就很值得我们参考学习。例如，卫生间结构板采用降板处理（图 16-7），为同层排水预留好空间，“可变”的设备管线与“不变”的结构体分离设置（图 16-8），管线不预埋，全部现场安装，既简化了施工，实现了装配化建造，又保证了产品质量和安装精度，同时对后期的维修和重装也带来了极大的便利。

《装标》第 7.1.1 条规定：设备与管线“宜”与主体结构相分离，笔者认为对于装配式建筑来说，应进一步强化管线分离要求，将“宜”改为“应”，通过规范的强制性规定，将这些能体现装配化施工，符合装配式建造的理念，落实在装配式建筑里，从而推动建筑产品、装配化装修部品、装配式安装工艺等一系列的革新，给用户带来实实在在的便利，让装修升级改造不再复杂，也借此带动老百姓的装修习惯和消费理念的更新升级。

**9. 菜单式标准化设计**

在装配式建筑中，与装饰性、艺术性、个性化关联少的构件，容易实现标准化。 可以通过制定标准化设计手册的方式，实现构件的通用化生产、菜单式选用设计，以利于提高模具的通用性、工人技术熟练度以及机械化自动程度，实现构件采购“超市”化，大幅提高预制构件的质量和降低成本。

在美国、日本、欧洲，双 T 形板、预应力空心板等构件，都是大范围标准化的。例如工业厂房，对跨度、高度有一定要求，在个性化方面要求不多，所以适用大范围的标准化。欧洲装配式建筑预制混凝土设计手册中关于工业厂房的标准化详见表 16-2 和图 16-9。

**表 16-2 欧洲装配式关于工业厂房的标准化尺寸**

| | 最低值/m | 最佳值/m | 最大值/m |
|---|---|---|---|
| 主顶梁 $B$ | 12 | 15~30 | 50 |
| 桁架 $C_1$ | 4 | 6~9 | 12 |
| 主顶梁跨度 $C_2$ | 12 | 12~18 | 24 |
| 柱高度 $H$ | 4 | 12 | 20 |

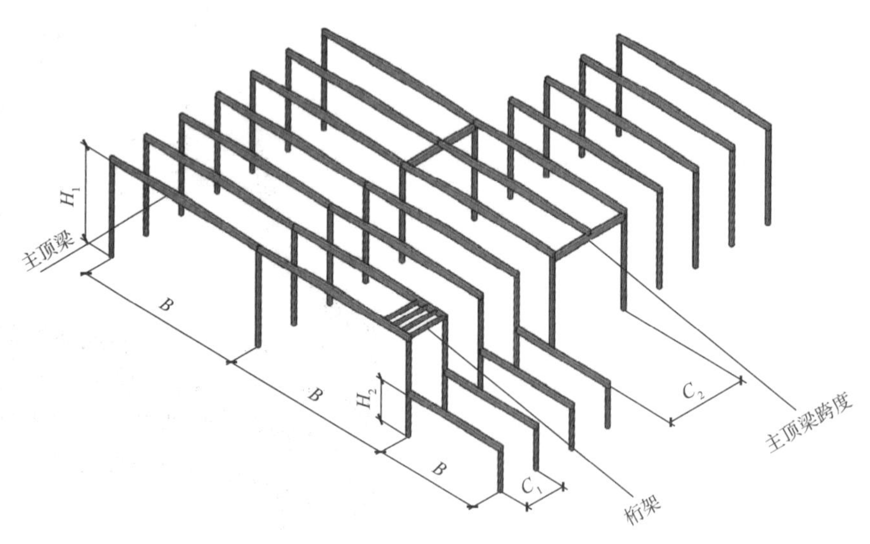


▲ 图 16-9 标准化厂房示意图

## 16.3.3 关于相关标准的修订建议

(1) 建议因地制宜，按不同特征的结构体系，调整四个系统指标的权重、评价内容和得分，制定地方评价标准。

（2）建议在装配式建筑四大系统评价的基础上，增加符合建筑工业化实施要求的、能有效提升建筑工业化建造水平的加分评价内容。

（3）跳出“等同现浇”的思维，研究发展不同的装配式结构体系、连接体系，研究相应结构系统的分析方法，形成基于装配式思维的新的设计方法和设计标准。

（4）强化管线分离要求，进一步明确干式工法的墙地面装修设计定义和做法，丰富和完善装配式装修方法和标准。

（5）总结国内实践经验，借鉴国外一些成熟做法，研究发展、丰富完善适应不同结构体系的集成一体化、全预制装配的围护系统，并形成相应的设计标准。

## 16.4　推动相关技术进步的几点建议

### 16.4.1　技术研发课题建议

装配整体式混凝土建筑目前还存在一些技术障碍，需要开展一些有利于提高建筑工业化程度和装配化施工的研发课题。

**1. 不出筋叠合板研发课题**

国内目前规范对叠合板是要求出筋的，叠合板底筋要求伸出不少于 5*d*（*d* 为底筋直径）且过支座（梁或墙）中心线，如此带来支座钢筋与相邻的叠合板底筋需要相互错开避让。当支座为梁时，叠合板底筋需要与梁箍筋进行错位避让，当支座为剪力墙板时，叠合板底筋需要与剪力墙竖向分布筋错位避让，这都会给现场安装造成困难。四面出筋的叠合板设计时需要考虑大量的钢筋干涉避让问题，设计稍有疏忽，就会造成现场钢筋碰撞干涉。而且由于叠合板底筋均需伸过梁中线，与叠合梁上部纵筋是垂直相交干涉的，因此叠合梁上部纵筋不能在工厂预制时一次绑扎成型，到现场后需要先安装叠合梁，再安装叠合板，最后才能将梁上部纵筋穿入并进行绑扎，费时费力，质量与在工厂一次成型相比也相差很多，造成效率低，成本高。

研发四边不出筋的叠合板的传力机理和设计方法，可以切实提高安装效率，并降低成本。国外的叠合板都是不出筋的，板也比较厚，叠合梁的叠合层纵筋都是在工厂里一次精准绑扎到位（图 16-10），这就避免了现场穿筋带来的效率低、成本高的问题，质量也容易保障。

▲ 图 16-10　日本叠合梁上部纵筋一次成型

**2. 预制预应力混凝土应用研发课题**

建筑结构的一个根本原则，就是根

据结构需求充分发挥各种材料的性能，预应力技术就是利用高强钢绞线通过张拉锚固，在预制构件受拉区产生预压力，使得预制构件在正常使用状态下，始终处于无拉应力状态，克服了混凝土材料易受拉开裂的缺点。

从 1928 年法国的 Freyssinet 使用高强钢绞线，研发了预应力的张拉技术以来，在装配式混凝土建筑发展史上，预制预应力技术从未缺席，而且演绎了非常多的经典案例，如大跨度、大空间结构的罗马奥林匹克小体育馆（图 1-27，图 1-28）及悉尼歌剧院（图 1-16）等。

预应力技术在一般公共建筑或工业厂房的楼盖系统里，也有广泛的应用。如常规 8～12m 跨度的预应力空心楼板、9～27m 跨度的工业厂房预应力双 T 板楼盖等，在装配化施工方面优势明显，施工安装可以做到免支模、免支撑，减少了建筑垃圾，施工也更安全，同时还能提高效率，降低成本。图 16-11 为日本高层住宅中采用的预应力带肋叠合楼板，在板肋之间填入轻质泡沫等材料替代无用的混凝土，减轻了结构重量。图 16-12 为国内某装配式框架结构工程采用的预应力空心叠合楼板，施工现场文明整洁。

▲ 图 16-11　预应力带肋叠合楼板

▲ 图 16-12　SP 预应力空心板安装

**3. 剪力墙预制构件研发课题**

目前装配整体式剪力墙建筑通常是通过拆分墙体段进行预制，边缘构件采用现浇，预制剪力墙板被水平和竖向后浇带分割，预制与现浇工序大量交叉，极大地增加了现场施工的难度，影响了施工效率。由于预制构件是在工厂的地面模台上制作，作业的便利性、安全性比现场高空作业要好很多，质量管控也更加方便，因此质量保证更加容易。所以，作业复杂、质量实现困难的作业应尽可能由工厂来完成，不要把复杂和困难的作业留给现场。基于整体提升效率、保证质量、降低成本的思路，开展减少后浇带分割的预制剪力墙课题研究和实践，具有积极的现实意义。

（1）剪力墙构件预制的新思路

边缘构件与墙身一起预制，可以减少或取消外墙的竖向后浇带，从而大大减少现场施工的难度。根据《装规》的构造边缘构件宜现浇的条文解释："墙肢端部的构造边缘构件通常全部预制；当采用 L 形、T 形或者 U 形墙板时，拐角处的构造边缘构件也可全部在预制剪力墙中"，规范是允许边缘构件预制的，所以完全可以将剪力墙带构造边缘的构件预制成三维构件（图 16-13），减少后浇带，从而实现减少现场安装难度，提高作业整体效率、保证质量的目的。

（2）没有后浇带的预制剪力墙

在边缘构件一体预制的基础上，如果进一步考虑墙顶板钢筋由工厂一起制作预埋，则可以实现剪力墙板没有后浇带，仅有竖向灌浆套筒连接。当然这在抗震要求高的地区不符合现行规范要求，但在非抗震地区或低设防烈度地区的低层剪力墙建筑中可以作为一种选择方案，来达到提升效率，降低成本的目的。美国干法连接的全装配式剪力墙建筑（图 16-14），采用的就是这种无后浇带的剪力墙，因新加坡地区无须考虑抗震设计，采用的也是无后浇带的预制剪力墙，见图 16-15a。

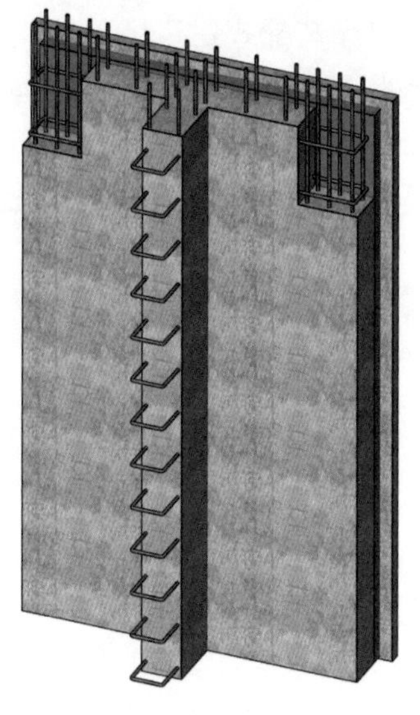

▲ 图 16-13　T 字形预制三维剪力墙构件

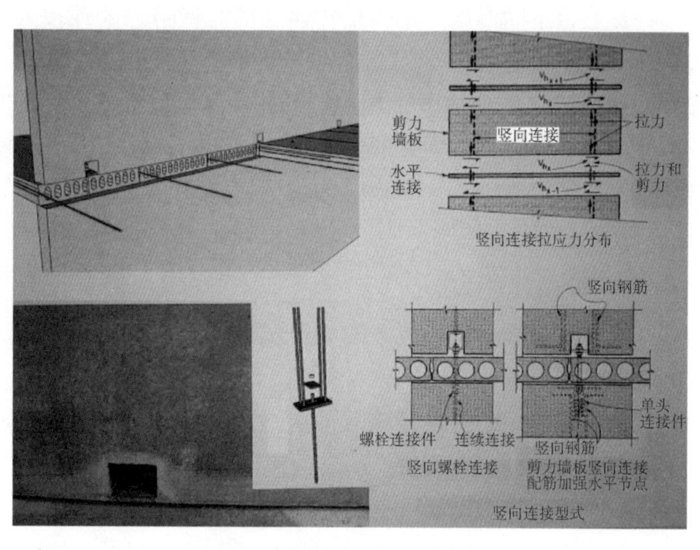


▲ 图 16-14　干法连接的预制剪力墙(美国)

（3）预制多层剪力墙板的可能性

两层或三层剪力墙外墙板一体化预制，既可以消灭水平后浇带，又可以减少竖向钢筋的连接，大大提高外墙安装的效率和防水功能，在非抗震地区或低设防烈度地区低层剪力墙结构建筑中，受力相对简单，可以考虑开展相关的课题研究和应用。图 16-15b 为新西兰基督城震后重建的一座装配式组合结构的建筑，该建筑就采用了预制多层剪力墙板。

a）

b）

▲ 图 16-15　无后浇带的预制剪力墙

（4）预制剪力墙简化连接课题

预制剪力墙结构中，墙肢配筋构造有待进一步简化和改进，如采用集束配筋、大间距大直径配筋等形式的预制剪力墙结构在构件加工和现场施工方面具有较大的优势，能较好地解决加工和施工难题。此类技术体系还有待进一步研究。

侧向无外伸钢筋的预制剪力墙结构体系具有构件加工效率高，现场施工难度低，质量易控等优点，也有待于进一步研究此类技术体系的可靠性和成熟性。

多层剪力墙结构体系需要进一步研究其连接构造，以实现非等同现浇的思路，确定其性能目标，给出合适的设计方法并提出合理的构造做法。

**4. 装配式简化连接方式研发课题**

研发适合不同高度、不同结构体系的简便可靠的连接方式是提高装配式建筑施工效率、降低装配式建筑综合成本的一个重要课题。对于多层建筑，应进一步发展全装配式结构，以及部分全装配式、部分整体装配式的结构体系；进一步研发和应用其简化的连接方式，如干式连接、螺栓连接、钢索索套连接、锚环连接等；进一步发展不同刚性要求的连接节点，如半刚性连接节点等。

### 16.4.2 技术进步与技术创新的建议

（1）推动减震、隔震技术的装配式结构体系或其他新型装配式混合结构体系的研究和应用。

（2）推动主体结构连接节点采用干法连接、组合型连接或其他便于施工且受力合理的新型连接技术的研究和应用。

（3）推动住宅大空间可变房型设计及 SI 分离（结构与内装分离）体系的实践与应用。

（4）打通信息化技术通道，实现设计、施工准备、构件预制、施工实施和运维等阶段应用 BIM 技术。

（5）研发采用免拆模板体系或拆装快捷、重复利用率高的支撑、模板系统。

（6）深度开展装配式建造技术与成本、人工、时间等多维度的系统优化研究，探索建筑工业化的途径和方向。

（7）跨专业、多学科融合，从整个装配式建筑的工程系统进行全流程控制和系统优化，深度融合工业化、信息化技术，推动建筑领域的智能建造。

（8）研究提高建筑设计使用年限，使得设计使用年限和土地使用年限接近，通过设计使用年限的提高，整体提升建筑品质，以时间换空间，提高建筑全生命周期的性价比。

（9）在国家装配式建筑评价体系基础上，各个地方因地制宜地制定适合自身发展的装配式建筑评价标准，切实发挥装配式建筑的优势，提升效率，降低成本。

（10）推动其他在管理模式、新体系、新技术、新材料、新工艺等方面的创新应用。

### 16.4.3 应用新技术奖励和推广的建议

（1）推动产学研结合，充分发挥设计、科研单位的技术引领作用，积极持续推动示范项目申报和科技项目的立项工作。

（2）建立动态管理机制，对建筑工业化起引领作用的示范项目，要实时动态地纳入装配式建筑评价体系中，充分发挥示范项目的引领带动作用。

（3）完善科研及创新成果转化机制，鼓励扶持成果转化，推动产学研结合及校企合作。

（4）研究制定采用地面架空和吊顶的管线分离而损失的容积率，给予适当的容积率补偿和奖励政策，推动工业化内装，改变大众传统的装修理念和消费习惯。

（5）推动开展装配式建筑相关课程建设，开发编写学历教育、职业培训等不同需求的教材和题库，完善装配式建筑教育和培训体系。

## 16.5　延长建筑设计使用年限的建议

本书 1.4 节介绍了日本鹿岛建设株式会社建造的赤坂大厦，该建筑采用了强度等级 150MPa 的混凝土和强度极限 980MPa 的高强钢筋。鹿岛公司的研究院甚至已经研发出了耐久性可以达到一万年的混凝土（模拟环境试验）。

使用寿命一万年的混凝土有什么实际意义？

日本建筑的设计使用年限分为 3 个级别：65 年、100 年和 100 年以上。100 年以上这个级别没有规定具体的年限，可以理解为“永久性”建筑，或者说是尽可能长的建筑。

日本高层建筑设计使用年限至少为 100 年。因此日本结构工程师对我国高层住宅按 50 年使用寿命设计非常不理解：建造一座高层建筑十分不易，按 50 年设计使用年限考虑，是对资源的极大浪费。

日本在高层建筑和重要建筑的结构设计中特别重视耐久性，除了风荷载和地震作用按照 100 年或更长时间计算外，普遍采用高强度混凝土、高强度钢筋和厚保护层。鹿岛建设在核电站设计中，更是采用了耐久性尽可能长的材料与技术。由鹿岛建设设计的日本福岛核电站因为地震海啸发生泄漏事故，但核电站建筑结构没有任何损坏。否则的话，灾难会更大。

延长建筑物的设计使用年限，并不会成比例增加建造成本。把建筑设计使用年限从 50 年变为 100 年，建造成本虽然会有所增加，但不是增加一倍。按照日本结构设计师的估计，连 30%都不到。在上海市《住宅设计标准》（DGJ08-20-2019）中也对百年建筑如何设计给出了一些设计规定和要求。

减少建筑量是最大的节能减排措施，是节约资源的最好方式，延长建筑的使用周期则是减少建筑量的最有效方法。

回顾建筑发展史，建筑材料的发展是建筑发展的关键和基础，会给建筑带来巨大的变化。例如古罗马时期的拱券建筑得到应用和发展，是由于罗马人发现了火山灰具有活性，发明了最早的天然水泥混凝土。现代大跨度建筑和高层建筑的出现，则是基于钢材和现代水泥的发明和广泛应用。

高强度混凝土和高强度钢筋的应用，耐久性一万年的混凝土的出现，为人类建造使用寿命更长的建筑提供了有力的支撑，为人类减少建筑量，大幅度节能减排提供了解决途径。

可以相信，未来建筑的使用寿命一定是非常长的，尤其是中国建筑，将会尽快改变人为的、也许是过时的“50 年设计使用年限”的障碍。